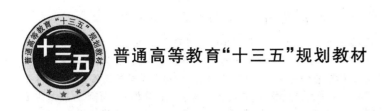

普通高等教育"十三五"规划教材

# "互联网+"计算机应用基础教程
## ——Windows 7+Office 2010

主　审　李仲麟　邓春晖

主　编　郑馥丹

副主编　（按姓氏笔画为序）

邓一星　王方丽　宁　辉　付春英

李成炼　李慧芬　秦映波

U0282546

北京邮电大学出版社
www.buptpress.com

# 内容简介

本书结合全国计算机等级考试(一级)最新大纲(Windows 7＋Office 2010)要求,由多年从事大学计算机应用基础一线教学、具有丰富教学经验和实践经验的教师编写。本书以"互联网＋"为大背景,从计算机的基础知识出发,系统地讲述了有关计算机的基本操作和一些常用的办公软件,介绍了微机拆装的基本方法,并简要介绍了当前较为流行的"互联网＋"及其相关的流行技术,目的是让读者对计算机基础有更为深入的了解,对种种细节操作掌握得更加牢固,并能了解当前主流的计算机技术。本书内容包括:计算机的基础知识、Windows 7 操作系统、Word 2010 文字处理、Excel 2010 电子表格、PowerPoint 2010 演示文稿、计算机网络基础、多媒体技术基础、计算机硬件拆装与维护、"互联网＋"和其他流行技术(大数据、云计算、物联网)等。本书配套出版的《"互联网＋"计算机应用基础实验教程——Windows 7＋Office 2010》,包括相关练习及上机指导,方便读者对基础知识更好地理解及进行上机操作。

本书取材新颖,图文并茂,实用性强,内容涵盖了全国计算机等级考试(一级)新大纲所要求的知识点,可作为高等本科院校、高职高专院校计算机应用基础课程的教材,也可作为计算机初学者的入门参考书或自学教材。

## 图书在版编目(CIP)数据

"互联网＋"计算机应用基础教程 : Windows 7＋Office 2010 / 郑馥丹主编. -- 北京 : 北京邮电大学出版社, 2017.8(2019.6重印)

ISBN 978-7-5635-5113-2

Ⅰ.①互… Ⅱ.①郑… Ⅲ.①Windows 操作系统—高等学校—教材②办公自动化—应用软件—高等学校—教材 Ⅳ.①TP316.7②TP317.1

中国版本图书馆 CIP 数据核字(2017)第 110377 号

书　　　名:"互联网＋"计算机应用基础教程——Windows 7＋Office 2010
著作责任者:郑馥丹　主编
责 任 编 辑:彭　楠
出 版 发 行:北京邮电大学出版社
社　　　址:北京市海淀区西土城路 10 号(邮编:100876)
发　行　部:电话:010-62282185　传真:010-62283578
E-mail: publish@bupt.edu.cn
经　　　销:各地新华书店
印　　　刷:北京玺诚印务有限公司
开　　　本:787 mm×1 092 mm　1/16
印　　　张:23.75
字　　　数:624 千字
版　　　次:2017 年 8 月第 1 版　2019 年 6 月第 4 次印刷

ISBN 978-7-5635-5113-2　　　　　　　　　　　　　　　　定价:49.00 元

# 前　言

本书原型为《计算机文化基础》,2009 年 8 月出版,得到了广大读者的好评和赞誉。在华南理工大学广州学院李仲麟教授、邓春晖副教授等人的建议和支持下,编者在原有基础上,结合全国计算机等级考试(一级)最新大纲(Windows 7+Office 2010)的要求和高等院校计算机公共基础课的培养目标和基本要求,对原书进行了补充和修订工作,于 2014 年 7 月出版了《计算机应用基础教程——Windows 7+Office 2010》。在“互联网+”的大背景下,考虑到实际应用和教学的需要,编者在原有内容上添加了计算机硬件拆装与维护、“互联网+”和其他流行技术(大数据、云计算、物联网)等,形成本书《“互联网+”计算机应用基础教程——Windows 7+Office 2010》。同时,本书也是广东省精品教材建设项目的建设成果。

本书是针对高等院校、高职高专院校非计算机专业的计算机公共基础教育,专门为在校大学生及希望通过自学掌握计算机基本操作技能的学员而编写的。本书由长期从事计算机应用基础一线教学、有丰富教学经验和实践经验的教师编写。书中的案例都进行了精心的设计,具有较强的代表性和实用性,案例操作步骤详细,配合操作图片,方便教学及自学。

本书共 10 章,第 1 章为计算机基础知识,简单描述了计算机的发展史、特点、发展趋势,计算机的数制和编码,计算机硬件设备和工作原理,以及计算机病毒的特征及防治;第 2 章为 Windows 7 操作系统,讲述了 Windows 7 操作系统的安装方法,Windows 7 操作系统下的基本操作、文件管理、程序管理、用户管理和计算机管理,并且介绍了 Windows 7 操作系统中实用的小工具;第 3～5 章分别介绍了 Office 2010 办公系列软件中的 Word 2010 文字处理、Excel 2010 电子表格、PowerPoint 2010 演示文稿三大软件的常用操作方法;第 6 章讲述了计算机网络基础,以简单易懂的词句详细介绍了网络最基本、最实用的部分,并结合当前网络的发展趋势,介绍了目前较为流行的网络应用;第 7 章讲述了多媒体应用技术基础,并对多媒体的发展趋势和常用的多媒体软件进行介绍;第 8 章介绍了计算机硬件的拆卸与安装,计算机操作系统的备份与还原以及计算机硬件故障的排除与诊断;第 9 章简述了“互联网+”的定义、由来、应用以及未来,描述了“互联网+”与我们生活息息相关的各个方面;第 10 章介绍了大数据、云计算、物联网三大技术的定义、发展、应用和趋势,对每种技术在日常生活中的应用进行了描述。

本书由郑馥丹主编并对全书进行统稿,李仲麟、邓春晖担任主审。全书主要分工如下:第 1 章由邓一星编写,第 2 章由付春英编写,第 3 章、第 9 章、第 10 章由郑馥丹编写,第 4 章由王方丽编写,第 5 章由宁辉编写,第 6 章由秦映波、李慧芬编写,第 7 章由邓一星编写,第 8 章由李成炼编写。

本书提供了配套的实验指导书——《“互联网+”计算机应用基础实验教程——Windows 7+Office 2010》,选用本书的教师可登录北京邮电大学出版社网站(http://www.buptpress.com/)免费下载电子课件、案例素材、上机实训素材、教学大纲等配套教学资源,或发邮件与本书作者联系

（邮箱:zhengfd@gcu.edu.cn)。

　　本书的编写得到了华南理工大学广州学院李仲麟教授、邓春晖副教授、蔡沂副教授、杨学伟副教授、杨柱学高级工程师、王炜副教授、廖玲老师、李妍老师,以及计算机工程学院各位同仁的大力支持和帮助,在此向他们表示深深的谢意。由于编者水平有限,书中难免有疏忽、错漏之处,恳请广大读者和专家批评指正。

作　者

# 目　　录

# 第1章  计算机基础知识

## 【学习目标】

计算机(Computer),俗称电脑,是一种能接收和存储信息,并按照存储在其内部的程序对输入的信息进行加工、处理,然后把处理结果输出的高度自动化的电子设备。计算机堪称人类社会在 20 世纪最伟大的发明,它从诞生开始便深刻地影响了人类文明前进的步伐,更深刻地改变了人类的生产和生活方式。本章主要介绍计算机的基础知识,通过本章的学习,读者可以了解计算机的发展历程、特点和用途;了解数制和各种数制之间的转换方式;了解数据在计算机中的存储和表示方式;了解计算机硬件系统和软件系统的基本概念;了解计算机病毒和计算机安全的基础知识。

## 【本章重点】

- 计算机的发展历程、特点、性能指标和分类。
- 计算机的数制及其编码方式。
- 计算机软硬件系统的基本组成。

## 【本章难点】

- 不同数制之间的转换方式。

# 1.1  计算机概述

## 1.1.1  计算机的发展历程

人类对自动计算工具的探索,并非起步于 20 世纪。早在 17 世纪,法国数学家和物理学家帕斯卡就发明了第一台机械式加法器,它解决了自动进位这一关键问题。而德国数学家和哲学家莱布尼兹设计完成了乘法自动计算机,并提出了"可以用机械替代人进行烦琐重复的计算工作"这一重要思想。1822 年,英国数学家巴贝奇设计了一台不仅可以做数字运算,还可以做逻辑运算的分析机,它的设计思想已具有现代计算机的概念。此后,虽然陆续有科学家为此进行着不懈的努力,也得到了一些成果,但 20 世纪中期之前,具有革命意义的产品并没有产生。

1946 年 2 月,在美国宾夕法尼亚大学诞生了一台被称为 ENIAC 的庞然大物,ENIAC 为 Electronic Numerical Integrator And Calculator 的英文字母缩写,意即电子数值积分计算机。

它占地面积达到 170 平方米,总重量达 30 吨,如图 1-1 所示。机器中约有 18 800 只电子管、1 500 个继电器、70 000 只电阻以及其他各种电气元件,每小时耗电量约为 140 千瓦。ENIAC 每秒钟可以进行 5 000 次加减运算,这在今天看来是微不足道的运算能力,但在当时已经相当于手工计算的 20 万倍,机电式计算机的 1 000 倍。

ENIAC 以第一台投入运行的电子计算机而载入史册,但这台计算机并不具备存储程序的能力,程序要通过外接电路输入,每个程序都要设计相应的外接插板,导致其实用性不强。曾担任 ENIAC 小组顾问的著名美籍匈牙利科学家冯·诺依曼博士提出了一个改进的方案,在该方案中,冯·诺依曼作了以下两项重大改进:第一,机内数制由原来的十进制改为二进制;第二,采用了存储程序方式控制计算机的操作过程。这一方案产生的结果为一台名叫 EDVAC 的计算机 ,EDVAC 是 Electronic Discrete Variable Automatic Computer 的英文字母缩写,意即电子离散变量自动计算机,如图 1-2 所示。它于 1952 年正式投入运行,其运算速度是 ENIAC 的 240 倍。EDVAC 所采用的计算机结构为人们所普遍接受,其后几乎所有的计算机都采用这一结构,为了纪念它的设计者,后来人们把这种结构的计算机都称为冯·诺依曼型计算机。

图 1-1　ENIAC

图 1-2　冯·诺依曼与 EDVAC

自从 1946 年第一台电子计算机问世以来,计算机技术已成为 20 世纪发展最快的一门学科,尤其是微型计算机的出现和计算机网络的发展,使计算机的应用渗透到社会的各个领域,有力地推动了信息社会的发展。一直以来,人们都以计算机物理器件的变革作为标志,故而把计算机的发展划分为四代。

**1. 第一代(1946—1958 年):电子管计算机时代**

从硬件方面来看,第一代计算机大多采用电子管作为计算机的基本逻辑部件,机器普遍体积庞大、笨重、耗电多、可靠性差、速度慢、维护困难;从软件方面来看,第一代计算机主要是使用机器语言来进行程序设计(20 世纪 50 年代中期开始使用汇编语言)。这一代计算机主要用于军事目的和科学研究,其中具有代表意义的机器有 ENIAC、EDVAC 等。

**2. 第二代(1959—1964 年):晶体管计算机时代**

第二代计算机的电子元件采用了半导体晶体管,因此计算速度和可靠性都有了大幅度的提高。人们在使用汇编语言的基础上,开始使用计算机高级语言(如 FORTRAN 语言、COBEL 语言等)。因此,计算机的应用范围开始扩大,由军事领域和科学研究扩展到数据处理和事务处理。在这一时期,具有代表意义的机器有 UNIVAC Ⅱ(如图 1-3 所示)和 IBM 7000 系列计算机等。

**3. 第三代计算机(1965—1970 年):中小规模集成电路时代**

第三代计算机的电子元件主要采用了中、小规模的集成电路,计算机的体积、重量进一步减小,运算速度和可靠性进一步提高。特别是在软件方面,操作系统的出现使计算机的功能越来越强。具有代表意义的第三代计算机有 Honeywell 6000 系列和 IBM 360(如图 1-4 所示)系列等。这一时期,软件开始以独立的姿态走上行业舞台,从此,计算机软件成为与硬件相区别的单独的实体。同时,计算机的应用又扩展到文字处理、企业管理、交通管理、情报检索、自动控制等领域。

图 1-3　UNIVAC Ⅱ

图 1-4　IBM 360 计算机

**4. 第四代计算机(1971 年至今):大规模和超大规模集成电路时代**

第四代计算机是使用大规模集成电路和超大规模集成电路制造的计算机。在软件方面,操作系统不断发展和完善,数据库系统进一步发展,软件业已发展成为现代新型行业。在这一代计算机中,由于使用了大规模集成电路和超大规模集成电路,使得数据通信、计算机网络有了极大的发展,微型计算机也异军突起,遍及全球。计算机的应用开始普及,应用领域扩展到了社会的各个角落。实际上,人们常把这一时期出现的大中型计算机称为第四代计算机,具有代表意义的机种有 IBM 4300 系列、IBM 3080 系列以及 IBM 9000 系列等。1975 年,美国IBM 公司推出了个人计算机(PC,Personal Computer),从此人们对计算机不再陌生,计算机开始深入人类生活的各个方面。表 1-1 列出了四代计算机的主要特点比较。

表 1-1　四代计算机主要特点比较

| 代 | 时间 | 硬件特征 | 软件特征 | 应用领域 |
|---|---|---|---|---|
| 第一代 | 1945—1958 年 | 采用电子管作为计算机的元器件 | 使用机器语言和汇编语言 | 军事部门、科学研究 |
| 第二代 | 1959—1964 年 | 采用晶体管作为计算机的元器件 | 高级语言开始出现,出现操作系统 | 军事、工业、商业、银行等部门 |
| 第三代 | 1965—1970 年 | 采用中小规模集成电路作为计算机的元器件 | 操作系统走向成熟,软件功能日益强大 | 向各个部门推广和普及 |
| 第四代 | 1971 年至今 | 采用大规模与超大规模集成电路作为计算机的元器件 | 数据库系统得到发展,软件工程的标准化 | 计算机得到广泛的应用,迅速普及推广开来,个人计算机发展和普及 |

随着计算机技术的高速发展,这种划分时代的方法早已不合时宜。因为不光是物理器件在不断地日新月异,计算机应用的深度和广度也在不断扩展,随着计算机不断地渗透到各行各业中,它已成为人们生产生活不可分离的一部分。人们更愿意笼统地称这个时代为"计算机时代",而没有必要特别去区分现在究竟处于计算机的第几代。

我国从1957年开始研制103通用数字电子计算机,如图1-5所示。1958年8月1日该机可以表演短程序运行,标志着我国第一台电子计算机诞生。

我国集成电路计算机的研究则始于1965年。国防科技大学先后于1983年和1992年研制成巨型机银河Ⅰ号和银河Ⅱ号。国家智能计算机研究开发中心于1995年研制成大规模并行计算机曙光1000。应该说,我们国家的计算机起步较晚,但经过几代科学家的努力,还是取得了一定的成绩,特别是在大型机和巨型机的研制方面,甚至达到了世界一流水平。我国研制的"神威·太湖之光"计算机,如图1-6所示,运算速度已达每秒12.54亿亿次,是目前世界上运算速度最快的计算机。

图1-5　103通用计算机　　　　　图1-6　"神威·太湖之光"计算机

但我国计算机工业的整体水平还不够高,与世界领先水平的差距还是比较大的,很多计算机的核心部件和核心软件还不具备自主研发和生产能力。

## 1.1.2　计算机的特点

计算机作为一种通用的自动化信息处理工具,具有以下一些主要特点。

**1. 运算速度快**

当今计算机系统的运算速度已达到每秒万亿次,微机也可达每秒亿次以上,使大量复杂的科学计算问题得以解决。过去人工计算需要几年、几十年才能完成的任务,现在用计算机只需几天甚至几分钟就可完成。

**2. 计算精确度高**

科学技术的发展特别是尖端科学技术的发展,需要高度精确的计算。计算机控制的导弹之所以能准确地击中预定的目标,是与计算机的精确计算分不开的。一般计算机可以有十几位甚至几十位(二进制)有效数字,计算精度可达千分之几到百万分之几,是任何计算工具望尘莫及的。

**3. 具有自动控制能力**

计算机内部操作是根据人们事先编好的程序自动控制进行的。用户根据解决问题的需要,事先设计好运行步骤与程序,计算机十分严格地按程序规定的步骤操作,整个过程不需人工干预。

**4. 具有记忆和逻辑判断能力**

随着计算机存储容量的不断增大,可存储记忆的信息越来越多。计算机不仅能进行计算,而且能把参加运算的数据、程序以及中间结果和最后结果保存起来,以供用户随时调用。此外,还可以对各种信息(如语言、文字、图形、图像、音乐等)通过编码技术进行算术运算和逻辑运算,甚至进行推理和证明。

**5. 可靠性高,通用性强**

随着大规模和超大规模集成电路的使用,计算机的可靠性也大大提高,计算机连续无故障运行时间可以达到几个月,甚至几年。不同的应用领域,解决问题的算法是不同的,现代计算机不仅可用来进行科学计算,也可用于数据处理、过程控制、辅助设计和辅助制造、计算机网络通信等。

## 1.1.3　计算机的性能指标

评价计算机的性能是一个复杂的问题,很多指标都会影响计算机的性能,目前计算机的主要技术性能指标有以下几个。

**1. 运算速度**

运算速度是衡量计算机性能的一项重要指标。通常所说的计算机运算速度(平均运算速度),是指每秒钟所能执行的指令条数,一般用“百万条指令/秒”(MIPS, Million Instruction Per Second)来描述。计算机一般采用主频来描述运算速度,一般来说,主频越高,运算速度就越快。主频即时钟频率,指 CPU 工作的时钟频率,也表示在 CPU 内数字脉冲信号震荡的速度,主频的单位是 MHz 或 GHz。目前主流计算机的 CPU 主频都达到了几个吉赫兹。

**2. 字长**

字长指计算机的运算部件能同时处理的二进制数据的位数。字长决定了计算机的运算精度,字长越长,计算机的运算精度就越高,同时,字长也影响机器的运算速度,字长越长,计算机一次能处理的数据就越多。计算机的字长一般都为 8 的倍数。目前主流的计算机字长为 32 位和 64 位。

**3. 内存容量**

内存容量指内存储器中能存储信息的总字节数。在冯·诺依曼体系计算机中,内存是一个非常重要的部件,运算所需的程序和数据都要放进内存中,才能被 CPU 拿来执行,故而内存容量越大,可进入内存的程序就越多,CPU 的处理效率也就越高。目前主流计算机一般都配置 1 GB 以上的内存。

**4. 存取周期**

把信息代码存入存储器,称为“写”;把信息代码从存储器中取出,称为“读”。存储器进行一次“读”或“写”操作所需的时间称为存储器的访问时间,而连续启动两次独立操作所需的最短时间,称为存取周期。显然存取周期越短,计算机的性能就越好,而影响存取周期的因素主要是内存的速度。

## 1.1.4　计算机的应用领域

计算机在科学技术、国民经济、社会生活各方面都得到了深入而广泛的应用,计算机正成为未来信息社会的强大支柱。计算机的应用领域,可以大致分为以下几个领域。

**1. 科学计算**

计算机最早的用途便是进行科学计算。计算机所具有的速度快、精度高、不易出错等优点,使得它迅速取代人工计算,成为科学计算的主角。从卫星发射的轨道运算,到天气预报中对气象数据的分析计算,再到生物和化学领域的分子运算,无不需要计算机大展身手。

**2. 数据处理**

数据处理是指对各种数据进行收集、存储、整理、分类、统计、加工、利用、传播等一系列活动的统称。数据处理是目前计算机最为广泛的一个应用,据统计,80%以上的计算机主要用于数据处理,这类工作量大面宽,决定了计算机应用的主导方向。目前,数据处理已广泛地应用于办公自动化、企事业计算机辅助管理与决策、情报检索、图书管理、电影电视动画设计、会计电算化等各行各业。

**3. 过程控制**

过程控制是利用计算机及时采集检测数据,按最优值迅速地对控制对象进行自动调节或自动控制。采用计算机进行过程控制,不仅可以大大提高控制的自动化水平,而且可以提高控制的及时性和准确性,从而改善劳动条件、提高产品质量及合格率。因此,计算机过程控制已在机械、冶金、石油、化工、纺织、水电、航天等部门得到广泛的应用。例如,在汽车工业方面,利用计算机控制机床、控制整个装配流水线,不仅可以实现精度要求高、形状复杂的零件加工自动化,而且可以使整个车间或工厂实现自动化。

**4. 辅助技术**

计算机辅助技术包括 CAD、CAM 和 CAI 等。

(1) 计算机辅助设计(CAD,Computer Aided Design)

计算机辅助设计是利用计算机系统辅助设计人员进行工程或产品设计,以实现最佳设计效果的一种技术。它已广泛地应用于飞机、汽车、机械、电子、建筑和轻工等领域。例如,在电子计算机的设计过程中,利用 CAD 技术进行体系结构模拟、逻辑模拟、插件划分、自动布线等,从而大大提高了设计工作的自动化程度。又如,在建筑设计过程中,可以利用 CAD 技术进行力学计算、结构计算、绘制建筑图纸等,这样不但提高了设计速度,而且可以大大提高设计质量。

(2) 计算机辅助制造(CAM,Computer Aided Manufacturing)

计算机辅助制造是利用计算机系统进行生产设备的管理、控制和操作的过程。例如,在产品的制造过程中,用计算机控制机器的运行,处理生产过程中所需的数据,控制和处理材料的流动以及对产品进行检测等。使用 CAM 技术可以提高产品质量,降低成本,缩短生产周期,提高生产率和改善劳动条件。将 CAD 和 CAM 技术集成,实现设计生产自动化,这种技术被称为计算机集成制造系统(CIMS)。它的实现将真正做到无人化工厂(或车间)。

(3) 计算机辅助教学(CAI,Computer Aided Instruction)

计算机辅助教学是利用计算机系统使用课件来进行教学。课件可以用 Authorware 或 PowerPoint 等多媒体课件制作工具来开发制作,它能引导学生循序渐进地学习,使学生轻松自如地从课件中学到所需要的知识。CAI 的主要特色是交互教育、个别指导和因人施教。

### 5. 人工智能

人工智能(AI, Artificial Intelligence)是计算机模拟人类的智能活动,诸如感知、判断、理解、学习、问题求解和图像识别等。现在人工智能的研究已取得不少成果,有些已开始走向实用阶段。例如,能模拟高水平医学专家进行疾病诊疗的专家系统,具有一定思维能力的智能机器人等。

### 6. 网络应用

计算机技术与现代通信技术的结合构成了计算机网络。计算机网络的建立,不仅解决了一个单位、一个地区、一个国家中计算机与计算机之间的通信,各种软、硬件资源的共享,也大大促进了世界各地之间的文字、图像、视频和声音等各类数据的传输与处理。

## 1.1.5　计算机的分类

计算机的分类方式很多,目前最主要的分类方式是按照用途将其分成专用计算机(Special Purpose Computer)和通用计算机(General Purpose Computer)两类。

专用计算机具有单纯、使用面窄甚至专机专用的特点,它是为了解决一些专门的问题而设计制造的。因此,它可以增强某些特定的功能,而忽略一些次要功能,使得专用计算机能够达到高速度、高效率地解决某些特定的问题。专业计算机一般都用于一些特定的行业或领域,如军事领域等。

通用计算机则是那些具有功能多、配置全、用途广、通用性强等特点的计算机,一般我们所说的计算机都是通用计算机。通用计算机按照性能指标,又可分为以下几类。

### 1. 巨型机(Super Computer)

巨型机即超级计算机。它具有很强的计算和处理数据的能力,主要特点表现为高速度和大容量,配有多种外部和外围设备及丰富的、高功能的软件系统。现有的超级计算机运算速度大都可以达到每秒一兆次以上。巨型机是计算机中功能最强、运算速度最快、存储容量最大的一类计算机,多用于国家高科技领域和尖端技术研究,是一个国家科研实力的体现,它对国家安全、经济和社会发展具有举足轻重的意义,是国家科技发展水平和综合国力的重要标志。图1-7 所示为美国超级计算机"泰坦",图 1-8 所示为曾经连夺超级计算机六连冠的我国"天河二号"超级计算机。

图 1-7　美国超级计算机"泰坦"　　　　图 1-8　"天河二号"计算机

**2. 大型机(Mainframe)和小型机(Minicomputer)**

大型机和小型机一般都是指介于巨型机和微机(PC)之间的机型。它们没有巨型机那样丰富的配置,结构上又比微机要复杂。从运算速度上看,它们明显低于巨型机,但跟微机相比却没有太大的优势。而大型机和小型机本身的界限也是相当模糊的,一般认为,大型机主要是指应用于大型商业企业的,具有较强数据处理能力,对速度、安全性、可靠性要求较高的计算机,而小型机则是指应用于中小型企事业单位的,性能相对大型机弱一些的计算机。

**3. 工作站(Workstation)和微机(Microcomputer)**

1971年,美国的Intel公司成功地在一个芯片上实现了中央处理器的功能,制成了世界上第一片4位微处理器MPU(Micro Process Unit),也称Intel 4004,并由它组成了第一台微型

计算机MCS-4,由此揭开了微型计算机大普及的序幕。随后,许多公司也争相研制微处理器,相继推出了8位、16位、32位微处理器。芯片内的主频和集成度也在不断提高,芯片的集成度几乎每18个月就提高一倍。1981年,IBM公司推出了采用Intel微处理器的IBM个人计算机,从此,个人计算机如雨后春笋般迅速发展,占领了一半以上的计算机市场。工作站其实就是一种高档的微机,如图1-9所示,它具有较高的运算速度,主要用于对计算机性能要求较高的多媒体运算,如图像、音频、视频处理等。

图1-9 非线编图形工作站

# 1.2 计算机的数制与编码

## 1.2.1 数制

数制也称计数制,是指用一组固定的符号和统一的规则来表示数值的方法。计算机采用的是二进制,任何信息必须转换成二进制后才能被计算机存储和处理。然而,人类算数采用的却是十进制,因此,有必要了解数制的规则和特点,以及不同数制之间的转换方法。

在数制中,常用的几个术语如下。

- 数码:用不同的数字符号来表示一种数制的数值,这些数字符号称为"数码"。
- 基数:某数制所使用的数码个数称为"基数"。
- 权:某数制每一位所具有的值称为"权"。

常用的计数进位制有以下几种。

(1) 十进制(Decimal System)

十进制数是人们最熟悉的一种进位计数制,它是由1,2,3,4,5,6,7,8,9,0十个数码组成,十进制的基数为10,即逢十进一。一个十进制数各位的权是以10为底的幂。

任意一个十进制数可以表示为

$$a_n \times 10^n + a_{n-1} \times 10^{n-1} + \cdots + a_1 \times 10^1 + a_0 \times 10^0 + a_{-1} \times 10^{-1} + \cdots + a_{-m} \times 10^{-m}$$

（2）二进制（Binary System）

二进制是计算技术中广泛采用的一种数制，由 18 世纪德国数理哲学大师莱布尼兹发现。计算机采用二进制进行数据的处理和存储，一方面是因为计算机采用的逻辑系统是一个是与非的逻辑系统，二进制中的"1"恰好可以表示"是"，"0"则可以表示"非"；另一方面则是因为二进制比较容易在电子器件中实现，在电子器件中，比较容易找到具有"开"和"关"或"高"和"低"的属性。

二进制由 1 和 0 两个数码组成，其基数为 2，即逢二进一。一个二进制数各位的权是以 2 为底的幂。

任意一个二进制数可以表示为

$$a_n \times 2^n + a_{n-1} \times 2^{n-1} + \cdots + a_1 \times 2^1 + a_0 \times 2^0 + a_{-1} \times 2^{-1} + \cdots + a_{-m} \times 2^{-m}$$

（3）八进制（Octal System）

二进制由于进位太快，一个不大的数都可以写成很长二进制数字串，不利于书写和记忆。因此，人们开始采用八进制和十六进制来作为二进制的有效补充。

八进制由 1,2,3,4,5,6,7,0 八个数码组成，其基数为 8，即逢八进一。一个八进制数各位的权是以 8 为底的幂。

任意一个八进制数可以表示为

$$a_n \times 8^n + a_{n-1} \times 8^{n-1} + \cdots + a_1 \times 8^1 + a_0 \times 8^0 + a_{-1} \times 8^{-1} + \cdots + a_{-m} \times 8^{-m}$$

（4）十六进制（Hexadecimal System）

十六进制由 1,2,3,4,5,6,7,8,9,0 以及 A,B,C,D,E,F 十六个数码组成，其基数为 16，即逢十六进一。一个十六进制数各位的权是以 16 为底的幂。

任意一个十六进制数可以表示为

$$a_n \times 16^n + a_{n-1} \times 16^{n-1} + \cdots + a_1 \times 16^1 + a_0 \times 16^0 + a_{-1} \times 16^{-1} + \cdots + a_{-m} \times 16^{-m}$$

表 1-2 给出了四位二进制数与其他三种数制的对应关系。

表 1-2　四位二进制数与其他数制的对应关系

| 二进制 | 十进制 | 八进制 | 十六进制 |
| --- | --- | --- | --- |
| 0000 | 0 | 0 | 0 |
| 0001 | 1 | 1 | 1 |
| 0010 | 2 | 2 | 2 |
| 0011 | 3 | 3 | 3 |
| 0100 | 4 | 4 | 4 |
| 0101 | 5 | 5 | 5 |
| 0110 | 6 | 6 | 6 |
| 0111 | 7 | 7 | 7 |
| 1000 | 8 | 10 | 8 |
| 1001 | 9 | 11 | 9 |
| 1010 | 10 | 12 | A |
| 1011 | 11 | 13 | B |
| 1100 | 12 | 14 | C |
| 1101 | 13 | 15 | D |
| 1110 | 14 | 16 | E |
| 1111 | 15 | 17 | F |

## 1.2.2　不同数制之间的转换

### 1．二进制数转换成十进制数

将二进制数转换成十进制数，可参考之前提到的二进制数的按权展开公式，将需要进行转换的二进制数各位的数码代入公式运算，即可得到相应的十进制数。

例如，将二进制数 100110.101 转换为十进制数，方法如下：

$$(100110.101)_2 = 1 \times 2^5 + 0 \times 2^4 + 0 \times 2^3 + 1 \times 2^2 + 1 \times 2^1 + 0 \times 2^0 + 1 \times 2^{-1} + 0 \times 2^{-2} + 1 \times 2^{-3}$$
$$= (38.625)_{10}$$

### 2．八进制数、十六进制数转换成十进制数

将八进制和十六进制的数转换为十进制数，方法与二进制数转换为十进制数的方法一样，只不过按权展开公式中对应的权分别为 8 和 16（注：十六进制中的数码 A～F 需分别变成十进制的 10～15）。

例如，将八进制数 365.2 转换成十进制数，方法如下：

$$(365.2)_8 = 3 \times 8^2 + 6 \times 8^1 + 5 \times 8^0 + 2 \times 8^{-1} = (245.25)_{10}$$

例如，将十六进制数 5A.B 转换成十进制数，方法如下：

$$(5A.B)_{16} = 5 \times 16^1 + 10 \times 16^0 + 11 \times 16^{-1} = (90.6875)_{10}$$

### 3．十进制数转换成二进制数

将十进制数转换成二进制数，十进制数的整数部分和小数部分需分别转换。整数部分采用"除二倒取余法"，小数部分采用"乘二取整法"。下面分别介绍两种方法。

（1）除二倒取余法

所谓除二倒取余，就是把被转换的十进制整数反复地除以 2，直到商为 0，把所得的余数从末位依次读起倒取，所得到的数就是这个十进制整数的二进制形式。

例如，将十进制数 75 转换为二进制数。

| 被除数 | | 商 | 余数 |
|---|---|---|---|
| 75 | ÷2 | 37 | 1 |
| 37 | ÷2 | 18 | 1 |
| 18 | ÷2 | 9 | 0 |
| 9 | ÷2 | 4 | 1 |
| 4 | ÷2 | 2 | 0 |
| 2 | ÷2 | 1 | 0 |
| 1 | ÷2 | 0 | 1 |

把余数按从后往前的顺序写出，即能得到二进制数，故十进制数 75 对应的二进制数为 1001011。

（2）乘二取整法

所谓乘二取整，就是把被转换的十进制小数连续乘以 2，选取进位整数，直到满足精度要求为止。

例如，将十进制数 0.827 转换为二进制数，保留小数点后五位。

$0.827 \times 2 = 1.654$--------------取出整数 1，剩下的小数为 0.654

$0.654 \times 2 = 1.308$--------------取出整数 1，剩下的小数为 0.308

0.308×2＝0.616--------------取出整数 0,剩下的小数为 0.616

0.616×2＝1.232--------------取出整数 1,剩下的小数为 0.232

0.232×2＝0.464--------------取出整数 0,剩下的小数为 0.464

将每次取出的整数按顺序写出,即能得出二进制数,故十进制数 0.827 对应的二进制数为 0.11010。

**4. 二进制数与八进制数、十六进制数互转**

二进制数与八进制数和十六进制数存在天然的对应关系,它们之间的转换十分方便。每三位二进制数可与一位八进制数互转,每四位二进制数可与一位十六进制数互转。

（1）二进制数与八进制数互转

二进制数转八进制数的方法为,以小数点为界,整数部分从小数点开始,向左每三位转一位八进制数,若剩余的二进制位数不够三位,则在前面补 0 凑够三位再转成一位八进制数。小数部分则从小数点开始,向右取二进制数,取数规则与整数部分相同。

例如,二进制数 1101101011.01011 转成八进制数:

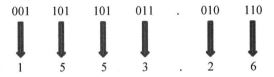

该二进制数所对应的八进制数为 1553.26。

八进制数转换为二进制数所采用的方法即是刚才二进制转八进制方法的逆过程,将每一位八进制数转成三位二进制数即可。

（2）二进制数与十六进制数互转

二进制数转十六进制数的方法为,以小数点为界,整数部分从小数点开始,向左每四位转一位十六进制数,若剩余的二进制位数不够四位,则在前面补 0 凑够四位再转成一位十六进制数。小数部分则从小数点开始,向右取二进制数,取数规则与整数部分相同。

例如,二进制数 1101101011.01011 转成十六进制数:

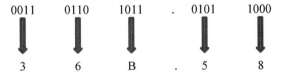

该二进制数所对应的十六进制数为 36B.58。

十六进制数转换成二进制数所采用的方法即是刚才二进制数转十六进制数方法的逆过程,将每一位十六进制数转成四位二进制数即可。

**5. 十进制数转换成八进制数、十六进制数**

若需进行十进制数转八进制数或十六进制数的操作,无须采用特别的方法,只需要先将十进制数转换成对应的二进制数,然后再把该二进制数转成八进制数或十六进制数即可。

## 1.2.3　二进制数在计算机内的表示

在计算机中,整数和实数(也称浮点数)是两类完全不一样的数,它们的存储格式和运算方法都不一样。下面,我们将重点介绍二进制整数和实数在计算机中以什么样的方式来存储。

**1. 二进制整数的表示方法**

在计算机中,机器数以二进制的形式进行存储,计算机中数据的存储单位是字节(8位),而为数据分配存储空间的时候,往往都是按照 $2^n$ 字节来分配,如 1 字节、2 字节、4 字节和 8 字节等。

整数一般都有正负之分,二进制恰好只有"0"和"1"两个数码,故而在存储机器数的时候,往往把最高的一个位用来存储该数的符号,"0"代表正号,"1"代表负号,剩下的位才用来表示具体的数值。

**2. 二进制实数的表示方法**

在计算机中,实数用浮点数来表示,浮点数通用的二进制表示形式为,其中 m 为一个二进制纯小数,e 为指数(也称阶)。因此,一个二进制实数的存储格式如下:

| 阶符 | 阶码 | 数符 | 尾数 |
|------|------|------|------|

阶符和阶码均为定点整数,阶符有 1 位,0 代表正数而 1 代表负数,阶码即为表示形式里的 e。数符也有 1 位,0 代表正数而 1 代表负数,而数码为定点纯小数,即表示形式里的 m。同一个小数,若采用的有效数字不同,会使得 m 变得不同。这不利于二进制小数的比较和计算,如 101.1 这个数,既可以表示为 $0.10112^{11}$,也可以表示为 $0.010112^{100}$。为实现相同实数表示的唯一性,计算机中对实数采用规格化表示法,m 必须满足 1.xxxxxx 的形式,例如,二进制数 101.1 须唯一表示成为 $1.0112^{10}$。这样,任一个实数就只有一种表示形式了。

## 1.2.4 数据单位

数值有大小,不同大小的数将占用不同的二进制位。为了便于表示不同大小的数,引入数据单位概念。

**1. 位**

位的英文单词是 bit,音译为"比特",简记为 b,是计算机存储数据的最小单位。一个二进制位只能表示一个 0 或 1。

**2. 字节**

字节来自英文 Byte,音译为"拜特",简记为 B。规定 1 B＝8 bit。字节是存储信息的基本单位。存储器是由一个个存储单元构成的,每个存储单元的大小就是一字节。字节能表示的存储容量并不大,所以一般还采用其他的一些单位,如 KB、MB、GB、TB、PB 等来表示存储容量。它们之间的计算关系如下:

$$1 \text{ KB}＝1\ 024 \text{ B}$$
$$1 \text{ MB}＝1\ 024 \text{ KB}$$
$$1 \text{ GB}＝1\ 024 \text{ MB}$$
$$1 \text{ TB}＝1\ 024 \text{ GB}$$
$$1 \text{ PB}＝1\ 024 \text{ TB}$$

**3. 字**

计算机处理数据时,CPU 通过数据总线一次存取、加工和传送的数据称为字。一个字通常由若干字节组成。由于字长是计算机一次所能处理的实际位数长度,所以字长是衡量计算机性能的一个重要指标。字长越长,精度越高,性能也就越好。目前常见的字长为 32 位和 64 位。

## 1.2.5　非数值数据在计算机内的表示

除了数值数据,人们还需要用计算机处理汉字、英文字母、标点符号、数字等非数值数据,这类数据统称为符号数据。这类数据是目前计算机系统中处理量最大的数据。由于计算机中只能存储二进制数,就需要对这些符号进行二进制的编码,建立符号与二进制数据的对应关系,以达到存储和处理的目的。

**1. ASCII 码**

ASCII(American Standard Code for Information Interchange)码即美国标准信息交换代码,是一种西文机内码,已被国际标准化组织 ISO 采纳,作为国际通用的信息交换标准代码。ASCII 码有 7 位 ASCII 码和 8 位 ASCII 码两种,7 位 ASCII 码称为标准 ASCII 码,8 位 ASCII 码称为扩展 ASCII 码。7 位标准 ASCII 码用一个字节(8 位)表示一个字符,并规定其最高位为 0,实际只用到 7 位,因此表示范围为 00000000B~01111111B(0~127),一共 128 种组合,分别表示 128 个不同字符。其中包括:数字 0~9,26 个大写英文字母、26 个小写英文字母,以及各种标点符号、运算符号和控制命令符号等。ASCII 码编码规则及部分控制字符含义如表 1-3 和表 1-4 所示。

**表 1-3　ASCII 字符编码表**

| ASCII 值 | 控制字符 | ASCII 值 | 控制字符 | ASCII 值 | 控制字符 | ASCII 值 | 控制字符 |
|---|---|---|---|---|---|---|---|
| 0 | NUT | 32 | (space) | 64 | @ | 96 | 、 |
| 1 | SOH | 33 | ! | 65 | A | 97 | a |
| 2 | STX | 34 | " | 66 | B | 98 | b |
| 3 | ETX | 35 | # | 67 | C | 99 | c |
| 4 | EOT | 36 | $ | 68 | D | 100 | d |
| 5 | ENQ | 37 | % | 69 | E | 101 | e |
| 6 | ACK | 38 | & | 70 | F | 102 | f |
| 7 | BEL | 39 | , | 71 | G | 103 | g |
| 8 | BS | 40 | ( | 72 | H | 104 | h |
| 9 | HT | 41 | ) | 73 | I | 105 | i |
| 10 | LF | 42 | * | 74 | J | 106 | j |
| 11 | VT | 43 | + | 75 | K | 107 | k |
| 12 | FF | 44 | , | 76 | L | 108 | l |
| 13 | CR | 45 | — | 77 | M | 109 | m |
| 14 | SO | 46 | . | 78 | N | 110 | n |
| 15 | SI | 47 | / | 79 | O | 111 | o |
| 16 | DLE | 48 | 0 | 80 | P | 112 | p |
| 17 | DCI | 49 | 1 | 81 | Q | 113 | q |
| 18 | DC2 | 50 | 2 | 82 | R | 114 | r |

续 表

| ASCII 值 | 控制字符 | ASCII 值 | 控制字符 | ASCII 值 | 控制字符 | ASCII 值 | 控制字符 |
|---|---|---|---|---|---|---|---|
| 19 | DC3 | 51 | 3 | 83 | X | 115 | s |
| 20 | DC4 | 52 | 4 | 84 | T | 116 | t |
| 21 | NAK | 53 | 5 | 85 | U | 117 | u |
| 22 | SYN | 54 | 6 | 86 | V | 118 | v |
| 23 | TB | 55 | 7 | 87 | W | 119 | w |
| 24 | CAN | 56 | 8 | 88 | X | 120 | x |
| 25 | EM | 57 | 9 | 89 | Y | 121 | y |
| 26 | SUB | 58 | : | 90 | Z | 122 | z |
| 27 | ESC | 59 | ; | 91 | [ | 123 | { |
| 28 | FS | 60 | < | 92 | \ | 124 | | |
| 29 | GS | 61 | = | 93 | ] | 125 | } |
| 30 | RS | 62 | > | 94 | ∧ | 126 | ～ |
| 31 | US | 63 | ? | 95 | — | 127 | DEL |

表 1-4 控制字符含义表

| 控制字符 | 含义 | 控制字符 | 含义 | 控制字符 | 含义 |
|---|---|---|---|---|---|
| NUL | 空 | VT | 垂直制表 | SYN | 空转同步 |
| SOH | 标题开始 | FF | 走纸控制 | ETB | 信息组传送结束 |
| STX | 正文开始 | CR | 回车 | CAN | 作废 |
| ETX | 正文结束 | SO | 移位输出 | EM | 纸尽 |
| EOY | 传输结束 | SI | 移位输入 | SUB | 换置 |
| ENQ | 询问字符 | DLE | 空格 | ESC | 换码 |
| ACK | 承认 | DC1 | 设备控制 1 | FS | 文字分隔符 |
| BEL | 报警 | DC2 | 设备控制 2 | GS | 组分隔符 |
| BS | 退一格 | DC3 | 设备控制 3 | RS | 记录分隔符 |
| HT | 横向列表 | DC4 | 设备控制 4 | US | 单元分隔符 |
| LF | 换行 | NAK | 否定 | DEL | 删除 |

**2. 汉字编码**

英文字母只有 26 个,一个字节足以表示。而汉字是象形文字,并非由若干字母拼组而成,汉字有一万多个,常用的汉字也有六千多个,所以汉字用一字节是不足以表示的。在计算机中,一个汉字需要两字节来存储。此外,汉字与西文字符比较,数量大,字形复杂,同音字多,这就给汉字在计算机内部的存储、传输、交换、输入、输出等带来了一系列的问题。为了能直接使用西文标准键盘输入汉字,必须为汉字设计相应的编码,以适应计算机处理汉字的需要。

汉字的编码一般有以下 4 种。

(1)汉字交换码

汉字交换码主要是用作汉字交换信息用的。1980 年我国颁布了《信息交换用汉字编码字符集·基本集》代号为(GB 2312—80),是国家规定的用于汉字信息处理使用的代码依据,这种汉字交换码被称为国标码。在国标码的字符集中共收录了6 763个常用汉字和682个非汉字字符(图形、符号),其中一级汉字3 755个,以汉语拼音为序排列,二级汉字3 008个,以偏旁部首进行排列。

国标 GB 2312—80 规定,所有的国标汉字与符号组成一个 94×94 的矩阵,在此方阵中,每一行称为一个"区"(区号为01~94),每一列称为一个"位"(位号为01~94),该方阵实际组成了一个有 94 个区,每个区内有 94 个位的汉字字符集,每一个汉字或符号在码表中都有一个唯一的位置编码,叫该字符的区位码。使用区位码方法输入汉字时,必须先在表中查找汉字并找出对应的代码,才能输入。区位码输入汉字的优点是无重码,而且输入码与内部编码的转换方便。

在我国的港台地区,并不使用国标码,而是使用 BIG5 码,BIG5 码是一种繁体汉字的编码方式。

(2) 汉字机内码

汉字机内码是计算机系统内部对汉字进行存储、处理、传输统一使用的代码,又称为汉字内码。由于汉字数量多,一般用 2 个字节来存放汉字的内码。在计算机内汉字字符必须与英文字符区别开,以免造成混乱。英文字符的机内码是用一字节来存放 ASCII 码,一个 ASCII 码占一字节的低 7 位,最高位为 0,为了区分,汉字机内码中两个字节的最高位均置 1。

汉字机内码与国标码的转换关系为国标码(H)+8080H=机内码(H),如汉字"中"的国标码为 5650H,则机内码为 5650H+8080H=D6D0H。

(3) 汉字输入码

汉字输入码也称外码,是为了通过键盘字符把汉字输入计算机而设计的编码。英文的输入码和内码是一一对应的,但键盘并不是为汉字设计的,汉字不能直接按键输入,必须通过一定的编码方案,组合输入一系列字符来完成汉字的输入。汉字的输入码种类有很多,有音码、形码和音形码等,常用的拼音输入法属于音码,而五笔输入法属于形码。

(4) 汉字字形码

每一个汉字的字形都必须预先存放在计算机内。例如,GB2312 国标汉字字符集的所有字符的形状描述信息集合在一起,称为字形信息库,简称字库。目前汉字字形的产生方式大多是用点阵方式形成汉字,即是用点阵表示的汉字字形代码。根据汉字输出精度的要求,有不同密度的点阵。汉字字形点阵有 16×16 点阵、24×24 点阵、32×32 点阵等。汉字字形点阵中每个点的信息用一位二进制码来表示,1 表示对应位置处是黑点,0 表示对应位置处是空白,如图 1-10 所示。字形点阵的信息量很大,所占存储空间也很大,例如 16×16 点阵,每个汉字就要占 32 字节,24×24 点阵的字形码需要用 72 字节,因此字形点阵只能用来构成"字库",而不能用来替代机内码用于机内存储。字库中存储了每个汉字的字形点阵代码,不同的字体(如宋体、楷体、黑

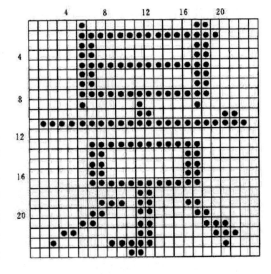

图 1-10　24×24 点阵汉字示例

体等)对应着不同的字库。在输出汉字时,计算机要先到字库中去找到它的字形描述信息,然后再把字形送去输出。

# 1.3　计算机系统的构成

通常我们所说的计算机系统,指的是一套计算机硬件系统及在其上运行的软件系统,两者缺一不可。硬件指的是完成具体运算、存储和输入输出功能的物理实体,而软件则是指示和控制硬件运作的程序和需保存的各种文档。图 1-11 表示出了计算机系统的层次结构。

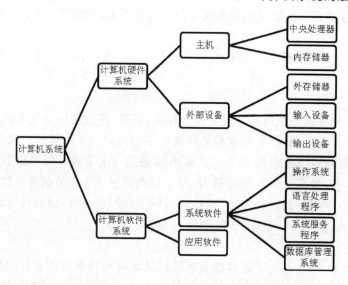

图 1-11　计算机系统层次结构图

## 1.3.1　计算机硬件系统

### 1. 中央处理器

中央处理器(CPU,Central Processing Unit)是计算机的运算和控制核心,主要包括运算器(ALU)、控制器(CU)两大部件。此外,它还包括若干个寄存器和高速缓冲存储器及实现它们之间联系的数据、控制及状态的总线。CPU 的主要功能包括处理指令、处理数据、控制时间和执行操作等。可以毫不夸张地说,CPU 是整个计算机硬件系统中最为重要的部件,堪称计算机的"大脑"。计算机的性能在很大程度上由 CPU 的性能所决定,而 CPU 的性能主要体现在其运行程序的速度上,影响运行速度的性能指标包括 CPU 的工作频率、Cache 容量、指令系统和逻辑结构等参数。目前绝大多数的 CPU 都是一块独立的超大规模集成电路芯片,如图 1-12 所示,可直接装入计算机的主板运行。

图 1-12　CPU

运算器是计算机中对信息进行加工、运算的部件,可以执行定点或浮点算术运算操作、移位操作以及逻辑操作,也可执行地址运算和转换。

控制器是指挥和控制计算机各个部件进行工作的"神经中枢"。控制器由指令寄存器、指令译码器、指令计数器以及其他的一些电路组成,主要是负责对指令译码,并且发出为完成每条指令所要执行的各个操作的控制信号。

**2. 存储器**

存储器是计算机中用于记忆的部件,它的功能是存储程序和数据。存储器分为两大类,内存储器和外存储器,两者的原理和功能大不相同。

(1) 内存储器(简称内存,又称主存储器)

内存是 CPU 可直接访问的存储器,是计算机中的工作存储器,即当前正在运行的程序与数据都必须存放在内存中。计算机工作时,所执行的指令及操作数都是从内存中取出的,处理的结果也放在内存中。因此,计算机系统中所谓的主机,指的就是内存和 CPU,这两个部件对于计算机的运行起着至关重要的核心作用。

内存通常由两种半导体存储芯片——随机存取存储器(RAM,Random Access Memory)和只读存储器(ROM,Read Only Memory)组成。

RAM 中的信息可随机地读出或写入,用来存放用户输入的程序和数据,但在断电后,RAM 中的信息也随之丢失。我们现在装机时所购置的内存,指的都是 RAM。目前 SDRAM(Synchronous Dynamic Random Access Memory,同步动态随机存储器)为 RAM 中的主流,而 SDRAM 本身也已经发展到 DDR(Double Data Rate)时代,即具有双倍数据传输率的 DDR-SDRAM,如图 1-13 所示。

ROM 中的信息只能读出而不能写入,断电后,ROM 中原有内容保持不变。在计算机重新接通电源后,ROM 中的内容仍可被读出。因此,ROM 常用来存放一些固定的程序或信息,如自检程序、字库等。

(2) 外存储器(简称外存,又称辅助存储器)

外存是主机的外部设备,用来存储大量的暂时不参加运算或处理的数据和程序,存取速度较慢。一旦需要,可成批地与内存交换信息。它是内存的后备和补充。传统上,外存按存储介质可分为磁介质存储器和光盘存储器两大类,也出现了半导体介质的外存储器,如 U 盘等。

磁介质存储器是外存储器中速度最快、存储容量最大的一类,这类存储器中最常见的就是硬盘了,如图 1-14 所示。计算机中程序和数据的永久性保存(这里的永久性是个相对的概念)主要就是靠硬盘来完成。硬盘的容量目前已经是以 T 为单位来计算了,1 TB＝1 024 GB。

图 1-13　DDR-SDRAM

图 1-14　硬盘

光盘存储器的特点是存储介质可以随身携带,具有可移动性。光盘存储器的典型代表就是 CD 和 DVD,其中 CD 的容量一般是 650 MB,而 DVD 的容量最大可达到 17 GB。光盘按照其存储特性也分为三种,只读光盘(CD-ROM 或 DVD-ROM)、可一次写入光盘(CD-R 或 DVD-R)和可擦写光盘(CD-RW 或 DVD-RW)。光盘的读取和写入都需要使用光盘驱动器,也就是我们通常说的光驱,相应地,光驱也分为 CD 光盘驱动器和 DVD 光盘驱动器(如图 1-15 所示)。

（3）U 盘

采用半导体介质的 U 盘(如图 1-16 所示)采用一种闪速存储器(Flash Memory)作为存储媒介,无须物理驱动器,仅通过 USB 接口和主机相连,就可以像使用软、硬盘一样读写文件。U 盘工作时无须额外电源,支持热插拔,具有写保护功能。目前主流的 U 盘采用的是 USB 2.0 标准,数据传输率最高可达 480 Mbit/s,而新一代采用 USB 3.0 标准的 U 盘,数据传输率最高可达 5 Gbit/s。

图 1-15　DVD 光盘驱动器

图 1-16　U 盘

### 3. 输出设备

输出设备是计算机的终端设备,用于接收计算机数据的输出显示、打印、声音、控制外围设备操作等,也可以把各种计算结果数据或信息以数字、字符、图像、声音等形式表示出来。常见的输出设备有显示器、打印机、绘图仪、影像输出系统、语音输出系统等。

（1）显示器

显示器是输出设备中较为重要的一种,大部分的文字、图形、图像和影像效果都是在显示器上展现的。

显示器按所采用的显示器件分类,有阴极射线管(CRT,Cathode Ray Tube)显示器和液晶显示器(LCD,Liquid Crystal Display)两大类。

CRT 显示器(如图 1-17 所示)用电子束来进行控制和表现三基色原理。电子枪工作原理是由灯丝加热阴极,阴极发射电子,然后在加速极电场的作用下,经聚焦极聚成很细的电子束,在阳极高压作用下,获得巨大的能量,以极高的速度去轰击荧光粉层。这些电子束轰击的目标就是荧光屏上的三基色。受到高速电子束的激发,这些荧光粉单元分别发出强弱不同的红、绿、蓝三种光。根据空间混色法(将三个基色光同时照射同一表面相邻很近的三个点上进行混色的方法)产生丰富的色彩。CRT 显示器的优点是色彩比较丰富,可视角度比较大,缺点是体积庞大,能耗和辐射较大。随着 LCD 技术的不断成熟,CRT 显示器已逐步被 LCD 显示器所取代。

　　LCD 显示器(如图 1-18 所示)是在两片平行的玻璃基板当中放置液晶盒,下基板玻璃上设置 TFT(薄膜晶体管),上基板玻璃上设置彩色滤光片,通过 TFT 上的信号与电压改变来控制液晶分子的转动方向,从而达到控制每个像素点偏振光出射与否而达到显示目的。LCD 显示器具有体积小、能耗小、使用寿命长等优点,现已成为显示器的主流配置。

图 1-17　CRT 显示器　　　　　　　　　图 1-18　LCD 显示器

显示器的主要技术指标有以下几种。

① 屏幕尺寸

屏幕尺寸指显示器屏幕对角线的长度,单位为英寸。显示器的尺寸很丰富,目前主流的配置为 17～25 英寸。

② 点距

点距是彩色显示器的一项重要技术指标,是指屏幕上相邻两个相同颜色的荧光点之间的最小距离。点距的单位是 mm(毫米)。点距越小,意味着单位显示区域内可以显示更多的像点,显示的图像就越清晰细腻。目前主流的显示器点距一般在 0.20 mm 左右。

③ 分辨率

分辨率简单地说就是屏幕每行每列的像素数。作为性能指标之一的最大分辨率,则取决于显示器在水平和垂直方式上最多可以显示点的数目。分辨率(Resolution)以水平显示的像素个数×水平扫描线数表示,如 1 024×768 指每帧图像由每行 1 024 个像素、共 768 条水平扫描线组成。屏幕尺寸相同,点距越小,分辨率越高,行扫描频率越高,分辨率相应地也就越高。

④ 刷新频率

刷新频率指屏幕的刷新速度,刷新频率低,图像的闪烁和抖动越严重,眼睛容易疲劳。对于 CRT 显示器来说,为了达到正常的视觉效果,刷新频率要求一般不低于 85 Hz。而 LCD 显示器由于成像原理不一样,对于刷新频率的要求并不是那么高,60 Hz 以上一般就可以了。

⑤ 扫描方式

扫描方式是指显像管电子束的扫描方式,有逐行和隔行两种。逐行扫描是从第一条扫描线开始,一条一条扫描线依次往下扫描。而隔行扫描是先扫描半数的扫描线,再扫描剩下的一半,两次扫描的结果形成一幅完整的图像。由于隔行扫描闪烁严重,太伤眼睛,已经被市场淘汰。

(2) 打印机

打印机也是计算机系统中常用输出设备之一,用于将计算机处理结果打印在相关介质(纸张)上。打印机按照工作方式的不同,可分为针式打印机、喷墨打印机和激光打印机三类。

针式打印机又称为点阵打印机,如图 1-19 所示,是利用打印头内的点阵撞针,撞击打印色带,在打印纸上产生打印效果。针式打印机的工作原理比较简单,所以设备和耗材都比较便宜,设备的使用寿命也比较长。但它的缺点也非常明显,噪声大、速度慢、精度低,不适合打印图形(尤其是彩色图形),所以在对打印效果有一定要求的场合,一般很少配置针式打印机,这类打印机目前主要用于需要打印清单和票据的场合,如银行等。

喷墨打印机的打印头由几百个细小的喷墨口组成,如图 1-20 所示,当打印头横向移动时,喷墨口可以按一定的方式喷射出墨水,打到打印纸上,形成字符、图形等。喷墨打印机的打印效果比针式打印机好很多,装入彩色墨盒后,也能打印出非常逼真的彩色效果。此外,喷墨打印机机器本身的成本也不是很高,比较适合于家庭使用。但喷墨打印机也有比较明显的缺点,耗材成本高、速度不快、对纸张要求高,以及潮湿环境下容易产生字迹渗透等。

图 1-19　针式打印机　　　　　　　　　　图 1-20　喷墨打印机

激光打印机是一种高速度、高精度、低噪声的非击打式打印机,如图 1-21 所示。它是激光扫描技术与电子照相技术相结合的产物。激光打印机具有最高的打印质量和最快的打印速度,可以输出漂亮的文稿,也可以输出直接用于印制版的透明胶片。激光打印机的最大优点就是速度快,一分钟一般可以打印 10 页以上,同时打印精度也比前两种打印机要高。所以在办公场合,现在基本上以配置激光打印机为主。但激光打印机也有缺点,它的最大缺点就是成本比较高,无论是机器的造价还是耗材的成本,都相对比较昂贵。

（3）绘图仪

绘图仪是一种能按照人们的要求自动绘制图形的设备,如图 1-22 所示。它可将计算机的输出信息以图形的形式输出,主要用于绘制各种管理图表和统计图、大地测量图、建筑设计图、电路布线图、各种机械图与计算机辅助设计图等。

图 1-21　激光打印机　　　　　　　　　　图 1-22　绘图仪

**4. 输入设备**

输入设备,顾名思义就是向计算机输入命令和数据的交互设备。常见的输入设备有键盘、鼠标、扫描仪等。

(1) 键盘

键盘(Keyboard)是向计算机发布命令和输入数据的重要输入设备。在微机中,它是必备的标准输入设备。早期的键盘共有 83 个键,类似于英文打字机,后经逐步发展,变成了现在的标准 104 键盘。104 键盘是目前使用最广泛的键盘,如图 1-23 所示,该键盘共有 104 个键,分为 4 个键区:功能键区、主键盘区、光标控制键区(编辑键区)和数字键区(小键盘区)。键盘的接口现在主要是 USB 接口,少部分还使用旧的 PS/2 接口。

(2) 鼠标

鼠标(Mouse)已逐渐超越键盘成为使用率第一的基本输入设备。它将频繁的击键动作转换成为简单的移动、单击。有人说,鼠标堪称 20 世纪 IT 领域最伟大的发明之一,它彻底改变了人们在 PC 上的工作方式,从而成为微机必备的输入设备。鼠标分为机械鼠标和光电鼠标两种,其中光电鼠标是通过红外线或激光检测鼠标器的位移,将位移信号转换为电脉冲信号,再通过程序的处理和转换来控制屏幕上的光标箭头移动的一种硬件设备,如图 1-24 所示。由于它定位精度高,定位速度快,小巧轻便,目前已基本取代机械鼠标成为计算机的主流配置。

图 1-23　标准 104 键盘

图 1-24　光电无线鼠标

(3) 扫描仪

扫描仪(Scanner)是利用光电技术和数字处理技术,以扫描方式将图形或图像信息转换为数字信号的装置。扫描仪可分为很多种,有平面扫描仪(如图 1-25 所示)、滚筒扫描仪、便携式扫描仪等。扫描仪的主要性能指标是分辨率(Resolution)和彩色位数。低档的分辨率约 300 dpi×600 dpi,高档的分辨率约 1 000 dpi×2 000 dpi,这里的单位 dpi 表示每英寸点数。彩色位数有 24 位和 32 位等。搭配 OCR 软件之后,很多扫描仪都能将扫描进来的文章直接识别出其中的文字,大大节省了输入时间。

此外,还出现了动画线拍仪等高档的扫描设备,如图 1-26 所示,能将动画手稿直接转化为动画。

图 1-25　平面扫描仪

（4）数码相机

数码相机（Digital Camera）是一种采用光电子技术摄取静止图像的照相机，如图 1-27 所示。数码相机摄取的光信号由电荷耦合器件（CCD，Charge Coupled Device）成像后变换成数字信号，数字信号通过影像运算芯片储存在存储卡中，将其与计算机连接，可把摄取的照片转储到计算机内以便进行照片编辑。

图 1-26　动画线拍仪　　　　　　　　　　　图 1-27　SONY 数码相机

## 1.3.2　计算机软件系统

最早的计算机并不区分软件和硬件，机器的制造者同时也是指令和程序的开发者。随着计算机系统的不断发展，特别是在操作系统出现之后，计算机硬件和软件的区别已经非常明显了，软硬件分别变成了不同的产业。到了 20 世纪后期，软件的重要性已经超过了硬件，成为计算机中最重要的一类资源。可以说，没有软件，硬件毫无价值，但没有硬件，软件还可以依存于其他载体（如智能设备等）而发挥功能。

计算机的软件系统包括系统软件和应用软件。系统软件一般由计算机厂商提供，应用软件是为解决某一问题而由用户或软件公司开发的。

**1. 系统软件**

系统软件是管理、监控和维护计算机资源（包括硬件和软件），开发应用软件的软件。它主要包括操作系统、语言处理程序、数据库管理系统、系统服务软件等。

（1）操作系统

操作系统（OS，Operating System）是整个计算机软件系统中最为重要的一个软件，没有配置操作系统的计算机只能成为裸机。它是系统资源的管理着，也是用户和系统之间的接口，同时还为用户提供丰富的操作计算机的界面。操作系统通常具有五个方面的功能：处理机管理、作业管理、存储管理、设备管理和文件管理，故而称其为整个计算机系统的大管家毫不为过。根据操作系统使用环境和对作业处理方式的不同，操作系统一般可分为批处理操作系统、分时操作系统、实时操作系统和网络操作系统这几种类型。但现在的操作系统，早已兼具几种类型的特点。目前主流的操作系统主要是两大阵营，Windows 阵营和 Linux 阵营，一般个人用户接触得较多的都是 Windows，它是由美国微软（Microsoft）公司开发的一系列操作系统的总称，目前在使用的 Windows 版本主要有 Windows 7、Windows 8 以及最新的 Windows 10（如

图 1-28 所示)。

（2）语言处理程序

程序设计语言是用户编写应用程序使用的语言，是人与计算机之间交换信息的工具，一般分为机器语言、汇编语言和高级语言三类。

机器语言是计算机系统唯一能识别的、不需要翻译直接供机器使用的程序设计语言。机器语言中的每个语句（称为指令）都是二进制形式的指令代码，包括操作码和地址码两部分。

图 1-28　Windows 10 的界面

汇编语言是将机器语言"符号化"的程序设计语言。在汇编语言中，用助记符号来表示机器语言的二进制代码。用汇编语言编写的程序必须翻译成机器语言程序，计算机才能识别和执行。

机器语言和汇编语言都是面向机器的语言，一般称为低级语言。它们对机器的依赖性大，通用性差，要求程序的开发者必须熟悉计算机的硬件系统和了解每一细节，它所面对的用户是计算机专业人员，一般普通用户很难掌握。随着计算机技术的发展和计算机应用领域的不断扩大，高级语言应运而生。高级语言是一种接近数学语言及自然语言的程序设计语言。高级语言的显著特点是独立于具体的计算机硬件，通用性和移植性好。目前主流的高级语言有 C、C++、Java、C♯ 和 Python 等。

除了机器语言，其他语言编写出的程序计算机都无法识别，需要相应的语言处理程序将这些语言代码翻译成机器语言代码供计算机去执行。因此，人们后来就笼统地把程序设计语言及其相应的翻译（解释）程序，统称为语言处理程序。

（3）数据库管理系统

数据库指存储在计算机内部，具有较高的数据独立性、较少的数据冗余、数据规范化、并且相互之间有联系的数据文件的集合。数据库管理系统是一种管理数据库的软件，它能维护数据库，接受和完成用户提出的访问数据库的各种要求，是帮助用户建立和使用数据库的一种工具和手段。目前常见的数据库产品有 Oracle、MySQL、SQL Server 等。

（4）系统服务程序

系统服务程序大多是一些对计算机软硬件系统进行维护，确保软硬件系统能正常工作的程序。典型的系统服务程序包括磁盘碎片整理程序、分区格式化工具、系统故障检测、诊断工具以及系统优化工具等。此外，有的人也把一些能扩展系统功能（如网络功能）的程序算作系统服务程序。

**2. 应用软件**

应用软件是为解决计算机各类应用问题而编写的，具有很强的实用性。它可以是一个特定的程序，可以是一组功能联系紧密、可以互相协作的程序的集合，也可以是一个由众多独立程序组成的庞大的软件系统。由于应用的领域太广，所以应用软件并没有什么特别好的分类方式。常用的应用软件主要有办公类的应用软件，如 Office、WPS 等；多媒体类的应用软件，如 Photoshop、Flash 等；网络类的应用软件，如浏览器、QQ 等。

# 1.4 计算机病毒简介及其防治

在《中华人民共和国计算机信息系统安全保护条例》中,对于计算机病毒有着明确的定义。所谓的计算机病毒,指的是编制者在计算机程序中插入的破坏计算机功能或者破坏数据,影响计算机使用并且能够自我复制的一组计算机指令或者程序代码。简单地说,计算机病毒就是以破坏为目的的程序,由于这类程序往往具有在计算机内驻留、复制和传播的特性,跟自然界的病毒有相似性,所以被称为"计算机病毒"。

## 1.4.1 计算机病毒的特征

计算机病毒也是程序的一种,所以它具有一般程序的特征,如存储特征、运行特征等,但它也有其他程序所没有的一些特征。

**1. 繁殖性**

计算机病毒可以像生物病毒一样进行繁殖,当正常程序运行的时候,它也在运行并不断复制,是否具有繁殖、感染的特征是判断某段程序是否为计算机病毒的首要条件。

**2. 破坏性**

计算机中毒后,可能会导致正常的程序无法运行,或者把计算机内的文件删除或受到不同程度的损坏,更严重的病毒会直接破坏硬件,让整个计算机瘫痪。

**3. 传染性**

传染性是病毒的基本特征。计算机病毒会通过各种渠道从已被感染的计算机扩散到未被感染的计算机,在某些情况下造成被感染的计算机工作失常甚至瘫痪。与生物病毒不同的是,计算机病毒是一段人为编制的计算机程序代码,这段程序代码一旦进入计算机并得以执行,它就会搜寻其他符合其传染条件的程序或存储介质,确定目标后再将自身代码插入其中,达到自我繁殖的目的。只要一台计算机染毒,如不及时处理,那么病毒会在这台计算机上迅速扩散,计算机病毒可通过各种可能的渠道,如软盘、硬盘、移动硬盘、计算机网络去传染其他的计算机。是否具有传染性是判别一个程序是否为计算机病毒的最重要条件。

**4. 潜伏性**

许多病毒像定时炸弹一样,并不是一感染就爆发,而是预设一些时间或触发条件。不到预定时间和触发条件一点都觉察不出来,等到条件具备的时候一下子就爆炸开来,对系统进行破坏。一个编制精巧的计算机病毒程序,进入系统之后可以静静地躲在磁盘里待上几天,甚至几年,一旦时机成熟,便会产生巨大的破坏作用。

**5. 隐蔽性**

计算机病毒具有很强的隐蔽性,有的可以通过病毒软件检查出来,有的根本就查不出来,有的时隐时现、变化无常,这类病毒处理起来通常很困难。

**6. 变种性**

某些病毒可以在传播的过程中自动改变自己的形态,从而衍生出另一种不同于原版病毒的新病毒,这种现象称为病毒变种。有变形能力的病毒能更好地在传播过程中隐蔽自己,使之不易被反病毒程序发现及清除。例如,著名的蠕虫病毒就有多达几十种变种病毒。

## 1.4.2　计算机病毒的危害

计算机病毒给计算机软硬件系统带来的危害往往是巨大的。1998 年,台湾大学生陈盈豪制作的 CIH 病毒,令全世界六千万的电脑主板和硬盘遭到不同程度的破坏,直接损失达 10 亿美元;2002 年出现的冲击波病毒(如图 1-29 所示),利用 Windows 系统的漏洞对计算机系统进行大肆攻击,感染了超过一千万台电脑,这些电脑的系统资源被大量占用和耗尽,并且不停地重启,使得用户无法正常使用电脑;2006 年,武汉人李俊制作的熊猫烧香病毒,也在我国计算机领域迅速传播开来,大量用户电脑中毒后出现蓝屏、频繁重启以及系统硬盘中数据文件被破坏等现象。

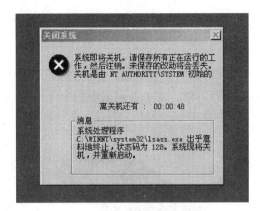

图 1-29　冲击波病毒发作图

病毒的危害有很多形式,有的是以破坏数据和程序为目的的,有的是以损害硬件为目的的,而有的是以令网络瘫痪为目的的,当然,还有一部分病毒是"无害"的,以恶作剧或恶搞为目的。归纳起来,计算机病毒的危害大体可以分为以下几种:

- 破坏硬盘的主引导扇区,使计算机无法启动;
- 破坏文件中的数据,删除文件;
- 对磁盘或磁盘特定扇区进行格式化,使磁盘中信息丢失;
- 产生垃圾文件,占据磁盘空间,使磁盘空间逐渐减少;
- 占用 CPU 运行时间,使运行效率降低;
- 破坏屏幕正常显示,破坏键盘输入程序,干扰用户操作;
- 破坏计算机网络中的资源,使网络系统瘫痪;
- 破坏系统设置或对系统信息加密,使用户系统紊乱。

## 1.4.3　计算机病毒的分类

根据病毒存在的媒体,病毒可以划分为网络病毒、文件病毒和引导型病毒几种。网络病毒主要通过计算机网络来传播,造成网络堵塞或破坏联网的计算机系统;文件病毒主要是感染计算机中的各种文件(如 COM、EXE、DOC 等),造成文件的损坏或丢失;引导型病毒则主要是感染启动扇区(Boot)和硬盘的系统引导扇区(MBR),使得系统无法正常启动和运行。

根据传染的方法,病毒可分为驻留型病毒和非驻留型病毒。驻留型病毒感染计算机后,把自身的内存驻留部分放在内存中,这一部分程序挂接系统调用并合并到操作系统中去,它处于激活状态,一直到关机或重新启动。非驻留型病毒在得到机会激活时并不感染计算机内存,一些病毒在内存中留有小部分,但是并不通过这一部分进行传染,这类病毒也被划分为非驻留型病毒。

根据破坏能力,病毒可分为无害型、无危险型、危险型和非常危险型四种类型。

- 无害型:除了传染时减少磁盘的可用空间外,对系统没有其他影响。
- 无危险型:这类病毒仅仅是减少内存、显示图像、发出声音及同类音响。
- 危险型:这类病毒在计算机系统操作中造成严重的错误。
- 非常危险型:这类病毒删除程序、破坏数据、清除系统内存区和操作系统中重要的信息。

### 1.4.4　计算机病毒的预防

防止病毒的入侵比病毒入侵后再去发现和排除要好得多,而提高系统的安全性是防病毒的一个重要方面。对于提高系统的安全性,目前比较有效的是以下三种方法。

**1. 提高硬件安全性**

图 1-30　硬件保护卡

安装硬件保护卡是目前实验室、机房、网络中心计算机病毒防护的一个重要手段。保护卡(如图1-30所示)往往能识别一些已有的病毒并进行监控,阻止一些非法的带有破坏性的操作,达到保护硬件设备的目的。

**2. 安装防病毒软件和防火墙软件**

目前来说,最为有效的防病毒方法就是为计算机系统安装相应的防病毒软件,需要连入互联网的系统则最好装上防火墙软件。防病毒软件的好处在于它包含了各式各样的病毒处理手段,对于绝大多数的病毒都能起到很好的防护作用,并且,它自带的病毒特征库可以不断地更新,以识别更多新的病毒。防火墙的好处在于它能将网络与计算机隔离开来,能自动过滤它能识别的病毒,不让病毒通过互联网接口进入计算机,从而破坏计算机。目前主流的防病毒软件品牌有 Norton(诺顿)、卡巴斯基、瑞星和金山毒霸等。

**3. 使用正版软件**

盗版软件往往是病毒传播的重要手段,一方面盗版软件的制造者很可能就是病毒的制造者,另一方面,盗版软件往往没有正版软件的更新和补丁机制,安全性本身就低,一旦出现系统漏洞,往往成为病毒攻击的目标。

除了提高系统的安全性,还应养成以下习惯:

- 注意对系统文件、重要可执行文件和数据进行写保护;
- 不使用来历不明的程序或数据;
- 不轻易打开来历不明的电子邮件;
- 备份系统和参数,建立系统的应急计划等。

# 本 章 小 结

本章从发展历程、分类、应用领域和采用的数制、编码方式等方面对计算机进行了基本的概述,重点介绍了计算机系统的软硬件构成。此外,还简要介绍了计算机病毒及其防治。通过本章的学习,读者可建立对计算机的初步认识,方便进一步接触和操作计算机。

# 第 2 章　Windows 7 操作系统

【学习目标】

当前常用的计算机操作系统有 Windows、Mac、Unix、Linux 等,当前国内个人用户大部分使用 Windows 操作系统,而在 Windows 操作系统家族中,Windows 7 操作系统是继 Windows XP 后,当前使用最广泛的操作系统。微软公司在 2014 年 4 月 8 日已取消对 Windows XP 的所有技术支持,Windows 7 将是 Windows XP 的继承者。

本章学习的主要目标是让学生掌握 Windows 7 操作系统的使用,包括文件和文件夹的基本操作,个性化设置以及系统常用工具的使用。

【本章重点】

- 文件和文件夹的创建、移动、复制、重命名以及属性设置等。
- 任务管理器和控制面板的使用。
- 程序管理和用户管理。

【本章难点】

- 存储管理、服务管理等系统管理工具的使用。

## 2.1　Windows 7 操作系统的安装

用户在购买计算机的时候,不管是笔记本电脑还是台式机,一般都已经预装好某个系统,当前市场上比较多的是预装 Windows 7 操作系统。但电脑销售方为了快速安装系统,方便维护等因素,大多数安装的都是 Ghost 版、家庭版或专业版的操作系统,这会导致在安装新的软件时受到一些限制。另外,用户一般都有自己的磁盘分区要求,原装出厂的电脑的磁盘分区并不一定满足用户的要求。因此,根据自己的需求安装全新的 Windows 7 操作系统还是很有必要的。

### 2.1.1　Windows 7 操作系统版本的选择

关于 Windows 7 操作系统版本的选择,包括两个方面。其一是 64 位操作系统和 32 位操作系统的选择,其二是初级版(Windows 7 Starter)、家庭版(Windows 7 Home Basic)、家庭高级版(Windows 7 Home Premium)、专业版(Windows 7 Professional)、企业版(Windows 7

Enterprise)和旗舰版(Windows 7 Ultimate)之间的选择。

**1. 64 位和 32 位 Windows 7 操作系统的选择**

选择 64 位 Windows 7 操作系统还是 32 位 Windows 7 操作系统,需要综合考虑电脑配置和用户的个人实际需求。

从电脑的配置角度来讲,32 位 Windows 7 操作系统最大支持 4 GB 物理内存,但由于外部设备占一部分地址空间,实际显示的物理内存不足 4 GB,而 64 位 Windows 7 操作系统最大支持 8~192 GB 物理内存。因此,对于物理内存在 3 GB 以下的电脑,32 位的 Windows 7 操作系统就足够了;而对于物理内存在 4 GB 以上(包括 4 GB)的电脑,为了最大化利用资源,就有必要选择 64 位 Windows 7 操作系统。然而,在选择 64 位 Windows 7 操作系统前,用户还需确认自己电脑的 CPU 是否支持 64 位 Windows 7 操作系统,如果 CPU 不支持的话,是无法安装 64 位 Windows 7 操作系统的。64 位的 CPU 既能很好地运行 32 位的 Windows 7 操作系统,又能很好地运行 64 位的 Windows 7 操作系统。

从用户的个人需求角度来讲,一些数字媒体方面的软件或者其他的大型开发软件是需要最低 4 G 物理内存要求的,如 Maya,这种情况下就有必要安装 64 位 Windows 7 操作系统来支持 4 G 以上物理内存以达到软件的最低安装要求。

但是,需要注意的是,相对 32 位 Windows 7 操作系统,64 位 Windows 7 操作系统会占用更多的系统资源;而且当前 64 位的应用软件的数量还是少于 32 位的应用软件,而在 64 位的 Windows 7 操作系统上运行 32 位的应用软件并不会让用户感觉到性能上的飞跃,只有 64 位应用软件才能充分发挥 64 位 Windows 7 操作系统的优势。

如何区分 64 位与 32 位操作系统软件和应用软件可能是大部分用户疑惑的地方。一般 64 位的操作系统软件和应用软件在安装包和安装路径上都有"＊x64＊"字样(＊为通配符,代表任意字符串),32 位的操作系统软件和应用软件在安装包和安装路径上都有"＊x86＊"字样。如图 2-1 所示,在 64 位 Windows 7 操作系统下,文件夹"Program Files"为 64 位应用软件的安装路径,文件夹"Program Files(x86)"为 32 位应用软件的安装路径。

图 2-1　32 位与 64 位应用软件的不同安装路径

**2. Windows 7 版本类型选择**

Windows 7 总共有 6 个版本,各个版本的区别如下。

(1) 初级版(Windows 7 Starter)

这是功能最少的版本,缺乏 Aero 特效功能,没有 64 位支持,没有 Windows 媒体中心和移动中心等,对更换桌面背景有限制。它主要用于类似上网本的低端计算机,通过系统集成或者 OEM(Original Equipment Manufacturer)计算机上预装获得,并限于某些特定类型的硬件。

（2）家庭普通版（Windows 7 Home Basic）

这是简化的家庭版,支持多显示器,有移动中心,限制部分 Aero 特效,没有 Windows 媒体中心,缺乏 Tablet 支持,没有远程桌面,只能加入不能创建家庭网络组（Home Group）等,64位系统可支持 8 GB 物理内存。它仅在新兴市场投放,如中国、印度、巴西等。

（3）家庭高级版（Windows 7 Home Premium）

此版本面向家庭用户,满足家庭娱乐需求,包含所有桌面增强和多媒体功能,如 Aero 特效、多点触控功能、媒体中心、建立家庭网络组、手写识别等,不支持 Windows 域、Windows XP模式、多语言等,64 位系统可支持 16 GB 物理内存。可以通过全球 OEM 厂商和零售商获得。

（4）专业版（Windows 7 Professional）

此版本面向软件爱好者和小企业用户,满足办公开发需求,包含加强的网络功能,如活动目录和域支持、远程桌面等,另外还有网络备份、位置感知打印、加密文件系统、演示模式、Windows XP 模式等功能。64 位系统可支持更大物理内存（192 GB）。可以通过全球 OEM 厂商和零售商获得。

（5）企业版（Windows 7 Enterprise）

此版本是面向企业市场的高级版本,满足企业数据共享、管理、安全等需求。包含多语言包、UNIX 应用支持、BitLocker 驱动器加密、分支缓存（BranchCache）等,通过与微软有软件保证合同的公司进行批量许可出售。不在 OEM 厂商和零售市场发售。

（6）旗舰版（Windows 7 Ultimate）

旗舰版拥有的所有功能与企业版基本上相同,仅仅在授权方式及其相关应用及服务上有区别,面向高端用户和软件爱好者。专业版用户和家庭高级版用户可以付费通过 Windows 升级服务随时升级到旗舰版。

综合以上两点,建议用户选择专业版（Windows 7 Professional）或者旗舰版（Windows 7 Ultimate）。

## 2.1.2 安装 Windows 7 操作系统

用户可根据选好版本的镜像文件,制作镜像光盘或 U 盘启动盘,通过光驱或者 Win PE安装 Windows 7 操作系统;然后通过驱动精灵软件完成驱动程序的安装,最后再根据自己的需求安装各种应用软件。

安装操作系统的方法如下。

（1）启动安装

将准备好的 Windows 7 操作系统的镜像光盘放入光驱,将 BIOS 调整为光驱优先启动,或者进入设备启动菜单,选择启动光驱。当屏幕上出现【Press any key to boot from cd】命令提示时,按下键盘上的任意按键,则系统从光驱启动。等待屏幕显示【Starting Windows】及【Windows is loading files】,即开始进入安装界面。

（2）选择安装语言

默认的安装语言是【中文（简体）】,旗舰版本还可以在安装后安装多语言包,升级支持其他语言显示。语言设置好后,单击【下一步】按钮。

（3）显示安装界面

单击界面上的【现在开始安装】按钮即可。如果不是全新安装,而是从低版本 Windows 上单击安装就会有【联机检查兼容性】选项。除此之外,安装界面左下角有个【修复计算机选项】,

这在 Windows 7 的后期维护中,作用极大。

（4）接受许可协议

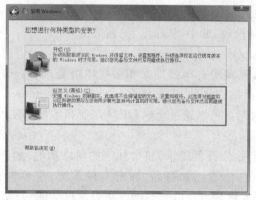

图 2-2　安装类型选择

勾选【我接受许可条款】复选框,然后单击【下一步】按钮。如果不勾选复选框,【下一步】按钮不可操作。

（5）选择安装类型

选择如图 2-2 所示的【自定义(高级)】选项,按后单击【下一步】按钮。这点非常重要,因为【升级】选项是指从低版本的 Windows 操作系统升级到 Windows 7 操作系统,而当前 Windows 7 升级安装只支持打上 SP1 补丁的 Vista,其他操作系统都不可以升级。

（6）选择安装磁盘分区

选中 Windows 7 操作系统要安装到的目标分区,即可单击【下一步】按钮进行安装,如图 2-3 所示。如果想对分区进行调整或者进行格式化等操作,则可以单击【驱动器选项(高级)】进入分区调整界面,如图 2-4 所示。在此界面下可以进行分区的删除、分区的创建和格式化等操作。

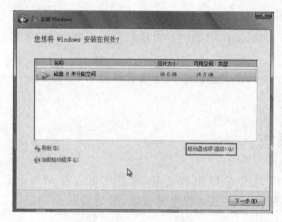
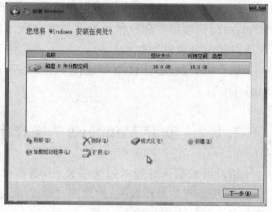

图 2-3　选择安装磁盘分区　　　　　　图 2-4　磁盘分区调整

需要注意的是,微软为了提高系统的安装速度,给用户一个良好的使用体验,安装程序取消了以前在安装 Windows XP 时的 NTFS 格式化和 NTFS 快速格式化选项,而默认采用 NTFS 快速格式化。如果原分区已经是 NTFS 格式则只是重写了 MFT 表,删除现有文件;如果系统分区存在错误,可能在安装过程并不能发现。

在图 2-4 所示的磁盘分区调整界面中,如果删除分区后让 Windows 使用未分配空间创建分区,则旗舰版的 Windows 7 在安装时会自动保留一个 100 MB 或 200 MB 的分区供 BitLocker 使用。如果用户只是在驱动器操作选项里对现有分区进行格式化,Windows 7 则不会创建保留分区,仍然保留原分区状态。

（7）开始安装 Windows 7

下面便进入安装界面,如图 2-5 所示,这个过程大概需要 15 分钟左右,基本上不需要用户参与。不同配置的电脑,所需时间长短也会不同。

（8）设置用户名和密码

完成安装后，重启电脑，进入用户名、密码、密码提示以及密钥设置阶段。用户根据个人习惯设置好用户名、密码以及密码提示后设置密钥，更新配置和时区，之后就可以进入如图 2-6 所示的 Windows 7 操作系统主界面。

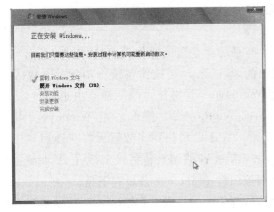

图 2-5　开始安装 Windows 7

图 2-6　Window 7 主界面

## 2.1.3　安装驱动程序

一般来说，成功安装的 Windows 7 操作系统都自带了一些集成显卡驱动和网卡驱动，无线网卡是可以正常使用的。但是相对来说，这些驱动可能还不是最合适的。用户可以自己安装更加合适的驱动。安装驱动的方法很多，用户可以去自己电脑品牌的官网上下载相应型号的驱动程序，也可以用驱动精灵这类软件来实现驱动程序的安装。若采用驱动精灵软件来安装驱动程序，则必须先安装驱动精灵软件。运行该软件，出现如图 2-7 所示的驱动精灵软件主界面，在该界面中，选择第二个选项卡【驱动程序】，则驱动精灵软件会对当前系统进行检测，将系统中缺少驱动的设备和需要更新升级驱动的设备一一列出，用户根据该列表，逐个进行下载安装即可。

在完成了对用户电脑的所有驱动程序安装后，建议用户对驱动做一个备份，如图 2-8 所示，这样以后再重装系统的话，直接用备份好的驱动还原，就不用再去重新下载安装驱动程序。

图 2-7　驱动精灵安装设备驱动

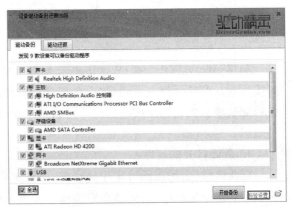

图 2-8　驱动备份与还原

## 2.2 Windows 7 操作系统的基本操作

按照以上步骤安装好 Windows 7 操作系统和驱动程序后,用户就可以开始 Windows 7 操作系统的体验之旅了。

在进入 Windows 7 操作系统之后,铺满整个屏幕的就是图形操作界面,称之为"桌面"。所有 Windows 操作系统的操作都是基于这个桌面的,Windows 7 操作系统也不例外。Windows 7 操作系统的桌面如图 2-6 所示。该桌面与 Windows XP 操作系统一样是由桌面背景、开始菜单按钮、任务栏、通知栏组成,但除此之外,相比 Windows XP 操作系统,Windows 7 将活动任务栏和快速启动栏合并在了一起,组成任务栏。快速启动栏用于放置需要快速启动的程序图标。当快速启动栏中的某一个程序启动后,快速启动图标 🅔 就变成了活动任务 。此外,Windows 7 操作系统的显示桌面按钮 位于屏幕最右下角。

在 Windows XP 操作系统中,不管进行什么设置,都需要鼠标单击【确定】按钮后才能看到最终效果,而在 Windows 7 操作系统中,只要将鼠标移到相应区域上,便会有预览效果,如图 2-6 所示,将鼠标移到【显示桌面】按钮上,即可预览显示桌面的效果。如图 2-9 所示,当鼠标移到 IE 浏览器图标上时,则显示 IE 浏览器页面的预览效果。

图 2-9　鼠标经过活动任务的预览效果

### 2.2.1 【开始】菜单

和 Windows XP 一样,Windows 7 操作系统的所有系统操作都可以在开始菜单中直接或间接找到。菜单分为左右两部分,包括最近启动的程序、所有程序、搜索框、用户账户按钮、内置功能选项和关机选项按钮。用户可以单击相应位置或者输入相应内容完成操作。【开始】菜单如图 2-10 所示。

**1. 最近打开的程序**

在此区域,会列出最近常用的程序,并按照使用频率的高低由上到下进行排列。如果将鼠标移至其中一个图标上,则会在右边以级联菜单的形式显示出最近以此应用程序打开的文件列表。

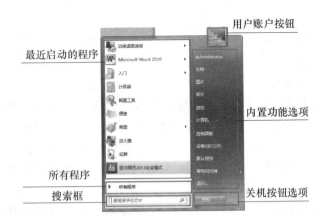

图 2-10　开始菜单

**2. 所有程序**

将鼠标移至【所有程序】按钮上,系统会以级联菜单列表的形式显示出当前系统自带的软件、工具以及用户安装的所有应用程序。

**3. 搜索框**

用户可以在搜索框输入自己要查找的内容,查找自己需要的文件或者程序。在搜索框输入查找内容时,随着内容的输入,【开始】菜单上半部分变成搜索结果显示框,即时地显示搜索结果。从搜索结果列表中找到需要的选项,用鼠标左键单击便可执行或打开相应的程序或文件。

**4. 用户账户按钮**

单击此按钮,便可进入当前使用的用户账户设置界面,可以进行密码、图片等的设置。关于用户账户设置问题,将在后面的小节进行详细说明。

**5. 内置功能选项**

在此选项中,包括三部分内容,它们是当前用户的共享内容、系统自带的资源和系统设置管理内容。

（1）当前用户的共享内容

- 以当前用户名命名的选项:包括能通过局域网或者组共享的所有资源。
- 文档:当前用户下的所有共享文档。
- 音乐:当前用户下的所有共享音频文件。
- 图片:当前用户下的所有共享图片。

（2）系统自带资源

- 游戏:操作系统安装的时候自带的纸牌、扫雷等小游戏。
- 计算机:打开本地磁盘资源管理器,可以查看和管理本地磁盘资源。

（3）系统设置管理内容

- 控制面板:打开控制面板,里面有对当前系统进行管理的所有管理工具。
- 设备和打印机:打开本地的设备和打印机管理界面,可以在此界面查看所有打印机和其他设备资源,也可在此界面进行打印机或其他设备的添加和设置等操作。
- 默认程序:用户可以在此按钮打开的界面中选择 Windows 默认使用的程序。
- 帮助和支持:通过此按钮可打开 Windows 7 操作系统的帮助文档,查找解决相关问题。

### 6. 关机选项

单击此按钮可以直接关机，还可在该按钮右侧的级联菜单按钮 关机 ▷ 中，选择切换用户、注销、锁定、重新启动、睡眠等其他操作。

### 7. 【开始】菜单高级选项

用户还可以对【开始】菜单进行更加详细和个性化的设置。在任务栏空白处单击鼠标右键，选择右键快捷菜单中的【属性】选项，即打开【任务栏和「开始」菜单属性】对话框，选择【「开始」菜单】选项卡，如图 2-11 所示，用户可以定义按下电源按钮时的操作，默认为关机。如果不想让别人看到自己使用过的程序和文档，用户可以对隐私项下方的两个复选框进行勾选。用户还可以单击图 2-11 中的【自定义】按钮，来实现更加详细的个性化设置。如图 2-12 所示，在【自定义「开始」菜单】对话框中，可以调整常用程序的显示数目以及跳转列表中最近使用的项目数量等。

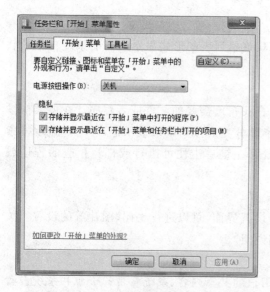

图 2-11　开始菜单属性

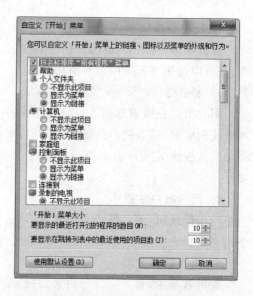

图 2-12　自定义开始菜单设置

## 2.2.2　桌面

桌面是 Windows 操作系统的主工作界面，任何打开的程序或者文档都是在这个主界面进行显示和操作的。在 Windows 7 操作系统的桌面中，增加了新的更加方便的操作。

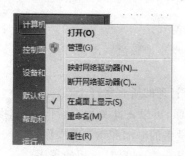

图 2-13　在桌面显示"计算机"选项

### 1. 调整桌面图标

在 Windows 7 操作系统中，可以在按住【Ctrl】键的同时，滚动鼠标滚轮实现对桌面图标大小的调整。刚装好系统的桌面是只有"回收站"图标的，并没有"计算机""网络连接"等图标，如果想添加"计算机"图标，可以在【开始】菜单的【计算机】选项上单击鼠标右键，在弹出的右键快捷菜单中，选择【在桌面上显示】选项，如图 2-13 所示，这样就可以看到桌面上显示了"计算机"图标。

用户还可以在桌面空白处单击鼠标右键,在弹出的右键快捷菜单中,选择【个性化】选项,打开【个性化选项】对话框,如图 2-14 所示。在此对话框可以更改桌面图标、更改鼠标指针、更改账户图片、更改显示选项、更改背景图片、更改窗口颜色、更改系统声音、更改屏幕保护程序、更改系统主题等。例如,如果我们想在桌面显示更多系统图标,我们选择图 2-14 界面的【更改桌面图标】选项,弹出【更改图标设置】对话框,如图 2-15 所示,将用户希望在桌面显示的图标前的复选框选中,不想显示的图标前的复选框不选中。

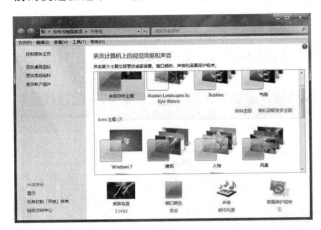

图 2-14　个性化选项对话框

图 2-15　桌面图标设置

**2. 更改鼠标指针**

在如图 2-14 所示的窗口中,可以通过单击【更改鼠标指针】选项来设置鼠标的外观形态、移动响应速度、调整双击速度等。

**3. 更改 Aero 主题**

用户可以根据自己的喜好来更改系统主题,如图 2-16 所示。

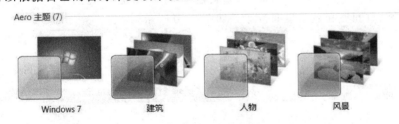

图 2-16　系统主题更改

**4. 调整桌面背景、窗口颜色、系统声音、屏幕保护**

用户还可以根据自己的喜好和需求来调整桌面的背景图片、窗体颜色、系统声音以及屏幕保护程序等个性化设置,如图 2-17 所示。具体详细的设置方法,用户进入相应的设置对话框按照提示操作即可。

图 2-17　其他个性化设置选项

**5．查看与排序方式**

在桌面空白处单击鼠标右键，在弹出的右键快捷菜单中选择【查看】选项，在级联菜单中可以看到如图 2-18 所示的选项。用户可以选择大、中等、小三种图标；并可以选择隐藏或者显示图标。

此外，用户还可以在【排序方式】级联菜单中选择以名称、大小、项目类型或修改日期排列桌面图标。

**6．分辨率设置**

用户可以在桌面空白处单击鼠标右键，在右键快捷菜单中选择【屏幕分辨率】选项，打开【更改显示器外观】对话框，在该界面中设置最适合电脑或用户使用习惯的分辨率。如图 2-19 所示。

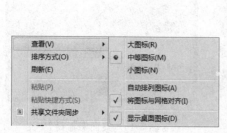

图 2-18　查看菜单

图 2-19　屏幕分辨率设置

## 2.2.3　任务栏

默认情况下，任务栏位于屏幕的最下方，它包含最左边的【开始】按钮，中间的任务按钮区，右边的通知区域、时间栏和显示桌面按钮。如图 2-20 所示。

图 2-20　任务栏

**1．任务按钮区**

任务按钮区是用户启动部分程序、进行活动任务切换的操作区域。用户除了可以用鼠标左键单击任务按钮区的任务进行任务之间的切换，还可以用任务切换快捷键【Windows】键＋【Tab】键进行切换（按住【Windows】键，每按一次【Tab】键切换一个任务）。如图 2-21 所示。

**2．通知区域**

通知区域位于任务栏右边，任务按钮区的右边，时间区域的左侧。通知区域显示的是一些已经启动或驻在内存中的系统小程序，如音量图标、网络连接图标等。用户还可以自己指定在通知区域显示的其他程序，如 QQ 和杀毒软件等。具体的指定方法是，在任务栏空白处单击鼠标右键，在弹出的右键快捷菜单中选择【属性】选项，在弹出的对话框中选择【任务栏】选项卡，单击通知区域的【自定义】按钮，便可进入通知区域图标的自定义设置。如图 2-22 所示。

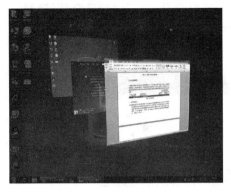

图 2-21　快捷键切换任务　　　　　　　　　图 2-22　自定义通知区图标

### 3. 时间栏

时间栏的系统时间一般都是根据网络校正过的。如果发现时间不对，可以用鼠标左键单击时间栏，在弹出的对话框中单击【更改时间和日期设置】按钮，在弹出的【时间和日期】对话框中选择【Internet 时间】选项卡，单击【更改设置】按钮，进入【Internet 时间设置】界面，选择服务器进行时间设置，经过笔者测试，服务器 time. nist. gov 是可以校时的。如图 2-23 所示。

### 4. 任务栏高级设置

用户还可根据自己的需求和喜好对任务栏进行高级设置。在工具栏上单击鼠标右键，在弹出的右键快捷菜单中选择【属性】选项，在弹出的【任务栏和「开始」菜单属性】对话框的【任务栏】选项卡下，用户可以进行更多设置。如图 2-24 所示。

图 2-23　网络校时　　　　　　　　　　图 2-24　任务栏高级设置

其中，【锁定任务栏】选项可以使得【开始】按钮、任务按钮区和通知区域三者间的栏宽锁定无法调整，需解除锁定后才可以调整。

【自动隐藏任务栏】选项使用户鼠标远离屏幕最下方的任务栏时，任务栏可以自动隐藏，当鼠标靠近任务栏时，任务栏自动浮出。

【使用小图标】选项可以使任务栏中的图标变小，这样任务栏的高度就变矮了。

用户还可以通过【屏幕上的任务栏位置】选项选择任务栏的放置位置，可供选择的选项有底部（默认）、顶部、左侧、右侧，以满足不同用户的需求。

【任务栏按钮】选项有两个选择,一是"当任务栏被占满时合并",二是"始终合并、隐藏选项卡"。当选择"始终合并、隐藏选项卡"时,任务按钮区被打开的程序就不再增加宽度,而仅仅是高亮显示了。如图 2-25 所示。

图 2-25 "始终合并、隐藏选项卡"模式下的工具栏

# 2.3 Windows 7 操作系统的文件管理

在 Windows 7 操作系统中,数据是以文件的形式存放的,而文件的路径是以文件夹的形式存在的。所以 Windows 7 操作系统以可视化界面资源管理器(程序 explorer. exe)的形式管理系统的文件和文件夹,以方便用户对文件的查看和管理。

## 2.3.1 Windows 7 操作系统的资源管理器

Windows 7 操作系统的资源管理器是用户进行文件操作的操作界面,也是 Windows 7 操作系统进行文件管理的工具。它将计算机系统中包括硬盘、光驱、虚拟光驱、打印机等驱动设备以树形结构显示,用户可以通过这个树形结构对计算机上的文件和文件夹等资源进行管理。我们可以通过单击任务栏中的■按钮或者通过【Windows】+【E】组合键打开如图 2-26 所示的资源管理器。

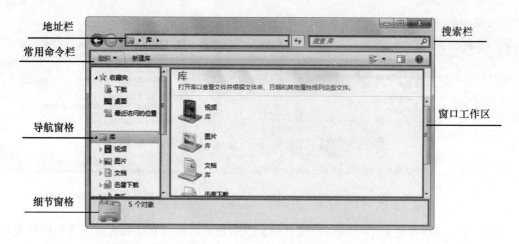

图 2-26 【资源管理器】窗口

### 1. 地址栏

地址栏用来显示当前窗口工作区所在的具体路径,用户也可以在地址栏输入想在窗口工作区显示的文件夹路径,然后按【Enter】键执行操作。此时,可以在窗口工作区看到目标文件夹的所有文件已经一一列出。如图 2-27 所示,在地址栏中输入"C:\Program Files",按【Enter】键便可在窗口工作区得到该目录下的所有文件列表。

图 2-27　用地址栏查到具体路径

用户还可以将 Windows 7 的资源管理器用作 FTP 管理器。不建议大家用浏览器登录 FTP。用法很简单,在地址栏输入 FTP 地址,如"ftp://10.5.1.5",按【Enter】键后便弹出【登录身份】对话框,在该对话框中输入相应的用户名和密码即可,如图 2-28 所示。有关 FTP 的详细使用方法见 6.3.3 节所述。

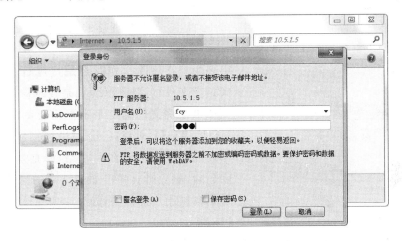

图 2-28　资源管理器用作 FTP 管理器

**2. 搜索栏**

搜索功能也是 Windows 7 操作系统资源管理器使用频率较高的功能之一,用户可以在搜索栏对指定路径进行文件或文件夹的搜索。一般情况下,搜索栏是对当前窗口工作区所在路径进行搜索。如果想进行全盘搜索的话,通过左边的【导航窗格】选中【计算机】选项,再进行搜索即可。

用户在进行搜索的时候,可以使用通配符。在 Windows 7 资源管理器中,有两类通配符,一个是"?",另一个是" * "。一个"?"代表一个中文或一个英文字符或其他允许命名的符号;而一个" * "代表任意一个或若干个合法字符所组成的字符串。如图 2-29 所示,如果用户在【搜索栏】中输入的内容为" * QQ 图 * .jpg"或" * QQ 图 * ",则搜索到的结果为命名中包含"QQ 图"的所有的文件和文件夹。

图 2-29　搜索栏的使用

### 3. 导航窗格

导航窗格是将本地所有的资源(文件夹)以一种树形结构显示出来的窗口,用户可以在此窗口中单击相应的节点(文件夹),以在右侧的窗口工作区将该节点(文件夹)下的所有文件和文件夹列出。用户还可以通过单击节点左侧的三角图标 ▷ 展开该节点,以子节点方式列出该节点(文件夹)下的所有子节点(子文件夹);通过单击节点左侧的三角图标 ◢ 收起所展开的节点。当然用户可以对某一个节点(文件夹)作相应的复制、剪切、粘贴、删除等操作,这些操作会将该节点(文件夹)以及该节点下的所有子节点(子文件夹)和文件一起进行操作。

### 4. 窗口工作区

窗口工作区是资源管理器中面积最大的区域,对资源管理器的大部分操作都是在此区域中进行的。我们可以在窗口工作区进行文件的复制、剪切、粘贴、删除等操作。需要注意的是,

图 2-30　永久性删除

很多用户在删除操作时都是直接右键删除,这样仅仅是把文件移到回收站,如果发现误删还可以找回。而如果某些文件确定是不再需要的了,那么可以通过【Ctrl】＋【Delete】组合键进行彻底删除。这种操作后的文件不会放在回收站,而是从电脑磁盘上彻底删除,删除时会弹出如图 2-30 所示的【删除文件】对话框供用户选择看,如果确实想删除该文件,单击【是】按钮即可。

关于文件或文件夹的选择操作,通过鼠标左键单击可以选中单个文件或文件夹,用鼠标拖拽圈取可以选中多个文件或文件夹;在按住 Ctrl 键的同时,鼠标左键单击文件或文件夹可实现在已选择的文件或文件夹的基础上添加或去掉某个文件或文件夹;按住 Ctrl 键,选中某个文件或文件夹并按住鼠标左键对文件或文件夹进行拖拽,可实现文件或文件夹的复制。

如果数据是由很多小文件组成的,那进行文件的复制或剪切操作是非常慢的,其原因是文件数目太多需要进行反复的文件读取操作。尤其是在向 U 盘中拷贝这种数据时,速度更慢。所以建议用户在进行复制之前先将这些文件或文件夹进行压缩,再进行拷贝,以提高复制速度。但是需要注意的是,对文件或文件夹进行压缩时,建议不要选择图 2-31 中【添加到"Windows 7 操作系统正文.rar"】选项,因为选择该选项则对文件或文件夹进行直接压缩,没有更多详细的选项可以设置。建议选择【添加到压缩文件】选项,在弹出的如图 2-32 所示的【压缩文件名和参数】对话框中,选择【压缩方式】下拉列表中的【存储】选项,这种打包压缩方式速度较快。在【压缩方式】下拉列表中,"存储""最快""较快""标准""较好"和"最好"这几种压缩方式中,从"存储"到"最好",压缩速度由快到慢,但压缩率由低到高。在"存储"方式下,对文件或文

件夹不压缩直接打包。

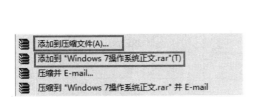

图 2-31　添加压缩文件

图 3-32　压缩参数选项

### 5．细节窗格

细节窗格显示当前窗口工作区内显示内容的统计情况。如果没有选中任何文件或文件夹，则细节窗格显示窗口工作区内对象的总数；如果选中某个文件或文件夹，则细节窗格显示该文件或文件夹的文件类型、修改时间、创建时间等详细信息。

### 6．常用命令栏

常用命令栏是对当前窗口工作区内选定文件进行操作的导航栏。其中的【组织】菜单 组织▼ 和其右侧的【更改视图】、【显示浏览窗口】按钮 ▦▼ ▢ ⊚ 是不变的，其余的工具菜单都是根据选择的对象而发生变化的。

单击【组织】按钮 组织▼ 唤出下拉菜单，如图 2-33 所示，除了常见的复制、粘贴等操作外，在【布局】级联菜单中，系统已经默认将细节窗格和导航窗格显示出来，如图 2-26 所示，通过勾选【菜单栏】选项可以唤出资源管理器一样的菜单栏，如图 2-34 所示。单击【文件夹和搜索选项】按钮，可以弹出【文件夹选项】对话框，该对话框中有【常规】、【查看】和【搜索】三个选项卡，

如图 2-35 所示，用户可以根据提示进行相应的设置。

这里需要提示用户的是，有时候需要查看文件的后缀名或对其进行修改，可将【查看】选项卡下【隐藏已知文件类型的扩展名】复选框的勾选去掉，即可显示文件的后缀名。此外，用户还可以设置显示或隐藏受系统保护的系统文件或用户自己设置的隐藏文件或文件夹。

用户可以通过更改【视图】按钮 ▦▦ ▼ 更改窗口工作区内容的浏览方式，相应的视图浏览方式如图 2-36 所示。

图 2-33　组织下拉菜单

图 2-34　菜单唤出界面

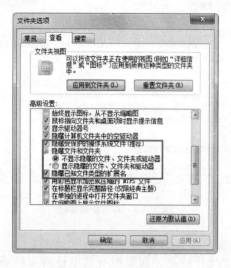

图 2-35　文件夹选项对话框

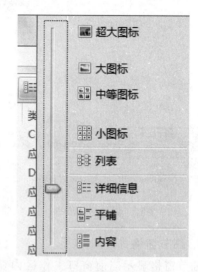

图 2-36　更改视图浏览模式

## 2.3.2　文件和文件夹

文件和文件夹是 Windows 7 操作系统普通用户操作得最多的内容。Windows 7 操作系统中的视频、图像、声音、数值和文本等信息是以文件的形式存放的,我们称之为文档;而程序和编码等也是以文件的形式存放的,我们称之为程序。文件是由文件名和扩展名(后缀名)组成的,文件名和扩展名之间用英文输入法下的小数点"."隔开,文件名在前,扩展名在后。文件名是同类型文件之间区分的标识,扩展名是区别不同类型文件的标识,代表着打开该文档时调用相应的解码器进行解码。例如,"计算机应用基础. docx",这是一个名为"计算机应用基础"的 Word 文档,打开该文档时调用 Office Word 2010 应用软件打开该文档。

**1. 文件和文件夹的命名**

在 Windows 7 操作系统中,文件和文件夹的命名是有一定的规范和要求的。具体要求如下:

- 文件或文件夹命名不能包含\ / : * ?"＜＞ |等特殊字符;
- 文件或文件夹名最长不超过 255 个字符;
- 文件或文件夹命名中可包含多个空格或小数点;
- 最后一个小数点后的字符串为扩展名;
- 同一个文件夹下不能有两个同名同扩展名的文件。

**2. 文件和文件夹的基本操作**

文件和文件夹的基本操作包括新建、重命名、复制、剪切、粘贴、移动、删除、查看设置属性等操作。这里重点讲述一下新建、移动和属性设置三项操作。

(1)新建文件

一般用户直接在资源管理器的窗口工作区空白处或桌面空白处单击鼠标右键,在弹出的右键快捷菜单中选择自己要新建的文件类型,进行文件的重命名即可。如果用户在右键快捷菜单中找不到想要新建的文件类型,则先新建任意一种文件类型,再将扩展名改成想要的类型即可。例如,我们想新建一个名为"reg. bat"的批处理文件,可以先新建一个文本文档"新建文本文档. txt",再将其重命名为"reg. bat"即可。

（2）移动文件或文件夹

移动文件或文件夹其实就是对其进行先"剪切"后"粘贴"的操作。

（3）设置文件或文件夹的属性

如果用户不想让别人看见或更改某些文件或文件夹,可将这些文件或文件夹的属性设置为只读和隐藏。具体操作为:在需要操作的文件或文件夹上单击鼠标右键,在弹出的右键快捷菜单中选择【属性】选项,即可弹出相应的【属性设置】对话框。如图 2-37 所示,将【常规】选项卡下的【只读】属性和【隐藏】属性前的复选框选中,即可实现文件或文件夹的只读（不可修改）和隐藏操作。单击本对话框的【高级】按钮,可以弹出【高级属性】对话框,如图 2-38 所示,在其中设置其【压缩或加密属性】。

用户还可以在【属性设置】对话框的【详细信息】选项卡下浏览或编辑更加详细的信息,如设置标题、主题、作者、修改时间等。如图 2-39 所示。

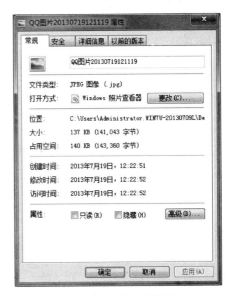

图 2-37　属性常规设置

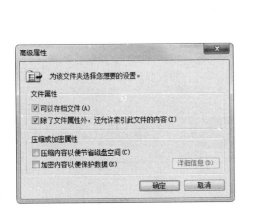

图 2-38　属性高级设置

图 2-39　属性详细信息设置

# 2.4　Windows 7 操作系统程序管理

用户对 Windows 7 操作系统的操作界面、系统及驱动的安装和文件的操作有了一定的了解后,就可调整操作系统自带的程序,并安装自己需要或喜欢的应用程序。

### 2.4.1 查看已安装的程序

用户可以通过【开始】菜单下的【所有程序】选项,查看当前系统自带的程序和用户已安装的程序。更详细地查看已安装程序的办法是通过【控制面板】中的【卸载程序】选项,进入【卸载或更改程序】界面,在该界面中便可查看当前已安装的应用程序的更为详细的情况,如图 2-40 所示。

图 2-40　卸载或更改程序

此外,用户还可以借助第三方软件查看系统中所安装的应用程序。例如,使用金山卫士可以实现程序的查看、软件推荐、软件安装、软件升级及卸载的软件管理操作。如图 2-41 所示。

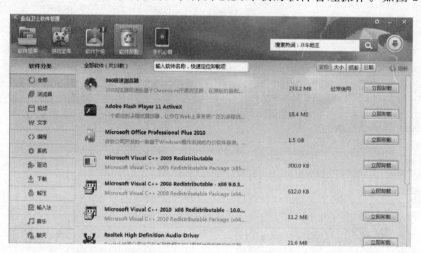

图 2-41　金山卫士软件管家

### 2.4.2 安装应用程序

应用程序的安装,大致可以分为一般小型应用型软件的安装、大型开发应用软件的安装和Windows 系统组件的安装。三种软件的安装,从软件安装到安装注意事项都各自有各自的特点。

## 1. 一般小型软件安装

这类软件一般是指 QQ 聊天软件、视频播放软件、音乐播放软件等比较小的应用型软件，一般都是几十兆字节或上百兆字节大小。这类软件一般都是以安装包的形式出现。建议用户去软件相应的官网上下载官方安装程序包，不要太依赖搜索引擎搜索出来的下载链接，以免下载到植入病毒或修改后的程序安装包。

在安装程序的过程中，也要注意看清每一个安装提示页面，因为很多软件都会默认附带安装很多其他软件或者插件。要注意根据自己的需要将这些附带的插件或者软件进行选择。图2-42 所示为某软件的安装界面，里面就夹带绑定了若干软件和插件，用户安装时要慎重选择安装选项。

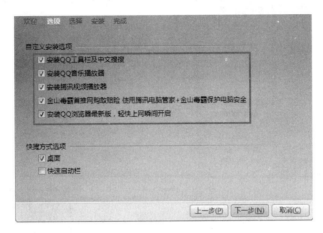

图 2-42　某软件安装界面

此外，用户在安装软件时要尽量把一些软件安装在系统盘分区（一般为 C 盘）以外的其他分区中，因为软件安装时一般都是默认安装在系统盘分区中的，而且系统盘分区还担任着很多临时文件存放和缓冲的作用，如果把所有软件都安装在系统盘分区中，会容易导致系统盘空间不足。因此，建议如下：一是分区时，给系统盘预留足够大空间，建议占磁盘总容量的一半；二是安装软件时，尽量通过安装界面上的【浏览】按钮 浏览(B) 将软件装在非系统盘分区中。如图 2-43 所示。

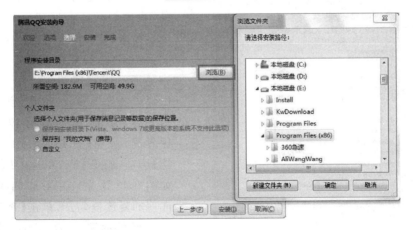

图 2-43　自定义安装路径

**2. 大型应用软件的安装**

很多大型开发应用软件的文件都比较大,可能为几百兆字节甚至几吉字节。例如,Visual Studio 2012、Microsoft SQL Server 2010、Microsoft Office 2010 等,软件发行方一般都将软件封装成 ISO 镜像文件。ISO 镜像文件是一种刻录到光盘后,放入光驱能自动运行的文件。从网上下载到这类大型开发应用软件的镜像文件后,可以将其刻录到光碟,从光驱进行安装,也可以用 DAEMON Tools 等虚拟光驱打开,如图 2-44 所示,还可以用解压缩软件将其解压再运行其中的"Setup.exe"文件 进行安装。

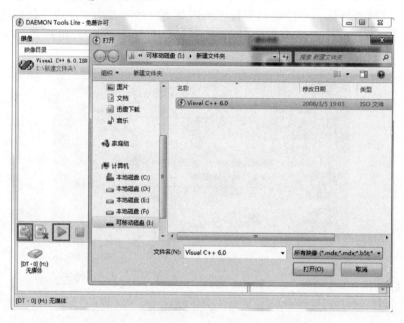

图 2-44　用虚拟光驱运行 ISO 镜像文件

这类大型开发应用软件的安装虽然时间比较长,安装过程相对复杂,但是因为没有插件和绑定安装软件,安装起来比较安全。

**3. Windows 系统组件的安装**

除了上面两种应用软件的安装之外,我们经常还会遇到一些系统组件的安装需求,如 IIS 的安装。这一类软件属于系统组件,集成在系统安装文件中,不容易通过下载安装包直接安装,但是可以通过添加 Windows 系统组件的方式进行安装。具体方法是:在控制面板的程序界面,选择【打开或关闭 Windows 功能】选项,打开【Windows 功能】对话框,如图 2-45 所示。在对应的 Windows 功能前的复选框勾选,单击【确定】按钮,即可根据提示完成 Windows 系统组件的安装。

图 2-45　Windows 系统组件的安装

### 2.4.3　升级应用程序

应用程序安装好后,用户还可以定
期对应用程序进行升级维护。用户可以使用一些第三方应用软件管理软件进行应用程序的升
级维护,如金山卫士的软件管家等。如图 2-46 所示。

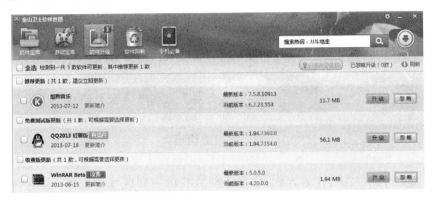

图 2-46　金山卫士应用软件升级

然而,我们建议用户不要过于频繁地升级应用软件,并且尽量选择应用软件的正式版,而
不要选择 Beta 版。Beta 版的意思是测试版,这种版本包含一定的不稳定的因素。另外,软件
版本也不一定是越高越好,一般版本越高,需要电脑资源(内存和 CPU)越多,尤其是大型开发
软件,用户最好根据自己的实际需求和电脑配置条件去选择版本。

### 2.4.4　软件的卸载

Windows 7 操作系统本身已经为应用程序提供了相应的卸载工具。和查看已安装的应用
程序一样,用户可以通过【开始】菜单中的【所有程序】中相应程序目录下的卸载程序进行卸载。
如图 2-47 所示。也可以使用 Windows 自带的
控制面板中的【卸载或更改程序】进行卸载。如
图 2-40 所示,用户只要选中相应的应用程序,并
选择卸载,系统便会调用程序安装时放在安装
目录下的卸载程序,一般是以"Uninstall. exe"
进行命名。此外,还可以用第三方管理软件(例
如金山卫士的软件管家)的卸载程序功能进行
卸载。如图 2-41 所示。用金山卫士的软件管家
卸载同样是调用安装应用软件时放在安装目录
下的卸载程序进行卸载的。用第三种方法的另
一个好处是可以将一些软件卸载程序自身不想
卸载掉的文件或功能也清除掉。

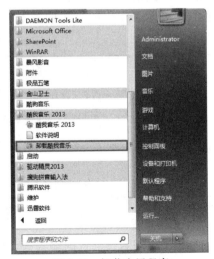

图 2-47　卸载应用程序

### 2.4.5　输入法

输入法是用户实现人机交互的重要工具。

现在使用得最多的输入法为拼音输入法和五笔输入法。目前较为流行且易使用的拼音输入法为"搜狗拼音输入法""百度拼音输入法"和"谷歌拼音输入法"等；五笔输入法为"极点五笔输入法"和"极品五笔输入法"等。

图 2-48　个人云词库登录

**1. 输入法的个人云词库**

现在的拼音输入法一般都有常用词记忆功能和个人的云词库功能，用户只需要在所用电脑的拼音输入法处登录，便可从云服务器上向本地电脑上同步个人云词库，提高输入效率。如图 2-48 所示。

**2. 输入法切换**

输入文本时，通常需要对输入法进行切换。

输入法图标所在位置叫作语言栏，它位于任务栏的通知区域的左侧。输入法正常工作时，除了语言栏显示相应的输入法图标外，该输入法的语言栏也会在任务栏右上角显示，如图 2-49 所示。

鼠标单击语言栏的输入法图标，会显示出当前可切换的所有输入法，如图 2-50 所示。

图 2-49　语言栏及输入法工具栏

图 2-50　查看可切换的输入法

用户可以直接用鼠标左键单击列表中的相应输入法进行切换，也可以使用快捷组合键进行切换。一般默认情况下，常用的输入法切换快捷组合键如表 2-1 所示。

表 2-1　常用输入法切换快捷组合键

| 快捷组合键 | 功　能 |
| --- | --- |
| Ctrl＋Shift | 列表中所有输入法之间循环切换 |
| Ctrl＋空格 | 美式键盘（英文输入法）与列表中其下一项中文输入法间切换 |
| 中文输入法状态下 Shift | 中文输入法内部的中文输入法和英文输入法之间进行切换 |
| Alt＋Shift | 上面三种组合键无法切换出中文输入法时，可尝试此组合键 |

**3. 输入法设置**

用户除了使用系统默认的输入法设置对输入法进行操作外，还可以自行设置输入法功能。鼠标右键单击语言栏输入法图标，在弹出的右键快捷菜单中选择【属性】选项，便弹出【文本服务与输入语言】对话框。在该对话框下有三个选项卡，可进行具体的分类设置。如

图 2-51 所示。

在【常规】选项卡下,用户可以设置本地计算机的默认输入语言,也可以浏览并修改已安装的输入法服务,调整输入法之间的先后顺序,向切换列表中添加或删除某一种已安装在本地计算机的输入法。其中【中文(简体)-美式键盘】是 Windows 系统自带的英文输入法。

在【高级键设置】选项卡下,可以看到 Windows 系统默认情况下的输入法之间切换的快捷组合键(热键)。用户可以根据自己的习惯和喜好,通过【更改按键顺序】按钮 ██ 更改按键顺序(C)... ██ 来自定义各种切换快捷组合键。如图 2-52 和图 2-53 所示。

在【语言栏】选项卡下,用户可以定义语言栏的位置。语言栏位置可以是"悬浮于桌面上""停靠于任务栏"和"隐藏"三项中的一个。用户还可以根据自己的需求和喜好,设置一些非活动式的语言栏状态等。如图 2-54 所示。

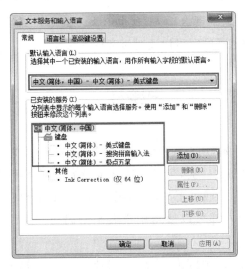

图 2-51　文本服务和输入语言设置

图 2-52　文本服务和输入语言高级键设置

图 2-54　语言栏设置

图 2-53　更改按键顺序(切换快捷组合键)设置

**4. 输入法的特殊说明**

当前的输入法有一些特殊的使用方法，使用起来非常方便。对于拼音输入法来说，用户经常遇到的一个问题就是，一个字知道怎么写，但是不知道怎么读，用拼音输入法无法将该字输入。这个问题在搜狗拼音输入法中可以得到解决。首先，在中文输入状态下，打出字母"u"，

u'huo'huo'huo'mu

1.燊(shēn) 2.u

图 2-55 拼音输入法妙用

再将所要输入的汉字拆分的不同结构部分的读音输入，便可得到整个不认识读音的汉字及其读音。例如，汉字"燊"是由三个"火"字和一个"木"字组成，我们在搜狗拼音输入法界面下输入"uhuohuohuomu"便可得到该字及其读音，如图2-55所示。

而当前的五笔输入法基本上都实现了拼音和五笔的混合输入，这也给大多数用户提供了方便。五笔输入法用户在进行输入时，个别不知道笔画的字可以通过拼音输入法输入。

# 2.5 Windows 7 操作系统用户管理

Windows 操作系统自 Windows XP 操作系统开始，用户账户的权限更加分明，更加规范。用户账户是 Windows 相应用户可以访问哪些文件和文件夹，可以对计算机和个人首选项（如桌面背景或屏幕保护程序）进行哪些更改的信息集合。通过用户账户，用户可以在拥有自己的文件和设置的情况下与多个人共享计算机。每个人都可以使用用户名和密码访问其用户账户。

Windows 7 操作系统共有 10 种类型的账户，他们所拥有的权限各不相同。他们分别是超级用户（Power User）、超级管理员账户、管理员账户（Administrator）、标准账户、来宾账户（Guest）、备份操作员（Backup Operators）、网络操作员（Network Configuration Operators）、远程登录用户（Remote Desktop Users）、域用户（Replicator）和系统帮助组（Help Services Group）。在这些用户中，常用的用户有管理员账户、标准账户和来宾账户，超级管理员账户有时候也会用到。几种账户的计算机控制级别如表 2-2 所示。

表 2-2 常用账户的计算机控制级别

| 账户类型 | 计算机控制级别 |
| --- | --- |
| 管理员账户 | 对计算机进行最高级别的控制，有对计算机的完全访问权，可以做任何更改。根据通知设置，可能会要求管理员在做出会影响其他用户的更改前提供密码或确认 |
| 超级管理员账户 | 和管理员控制级别相同的基础上，超级用户在做出会影响其他用户的更改前不需要提供密码或确认 |
| 标准账户 | 适用于日常计算，可以使用大多数软件，更改不影响其他用户或计算机安全的系统设置 |
| 来宾账户 | 针对临时需要使用计算机的用户，是一个受限访问的账户，不能做有关系统的设置或其他动作 |

对于绝大多数个人计算机使用者来说，一般都是在管理员账户权限下运行的。用户也

可以根据实际需求设置其他管理员账户和标准账户；超级管理员账户已经存在，不需要再设置，也不能以常规的登录方式进行登录；来宾账户不需要增加，已经存在，只需要开启便可以。

进入用户账户管理的方法很多，可以通过图 2-10 开始菜单中的用户账户按钮进入，也可以通过单击控制面板的【用户账户和家庭安全】选项，进入【用户账户和家庭安全】选项卡，单击选项卡下的【用户账户】选项，进入如图 2-56 所示的用户账户设置界面。

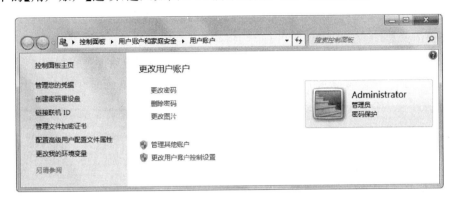

图 2-56　用户账户界面

远程桌面连接是微软由 Windows 2000 Server 引入的 Windows 操作系统的，该功能自从引入便受到了用户的好评，虽然远程播放视频或玩游戏会存在传输率不够的问题，但是远程桌面连接的 Telnet 传输协议和传输速度还是能满足大部分用户的办公需求的。

用户可以在本地计算机利用远程桌面连接，像操作本地计算机的资源一样操作远端计算机，浏览并更改远端计算机。

在 Windows 7 操作系统下，如果想实现远程桌面连接，需要在被连接的远端计算机上开启远程桌面连接，如图 2-57 所示。

图 2-57　远端计算机开启远程桌面连接设置

具体操作如下。

（1）在桌面【计算机】图标上单击鼠标右键，在弹出的右键快捷菜单中选择【属性】选项；

（2）在弹出的界面中选择窗口左侧的【远程设置】选项；

（3）在弹出的【系统属性】对话框的【远程】选项卡中，选中【允许远程协助连接这台计算机】选项和【允许运行任意版本远程桌面的计算机连接】选项。

注意：希望被远程连接的计算机一定要设有账号密码。

在要连接远端计算机的本地计算机上打开【开始】菜单，在【所有程序】的【附件】中找到【远程桌面连接】选项 ![远程桌面连接]，便可打开远程桌面连接对话框，如图 2-58 所示。在【计算机】文本框中输入需要被连接的远端计算机的 IP 地址，按【Enter】键后便弹出如图 2-59 所示的账户及密码输入界面。输入要登录的远端计算机相应的账户名称及密码即可登录远程计算机。

图 2-58　远程桌面连接对话框　　　　　　图 2-59　登录远端计算机

# 2.6　Windows 7 操作系统计算机管理

除了以上对计算机的使用及管理外，Windows 操作系统还提供了更加丰富的系统软硬件资源的管理。例如，用 Windows 任务管理器管理程序，用注册表编辑器更改注册表内容，用计算管理器管理本机计算机的系统工具、存储、服务和应用，通过控制面板设置网络等。

## 2.6.1　Windows 任务管理器

Windows 任务管理器是用户对计算机的程序、进程以及 CPU 和内存使用进行查看和管理的重要工具。

### 1. 启动 Windows 任务管理器

启动 Windows 任务管理器的方法很多，常用的方法有两种。第一种是直接在任务栏上单击鼠标右键，在右键快捷菜单中选择【启动任务管理器】选项，便可直接启动如图 2-60 所示的Windows 任务管理器。第二种方法是通过【Ctrl】＋【Alt】＋【Delete】组合热键唤出如图2-61所示的安全选项界面，在此界面中，用户可以完成【开始】菜单中关机选项中的部分操作，如【锁定计算机】、【切换用户】、【注销】、【更改密码】、【启动任务管理器】五项操作，如果要启动任务管理器，则选择其中的【启动任务管理器】选项即可。

图 2-60　Windows 任务管理器

图 2-61　【Ctrl】+【Alt】+【Delete】组合热键
安全选项界面

除此之外,【Ctrl】+【Alt】+【Delete】组合热键在其他场合有其他的用途。在开机后进入 BIOS 界面或者进行系统维护的 DOS 操作界面,利用【Ctrl】+【Alt】+【Delete】组合热键可以实现系统的重启,也就是所谓的热启动。

【Windows 任务管理器】对话框中,常用的选项卡有【应用程序】、【进程】、【服务】、【性能】。在【Windows 任务管理器】对话框的最下方,可以查看系统在当前的资源运行状态下进程数、CPU 使用率、物理内存的使用情况。如图 2-60 所示,表示该台计算机当前运行状态下共有 47 个进程,CPU 使用率为 62%,物理内存的使用率为 37%。

**2. 使用 Windows 任务管理器管理计算机**

图 2-60 所示的界面为【Windows 任务管理器】对话框【应用程序】选项卡下的内容。在此选项卡下,用户可以查看有哪些程序在运行,其运行状态是什么。有时候 Windows 系统中会出现一些无响应或卡死的程序,这些程序的状态为“无响应”,通过单击【结束任务】按钮 结束任务(E) 可结束列表中的某些程序。

除此之外,Windows 任务管理器还可以用来启动某个进程。例如,如果发现桌面上只有桌面背景,没有任务栏和桌面图标,可能是由于没有启动“explorer”进程。解决办法是,在【Windows 任务管理器】对话框的【应用程序】选项卡下,单击【新任务】按钮 新任务(N)… ,打开如图 2-62 所示的【创建新任务】对话框,输入“explorer”,单击【确定】按钮,便可启动 explorer 进程,工具栏、桌面图标等就可以正常显示。如果 Windows 的任务管理器被禁用,无法通过 Windows 任务管理器结束,用户还可以通过【tskill】+【空格】+【进程名】来结束一些程序。例如,结束没有响应的 IE 浏览器,可以单击【开始】菜单,选择【所有程序】中【附件】选项中的【运行】选项,在其中输入“tskill iexplore”,即可结束 IE 浏览器。

Windows 任务管理器中,【进程】选项卡下的工具也是常用的。如图 2-63 所示。在此选项卡下,可以查看当前系统运行的所有进程,具体到每一条进程的映像名称、用户名、CPU 使用率、内存使用量和描述。在此界面中,用户可以选中某一条进程,单击【结束进程】按钮 结束进程(E) 来结束所选中的进程。

图 2-62　创建新任务

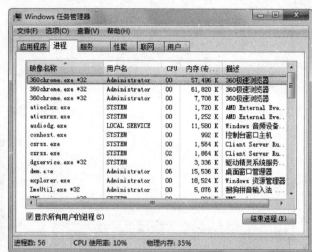

图 2-63　任务管理器进程管理

通过 Windows 任务管理器的【进程】选项卡下的列表，还可以发现一些异常的系统中毒情况。explorer.exe 进程是 Windows 资源管理器的进程，属于正常进程，iexplore.exe 是 IE 浏览器的进程，也属正常进程。但有些病毒程序经常取一个类似于系统正常进程的名称进行伪装，以使自己不容易被发现。例如 iexplorer.exe，这就是一个不正常进程，此时需要把这个进程结束，并进行病毒查杀。

用户还可以在 Windows 任务管理器的【服务】选项卡下查看当前系统的各种服务处于什么状态。用户可以在此界面查看每一项服务的名称、PID、描述、状态及所属工作组，如图 2-64 所示。用户可以在相应的进程上单击鼠标右键，在右键快捷菜单中选择该进程的启动、停止等操作。用户还可通过该界面的【服务】按钮 ▭服务(S)... 打开本地服务界面，对系统服务进行更加详细的设置，如图 2-65 所示。所有 Windows 自带的服务和安装各类软件时安装的服务都会包含在本地服务中。用户也可以在此界面浏览每一项服务的运行状态、启动状态灯，并实现每一项服务的启动、停止等。还可以设置每一项服务的启动类型。服务的启动类型有四种：自动（延迟启动）、自动、手动、禁用。

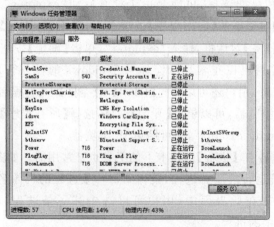

图 2-64　任务管理器服务管理

图 2-65　本地服务

　　有些服务是开机启动系统必需的服务,那就需要设置为"自动"或者"自动(延迟启动)";有些服务需要在启动相应软件时才需要,随软件的启动而启动即可,则可以设置为"手动";如果有些服务不希望它启动,可以将其设置为禁用。关于服务类型的调整可以通过单击如图 2-65 所示的对应服务的右键快捷菜单中的【属性】选项,在弹出的相应界面中设置该服务的启动类型。

　　对于本地系统服务的设置,用户还是要慎重一些,需要对这些服务有比较深入的认识,知道每一项服务的具体用途再进行启动类型的设置,不能随便设置,否则会导致无法开机等严重问题。或者,用户可以使用一些第三方软件,如金山卫士或 360 安全卫士等的【开机加速】功能来协助实现对本地服务的管理。图 2-66 所示为金山卫士中的【开机加速】界面,该功能给出一个优化方案,用户再根据自己的具体情况结合优化方案进行优化即可,这样用户操作的安全性就可以大大提高。

图 2-66　金山卫士开机加速优化本地服务启动项

【Windows 任务管理器】对话框中最后一个常用的选项卡就是【性能】选项卡。在此选项卡下,用户可以查看 CPU 和物理内存的具体使用情况。如图 2-67 所示,CPU 使用记录下的两个窗口代表该台计算机双核 CPU 的每个核的使用情况;内存下的窗口显示了当前物理内存的使用量为 1.51 GB。右侧物理内存使用记录下的窗口显示的是具体的物理内存使用记录。

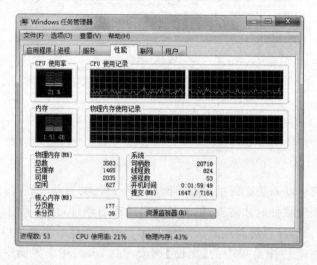

图 2-67　任务管理器性能

## 2.6.2　Windows 系统工具

通过鼠标右键单击计算机图标,选择右键快捷菜单的【管理】选项,可以进行计算机管理。具体操作包含系统工具、存储、服务和应用程序三项。

系统工具包含任务计划程序、事件查看器、共享文件夹、本地用户和组、性能和设备管理器 6 项,如图 2-68 所示。

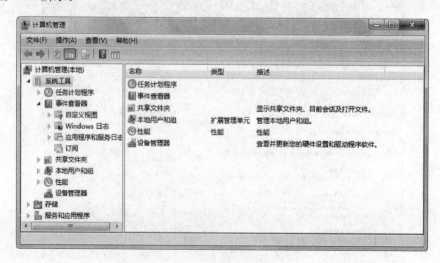

图 2-68　系统工具

**1．事件查看器**

事件查看器详细记录了系统中每一个系统服务或者应用程序在运行时产生的信息、警告或错误等详细事件，包括一些系统异常崩溃、蓝屏，应用软件的异常退出等，如图 2-69 所示。利用事件查看器可以查看关于硬件、软件和系统问题的信息，也可以监视 Windows 操作系统中的安全事件。在日常操作计算机的时候遇到系统错误，利用事件查看器和适当的网络资源，可以很好地解决大部分的系统问题。

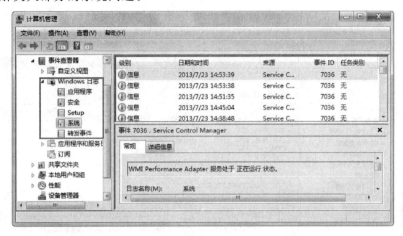

图 2-69　事件查看器

**2．设备管理器**

设备管理器是用户查看计算机硬件设备型号及驱动程序的重要工具。磁盘、显卡、光驱等硬件设备与主板的连接与否，以及各硬件的驱动程序是否安装妥当，在设备管理器中都有非常直观的体现。此外，设备管理器还具有管理硬件及驱动程序的功能，包括更改硬件配置设置，更改设备属性，更新驱动程序，启用、禁用或卸载设备等。如图 2-70 所示，设备选项卡上如果有黄色叹号标识，表示该设备的驱动安装存在问题。

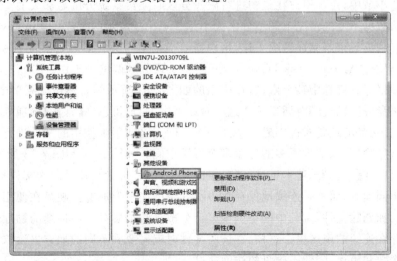

图 2-70　设备管理器

用户也可以像前面 2.1.3 小节中讲述的，借助驱动精灵等第三方软件进行计算机的驱动管理。

### 2.6.3 存储管理

在存储管理中，最重要的就是磁盘管理。利用 Windows 系统自带的磁盘管理工具，可以查看磁盘的分区及运行情况，还可以对磁盘分区进行格式化、更改驱动器号和路径、压缩卷、删除卷、扩展卷等操作，如图 2-71 所示界面。需要注意的是，在执行这些操作之前，建议先对系统进行备份，或者查阅充足的网络资源后再进行这些操作，否则造成硬盘数据丢失是很难恢复的。

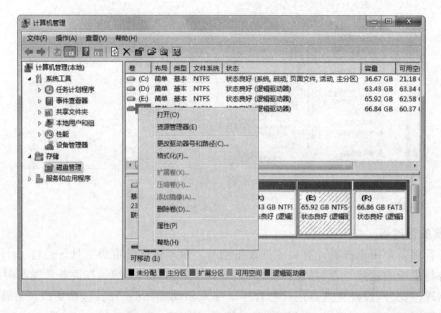

图 2-71 磁盘管理器

在 2.4.2 小节中，建议用户在最初进行磁盘分区时要给系统分区足够大的空间，否则如果想在保留原始数据不变的情况下调整分区大小是一项比较麻烦的工作。Windows 7 操作系统自带的磁盘管理工具很难完成这项工作，用户需要借助第三方工具软件。无损调整分区大小的第三方工具软件 Acronis Disk Director Suite 可实现分区调整等工作。

还可以用鼠标右键选中某个磁盘，在弹出的如图 2-71 所示的右键快捷菜单中选择【属性】选项来打开磁盘分区【属性】对话框。在这个对话框中，用户可以在【常规】选项卡下进行【清理磁盘】的操作。磁盘清理是对选中磁盘中某一个时间点之前很少使用的文件进行压缩，或者对临时文件进行删除等，以节省更多的磁盘剩余可用空间。如图 2-72 和图 2-73 所示。

用户还可以在【工具】选项卡下进行【磁盘碎片整理】。磁盘碎片是因为文件被分散保存到整个磁盘的不同地方，而不是连续地保存在磁盘连续的簇中形成的。硬盘在使用一段时间后，由于反复写入和删除文件，磁盘中的空闲扇区会分散到整个磁盘中不连续的物理位置上，从而使文件不能存在连续的扇区里。这样，在读写文件时就需要到不同的地方去读取，增加了磁头的来回移动次数和距离，降低了磁盘的访问速度。

如图 2-74 所示的磁盘碎片整理，就是通过系统软件或者专业的磁盘碎片整理软件对电脑磁盘在长期使用过程中产生的碎片和凌乱文件重新整理，释放出更多的磁盘空间，可提高电脑的整体性能和运行速度。

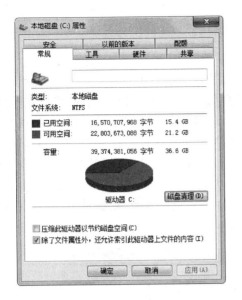

图 2-72　磁盘分区属性常规选项卡

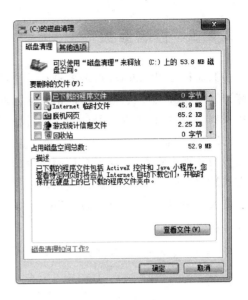

图 2-73　磁盘清理

图 2-74　磁盘碎片整理

## 2.6.4　服务和应用程序

服务和应用程序管理包含两项管理工具：一个是服务；另外一个是 WMI（Windows Management Instrumentation，Windows 管理规范）控制，用户可以配置 WMI 控制。

## 2.6.5　控制面板

控制面板是 Windows 自带的进行系统各方面性能维护的一个重要工具。前面所讲的用户账户管理、程序管理、设备管理、语言输入法的管理以及外观个性化的设置都可以在控制面板中找到，它是将整个 Windows 软硬件设置都集中在一起的一个管理界面。可以通过【开始】菜单的【控制面板】选项打开控制面板。控制面板总共有两种查看方式，如图 2-75 所示，为控制面板的类别查看方式，这也是控制面板的默认查看方式；可以通过单击图 2-75 右上角的【查看方式】下拉列表，选择"大图标"或者"小图标"查看方式。图 2-76 所示为控制面板的小图标查看方式。用户可以在其中选择要设置的选项进入详细的设置界面，根据界面提示进行相应设置。

图 2-75　控制面板的类别查看方式

图 2-76　控制面板的小图标查看方式

# 2.7　Windows 7 操作系统其他常用工具及设置

以下介绍 Windows 7 操作系统中其他常用的小工具及设置。

## 2.7.1　记事本

记事本 ▤ **记事本** 是一个非常小巧的文档工具。它不像 Microsoft office 中的 Word 那样有很强大的功能，如果用户的文档无须进行复杂的格式设置，则可以使用记事本。记事本文件的扩展名为"txt"。通过【开始】菜单【所有程序】中的【附件】菜单，便可找到【记事本】选项。

在使用记事本时，如果希望文本能够自动换行，则要选择【格式】菜单下的【自动换行】选项，如图 2-77 所示。

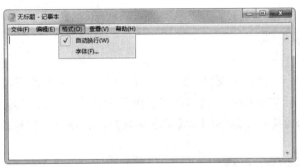

图 2-77　记事本

## 2.7.2　计算器

计算器 ▦ **计算器** 也是一个非常方便实用的工具，用户在进行一些日常运算时可以借助计算器帮忙。通过【开始】菜单【所有程序】中的【附件】菜单，便可找到【计算器】选项。计算器默认情况下的界面如图 2-78 所示，这是一种最简单的标准型计算器模式。

通过【查看】菜单，可以选择计算器的其他模式，如【科学型】、【程序员】、【统计信息】等，如图 2-79 所示。在这三种模式下，计算器能够完成更复杂的运算。如图 2-80 所示，在"程序员"模式下，用户可以进行二进制、八进制、十进制以及十六进制数之间的转换和运算等；在"科学型"模式下，可以进行更多的数学运算；在"统计信息"模式下则可以进行更多求和等统计类的运算。

图 2-78　标准型计算器

图 2-79　计算器类型切换

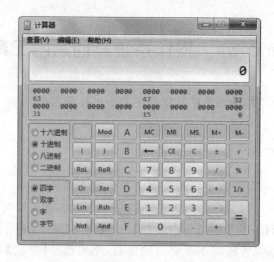

图 2-80    程序员模式下的计算器

## 2.7.3    截图工具

在使用 Windows XP 操作系统时,很多用户都为截图截屏而烦恼。很多用户都是采用第三方软件进行截图。而 Windows 7 操作系统在附件中自带了截图工具 🞕 截图工具 。单击【开始】菜单【所有程序】中的【附件】菜单中的【截图工具】选项,便可用鼠标拖拽实现截图。

## 2.7.4    投影仪的连接

用户在进行演讲或答辩时,通常需要把自己的个人计算机或笔记本的屏幕信号切换到投影上进行显示。在 Windows XP 操作系统时,用户只能靠笔记本硬件的【Fn】＋【Fx】(F1~F8 中的某一个,视具体笔记本而定)组合键来实现切换。而 Windows 7 操作系统已经通过软件层次实现了将计算机信号连接到投影仪屏幕上的功能。用户在连接好 VGA 或 HDMI 线后,选择【开始】菜单【所有程序】中的【附件】菜单中的【连接到投影仪】选项 🖳 连接到投影仪 ,便可弹出如图 2-81 所示屏幕信号切换界面。其中,第一项【仅计算机】为默认选项,是未将计算机的信号连接到投影仪上时的模式;【复制】模式可以在计算机显示器和投影上显示相同的内容;【扩展】模式下,把当前显示器和投影仪横向拼接在一起,当作一个显示屏使用,这一项也适合开发人员的双显示器使用;【仅投影仪】模式下,关闭计算机显示器信号,而在投影仪上显示视频信号。用户可以根据自己的实际需求进行选择。

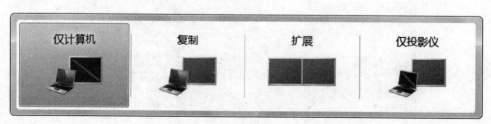

图 2-81    连接投影仪选项

如果投影仪并没有直接连接在用户本人计算机上,而是在相同工作区或局域网的其他计算机上,用户还可以通过【附件】菜单中的【连接到网络投影仪】选项 ![连接到网络投影仪] 进行连接。如图 2-82 所示,用户可以自动搜索投影仪,也可以输入已知投影仪的网络地址进行连接。

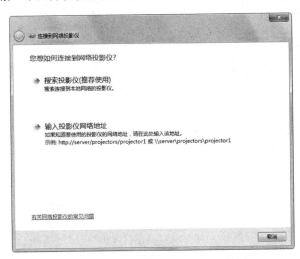

图 2-82　连接网络投影仪

用相同的方法,可以为自己的电脑连接两个显示器,以增加自己工作的方便性。

## 2.7.5　添加网络打印机

在进行日常办公时,由于资源的限制,可能需要多台计算机共享一台打印机。此时,没有连接打印机的计算机就需要连接到另一台计算机的打印机上进行打印。而要实现这种网络打印,打印机必须设置共享。设置共享的方法为:打开【开始】菜单,选择面板中的【设备和打印机】选项,打开如图 2-83 所示的界面,在此界面选中相应的打印机后单击鼠标右键,在弹出的右键快捷菜单中选择【属性】选项,便可打开【打印机属性】对话框,在如图 2-84 所示的【共享】选项卡下设置打印机共享。

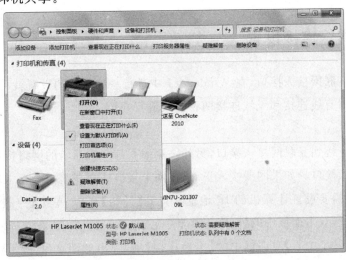

图 2-83　设备和打印机

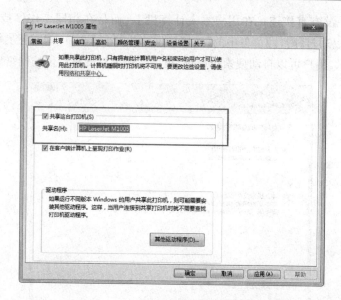

图 2-84　共享打印机

打印机共享后,在其他需要使用它的计算机上,打开资源管理器,在地址栏输入【\\】+【共享打印机的计算机 IP 地址】,按【Enter】键即可。例如,在地址栏输入"\\10.3.35.160",便会弹出 IP 地址为 10.3.35.160 这台机器上所有的打印机资源,在需要连接的打印机上单击鼠标右键,在右键快捷菜单中选择【连接】选项,便可使用这台网络打印机。

### 2.7.6　数据恢复

当用户通过【Shift】+【delete】组合键进行永久删除或者清空回收站,文件便已经从磁盘上删除了。如果此时还想恢复这些文件数据,可以尝试借助金山卫士或 360 安全卫士的【数据恢复】或【照片恢复】功能进行恢复,或者使用如 Pandora Recovery 2.1、FreeFastRecovery 2.1、Recuva 1.29 或者 Glary Undelete 1.5 等软件。

### 2.7.7　网络连接设置

如果已经有互联网接入接口,在 Windows 7 中进行一些相关的设置就可以将计算机连接到互联网。下面对有线连接和无线连接两种方式进行介绍。

**1. 有线连接**

将网线一端连接到互联网接入接口,另外一端插入计算机网卡的网络接口,即可将计算机连接到互联网接入接口。如果网线接入正确,在网卡接口处会亮起一个标志灯。

插好网线后,需要设置计算机的 IP 地址。打开【开始】菜单,单击【控制面板】选项,打开【控制面板】对话框,双击面板中的【网络与共享中心】选项,打开如图 2-85 所示对话框。

单击【网络与共享中心】对话框中的【本地连接】项,弹出如图 2-86 所示【本地连接 状态】对话框,单击【属性】按钮,弹出如图 2-87 所示【本地连接 属性】对话框。

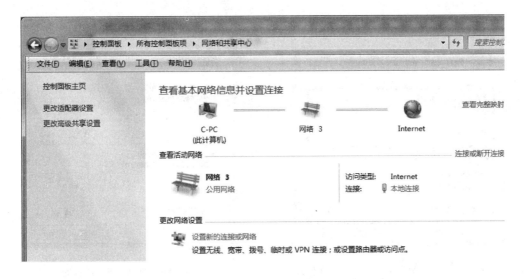

图 2-85　【网络与共享中心】对话框

图 2-86　【本地连接 状态】对话框

图 2-87　【本地连接 属性】对话框

双击【本地连接 属性】对话框中的【Internet 协议版本 4(TCP/IPv4)】，弹出如图 2-88 所示【Internet 协议版本 4(TCP/IPv4)属性】对话框。

如图 2-88 所示，如要使用固定的 IP 地址，则选中【使用下面的 IP 地址】选项，分别输入指定的 IP 地址、子网掩码和默认网关。如果有固定的 DNS 服务器地址，则选中【使用下面的 DNS 服务器地址】选项，输入首选 DNS 服务器地址和备选 DNS 服务器地址，单击【确定】按钮即可。

若要使用 DHCP 自动获得 IP 设置，则选择【自动获得 IP 地址】和【自动获取 DNS 服务器地址】选项，如图 2-89 所示，然后单击【确定】按钮。

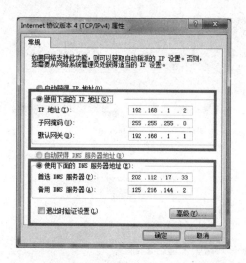
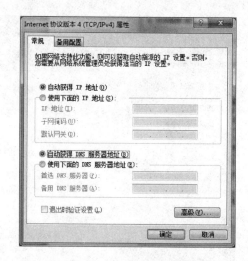

图 2-88　【Internet 协议版本 4(TCP/IPv4) 属性】对话框 　　　图 2-89　自动获取 IP 地址

### 2. 无线连接

如果计算机上有无线网卡,还可以通过无线网络连接到互联网。打开无线网络连接开关后,单击【任务栏】上的【网络连接】图标,如果图标不可见,单击如图 2-90 所示的【任务栏】上的【显示隐藏的图标】按钮,在显示的按钮中可以找到【网络连接】图标,如图 2-91 所示。

单击【网络连接】按钮,系统显示当前可用无线连接,如图 2-92 所示。

图 2-90　【显示隐藏的图标】按钮

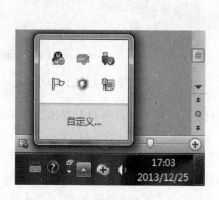

图 2-91　【网络连接】按钮

图 2-92　当前可用无线连接列表

单击列表中的想连接的无线网络,如"jsjxy",将显示一个【连接】按钮,如图 2-93 所示。

单击【连接】按钮,弹出【连接到网络】对话框,如图 2-94 所示。

图 2-93　连接到"jsjxy"无线网络　　　　　　图 2-94　【连接到网络】对话框

在该对话框中,在【安全关键字】文本框中输入无线网络连接密码,如 123456(不同的无线网络连接密码不同,如需密码请联系相应的无线网络的管理人员),单击【确定】按钮即可连接到无线网络。

# 本 章 小 结

本章主要介绍了 Windows 7 系统中的常用操作和常用工具的使用。从 Windows 7 操作系统版本的选择、安装,到文件管理、程序管理、用户管理、计算机管理及常用工具的使用和常用设置,都进行了由浅到深的详细介绍;对于 Windows 7 操作系统的初级使用者有非常规范的指导作用,对有一定使用经验的使用者也有良好的参考价值。

# 第3章 Word 2010 文字处理

【学习目标】

Microsoft Word 2010 是美国微软公司推出的办公自动化软件 Office 2010 中的一个重要组件,是目前世界上最流行的文字处理软件之一,具有强大的文本编辑和处理能力。利用 Word 2010,可以轻松高效地制作出公文、报表、信件、文稿等各种类型的使用文档,并可进行个性化的编辑和格式设置。

Word 2010 可以完成许多功能,其中最主要的功能包括:

- 文字格式的编排;
- 段落格式的编排;
- 页面排版;
- 图文混排;
- 绘制表格及编辑表格内容。

本章的学习目标是掌握 Word 2010 的基本操作,熟练应用 Word 2010 的文字排版、页面排版功能和表格编辑功能。

【本章重点】

- 文字格式排版。
- 段落格式排版。
- 页面排版。
- 表格编辑。

【本章难点】

- 图文混排。
- 表格计算和编辑。

## 3.1 Word 2010 文档的基本操作

Word 2010 在界面上与之前的 Word 2003 有较大的区别。它取消了传统的菜单和工具栏操作方式,而代之以选项卡,按任务对工具进行分组,并将最常用的命令直接展示在选项卡中。这使得用户界面更加流畅、直观,更易于操作。同时,它提供了预览功能,在各种命令被最终应用之前,均可预览其效果。本节主要介绍 Word 2010 文档的基本操作。

## 3.1.1　新建与保存 Word 文档

**1. 新建 Word 文档**

安装了 Microsoft Office 软件后,双击 Word 图标即可启动 Word。

Word 启动后,单击【文件】选项卡的【新建】选项(快捷键【Ctrl】+【N】)。在这种方式下,Word 2010 还提供了多种文档的模板,可以根据需要选择相应的模板,从模板创建文档,如图 3-1 所示。

图 3-1　新建 Word 文档

**2. 保存 Word 文档**

新建 Word 文档后,一般建议马上保存 Word 文档,并为该文档命名。在编辑 Word 文档的过程中,建议不定时进行保存,以防止因为意外退出、死机或断电造成文档内容丢失。Word 2010 提供了一个自动保存机制,默认情况下,每隔 10 分钟会自动保存文档一次。如果想更改 Word 自动保存时间,则可参见 3.2.3 节,在 Word 选项中更改。

在普通情况下,可以单击标题栏左侧快速访问工具栏上的【保存】按钮 或单击【文件】选项卡的【保存】选项(快捷键【Ctrl】+【S】)来保存 Word 文档。

如果是第一次保存该文档,则单击【保存】按钮或选项后,弹出【另存为】对话框,在该对话框中,可以指定文档要被保存的位置,为文档命名,并在【保存类型】下拉列表中选择保存类型。Word 2010 的默认保存类型为“＊.docx”,如果考虑文档会被比 2010 版本低级的 Word 2003 版本使用,则可以将其保存为“Word 97-2003 文档”,其格式为“＊.doc”,如图 3-2 所示。

如果文档之前已被保存过,但希望将当前的新版本保存在其他位置或者保存为新的名字,则单击【文件】选项卡的【另存为】选项,同样可以在【另存为】对话框中指定文档的新位置、新名字等信息。

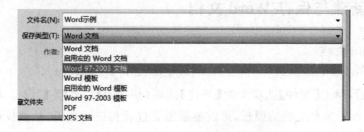

图 3-2　将 Word 2010 文档保存为低版本格式

## 3.1.2　关闭与退出 Word 文档

### 1. 关闭 Word 文档

如果要关闭 Word 文档,可以单击标题栏右边的【关闭】按钮 ，或单击【文件】选项卡的【关闭】选项(快捷键【Alt】+【F4】)来进行。

如果有多篇 Word 文档,则可以在任务栏上单击 Word 任务图标 ，选择要关闭的文档,单击其右侧的【关闭】按钮,如图 3-3 所示。

### 2. 退出 Word

如果要退出整个 Word 软件,可以在任务栏上右键单击 Word 任务图标,在弹出的菜单中选择【关闭窗口】选项。

注意:Word 退出命令会关闭所有的 Word 文档。

如果有文档输入或修改后尚未保存,则关闭时 Word 会弹出一个对话框,询问是否要保存尚未保存的文档,如图 3-4 所示。比较好的操作习惯是,在关闭或者退出 Word 之前先保存好各个文档后再执行关闭或退出命令。

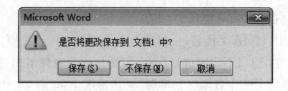

图 3-3　使用任务栏关闭 Word 文档　　　图 3-4　保存文档提示对话框

## 3.1.3　保护 Word 文档

在有些情况下,某个 Word 文档可能是机密文件,只允许少数人查看或修改。此时,可以给文档设置"打开权限密码"或"修改权限密码"。

单击【文件】选项卡的【保存】或【另存为】命令,在弹出的如图 3-5 所示的【另存为】对话框底部,选择【工具】菜单的【常规选项】选项,弹出【常规选项】对话框,如图 3-6 所示。

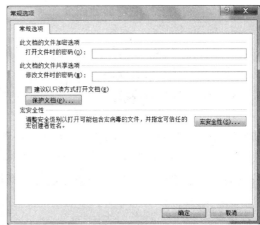

图 3-5　【另存为】对话框　　　　　　　图 3-6　【常规选项】对话框

可以为文档设置"打开文件时的密码",设置了该密码的文档,只有知道密码的用户才能打开它。

如果允许别人打开和查看某个 Word 文档,但是无权修改它,则可以不设置打开密码,但是为文档设置"修改文件时的密码"。

如果想删除密码,则与设置密码同样操作,将【常规选项】对话框中的代表密码的"﹡"号删除即可。

注意:设置了"打开文件时的密码"或"修改文件时的密码"后,必须记住该密码,否则打开或修改不了文档。

# 3.2　Word 2010 工作窗口

## 3.2.1　Word 2010 工作窗口

Word 2010 的主界面及各部分名称如图 3-7 所示。

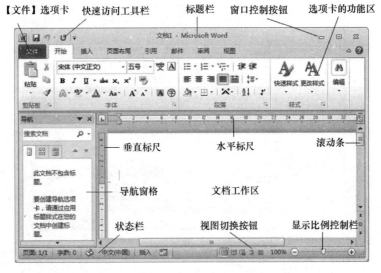

图 3-7　Word 2010 主界面

Word 2010 主界面各部分简介如下。

**1. 标题栏**

标题栏位于 Word 窗口的最上方,除了在最中间显示正在编辑的文档名称外,还包括左侧的快速访问工具栏和右侧的窗口控制按钮。

（1）快速访问工具栏

快速访问工具栏包括一组独立于其他选项卡命令的按钮,用于快速执行某些常用的操作,如保存、撤销和恢复等。快速访问工具栏是 Word 2003 版本所没有的。用户可以根据自己的使用习惯,来自定义快速访问工具栏。自定义快速访问工具栏时,只需要单击快速访问工具栏右侧的下拉菜单▼,对菜单中的命令进行选择即可。如图 3-8 所示。

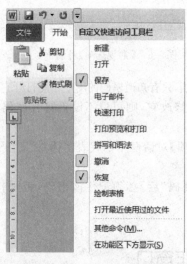

图 3-8　自定义快速访问工具栏

（2）窗口控制按钮

窗口控制按钮包括缩小 ▬、放大 ▢、还原 ▢ 和关闭 Word 按钮 ✕ 。

其中,还原按钮和放大按钮并不同时存在,当窗口已经最大化时,显示还原按钮 ▢,而当窗口非最大化时,显示放大按钮 ▢。

**2. 选项卡**

在 Word 2010 版本中,采用选项卡以取代 Word 2003 中的菜单。Word 2010 默认的选项卡包括【文件】、【开始】、【插入】、【页面布局】、【引用】、【邮件】、【审阅】、【视图】。在每个选项卡中,都包含一些与该功能对应的常用功能按钮,这比菜单模式更加直观。如图 3-7 所示。

用户可以根据自己的需要,自定义选项卡。自定义选项卡的方法是:在【文件】选项卡中选择【选项】,在弹出来的【Word 选项】对话框中,选择【自定义选项卡】命令,即可进行选项卡的自定义。如图 3-9 所示。

图 3-9　【Word 选项】对话框

### 3.【文件】选项卡

Word 2010【文件】选项卡如图 3-10 所示,它取代了 Word 2003 的【文件】菜单和 Word 2007 的【Office 按钮】,并增加了一些新的功能。

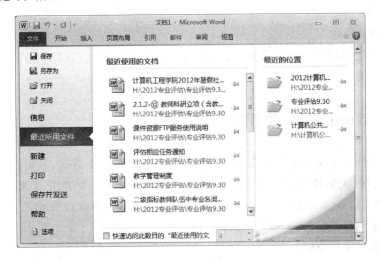

图 3-10　【文件】选项卡

【文件】选项卡保留了基本的文件"打开""关闭""保存""新建"和"打印"等功能。此外,选项卡中还提供了有关当前文档的信息及最近使用过的文档的信息。

### 4. 文档工作区

文档工作区是 Word 窗口最主要的组成部分,可以在其中对文本进行输入、编辑、排版等操作。

### 5. 导航窗格

如图 3-11 所示,导航窗格可以通过显示文档的各级标题来显示文档结构,并以亮色显示当前光标所在页面在文档中的标题位置和页面位置,还可以显示当前搜索文档的结果等。Word 2010 的导航窗格提供了一个新的便捷功能,即可以通过拖动导航窗格中的标题,改变标题位置来实现文档内容顺序的重新组织。一旦把某个标题移动到导航窗格的另一个位置上去,该标题下的文本在文档中的位置即与标题一起发生移动,而无须进行大批量的复制和粘贴操作。

### 6. 滚动条

滚动条包括水平滚动条和垂直滚动条。使用滚动条中的滑块或者按钮可滚动阅览工作区中的内容。

### 7. 标尺

标尺包括水平标尺和垂直标尺,可用于显示文字的位置、设置段落或者行的缩进等。

标尺可以通过选中或不选中【视图】选项卡下的【标尺】选项,或者通过单击滚动条滑块上方的【标尺】按钮 来显示或隐藏。

### 8. 状态栏

状态栏位于窗口底端左侧,用于显示当前的状态,如页面信

图 3-11　导航窗格

息、字数统计等。状态栏可以通过右键单击状态栏的方式来进行自定义。

**9. 显示比例控制栏**

显示比例控制栏可以通过滑动【显示比例】滑块或者单击【缩放级别】按钮**100%**来改变文档的显示比例。

**10. 视图切换按钮**

视图切换按钮提供了一个快捷的方式，来切换同一个文档在不同的视图下的显示。视图方式将在 3.2.2 节中讲解。

## 3.2.2 Word 2010 的视图方式

"视图"就是屏幕上文档的显示方式。Word 提供了 5 种视图方式：页面视图、阅读版式视图、Web 版式视图、大纲视图和草稿。这些不同的视图方式从不同的角度来显示文档。用户可以根据显示需要，在各种视图方式之间切换。视图方式的切换可以使用 3.2.1 节提到的【视图切换按钮】，也可以在【视图】选项卡中单击相应的视图按钮。

下面介绍各种视图方式。

**1. 页面视图**

页面视图是打开 Word 时的默认视图方式，也是最常用的一种视图方式。在页面视图中，页眉、页脚、图片、图形、页边距、文本框、水印、分栏等所有的格式对象都能显示出来，方便设置和修改，其所显示的文档效果与打印效果是一致的。

**2. 阅读版式视图**

阅读版式视图最适合于阅读文档。它隐藏选项卡和其他工具栏，以最大的空间来显示文档。在该视图下可以改变显示的字体大小，可进行复制、查找、添加底纹和批注等简单操作。如图 3-12 所示。

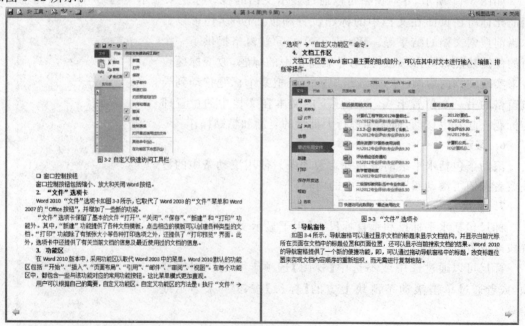

图 3-12 阅读版式视图

### 3．Web 版式视图

Web 版式视图以网页的形式显示 Word 文档。在该视图中，可以像在浏览器中浏览网页一样浏览文档，每行文本的长度自动适应窗口的大小，在该视图下同样可以进行各种格式编辑和排版。如图 3-13 所示。

图 3-13　Web 版式视图

### 4．大纲视图

大纲视图除了显示文档内容之外，还可以根据文中标题和文本的级别来显示文档的结构。在该视图中，可以通过折叠文档来查看标题或子标题，或者通过展开文档来查看所有内容，具体方法为双击标题前的"＋"号，即可折叠或者展开对应标题下的文档内容。此外，如果需要对文档的结构进行修改，例如，将某个标题下的内容全部移动至另一个标题前面，则只需拖动标题移动到相应的位置即可。同时，还可以通过对大纲中各级标题进行"上移"或者"下移"来改变内容的位置，或通过"提升"或"降低"来调整文档大纲。如图 3-14 所示。

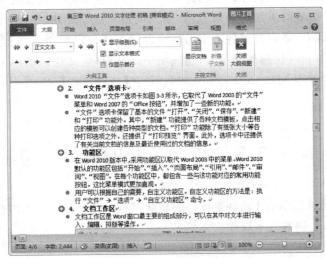

图 3-14　大纲视图

**5. 草稿**

草稿视图隐藏了页眉、页脚、分栏等格式设置,但提供了分页和分节提示。以单虚线表示分页,以双虚线表示分节,可以清晰地看到文档的分页和分节情况。有关分页和分节的介绍详见3.4.5节。

### 3.2.3 Word 2010 选项

在 Word 2010 的【文件】选项卡中,提供了【选项】命令。单击该按钮,可以进入【Word 选项】对话框。如图 3-15 所示。

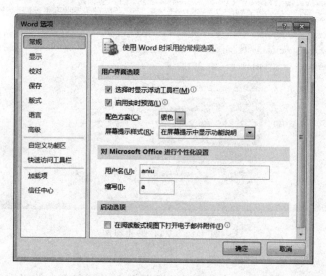

图 3-15 【Word 选项】对话框

在【Word 选项】对话框中,提供了对 Word 默认属性的更改和设置。在【常规】选项中,可以对使用 Word 时采用的常规选项进行设置,包括用户界面等个性化设置;在【显示】选项中,可以更改文档内容在屏幕上的显示方式和在打印时的显示方式;在【校对】选项中,可以更改 Word 更正文字和设置其格式的方式;在【保存】选项中,可以自定义文档保存的方式;在【版式】选项中,可以设置中文版式;在【语言】选项中,可以设置 Office 语言首选项;在【高级】选项中,可以设置使用 Word 时采用的高级选项,涉及编辑,剪切、复制、粘贴,图像大小和质量,显示文档内容,打印,保存,兼容性等各方面的高级设置;在【自定义功能区】选项中,可以自定义选项卡和键盘快捷键;在【快速访问工具栏】选项中,可以自定义快速访问工具栏;在【加载项】选项中,可以查看和管理 Microsoft Office 加载项;在【信任中心】选项中,可以进行 Word 安全设置和隐私设置等。

## 3.3 Word 文档的编辑

Word 文档的编辑是 Word 软件最核心的功能,包括输入文本、文本内容的基本编辑、查找与替换、查看和插入文档等基本操作。

### 3.3.1　输入文本

在 Word 文档编辑中,最常见的就是对文本的编辑。在文本编辑之前,必须先输入文本。

**1. 移动插入点(光标)**

在对文档进行输入和编辑之前,首先要确定插入点的位置。插入点也称为"光标",是一个闪烁的黑色短竖条"|",它表明要输入的字符的位置。可以通过鼠标、命令和键盘来移动插入点。

(1)通过鼠标移动插入点

可以直接在需要编辑的位置单击鼠标左键来确定插入点的位置。

(2)通过命令移动插入点

如果文档页面过多,还可以采用"定位"操作,在【开始】选项卡的【编辑】组中,单击【查找】下拉列表的【转到】选项,或者使用快捷键【Ctrl】+【G】,在弹出的【查找和替换】对话框中输入要定位到的页码,如图 3-16 所示。

图 3-16　【查找和替换】对话框

(3)通过键盘移动插入点

可以通过使用键盘来实现插入点的移动。表 3-1 列出了键盘移动插入点的常用功能键组合。

**表 3-1　键盘操作移动插入点**

| 操作键 | 功能 | 操作键 | 功能 |
|---|---|---|---|
| ← | 左移一个字符 | Ctrl+← | 左移一个词 |
| → | 右移一个字符 | Ctrl+→ | 右移一个词 |
| ↑ | 上移一行 | Ctrl+↑ | 移到光标所在段落开始位置 |
| ↓ | 下移一行 | Ctrl+↓ | 移到下一段落的开始位置 |
| Home | 移到光标所在行的开头 | Ctrl+ Home | 移到文档首部 |
| End | 移到光标所在行的结尾 | Ctrl+ End | 移到文档尾部 |
| PgUp | 上移一屏 | Ctrl+ PgUp | 移到上一页面的首部 |
| PgDn | 下移一屏 | Ctrl+ PgDn | 移到下一页面的首部 |
| Alt+Ctrl+PgUp | 移到光标所在屏的首行开头 | Alt+Ctrl+PgDn | 移到光标所在屏的末行开头 |
| Shift+F5 | 移到最近曾修改过的 3 个位置 | | |

在下文中,使用"光标"一词替代"插入点"。

**2. 输入文本**

(1) 基本输入规则

输入文本是 Word 最基本的功能,遵循以下基本输入规则。

* 输入文本时,光标会自动后移。
* 在输入法的"半角"方式下,空格占一个字符的位置,在输入法的"全角"方式下,空格占两个字符的位置。
* 当输入到每行的末尾时,Word 会自动换行。
* 如果需要重新开始一个段落,可通过按【Enter】键实现;按下【Enter】键后出现的"↵"符号是"段落标记符"或称"回车符",是一个段落的标志。
* 如果需要换行但不希望开始一个新段落,则可通过按【Shift】+【Enter】键实现,其出现的符号是"↓"。
* 如果要合并两个段落,只需要将光标放在后一个段落的开头,通过按【Backspace】键,删掉"回车符"来实现;也可以将光标放在前一个段落的尾部,按【Del】键或【Delete】键来删除"回车符"。
* Word 中默认提供了拼写检查,当文本中出现红色波形下划线,表示可能出现拼写错误;出现绿色波形下划线,表示可能出现语法错误。

(2) 插入及改写文本

在"状态栏"中,显示了当前文档是处于"插入"状态还是"改写"状态,如图 3-17 所示。在"插入"状态下,在光标处输入文本时,光标后面的文本会依次向后移动;在"改写"状态下,在光标处输入文本时,会依次改写光标后面的文本内容。通过单击状态栏上的【插入】或【改写】按钮,或者按键盘上的【Insert】键,可以实现两种状态的相互转换。

页面: 10/14 | 字数: 5,566 | 中文(中国) | 插入

图 3-17 状态栏

(3) 插入符号

除了普通的中英文文本外,有时候还需要插入一些键盘上所没有的符号,甚至特殊符号。Word 提供了"插入符号"的功能,具体方法如下。

在【插入】选项卡的【符号】组中,单击【符号】下拉列表中的【其他符号】选项,将会弹出【符号】对话框,如图 3-18 所示。在该对话框中,提供了各种常见符号和特殊字符,用户可根据自己的需要进行选择。

(4) 插入日期和时间

Word 还提供了快速插入日期和时间的方法。在【插入】选项卡的【文本】组中,单击【日期和时间】选项,将会弹出【日期和时间】对话框,如图 3-19 所示,可以选择合适的语言下合适的日期和时间格式,单击【确定】按钮,则可插入相应格式的日期和时间。

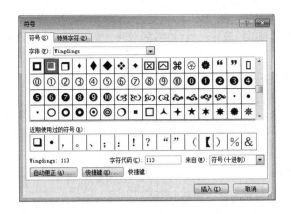

图 3-18　【符号】对话框　　　　　　　　　图 3-19　【日期和时间】对话框

**3．删除文本**

删除文本的最简单的方式是,将光标移动到要删除的文本前面,按【Delete】键删除;或者将光标移动到要删除的文本后面,按【Backspace】键删除。

如果要删除大段文本,可以先选择文本,再按【Delete】键删除。选择文本的方法将在 3.3.2 节中介绍。

## 3.3.2　文本内容的基本编辑

**1．选择文本**

Word 进行格式设置等操作的前提是"选定文本",遵循"先选定、后操作"的原则。在文档中编辑的文本是白底黑字,而被选中的部分会出现"蓝底黑字"的效果,以便与未被选择的部分区分开来。可以通过鼠标、键盘及鼠标和键盘结合的方式来选择文本。

（1）通过鼠标选择文本

① 选择任意连续文本:将鼠标移动到要选择的文本起点,单击鼠标左键拖动至终点。

② 选择字、词:将鼠标移动到要选择的字或词上,双击鼠标左键。

③ 选择一行:将鼠标移动到该行左边的空白区域,鼠标显示为斜向右上方的空心箭头,单击鼠标左键。

④ 选择多行:将鼠标移动到所要选择的第一行左边的空白区域,鼠标显示为斜向右上方的空心箭头,单击鼠标左键后拖动。

⑤ 选择一段:将鼠标移动到该段中任意位置,三击鼠标左键;或者将鼠标移动到该段任意一行左边的空白区域,鼠标显示为斜向右上方的空心箭头,双击鼠标左键。

⑥ 选择整个文档:将鼠标移动到文档任意一行左边的空白区域,鼠标显示为斜向右上方的空心箭头,三击鼠标左键。

（2）通过键盘选择文本

可以通过使用键盘来实现文本的选择。表 3-2 列出了键盘选择文本的常用功能键组合。

（3）鼠标和键盘结合选择文本

① 选择句子:按住【Ctrl】键,将鼠标移动到该句中任意位置,单击鼠标左键。

② 快速选择任意部分:将鼠标移动到要选择的文本起点,单击鼠标左键,再按住【Shift】

键,把鼠标移动到要选择的文本终点,再单击鼠标左键。

③ 选择不连续的区域:单击鼠标左键并拖动鼠标,选定一个文本区域后,按住【Ctrl】键,在其他区域用鼠标以同样的方式再继续选择文本。

④ 选择整个文档:按住【Ctrl】键,将鼠标移动到文档任意一行左边的空白区域,鼠标显示为斜向右上方的空心箭头,单击鼠标左键。

表 3-2　键盘操作选择文本

| 操作键 | 功能 | 操作键 | 功能 |
| --- | --- | --- | --- |
| Shift＋← | 选择光标左边的一个字 | Shift＋→ | 选择光标右边的一个字 |
| Shift＋↑ | 选择光标到上一行同一位置之间的所有字符 | Shift＋↓ | 选择光标到下一行同一位置之间的所有字符 |
| Shift＋Home | 从光标位置选择至行首 | Shift＋End | 从光标位置选择至行尾 |
| Shift＋PgUp | 选定上一屏 | Shift＋PgDn | 选定下一屏 |
| Ctrl＋Shift＋Home | 选择光标到文档首部 | Ctrl＋Shift＋End | 选择光标到文档尾部 |
| Ctrl＋A | 选择整个文档 | | |

### 2. 撤销与恢复

Word 提供了撤销与恢复功能,可以撤销或恢复一个或者多个操作。在【快速访问工具栏】中,提供了【撤销】按钮 和【恢复】按钮 。

单击【撤销】按钮一次,可以达到撤销上一个操作的效果。单击【恢复】按钮一次,则是将撤销的操作再恢复回来。因此,恢复操作是撤销操作的逆操作。如果要撤销或恢复多个操作,可连续单击相应按钮。如果是撤销操作,还可以通过单击【撤销】按钮右边的小三角形来选择要撤销到哪一个操作。

此外,在未单击【撤销】按钮时,如果单击【恢复】按钮,则可将用户的最后一次操作重复进行。

### 3. 移动文本

最直接的移动文本的方法是,选定要移动的文本后,按住鼠标左键,将其移动到目标位置再释放鼠标左键。此外,还可以通过剪切和粘贴的方法实现文本移动。

### 4. 剪切、复制与粘贴

(1) 剪切

当用户需要将文档的某一部分移动到文档中或者文档外别的地方去时,可以采用"剪切"操作。执行"剪切"操作后,剪切下来的内容会保留在"剪贴板"这块内存中的临时存储区域中。执行"剪切"操作的前提是必须选定文本,在选定了文本之后,单击鼠标右键,在弹出的右键快捷菜单中单击【剪切】选项即可(快捷键【Ctrl】＋【X】)。

(2) 复制

当用户需要将文档的某一部分复制到其他地方时,可以采用"复制"操作。执行"复制"操作后,复制出来的内容也会保留在"剪贴板"中。执行"复制"操作的前提是必须选定文本,在选定了文本之后,单击鼠标右键,在弹出的右键快捷菜单中单击【复制】选项即可(快捷键【Ctrl】＋【C】)。或者,选定文字后,按住【Ctrl】键,单击鼠标左键,直接拖动文字到要复制的目的地,释放鼠标。

（3）粘贴

如果要移动文档内容，则在执行"剪切"操作后，执行"粘贴"操作。

如果要复制文档内容，则在执行"复制"操作后，执行"粘贴"操作。

执行"粘贴"操作的前提是，必须已经执行了"剪切"或者"复制"操作。粘贴时，将光标放在要粘贴的位置，单击鼠标右键，在弹出的右键快捷菜单中单击【粘贴】选项即可（快捷键【Ctrl】+【V】）。

如果要进行"选择性粘贴"，则使用快捷键【Alt】+【Ctrl】+【V】，同样可以弹出如图 3-20 所示的【选择性粘贴】对话框来进行粘贴形式的选择。

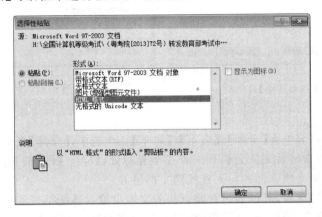

图 3-20　【选择性粘贴】对话框

### 3.3.3　查找与替换

**1. 查找**

当需要在文档中查找指定文本或内容时，可以执行"查找"操作。"查找"操作分为"普通查找"和"高级查找"。

（1）普通查找

普通查找的方法如下：在【开始】选项卡的【编辑】组中单击【查找】选项（快捷键【Ctrl】+【F】），执行该命令时，Word 会在窗口左边显示"导航窗格"，在"导航窗格"最顶端，可填写查找内容进行查找，如图 3-21 所示。在全文或者选定区域中找到与填写内容匹配的文本后，会以高亮的黄色底纹显示该文本。

图 3-21　在导航窗格填写查找内容

（2）高级查找

在有些情况下，用户并不只满足于查找简单的无格式的文本，而是希望查找带格式的文本，此时应进行高级查找。

高级查找的方法是，在【开始】选项卡的【编辑】组中，单击【查找】下拉列表中的【高级查找】选项，在弹出如图 3-22 所示的【查找和替换】对话框后，单击【更多】按钮，可以设置所要查找的文本所具有的格式,如图 3-23 所示。

图 3-22 【查找和替换】对话框 图 3-23 高级查找

其中:
- 【搜索】下拉列表中有【全部】、【向上】、【向下】三个选项,【全部】表示从光标开始往下查找,到达文档末尾后又从文档开头查找至光标处,【向上】和【向下】分别表示从光标开始向上查找至文档首部和向下查找到文档尾部。
- 【使用通配符】选项,可以通过在要查找的文本中输入通配符来实现模糊查找。通配符"?"表示一个字,例如,在查找内容中输入"? 通快递",则如果文本中存在"圆通快递""申通快递""中通快递"等内容,就都会被查找到;通配符"＊"代表一个或若干个字,例如,在查找内容中输入"＊省",则会找到文本中所有以"省"字结尾的词。注意通配符"?"必须是英文状态下的问号。
- 单击【格式】按钮,可以设置所要查找的文本的格式。例如,在此处选择【格式】下拉列表中的【字体】选项,在弹出的【查找字体】对话框中选择字体颜色为"红色",字号为"四号",如图 3-24 所示,单击【确定】按钮,则在【查找和替换】对话框中,在"查找内容"下,将出现刚才所设置的"格式",如图 3-25 所示。也就是说,此时所要查找的,并不是所有的"Word"单词,而是只有满足"字体颜色为红色,字号为四号"这个格式条件的"Word"单词才会被查找到。

图 3-24 【查找字体】对话框

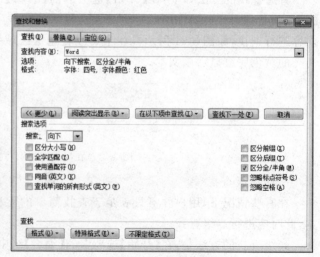

图 3-25 高级查找示例

**2. 替换**

当需要在文档中替换指定文本或内容时,可以执行"替换"操作。"替换"操作也包括普通替换和高级替换。

(1) 普通替换

普通替换的方法如下:在【开始】选项卡的【编辑】组中单击【替换】选项,弹出【查找和替换】对话框,填写查找内容和替换内容,如图 3-26 所示,单击【查找下一处】按钮进行查找,如果仅替换当前处的内容,则单击【替换】按钮,如果要替换全部找到的内容,则单击【全部替换】按钮。

(2) 高级替换

在有些情况下,用户并不只满足于替换简单的无格式的文本,而是希望替换带格式的文本,此时应在【查找和替换】对话框中,单击【更多】按钮。如果希望要被替换掉的文本是具有一定格式的文本,则将光标停在"查找内容"文本框中,再单击对话框左下角的【格式】按钮,设置所要被替换的文本的格式;如果希望将查找到的文本替换为具有一定格式的文本,则将光标停在"替换为"文本框中,再单击对话框左下角的【格式】按钮,设置所要替换的文本的格式。图 3-27 所示为将"字号为四号,颜色为红色"的"Word"单词,替换成为"字号为三号,加粗,无颜色"的"word"单词。

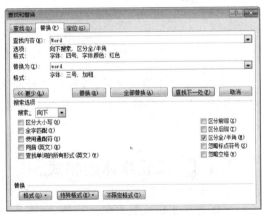

图 3-26　普通替换　　　　　　　　　　图 3-27　高级替换

## 3.3.4　多窗口编辑技术

Word 提供了窗口拆分技术和多窗口编辑技术。窗口拆分技术可以将一个大文档拆分成两部分,显示在两个窗口中,以同时查看和编辑同一个文档的不同区域。多窗口编辑技术允许同时打开多个文档进行编辑,每个文档对应一个窗口。

**1. 窗口拆分**

拆分窗口的方法是:在【视图】选项卡的【窗口】组中单击【拆分】选项。执行该命令后,将鼠标移动到文档中,跟随鼠标上下移动的灰色水平线表明要拆分的位置,选择好位置后,单击鼠标左键可实现窗口拆分。拆分后的窗口大小可用鼠标放置于两个窗口交界处,拖动窗口边界来改变。

如果要取消窗口拆分,则在【视图】选项卡的【窗口】组中单击【取消拆分】选项即可。

**2. 切换窗口**

在打开了多个 Word 文档的情况下,如果需要查看非当前窗口的文档,可以使用"切换窗口"功能。在【视图】选项卡的【窗口】组中单击【切换窗口】下拉列表,即可选择所要切换到的文档的名字进行切换。

**3. 窗口重排**

在【视图】选项卡的【窗口】组中单击【全部重排】选项,Word 将当前所打开的所有 Word 文档窗口水平并排,在各窗口文档上可以进行各种操作。如果要取消"全部重排"功能,只需要双击其中某个文档的"标题栏"即可。

**4. 并排查看**

在【视图】选项卡的【窗口】组中单击【并排查看】选项,Word 将当前所打开的所有 Word 文档窗口垂直并排,并在默认情况下,并排的窗口之间实现"同步滚动",以方便对照查看各个 Word 文档窗口的内容。如果要取消"同步滚动"或"并排查看",只需要在【视图】选项卡的【窗口】中单击【同步滚动】或【并排查看】按钮使其处于非按下状态即可。

此外,在多窗口的情况下,可以通过鼠标双击"标题栏",并用鼠标拖动窗口四周的方法来调整每个文档窗口的大小,以让多个文档同时显示在屏幕上,方便查阅和对比。

# 3.4 Word 文档的排版

在进行了文本输入之后,为使文档看起来美观、清晰、有条理,还要对 Word 文档进行各种格式设置。Word 提供了对字体、段落和页面的格式设置,还提供了格式刷、样式等方便快捷的格式设置工具。

## 3.4.1 设置字体的格式

字体的基本格式主要包括字体、字形、字号、字体颜色、下划线线型和颜色、着重号以及上下标等字体效果,高级格式主要包括字符间距等。

设置字体格式的前提是选定文本。

**1. 字体的基本设置**

在选定了文本之后,可以通过以下三种方式来设置字体的基本格式。

(1)通过【字体】组设置字体格式

在【开始】选项卡的【字体】组中,提供了对字体格式进行设置的各类常用按钮或下拉列表框,如图 3-28 所示。

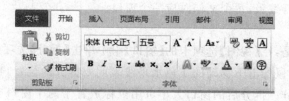

图 3-28 【字体】组

其中各类按钮的功能如表 3-3 所示。

**表 3-3　【字体】组按钮功能表**

| 按钮/列表框 | 名称 | 功能 | 快捷键 |
|---|---|---|---|
| 宋体　▼ | 字体 | 可在其下拉列表中选择字体,更改字体 | |
| 五号　▼ | 字号 | 可在其下拉列表中选择字号,更改字号 | Ctrl＋Shift＋P |
| B | 加粗 | 将所选文字加粗 | Ctrl＋B |
| I | 倾斜 | 将所选文字设置为倾斜 | Ctrl＋I |
| U ▼ | 下划线 | 给所选文字加下划线 | Ctrl＋U |
| A˄ | 增大字号 | 增大字号 | Ctrl＋Shift＋">" |
| A˅ | 减小字号 | 减小字号 | Ctrl＋Shift＋"<" |
| Aa▼ | 更改大小写 | 将所选所有文字更改为全部大写、全部小写或其他常见的大小写格式 | |
| Aa̲ | 清除格式 | 清除所选内容的所有格式,只留下纯文本 | |
| 文 | 拼音指南 | 显示拼音字符以明确发音 | |
| A | 字符边框 | 在一组字符或句子周围应用边框 | |
| abc | 删除线 | 在所选文字的中间画一条线 | |
| x₂ | 下标 | 在文字基线下方创建小字符 | Ctrl＋"=" |
| x² | 上标 | 在文本行上方创建小字符 | Ctrl＋Shift＋"+" |
| A ▼ | 文本效果 | 对所选文本应用外观效果(轮廓、阴影、发光或映像等) | |
| ab̲ ▼ | 突出显示文本 | 使文字看上去像是用荧光笔作了标记一样 | |
| A ▼ | 字体颜色 | 更改文字颜色 | |
| A | 字符底纹 | 为字符添加底纹背景 | |
| 字 | 带圈字符 | 在字符周围放置圆圈或边框加以强调 | |

（2）通过浮动工具栏设置字体格式

选定文本后,在文本周围会自动浮现一个浮动工具栏,如图 3-29 浮动工具栏所示。该工具栏上有一些对字体进行操作的常用按钮,单击相关的按钮可实现对字体进行格式设置。

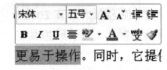

图 3-29　浮动工具栏

（3）通过【字体】对话框设置字体格式

选中文本,单击【开始】选项卡【字体】组右下角的对话框启动器 ,或者单击鼠标右键,在弹出的右键快捷菜单中,选择【字体】选项,或者使用快捷键【Ctrl】+【D】,都将会弹出【字体】对话框,在该对话框的【字体】选项卡中,集合了对字体格式进行设置的基本功能下拉列表框和复选框,并且提供了"预览"功能,可以在将格式真正应用于文本前,预览设置效果。

例如,对"字体 word"短语进行如下格式设置。

在【字体】对话框的【字体】选项卡中,【中文字体】下拉列表选择【楷体】选项,【西文字体】下拉列表选择【Times New Roman】选项,【字形】下拉列表选择【加粗 倾斜】选项,【字号】下拉列表选择【四号】选项,【字体颜色】下拉列表选择【黑色】选项,【下划线线型】下拉列表选择【双波浪形下划线】选项,【下划线颜色】下拉列表选择【红色】选项,并在【着重号】下拉列表中选择着重号。其设置的效果可以在【字体】选项卡的底部预览窗口中查看。如图 3-30 所示。

图 3-30 【字体】对话框

此外,【效果】选项中的上标和下标效果经常用于化学分子式或数学式子,如 $H_2O$、$x^2$ 等。

在【字体】选项卡的底部,还有一个【文字效果】按钮,单击可进入【设置文本效果格式】对话框,在该对话框中,提供了"文本填充""文本边框""轮廓样式""阴影""映像""发光和柔化边缘""三维格式"等高级功能,如图 3-31 所示。

对"字体 word"文本进行"文本效果格式"设置的示例效果如图 3-32 所示,其中,从上到下分别是"文本填充""文本边框""轮廓样式""阴影""映像""发光和柔化边缘""三维格式"的效果。用户可根据自己的喜好,设置更多个性化的文本效果格式。

图 3-31 【设置文本效果格式】对话框

图 3-32 设置文本效果格式

**2. 字体的高级设置**

（1）字符间距、字符缩放、字符位置

如果希望调整字符间距，则在【字体】对话框中，选择【高级】选项卡，可以设置字符的缩放、字符的间距和位置等，如图 3-33 所示。

其中，"缩放"是在水平方向上扩展或压缩文字，在默认情况下为 100%，即正常字符大小，用户可以根据需要在【缩放】下拉列表中选择要缩放的大小比例，或直接将数据输入到下拉列表文本框中。

"间距"指字符与字符之间的距离，有标准、加宽、紧缩三个选项，默认情况下为"标准"。如果在【间距】下拉列表中选择【加宽】或【紧缩】选项，则可在后面的文本框中输入"磅值"，或者通过磅值后面的微调框进行设置。

"位置"指字符相对于水平基线的位置，有标准、提升、降低三个选项，默认情况下为"标准"。如果在【位置】下拉列表中选择【提升】或【降低】选项，则可在后面的文本框中输入"磅值"，或者通过磅值后面的微调框进行设置。

对字体进行字符间距设置的示例效果如图 3-34 所示。其中，从上到下分别是对字符"缩放""间距"和"位置"的设置效果。

图 3-33　【字体】对话框【高级】选项卡　　　　图 3-34　对字体进行字符间距设置

（2）边框和底纹

虽然在【字体】组中提供了为字体添加边框的快捷按钮 A 和添加底纹的快捷按钮 A，但通过这两种方式所添加的边框只能是黑色方框，而底纹只能是灰色底纹，如果需要对字体设置更加丰富多彩的边框和底纹，则在【段落】选项卡的【边框】下拉菜单中，选择【边框和底纹】选项。

① 添加边框：在弹出的【边框和底纹】对话框中，选择【边框】选项卡。设置好【设置】、【样式】、【颜色】、【宽度】等选项，并在【应用于】下拉列表中选择【文字】选项，在右边的预览图中可以查看效果，如图 3-35 所示，若效果满意，单击【确定】按钮即可。

② 添加底纹：在弹出的【边框和底纹】对话框中，选择【底纹】选项卡。设置好【填充】、【图案】等选项，并在【应用于】下拉列表中选择【文字】选项，在右边的预览图中可以查看效果，如图3-36所示，若效果满意，单击【确定】按钮即可。

图 3-35    对字体设置边框

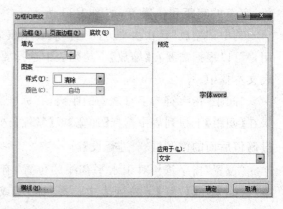

图 3-36    对字体设置底纹

图 3-37 所示为对字体设置边框和底纹的示例效果。

图 3-37    对字体设置边框和底纹效果

## 3.4.2    设置段落的格式

段落的基本格式包括段落缩进、段间距或行间距、对齐、项目符号和编号、边框和底纹等。进行段落格式设置的前提是选定段落。

最直接快捷的设置段落格式的方法是利用【段落】组。在【开始】选项卡的【段落】组中，提供了对段落格式进行设置的各类常用按钮或列表框。在选定段落的前提下，只需要单击相应的按钮，或者下拉列表，便可以设置和选择各类格式。【段落】组如图 3-38 所示。

图 3-38    【段落】组

其中各类按钮的功能如表 3-4 所示。

表 3-4　【段落】组按钮功能表

| 按钮/列表框 | 名称 | 功能 | 快捷键 |
|---|---|---|---|
| | 项目符号 | 创建项目符号列表 | |
| | 编号 | 创建编号列表 | |
| | 多级列表 | 创建多级列表 | |
| | 减少缩进量 | 减少段落的缩进量 | |
| | 增加缩进量 | 增加段落的缩进量 | |
| | 中文版式 | 自定义中文或混合文字的版式 | |
| | 排序 | 按字母顺序排列所选文字或对数值数据排序 | |
| | 显示/隐藏编辑标记 | 显示或隐藏段落标记和其他隐藏的格式符号 | |
| | 文本左对齐 | 将文字左对齐 | Ctrl+L |
| | 居中 | 将文字居中对齐 | Ctrl+E |
| | 文本右对齐 | 将文字右对齐 | Ctrl+R |
| | 两端对齐 | 同时将文字左右两端同时对齐 | Ctrl+J |
| | 分散对齐 | 段落两端同时对齐,并根据需要增加字符间距 | Ctrl+Shift+J |
| | 行和段落间距 | 更改文本行的行间距,自定义段前和段后间距 | |
| | 底纹 | 设置所选文字或段落的背景色 | |
| | 边框 | 自定义所选单元格或文字、段落的边框 | |

更加详细和复杂的段落格式设置还可以通过【段落】对话框来设置。

**1. 对齐、缩进和间距**

在【开始】选项卡的【段落】组中,单击右下角的对话框启动器 ,或者选中段落,单击鼠标右键,选择【段落】选项,将会弹出【段落】对话框,该对话框的【缩进和间距】选项卡中集合了对段落格式进行设置的基本功能下拉列表框。如图 3-39 所示。

(1) 对齐方式:用于设置所选文本在页面中的位置,提供了"左对齐""居中""右对齐""两端对齐"和"分散对齐"的功能,其具体功能如表 3-4 所示。

(2) 大纲级别:用于设置当前段落是属于"正文文本"还是属于哪个级别的标题。

(3) 缩进:分为"左缩进""右缩进",以及特殊格式包括"首行缩进"和"悬挂缩进",用户可以指定缩进的距离。

① "左缩进"表示整个段落的所有行相对于左页边距的缩进,在标尺上的图标为" ";

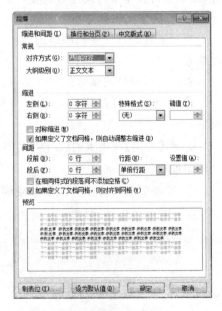

图 3-39　【段落】对话框

②"右缩进"表示整个段落的所有行相对于右页边距的缩进,在标尺上的图标为"🔲";

③"首行缩进"表示段落的第一行的缩进,对其他行没有影响,在标尺上的图标为"🔽";

④"悬挂缩进"表示段落中除第一行以外的其他各行的缩进,在标尺上的图标为"🔼"。这四种缩进图标在标尺上的位置如图 3-40 所示。

图 3-40　标尺上的缩进图标

(4) 间距:包括"段前"和"段后",分别表示所选段落与上一段和下一段的间距;还包括"行距",表示段落内部各行之间的间距。其中:

①"最小值":Word 自动调整高度以容纳最大的字体。

②"固定值":设置成固定的行距,Word 不能自动调整,超过固定值大小的字体或图片将显示不完整。

③"多倍行距":可设置多倍及非整数倍的行距。

**2. 换行和分页**

在【段落】对话框中单击【换行和分页】选项卡,其中包含以下 4 个分页选项。

(1) 孤行控制:选中该项,则可避免在一页的开始处出现段落的最后一行或在一页的结尾处出现段落的第一行的情况。

(2) 与下段同页:选中该项,则可使当前段落与下一段落处于同一页面中。

(3) 段中不分页:选中该项,则整个段落处于一个页面中,不分放于两页。

(4) 段前分页:选中该项,则从下一页开始该段落。

**3. 中文版式**

在【段落】对话框中单击【中文版式】选项卡,可以设置在换行时中文或西文标点符号的位置,以及是否调整字符间距等选项。

**4. 项目符号和编号**

为了更好地体现文档的结构,使文档层次分明,易于阅读,往往考虑为段落添加项目符号或编号。

添加项目符号或编号的方法如下:

① 将光标定位在要插入项目符号或编号的位置,或者选中要插入项目符号或编号的段落;

② 在【开始】选项卡的【段落】组中单击【项目符号】按钮 或【编号】按钮 ,Word 将自动添加项目符号或编号;

③ 若希望自己选择项目符号或编号的图案,则单击【项目符号】按钮 或【编号】按钮 右边的小三角形,在其下拉列表中选择相应的项目符号或编号图案,也可以自定义新的项目符号或编号的格式。如图 3-41、图 3-42 所示。

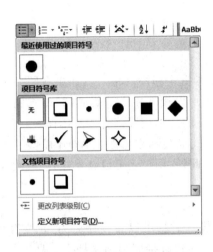

图 3-41　选择和自定义项目符号　　　　　图 3-42　选择和自定义编号

图 3-43 所示为对段落使用项目符号的效果。

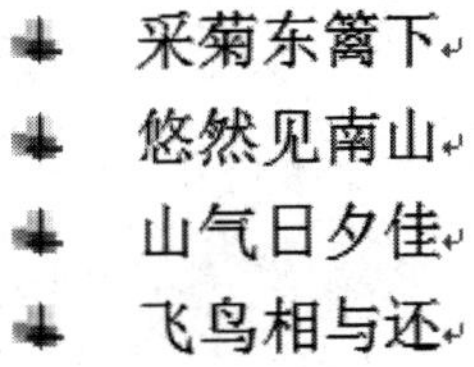

**5. 边框和底纹**

　　段落的边框和底纹的设置方法与字体的边框和底纹的设置方法基本一致,唯一不同是,在【边框和底纹】对话框的【应用于】下拉列表处,应选择【段落】选项。其他具体操作方法可参考 3.4.1 节。

图 3-43　对段落使用项目符号效果

　　图 3-44 所示为对段落设置边框和底纹的示例效果。

图 3-44　对段落设置边框和底纹效果

## 3.4.3　格式刷

　　在排版过程中,可能在同一个文档的多处地方的文本或段落,需要具有相同的格式。Word 提供了格式刷功能,使用格式刷,可以直接地把某些文本格式、段落格式等应用到其他文本或段落上,而无需对文本或段落的格式进行重复设置。

　　具体操作方法如下:

　　① 选定已经设置好格式的文本或段落;

② 在【开始】选项卡的【剪贴板】组中，单击【格式刷】命令 ✏格式刷，此时鼠标变成一个刷子的形状；

③ 在希望设置成已选格式的文本或段落上，按住鼠标左键拖动；

④ 释放鼠标左键，可以看到被拖动过的文本或段落也具有刚才选定文本或段落的格式。

如果需要将同一个格式连续复制到多个文本或段落上，则在【开始】选项卡的【剪贴板】组中，用鼠标左键双击【格式刷】按钮，则可分别选定多处文本或段落进行格式复制，完成后单击【格式刷】按钮，即可取消格式复制。

### 3.4.4　样式

样式是一系列预先设置好的格式，一般包括文本格式和段落格式。如果在同一个文档的多处地方的文本或段落，需要具有相同的格式，除了可以用 3.4.3 节提到的"格式刷"之外，还可以使用"样式"功能。样式定义好之后，可以对选定的文本或段落直接套用样式，而一旦修改了样式，则文档中使用这种样式的文本或段落的格式也会随之修改。Word 提供了内置的样式，是一些已经定义好的格式组合，可以直接使用。此外，用户还可以新建样式、修改样式和删除样式。

**1. Word 内置样式**

Word 定义了很多样式。在【开始】选项卡的【样式】组，可以看到命名为"正文""无间隔""标题 1"等的样式，如图 3-45 所示，用户可以将这些样式直接应用到文档中。具体的方法是：先选定要格式化的文本或段落，再单击【开始】选项卡的【样式】组中相应的样式选项，则所选定的文本或段落会被设置成为所选择的样式的格式。

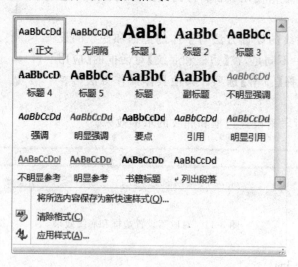

图 3-45　Word 内置样式

**2. 创建样式**

如果【开始】选项卡的【样式】组中没有所需的样式，用户可以创建一个新样式。创建新样式的方法如下：

① 单击【开始】选项卡的【样式】组右下方的对话框启动器 ⬛，弹出【样式】对话框，如图 3-46所示；

② 单击【样式】对话框最底部的【新建样式】按钮 ，弹出如图 3-47 所示的【根据格式设置创建新样式】对话框；

③ 在该对话框中，可以定义样式的名称、类型等，单击对话框底部的【格式】按钮，可以设置各种格式，包括字体、段落、边框等的格式，并且在预览窗口可以看到定义效果，如图 3-47 所示。

图 3-46　【样式】对话框　　　　图 3-47　【根据格式设置创建新样式】对话框

新创建样式成功后，会在【开始】选项卡的【样式】组中显示新样式的名字。

**3. 应用样式**

应用自定义样式的方法与应用内置样式的方法是一样的，选定要处理的文本或段落，在【开始】选项卡的【样式】组中单击要应用的样式名即可。

例如，可以用上面所定义的"我的样式"，应用到如图 3-48 所示的文本标题"1.1 存储程序式计算机"中。其效果如图 3-49 所示。

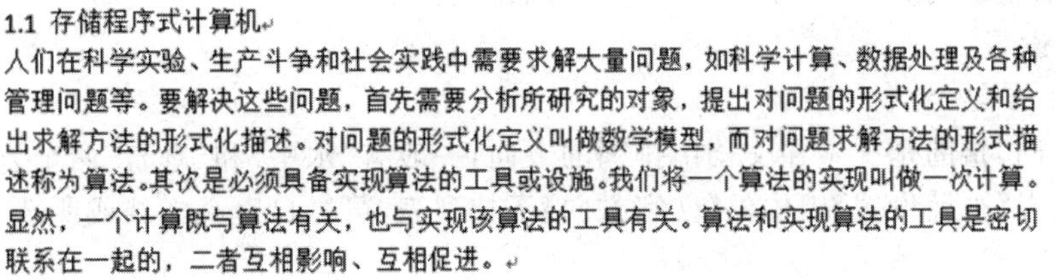

> **1.1 存储程序式计算机**
> 人们在科学实验、生产斗争和社会实践中需要求解大量问题，如科学计算、数据处理及各种管理问题等。要解决这些问题，首先需要分析所研究的对象，提出对问题的形式化定义和给出求解方法的形式化描述。对问题的形式化定义叫做数学模型，而对问题求解方法的形式描述称为算法。其次是必须具备实现算法的工具或设施。我们将一个算法的实现叫做一次计算。显然，一个计算既与算法有关，也与实现该算法的工具有关。算法和实现算法的工具是密切联系在一起的，二者互相影响、互相促进。

图 3-48　应用样式示例原文

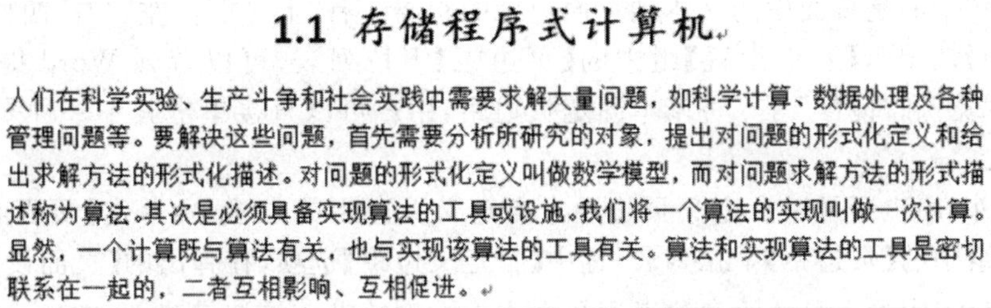

> ## 1.1 存储程序式计算机
> 人们在科学实验、生产斗争和社会实践中需要求解大量问题，如科学计算、数据处理及各种管理问题等。要解决这些问题，首先需要分析所研究的对象，提出对问题的形式化定义和给出求解方法的形式化描述。对问题的形式化定义叫做数学模型，而对问题求解方法的形式描述称为算法。其次是必须具备实现算法的工具或设施。我们将一个算法的实现叫做一次计算。显然，一个计算既与算法有关，也与实现该算法的工具有关。算法和实现算法的工具是密切联系在一起的，二者互相影响、互相促进。

图 3-49　应用样式示例效果

**4. 修改样式**

用户可以对 Word 内置的样式和自定义的样式进行修改,修改了样式后,文档中使用这种样式的文本或段落的格式也会随之修改。修改样式的方法如下:

① 在【开始】选项卡的【样式】组中用鼠标右键单击所要修改的样式;

② 如图 3-50 所示,在弹出的右键快捷菜单中选择【修改】选项,弹出【修改样式】对话框,该对话框类似于如图 3-47 所示的【根据格式设置创建新样式】对话框;

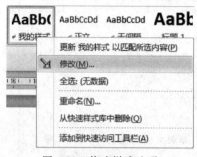

图 3-50　修改样式选项

③ 在该对话框中,可以修改样式的名称和各种格式,包括字体、段落、边框等的格式,并且在预览窗口可以看到定义效果。

**5. 删除样式**

Word 不允许用户删除内置样式,但可以删除自定义样式。删除自定义样式的方法为:在如图 3-46 所示的【样式】对话框中,用鼠标右键单击【样式】对话框中所要删除的自定义样式,在弹出的右键快捷菜单中选择删除选项。

某种样式一旦删除,原来套用该种样式的文本或段落就会自动转变成为 Word 内置的"正文"样式。

## 3.4.5　设置页面的格式

页面格式化主要包括设置页面主题、页面设置和页面背景。页面主题是整个文档的总体设计,包括颜色、字体和效果等;页面设置主要包括文字方向、页边距、纸张方向及大小、分栏、分隔符等;页面背景主要包括水印、页面颜色和页面边框等。

**1. 主题**

在 Word 中,内置了一些页面主题。在这些主题中,已经设计好整个文档的总体外观,包括颜色、字体和效果等。与主题相关的操作可在【页面布局】选项卡的【主题】组中进行,单击【主题】下拉列表,可以为当前文档选择新的主题,单击【颜色】、【字体】和【效果】下拉列表,可以分别改变当前主题的颜色、文字和效果,并应用于文档中。

**2. 页面设置**

(1) 文字方向

"文字方向"指的是文字在文档中排列的方向,一般有"水平"和"垂直"两个方向。单击【页面布局】选项卡【页面设置】组中的【文字方向】下拉列表,可以自定义文档或所选文本框中的文字方向。

(2) 页边距

"页边距"指的是页面中的文本到页面边缘的距离。有"上""下""左""右"四种页边距。单击【页面布局】选项卡【页面设置】组中的【页边距】下拉列表,可以看到 Word 提供了"普通""窄""适中""宽"和"镜像"等 5 种基本固定页边距,用户可以直接单击其中一种来快速设置相应的页边距。

除此之外,用户还可以自定义页边距。自定义页边距的方法是:单击【页面布局】选项卡【页面设置】组中的【页边距】下拉列表,选中【自定义边距】选项,在弹出的【页面设置】对话框的【页边距】选项卡中输入具体距离或者通过文本框右侧的微调按钮 ⬍ 来改变上、下、左、右页边距,如图 3-51 所示。

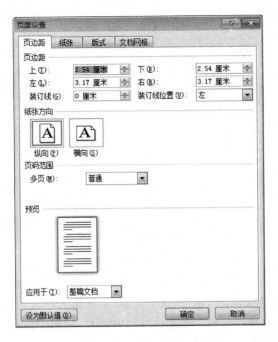

图 3-51 【页面设置】对话框

如果要把文档打印出来并装订成册,则需要选择装订位置。装订位置通常是在文档中靠左或者靠上的位置,因此需要在已有左页边距或上页边距的基础上,预留一段装订距离。在如图 3-51 所示的【页边距】选项卡中,可以选择装订线的位置,以及距离。

(3)纸张方向

Word 有两种基本的纸张方向:"纵向"和"横向"。默认情况下为"纵向"。用户可以根据自己的需要,单击【页面布局】选项卡【页面设置】组中的【纸张方向】下拉列表来更改纸张方向。

(4)纸张大小

单击【页面布局】选项卡【页面设置】组中的【纸张大小】下拉列表,可以选择打印的纸张大小。Word 提供了多种常用的纸张大小来设置页面,默认情况下为"A4"大小。用户可以直接单击其中一种来设置相应的纸张大小。

除此之外,用户还可以自定义纸张大小。自定义纸张大小的方法是:单击【页面布局】选项卡【页面设置】组中的【纸张大小】下拉列表,选中【其他页面大小】选项,在弹出的【页面设置】对话框的【纸张】选项卡中输入具体大小或者通过文本框右侧的微调按钮 ▲▼ 来改变纸张的宽度和高度。

(5)分栏

分栏是将文本并排地分成纵向排列的多栏显示,使用它可以使得版面生动活泼、更易于阅读。很多报纸、杂志都采用了分栏排版格式。Word 在默认情况下为一栏。

实现分栏的方法如下:

① 如果要对整篇文档分栏,则将光标放在文中任何位置,如果要对部分区域分栏,则应选中要分栏的文本;

② 在【页面布局】选项卡的【页面设置】组中单击【分栏】下拉列表,在下拉列表中选择分栏所分的栏数,如果要进行更详细的设置,则选择【更多分栏】选项,弹出【分栏】对话框,如图 3-52 所示;

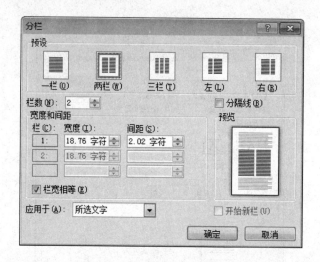

图 3-52  【分栏】对话框

③ 在【分栏】对话框中，"预设"中的"一栏""两栏""三栏"分别表示将文本分成一栏、两栏和三栏，如果要分的栏数多于三栏，则可在【栏数】文本框输入栏数，并选择是否需要"分隔线"；"预设"中的"左"表示分成两栏后第一栏比第二栏窄，"右"则相反。在"宽度和间距"处，可以设置每一栏的宽度，以及栏与栏之间的间距，如果每栏的宽度一致，可以选中【栏宽相等】选项；最后在【应用于】下拉列表中，可选择此分栏设置的应用范围。如图 3-52 所示。

图 3-53 显示了分栏的效果。

分栏是将文本并排地分成纵向排列的多栏显示，使用它可以使得版面生动活泼、更易于阅读，很多报纸、杂志都采用了分栏排版格式。Word 在默认情况下为一栏。实现分栏的方法是：↵

图 3-53  "分栏"操作效果

（6）分隔符（分页和分节）

常用的分隔符包括分页符和分节符。

Word 有自动分页的功能，当前页排满后，Word 会自动分页，进入下一页的编辑。但有时为了让某部分内容单独形成一页，可以插入分页符进行人工分页。

插入分页符的方法如下：

① 将光标移动到要形成新的一页的开始位置；

② 在【页面布局】选项卡的【页面设置】组中单击【分隔符】下拉列表，在下拉列表中选择【分页符】选项（快捷键【Ctrl】＋【Enter】），即可插入分页符。

在【大纲视图】和【草稿视图】中，分页符是一条水平虚线。如果想删除分页符，只要把光标移到该水平虚线上，按【Delete】键删除即可。

在有些时候，需要对不同区域设置不同的页眉或页脚，或进行不同的分栏，此时需要插入分节符对文档进行分节。

插入分节符的方法如下：

① 将光标移动到要形成新的一节的开始位置；

② 在【页面布局】选项卡的【页面设置】组中单击【分隔符】下拉列表，在下拉列表中选择【分节符】选项。

Word 提供了 4 种常用的分节符：

① "下一页"表示插入分节符并在下一页上开始新节；

② "连续"表示插入分节符并在同一页上开始新节；

③ "偶数页"表示插入分节符并在下一偶数页上开始新节；

④ "奇数页"表示插入分节符并在下一奇数页上开始新节。

在【大纲视图】和【草稿视图】中，分节符是一条水平双虚线。如果想删除分节符，只要把光标移到该水平虚线上，按【Delete】键删除即可。

**3．页面背景**

（1）水印

Word 提供了水印功能，可以在文档的背景中添加文字或者图片作为水印。水印显示在文字的下面，是可视的，但一般不会影响文字的显示效果。Word 内置了 4 种水印，用户可以直接使用，也可以自定义自己的个性水印。

添加水印的方法如下：

① 在【页面布局】选项卡的【页面背景】组，单击【水印】下拉列表；

② 如果要使用 Word 内置的水印，则在下拉列表的 4 种水印中选择一种；如果要自定义水印，则选择【自定义水印】选项，弹出【水印】对话框，如图 3-54 所示；

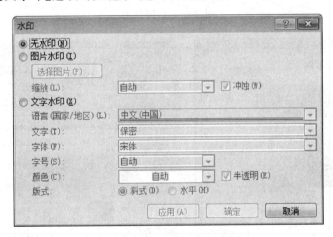

图 3-54　【水印】对话框

③ 在【水印】对话框中，提供了两种类型的水印：图片水印和文字水印。选择图片水印时，可选择当前计算机图片库中的任何图片；使用文字图片时，可对文字的格式进行设置。

设置水印后的效果如图 3-55 所示。

如果想删除水印，则在【页面布局】选项卡的【页面背景】组，单击【水印】下拉列表，选择【删除水印】选项。

（2）页面颜色

页面颜色是指整个文档的背景颜色。可以在【页面布局】选项卡【页面背景】组的【页面颜色】下拉列表进行选择和设置。除了可以选择各种色彩之外，如果单击【页面颜色】下拉列表中的【填充效果】选项，则可在弹出的【填充效果】对话框中，选择页面颜色的渐变、纹理、图案和图片效果，如图 3-56 所示。若在【纹理】选项卡选择【水滴】纹理，则应用后的效果如图 3-57 所示。

**5. 删除样式**

Word不允许用户删除内置样式，但可以删除自定义的样式。删除自定义样式的方法如下：

① 点击【开始】功能区的【样式】组右下方的小箭头，弹出【样式】对话框。

② 右键点击【样式】对话框中所要删除的自定义样式，在弹出的快捷菜单中选择删除选项。

某种样式一旦删除，原来套用该种样式的文本或段落就会自动转变成为Word内置的"正文"样式。

### 3.4.5 设置页面的格式

页面格式化主要包括设置页面主题、页面布局和页面背景。页面布局主要包括文字方向、页边距、纸张方向及大小、分栏、分隔符等，页面背景主要包括水印、页面颜色和页面边框等。

**1. 主题**

在Word中，内置了一些页面主题。在这些主题中，已经设计好整个文档的总体外观，包括颜色、字体和效果等。通过点击【页面布局】功能区【主题】组中的"主题"下拉列表，可以为当前文档选择新的主题。而通过点击【页面布局】功能区【主题】组中的"主题颜色"、"主题文字"和"主题效果"下拉列表，可以改变当前主题的颜色、文字和效果，并应用于文档中。

**2. 页面布局**

（1）文字方向

"文字方向"指的是文字在文档中排列的方向，一般有"水平"和"垂直"两个方向。点击【页面布局】功能区【页面设置】组中的"文字方向"下拉列表，可以自定义文档或所选文本框中的文字方向。

图 3-55　水印效果

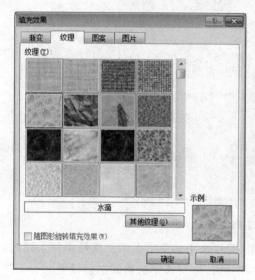

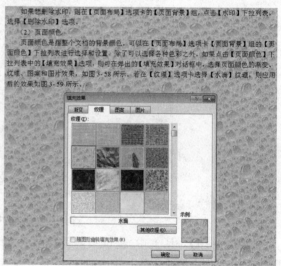

如果想删除水印，则在【页面布局】选项卡的【页面背景】组，点击【水印】下拉列表，选择【删除水印】选项。

（2）页面颜色

页面颜色是指整个文档的背景颜色。可以在【页面布局】选项卡【页面背景】组的【页面颜色】下拉列表进行选择和设置。除了可以选择各种色彩之外，如果点击【页面颜色】下拉列表中的【填充效果】选项，则可在弹出的【填充效果】对话框中，选择页面颜色的渐变、纹理、图案和图片效果，如图3-58所示，若在【纹理】选项卡中选择【水滴】纹理，则应用后的效果如图3-59所示。

图 3-56　【填充效果】对话框　　　　　　　　　图 3-57　"水滴"纹理填充效果

　　如果想撤销背景颜色，则在【页面布局】选项卡的【页面背景】组的【页面颜色】下拉列表中选择【无颜色】选项。

　　（3）页面边框

　　页面边框是在页面外围添加边框。单击【页面布局】选项卡的【页面背景】组【页面边框】按钮，则可进行页面边框的设置。其设置的方法与文字边框和段落边框类似，所不同的是，在【应用于】下拉列表中，必须选择【整篇文档】选项，即边框的应用范围必须选择"整篇文档"。其他具体操作方法可参考3.4.1节。

### 3.4.6　页码、页眉与页脚

**1. 页码**

（1）插入页码

在多页文档中，往往需要插入页码。单击【插入】选项卡的【页眉和页脚】组的【页码】下拉列表，可以看到 Word 内置了若干种不同位置的页码格式，用户可以在选择页码位置后，再进一步设置页码格式。

（2）设置页码格式

设置页码格式的方法是：在【页码】下拉列表中选择【设置页码格式】选项，在弹出的【页码格式】对话框中设置【编号格式】、【页码编号】等选项。如图 3-58 所示。

（3）删除页码

如果要删除页码，只需用鼠标双击页码位置，在进入页码编辑时，选中页码删除，再双击文档中其他区域退出页码编辑即可，或者单击【页码】下拉列表中的【删除页码】选项。

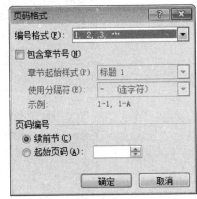

图 3-58　【页码格式】对话框

**2. 页眉和页脚**

页眉或页脚是出现在每张页面顶端或底端的文本或图形。通常使用页眉来表示章节标题信息，页脚来表示页码、日期或标注信息等。页眉和页脚的操作方法非常类似，现以页眉操作为例讲解操作过程。

（1）插入页眉

单击【插入】选项卡的【页眉和页脚】组的【页眉】下拉列表，可以看到 Word 内置了若干种不同的页眉样式，用户可以选择这些页眉样式，或者进一步编辑页眉。

（2）编辑页眉

编辑页眉的方法是：在【页眉】下拉列表中选择【编辑页眉】选项，可以看到在文档的顶端出现了一根页眉线，并且在选项卡中，增加了【页眉和页脚工具】的【设计】选项卡，如图 3-59 所示。

图 3-59　【页眉和页脚工具】的【设计】选项卡

在该【设计】选项卡中，可以设置页眉是否"首页不同"及"奇偶页不同"。设置"首页不同"后，首页的页眉和其余页的页眉可以分别输入，各不相同；设置"奇偶页不同"后，奇数页的页眉和偶数页的页眉可以分别输入，各不相同。在【位置】组中，可以设置"页眉顶端距离"或"页脚底端距离"，其指的是页眉到页面顶端或页脚到页面底端的距离。在【导航】组中，可以通过单击【上一节】、【下一节】按钮由当前节的页眉跳转至上一节或下一节的页眉，通过单击【转至页脚】按钮跳转到页脚编辑区。

页眉除了可以是文字之外，还可以是图片。设置图片页眉时，只需要在【设计】选项卡的【插入】组单击【图片】按钮，在弹出的【插入图片】对话框中选择要作为页眉的图片即可。设置完后，单击【关闭页眉和页脚】按钮，或者用鼠标双击文档正文部分，则退出页眉和页脚的编辑。

如果要编辑页眉线，在进入页眉和页脚编辑后，单击【页面布局】选项卡【页面背景】组的【页面边框】按钮，弹出【边框和底纹】对话框。在该对话框的【边框】选项卡中，可以选择页眉线的样式、颜色、宽度等，并且在右边的预览区域，仅选择下框线图标，在【应用于】下拉列表中选择【段落】选项，如图 3-60 所示。

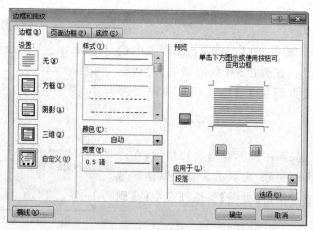

图 3-60　编辑页眉线

（3）删除页眉

如果要删除页眉内容，只需用鼠标双击页眉位置，在进入页眉编辑时，选择页眉删除，再双击文档其他区域退出页码编辑即可；或者单击【插入】选项卡的【页眉和页脚】组的【页眉】下拉列表中的【删除页眉】选项。

如果要删除页眉线，操作方法与编辑页眉线类似，只需在【边框和底纹】对话框的【边框】选项卡中，在应用于"段落"的前提下，选择选项卡最左边【设置】选项下的【无】选项即可，该【无】选项表示对当前对象不应用任何边框。

如果在文档中需要用到各种不同的页眉，则需要对文档先进行分节，然后再将不同的页眉应用于不同的节中。分节的方法详见 3.4.5 节。

页脚的操作方法和页眉非常类似，页脚一般没有页脚线，除此之外的方法与页眉一致，关于页脚的部分不再赘述，请参考页眉的操作方法。

## 3.4.7　目录

对于一篇结构良好的长文档来说，有时需要为其添加目录，使得文档的结构在一开始一目了然，并且能根据目录索引快速找到相应的文档内容。

Word 提供了一些内置的目录格式，用户可以直接套用这些目录格式，也可以自己生成目录。

**1. 生成目录**

可以手动生成目录，也可以自动生成目录。

（1）手动生成目录

将光标放在要插入目录的位置，单击【引用】选项卡【目录】组的【目录】下拉列表，如

图 3-61所示，在内置的目录中单击【手动目录】下的目录样式，即可生成手动目录，如图 3-62 所示。在该手动生成的目录上将章节标题填写完整即可。

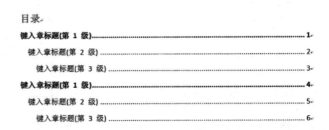

<table>
<tr><td>图 3-61　【目录】下拉列表</td><td>图 3-62　手动生成目录</td></tr>
</table>

（2）自动生成目录

自动生成目录要求文档中的各章节已经设置成为标题样式，或者已经定义了大纲级别。标题样式可以在【开始】选项卡的【样式】组中进行设置，具体见 3.4.4 节所述；大纲级别可以在【段落】对话框的【缩进和间距】选项卡中的【大纲级别】下拉列表框中选择，具体见 3.4.2 节所述。将光标放在要插入目录的位置，在如图 3-61 所示的【目录】下拉列表中，可以选择 Word 内嵌的自动目录模板，也可以单击【插入目录】选项，进入【目录】对话框，如图 3-63 所示。在该对话框中，可以选择是否"显示页码"、是否"页码右对齐""制表符前导符"的形式、显示的标题级别等，在该对话框的右侧还提供了预览功能。

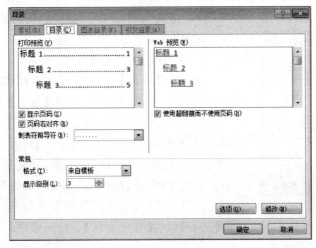

图 3-63　【目录】对话框

**2. 应用目录**

目录在插入后,有两大用途。一是通过目录,可以直观地看到文档的结构,条理清晰;二是如果需要跳转到某一个章节,只需要按住【Ctrl】键,鼠标单击目录上相应的章节名称即可。此时 Word 会提供一个超链接,帮助用户从当前的目录定位到用户所选定的章节中去。

**3. 修改目录**

如果文档中的内容发生了改变,需要修改目录,则选中目录,单击鼠标右键,在弹出的右键快捷菜单中,选择【更新域】选项,如图 3-64 所示,此时会弹出【更新目录】对话框,如图 3-65 所示。如果文档中的标题内容、个数和位置都没有发生变化,则只需更新页码,选择【只更新页码】选项;否则,需要更新整个目录,则选择【更新整个目录】选项。

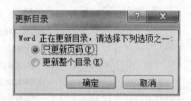

图 3-64　更新目录

图 3-65　【更新目录】对话框

**4. 删除目录**

如果要删除目录,则将其选中直接删除即可。

## 3.4.8　其他常用格式

除了以上提到的主要格式,Word 还有其他常用格式,包括"首字下沉""批注""脚注、尾注和题注"等。

**1. 首字下沉**

在报纸、杂志等刊物上,往往可以看到每段的首字跨越多行显示,呈现"下沉"或"悬挂"的效果,这就是"首字下沉"。"首字下沉"使段落之间的分明更加清晰,使内容醒目。

图 3-66　【首字下沉】对话框

设置"首字下沉"的方法如下:

① 选择要进行"首字下沉"的段落;

② 单击【插入】选项卡的【文本】组的【首字下沉】下拉列表,可根据需要选择【下沉】或者【悬挂】选项;

③ 如果需要进一步设置,则在【首字下沉】下拉列表中选择【首字下沉选项】,弹出【首字下沉】对话框,如图 3-66 所示;

④ 在【首字下沉】对话框中,可设置"下沉"或者"悬挂"的首字的字体、下沉行数以及与正文的距离。

若要取消"首字下沉",则选中段落后,在【插入】选项卡的【文本】组的【首字下沉】下拉列表中选择【无】选项。

**2．批注**

批注一般是对文档相关内容的解释、说明、批改意见等。选择要批注的内容,在【审阅】选项卡【批注】组中,单击【新建批注】选项,即可新建批注,如图 3-67 所示。

> 批注一般是对文档相关内容的解释、说明、批改意见等。选择要批注的内容,在【审阅】 | 批注 [微软用户 1]: XXXXXX
> 功能区【批注】组中,点击【新建批注】选项,即可新建批注。

图 3-67　添加批注效果

如果想删除批注,则选中该批注,单击鼠标右键,在弹出的右键快捷菜单中,选择【删除批注】选项。

**3．脚注、尾注和题注**

(1)脚注

脚注是可以附在文章页面最底端的,对某些东西加以说明的注文。

添加脚注的方法是,将光标放置于想添加脚注的地方,在【引用】选项卡【脚注】组中,选择【插入脚注】选项,如图 3-68 所示,则在原光标所在位置出现了一个上标的序号"1",在该页的底端左侧,也出现了序号"1"及一个闪烁的光标,此时,可以将所要标注的内容写在页面底端的序号"1"后面,如图 3-69 所示。

——————————————
¹ 在这里可以写上脚注的内容

图 3-68　【插入脚注】选项　　　　　图 3-69　添加脚注

如果在文档中添加多处脚注,则 Word 会自动根据文档中已有的脚注的数目,自动为新脚注排序。

如果要删除脚注,则只需把上标序号,例如"1"删除即可。

添加了脚注后,如果在文档中移动了文本,则将自动对脚注重新编号。

(2)尾注

尾注和脚注一样,是一种对文本的补充说明。尾注一般位于文档的末尾,列出引文的出处等。

添加、删除尾注的方法与添加、删除脚注的方法一致。

(3)题注

题注是在 Word 文档中给图片、表格、图表、公式等项目添加的名称和编号。

添加题注的方法是,选中需要设置题注的对象(图片、表格等),在【引用】选项卡【题注】组中选择【插入题注】选项,弹出【题注】对话框,如图 3-70 所示。在该对话框中,默认的题注标签是以"Figure 1""Figure 2"等来表示,如果希望以其他的标签来表示,可以单击【新建标签】按钮,新建其他名字的标签,如图 3-71 所示,单击【确定】按钮,新建标签的效果如图 3-72 所示。

这样,在图的下面就有了名为"图 1"的题注,可以根据需要在"图 1"后面添加相应的说明文字。

如果需要修改编号的格式,还可以单击【编号】按钮,在弹出的【题注编号】对话框中,选择新编号格式,如图 3-73 所示。

图 3-70　【题注】对话框

图 3-71　新建标签

图 3-72　新建标签效果

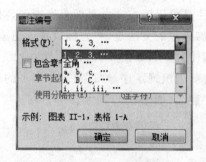

图 3-73　修改编号格式

如果在文档中添加多处题注,则 Word 会自动根据文档中已有的题注的数目,自动为新题注排序。

如果要删除题注,则直接将其选中,删除即可。

## 3.4.9　清除格式

如果对于以上所设的格式不满意,则可以清除所设置的所有格式,恢复到 Word 默认的纯文本状态。

清除样式的方法为:选定需要清除样式的文本或段落;在【开始】选项卡【样式】组的已定义样式下拉列表中,选择【清除样式】选项,如图 3-74 所示(快捷键【Ctrl】＋【Q】)。

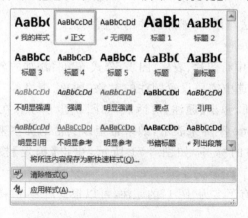

图 3-74　已定义样式下拉列表

# 3.5　Word 文档的图文混排功能

Word 提供了强大的图文混排功能,可以在 Word 文档中插入图片、形状、文本框、SmartArt 图形、图表和艺术字等,进行图文混排,以实现文档页面丰富,生动活泼的效果。

## 3.5.1　插入图片

**1. 插入图片**

在 Word 中插入图片的方法如下:

① 将光标放在要插入图片的位置;

② 单击【插入】选项卡【插图】组的【图片】按钮,弹出【插入图片】对话框,如图 3-75 所示;

③ 选择要插入的图片,单击【插入】按钮。如果要同时插入多张图片,则在【插入图片】对话框中,按住【Ctrl】键选中所要插入的多张图片后,再单击【插入】按钮。

**2. 插入剪贴画**

剪贴画是 Word 自带的图片,在 Word 中插入剪贴画的方法如下:

① 将光标放在要插入剪贴画的位置;

② 单击【插入】选项卡【插图】组的【剪贴画】按钮,在 Word 界面右侧出现【剪贴画】窗格,如图 3-76 所示;

图 3-75　【插入图片】对话框　　　　　　　　图 3-76　【剪贴画】窗格

③ 在【搜索文字】编辑框中输入要插入的剪贴画的关键字,如"建筑",单击【搜索】按钮,则Word 会在其自带的图片库中寻找相应的剪贴画;

④ 在搜索出来的剪贴画中,鼠标左键单击合适的剪贴画,即可实现插入。

### 3.5.2  设置图片格式

插入了图片后,单击图片,可以看到新增了【图片工具】的【格式】选项卡,此时就可以为图片设置格式了。Word 中图片的格式设置包括图片缩放及裁剪、图片的文字环绕方式及排列、图片样式和图片调整等。

**1. 缩放、裁剪图片**

(1) 缩放图片

缩放图片的方法如下:

① 选中所要缩放的图片;

② 在【图片工具】的【格式】选项卡【大小】组中,可以直接通过调整【高度】文本框 高度: 9.21 厘米 或【宽度】文本框 宽度: 4.2 厘米 来调整图片大小;或者单击【大小】组中右下角的对话框启动器 ,弹出【布局】对话框,在该对话框的【大小】选项卡中,对高度、宽度、缩放等进行调整,如图 3-77所示。(注:鼠标右键单击图片,在弹出的右键快捷菜单中选择【大小和位置】选项,也可以打开【布局】对话框。)

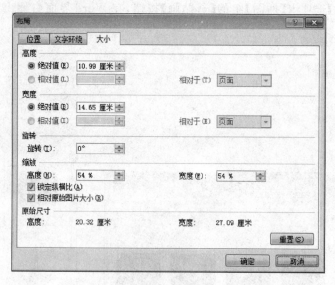

图 3-77  【布局】对话框【大小】选项卡

(2) 裁剪图片

有时候只需要图片的某一个部分,此时可以通过裁剪图片来实现。裁剪图片的方法如下:

① 选中所要裁剪的图片;

② 在【图片工具】的【格式】选项卡【大小】组中,单击【裁剪】按钮 ,此时在图片周围出现8 个控制框,如图 3-78 所示;

③ 使用鼠标拖动各个控制框来裁剪图片,如图 3-79 所示;

图 3-78　裁剪图片的控制框

图 3-79　裁剪图片效果

④ 如果希望以一定的形状来裁剪图片,可以在【大小】组的【裁剪】按钮的下拉列表中,选择【裁剪为形状】选项,在弹出的列表中,选择某一个形状即可,"裁剪为形状"的效果如图 3-80 所示;

⑤ 如果希望以一定的纵横比来裁剪图片,可以在【大小】组的【裁剪】按钮的下拉列表中,选择【纵横比】选项,在弹出的列表中,选择某一个纵横比例即可。

图 3-80　裁剪为形状效果

**2. 设置文字环绕方式、图片排列**

(1) 文字环绕方式

将图片插入到文字中后,可以设置文字环绕在图片周围的形式。Word 提供了嵌入型、四周型、紧密型、穿越型、上下型、衬于文字下方和浮于文字上方等文字环绕方式。

- 嵌入型:环绕图片的文字和图片在文档中的相对位置始终保持不变,可以一起移动;
- 四周型环绕:文字以矩形方式环绕在图片四周;
- 紧密型环绕:文字紧密环绕在图片周围;
- 穿越型环绕:文字可以穿越不规则图片的空白区域来环绕图片;
- 上下型环绕:文字环绕在图片的上方和下方;
- 衬于文字下方:图片位于文字下一层,文字将覆盖图片;
- 浮于文字上方:图片位于文字上一层,图片将覆盖文字;
- 编辑环绕定点:可编辑文字环绕区域的定点,让文字环绕效果更多样化。

设置文字环绕方式的方法如下:

① 选中要设置文字环绕方式的图片;

② 在【图片工具】的【格式】选项卡【排列】组中,单击【自动换行】下拉列表,在下拉列表中选择文字环绕方式,如图 3-81 所示;

③ 在【自动换行】下拉列表中选择【其他布局选项】选项,可以在弹出的【布局】对话框的【文字环绕】选项卡中进行文字环绕方式的设置,如图 3-82 所示。

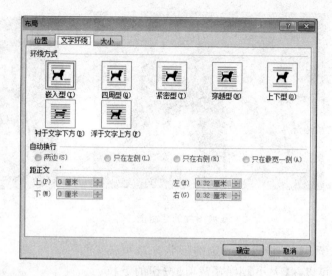

图 3-81　文字环绕方式　　　　图 3-82　【布局】对话框【文字环绕】选项卡

（2）图片位置

Word 提供了 9 种基本的图片位置，分别是顶端居左、顶端居中、顶端居右、中间居左、中间居中、中间居右、底端居左、底端居中、底端居右。

设置图片位置的方法如下：

① 选中要设置图片位置的图片；

② 在【图片工具】的【格式】选项卡【排列】组，单击【位置】下拉列表，在下拉列表中选择一种位置，或者在【布局】对话框的【位置】选项卡中，进行位置信息的设置，如图 3-83 所示。

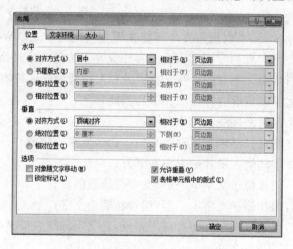

图 3-83　【布局】对话框【位置】选项卡

（3）图片对齐

选中图片后，在【图片工具】的【格式】选项卡【排列】组，单击【对齐】下拉列表，选择对齐方式；也可在【布局】对话框的【位置】选项卡中选择对齐方式，如图 3-83 所示。

（4）图片旋转

选中图片后，在【图片工具】的【格式】选项卡【排列】组，单击【旋转】下拉列表，可选择旋转方式；单击【旋转】下拉列表的【其他旋转选项】，在弹出的【布局】对话框的【大小】选项卡中，也可以设置图片旋转角度,如图 3-77 所示。

(5) 图片组合

在有多张图片的情况下,可以对图片进行组合,组合后的图片可以当成一个对象来进行其他操作。选定要组合的多张图片后,在【图片工具】的【格式】选项卡【排列】组,单击【组合】下拉列表中的【组合】选项。如果要取消图片组合,则单击【组合】下拉列表中的【取消组合】选项。

**3. 应用图片样式、边框、效果、版式**

(1) 应用图片样式

Word 中内置了一些图片样式,可供用户方便快捷地美化图片。选中图片后,在【图片工具】的【格式】选项卡【图片样式】组单击【图片样式】下拉列表,将鼠标放置于某种图片样式上时,会呈现出该种图片样式的名称,如图 3-84 所示,单击该图片样式,便选择了一种名为"映像棱台,白色"的样式。其效果如图 3-85 所示。

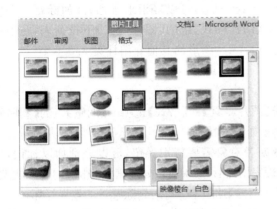

图 3-84　Word 内置图片样式

图 3-85　应用图片样式效果

如果想设置更个性化的图片样式,则单击【图片工具】的【格式】选项卡【图片样式】组右下角的对话框启动器 ,弹出【设置图片格式】对话框,如图 3-86 所示,在【阴影】、【映像】、【发光和柔化边缘】、【三维格式】、【三维旋转】等选项中进行具体设置。

图 3-86　【设置图片格式】对话框

（2）图片边框

图片边框是指在图片周围加上框线。默认情况下图片是无边框的，如果需要添加边框，则单击【图片工具】的【格式】选项卡【图片样式】组的【图片边框】下拉列表，在下拉列表中可以为图片选择边框的颜色、粗细或线条；或者在【设置图片格式】对话框的【线条颜色】及【线型】选项中进行具体设置。

（3）图片效果

图片效果是指某种视觉效果，如阴影、发光、映像或三维旋转等。默认情况下图片是无效果的，如果需要添加效果，则单击【图片工具】的【格式】选项卡【图片样式】组的【图片效果】下拉列表，在下拉列表中内置了若干种图片效果；或者在【设置图片格式】对话框的【阴影】、【映像】、【发光和柔化边缘】、【三维格式】、【三维旋转】等选项中进行具体设置。

（4）图片版式

图片版式指的是将所选的图片转换为 SmartArt 图形，可以轻松地排列、添加标题并调整图片的大小。单击【图片工具】的【格式】选项卡【图片样式】组的【图片版式】下拉列表，在下拉列表中提供了多种图片版式以供选择。关于 SmartArt 图形的其他介绍详见 3.5.6 节。

**4. 调整图片**

（1）删除背景

插入图片后，可以删除图片的背景。单击【图片工具】的【格式】选项卡【调整】组的【删除背景】按钮，则会进入【图片工具】的【背景消除】选项卡，如图 3-87 所示。Word 会自动识别出背景，并且删除背景。如果在图片中有一些区域或者对象需要特别保留，可以分别加以标记，如图 3-88 所示，则企鹅图片的背景会被消除。处理完图片后，如果对该处理满意，则单击【保留更改】按钮，否则单击【放弃所有更改】按钮，以退出【背景消除】选项卡。（注：删除背景的效果好坏在很大程度上取决于图片的背景复杂程度，并不是所有的图片都能有较好的背景删除效果。）

图 3-87　【图片工具】的【背景消除】选项卡

图 3-88　删除背景示例

（2）更正

更正功能用于改善图片的亮度、对比度或清晰度。单击【图片工具】的【格式】选项卡【调整】组的【更正】下拉列表，可以根据预览效果选择"锐化和柔化""亮度和对比度"等更正效果，如图 3-89 所示。如果要进行更加个性化的设置，则在【更正】下拉列表中选择【图片更正选项】，在弹出的【设置图片格式】对话框的【图片更正】选项中进行具体设置。

（3）颜色

颜色功能用于更改图片颜色以提高质量或匹配文档内容。单击【图片工具】的【格式】选项卡【调整】组的【颜色】下拉列表，可以根据预览效果设置图片的"颜色饱和度""色调""重新着色"等颜色效果，如图 3-90 所示。如果要进行更加个性化的设置，则在【颜色】下拉列表中选择【图片颜色选项】，在弹出的【设置图片格式】对话框的【图片颜色】选项中进行具体设置。

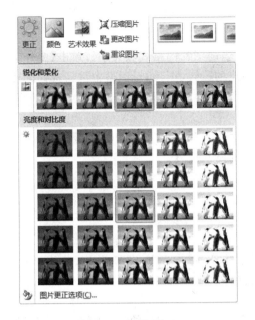

图 3-89　图片更正

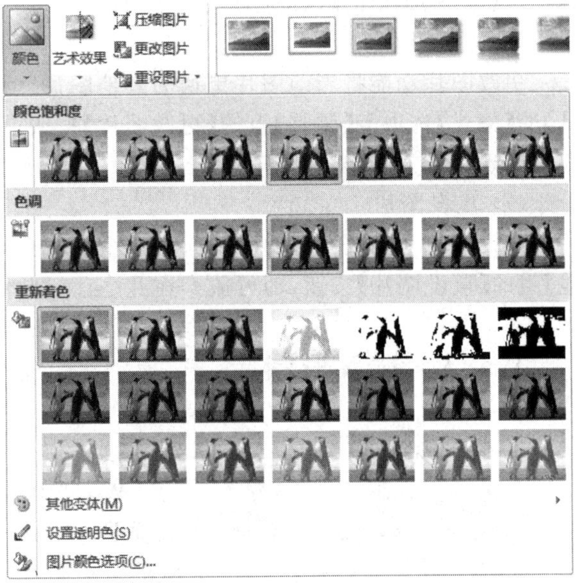

图 3-90　图片颜色

（4）艺术效果

艺术效果功能将艺术效果添加到图片。单击【图片工具】的【格式】选项卡【调整】组的【艺术效果】下拉列表，可以根据预览效果设置图片的艺术效果，如图 3-91 所示。如果要进行更加个性化的设置，则在【艺术效果】下拉列表中选择【艺术效果选项】，在弹出的【设置图片格式】对话框的【艺术效果】选项中进行具体设置。

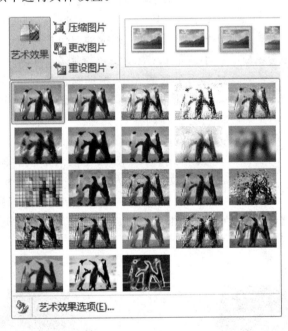

图 3-91　图片艺术效果

（5）压缩图片

压缩图片功能用于压缩文档中的图片以减小其分辨率及大小。单击【图片工具】的【格式】

选项卡【调整】组中的【压缩图片】按钮即可实现。

（6）更改图片

更改图片功能将当前图片更换为其他图片，但保留当前图片的格式和大小。单击【图片工具】的【格式】选项卡【调整】组的【更改图片】按钮，在弹出的【插入图片】对话框中重新选择图片即可实现。

（7）重设图片

重设图片功能放弃对此图片所做的全部格式更改。单击【图片工具】的【格式】选项卡【调整】组的【重设图片】按钮，即可放弃在此之前对此图片的格式设置。

### 3.5.3　插入形状

#### 1. 插入形状

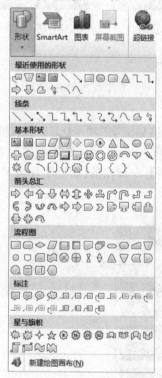

图 3-92　"形状"下拉列表

Word 中提供了线条、基本形状、箭头总汇、公式形状、流程图、星与旗帜、标注等若干种形状。在 Word 中插入形状的方法如下：

① 单击【插入】选项卡【插图】组的【形状】下拉列表，在下拉列表中选择所要插入的形状，如图 3-92 所示；

② 例如，选择"梯形"形状后，鼠标变成一个大号的"＋"，此时，可以在文档中任何位置单击鼠标左键拖动，即可画出梯形形状，如图 3-93 所示。

#### 2. 调整形状

将所插入的形状选中，在形状上出现 8 个白色控制点、1 个黄色控制点和 1 个绿色控制点，如图 3-94 所示。如果该形状是梯形，则拖动白色控制点，可以改变整个梯形的大小或形状；拖动黄色控制点，可以在高不变的情况下，改变梯形上底的大小；拖动绿色控制点，可以旋转整个梯形。对于其他图形，也有类似的调整效果，可以拖动控制点逐个进行尝试和调整。

选中形状时，还会进入【绘图工具】的【格式】选项卡。在【格式】选项卡中，可以对形状的样式、填充、轮廓、效果、位置、文字环绕方式、对齐、旋转和大小等格式来进行设置。

同样，鼠标右键单击形状，选择【设置形状格式】选项，可弹出【设置形状格式】对话框，在该对话框中，可以像对图形一样，对形状进行一系列格式设置。如图 3-95 所示。

图 3-93　插入"梯形"形状

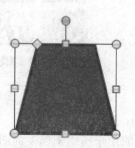

图 3-94　调整形状

图 3-95　【设置形状格式】对话框

## 3.5.4　插入文本框

**1. 插入文本框**

在 Word 中插入文本框的方法如下：

① 单击【插入】选项卡【插图】组的【形状】下拉列表，在下拉列表的【基本形状】中单击【文本框】选项 或者【垂直文本框】选项 ；

② 鼠标变成一个大号的"＋"，此时，可以在文档中任何位置单击鼠标左键拖动，即可插入文本框，如图 3-96 所示。

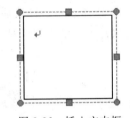

图 3-96　插入文本框

插入后，在文本框中便可以输入字符。在"文本框"中输入的字符是横向的，在"垂直文本框"中输入的字符是纵向的。

**2. 调整文本框**

将所插入的文本框选中，在文本框上出现 8 个白色控制点和 1 个绿色控制点，如图 3-97 所示。拖动白色控制点，可以改变整个文本框大小；拖动绿色控制点，可以旋转整个文本框。

选中文本框时，同样会进入【绘图工具】的【格式】选项卡，可以进行一系列格式设置。

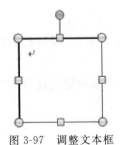

图 3-97　调整文本框

## 3.5.5　插入艺术字

**1. 插入艺术字**

在 Word 中插入艺术字的方法如下：

① 将光标放在要插入艺术字的位置；

② 单击【插入】选项卡【文本】组的【艺术字】下拉列表,在下拉列表中选择喜爱的艺术字样式,如图 3-98 所示;

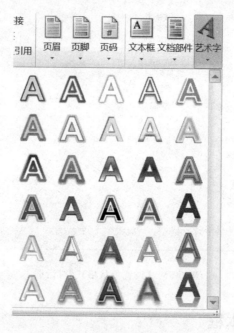

图 3-98 【艺术字】下拉列表

③ 选择艺术字样式后,出现一个编辑文字文本框,在该文本框中书写文本,将文本选中即可按照常规方法设置字体、字号、字形等,如图 3-99 所示。

图 3-99 编辑文字文本框

**2. 调整艺术字**

插入艺术字后,选中该艺术字,同样有 8 个白色控制点和 1 个绿色控制点,可调整不同的控制点来改变艺术字大小、形状和角度。

选中艺术字时,同样会进入【绘图工具】的【格式】选项卡,可以进行一系列格式设置。

## 3.5.6 插入 SmartArt 图形

**1. 插入 SmartArt 图形**

SmartArt 图形是信息和观点的视觉表示形式。可以通过从多种不同布局中进行选择来创建 SmartArt 图形,从而快速、轻松、有效地传达信息。在 Word 中插入 SmartArt 图形的方法如下:

① 将光标放在要插入 SmartArt 图形的位置;

② 单击【插入】选项卡【插图】组的【SmartArt 图形】按钮,弹出【选择 SmartArt 图形】对话

框，如图 3-100 所示；

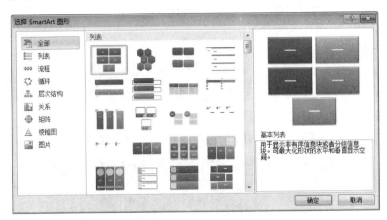

图 3-100　【选择 SmartArt 图形】对话框

③ 选择要插入的 SmartArt 图形，单击【确定】按钮；

④ 插入 SmartArt 图形后，即可在上面进行编辑，如图 3-101 所示。

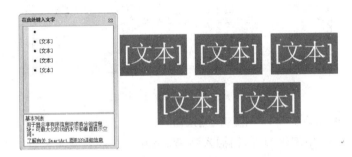

图 3-101　插入 SmartArt 图形示例

**2. 调整 SmartArt 图形**

插入 SmartArt 图形后，选中该图形中的对象，同样有 8 个白色控制点和 1 个绿色控制点，可调整不同的控制点来改变对象大小、形状和角度。

如果要进行更高级的设置，则选中整个图形，进入【SmartArt 工具】的【设计】和【格式】选项卡。在【SmartArt 工具】的【设计】选项卡，可以改变图形的布局、颜色和样式，在【格式】选项卡，可以设置形状和文本的填充、轮廓和效果，以及图形的排列和大小等。

例如，在【SmartArt 工具】的【设计】选项卡的【更改颜色】下拉列表中选择一种彩色搭配，将图 3-101 中的 SmartArt 图形改变颜色，如图 3-102 所示。

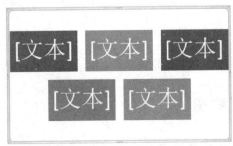

图 3-102　改变 SmartArt 图形颜色

同样，鼠标右键单击 SmartArt 图形，在弹出的右键快捷菜单中选择【设置对象格式】选项，将弹出【设置形状格式】对话框，可以进行一系列格式设置。

### 3.5.7　插入图表

在 Word 中可以插入 Excel 中的图表。插入图表的方法如下：

① 将光标放在要插入图表的位置；

② 单击【插入】选项卡【插图】组的【图表】按钮，弹出【插入图表】对话框，如图 3-103 所示；

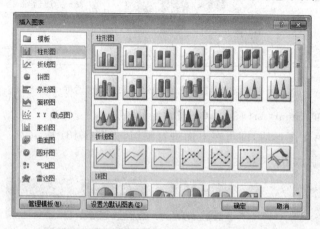

图 3-103　【插入图表】对话框

③ 选择要插入的图表类型，单击【确定】按钮；

④ 在弹出的 Excel 中编辑数据，则插入到 Word 中的图表会发生相应的改变，如图 3-104、图 3-105 所示。

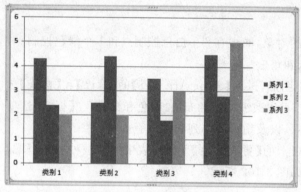

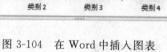

图 3-104　在 Word 中插入图表

图 3-105　在 Excel 中编辑图表数据

关于图表操作的其他具体方法，将在第 4 章 Excel 2010 电子表格中详述。

### 3.5.8　插入屏幕截图

"屏幕截图"是 Word 2010 新增的内置功能，可以用来在 Word 中插入任何未最小化到任务栏的程序的截图。

### 1. 快速插入可用视窗截图

Word 的"屏幕截图"功能可以监视到当前的活动窗口,并将其截图。单击【插入】选项卡【插图】组的【屏幕截图】下拉列表,可以看到当前的可用视窗截图,如图 3-106 所示。这些截图是当前活动窗口的全屏截图,可根据需要单击要快速插入的可用视窗截图。

### 2. 自定义屏幕截图

如果要进行自定义屏幕截图,也就是要自由截取屏幕的部分区域的话,则在【插入】选项卡【插图】组的

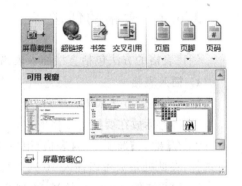

图 3-106　可用视窗截图

【屏幕截图】下拉列表中单击【屏幕剪辑】选项,再通过任务栏,快速打开所要截取图片所在的活动窗口,在需要截取图片的开始位置按住鼠标左键拖动,一直拖动到要截取图片的结束位置后,释放鼠标左键,即可完成自定义屏幕截图。

### 3. 设置截图格式

截取图片后,可为其设置各种格式,详见 3.5.2 节所述。

## 3.5.9　插入文档

在有些情况下,需要将其他文档的内容引入当前文档,此时,如果频繁使用"复制"及"粘贴"操作,会比较烦琐。因此,Word 提供了"插入文档"的功能,允许用户将另一个文档的内容全部插入到当前文档中。具体操作方法为:在【插入】选项卡的【文本】组中,单击【对象】下拉列表中的【文件中的文字】选项,在弹出的【插入文件】对话框中选择所要插入的文档。新文档插入后,会保持其在原文档中的格式不变。

# 3.6　Word 表格的制作

在文档的编辑过程中,往往需要使用表格来代替普通文字,以便更加直观地呈现内容。Word 提供了丰富的制表功能,它不仅可以创建表格,而且可以对表格的格式进行设置,对表格中的数字文本进行排序和计算等。

Word 中表格的一个例子如图 3-107 所示。表格中的每一个小格子称为"单元格",用户可以分别对每个单元格进行输入和编辑。

| 序号 | 工龄 | 工资 | 奖金 |
|---|---|---|---|
| 1 | 6 | 258 | 480 |
| 2 | 4 | 365 | 450 |
| 3 | 8 | 481 | 510 |

图 3-107　Word 中表格的一个例子

### 3.6.1 表格的创建

创建表格的方法包括直接插入表格和绘制表格。

**1. 插入表格**

插入表格的方法如下：

① 将光标放在要插入表格的位置；

② 在【插入】选项卡的【表格】组中单击【表格】下拉列表，根据所要插入的表格的行列数进行选择，在此处最大可以插入 10 列 8 行的表格，如图 3-108 所示；

③ 如果要插入的表格超过 10 列 8 行，或要进行更多的设置，则单击【表格】下拉列表中的【插入表格】选项，在弹出的【插入表格】对话框中，填写表格的列数和行数，设置选定表格的"自动调整"操作，如图 3-109 所示。

图 3-108 插入表格

图 3-109 【插入表格】对话框

**2. 绘制表格**

用户不仅可以通过设定行和列来插入表格，还可以绘制较为复杂的表格。绘制表格的方法是：

① 在【插入】选项卡的【表格】组中单击【表格】下拉列表，选择【绘制表格】选项，此时鼠标变成一支铅笔的形状；

② 按下鼠标左键拖动，即可在文档中适当的地方绘制表格；

③ 完成表格绘制后，按下键盘的【Esc】键，或者再单击一次【插入】选项卡的【表格】组【表格】下拉列表的【绘制表格】选项，此时鼠标恢复正常形状，即可退出表格绘制。

**3. 文本转换成表格**

如果已经存在设置有段落标记、Tab 制表符、逗号、句号或空格等分隔符的文本，则可以直接将文本转换成表格。将文本转换成表格的方法如下：

① 选中要转换成表格的文本；

② 在【插入】选项卡的【表格】组中单击【表格】下拉列表，选择【文本转换成表格】选项，弹

出【将文字转换成表格】对话框,如图 3-110 所示;

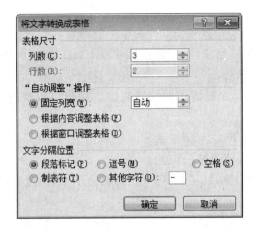

图 3-110　【将文字转换成表格】对话框

③ 该对话框与【插入表格】对话框类似,可设置列数等,并可以指定由什么分隔符来划分文字,设置好后,单击【确定】按钮即可将选中文本转换成表格。

将图 3-111 中的文本转换成表格的效果如图 3-112 所示。

| 序号 | 工龄 | 工资 | 奖金 |
|---|---|---|---|
| 1 | 6 | 258 | 480 |
| 2 | 4 | 365 | 450 |
| 3 | 8 | 481 | 510 |

图 3-111　要转换成表格的文本

| 序号 | 工龄 | 工资 | 奖金 |
|---|---|---|---|
| 1 | 6 | 258 | 480 |
| 2 | 4 | 365 | 450 |
| 3 | 8 | 481 | 510 |

图 3-112　文本转换成表格效果

### 4. Excel 电子表格

在 Word 中,还可以插入 Excel 电子表格。插入 Excel 电子表格的方法如下:

① 将光标放在要插入 Excel 电子表格的位置;

② 在【插入】选项卡的【表格】组的【表格】下拉列表中单击【Excel 电子表格】选项,弹出 Excel 表格编辑框,如图 3-113 所示;

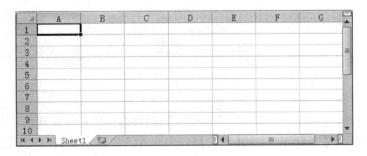

图 3-113　Word 中插入 Excel 表格的编辑框

③ 在该编辑框中,输入相应的文本后,双击 Word 文档中该编辑框之外的任何地方,即退出 Excel 表格编辑。

如果在后续的制作中需要修改该 Excel 表格中的内容,则双击编辑框进行编辑。

关于 Excel 表格中的相关格式设置,将在第 4 章 Excel 2010 电子表格中详述。

**5. 快速表格**

Word 内置了一些已经设置好格式的快速表格。用户可以快速插入这些表格,再对内容做局部修改。

插入快速表格的方法如下:

① 将光标放在要插入快速表格的位置;

② 在【插入】选项卡的【表格】组【表格】下拉列表中单击【快速表格】选项,选择某种样式的快速表格即可。

## 3.6.2 表格的编辑及格式化

**1. 表格中输入文本**

创建了一个空表之后,就可以将光标放在表格中的单元格内,以输入文本。

(1) 移动光标

在单元格内输入文本时,需要移动光标。在表格中移动光标的方法有以下几种:

① 直接在目标单元格内单击鼠标;

② 利用键盘上的【Tab】键,将光标移动到下一个单元格;

③ 利用键盘上的【←】、【→】、【↑】、【↓】键来实现光标的左、右、上、下移动。

(2) 输入文本

在单元格内输入文本的方法与一般输入文本的方法基本相同。详见 3.3.1 节所述。

(3) 删除文本

要删除单元格中的内容,可以直接使用【Backspace】键或者【Delete】键一个一个删除,或者选中要删除的一个或多个单元格后,按【Delete】键删除。

**2. 设置表格属性**

创建表格后,需要考虑表格的对齐方式、文字环绕方式和表格行高和列宽等表格属性。对表格进行属性设置的前提是表格被选中。选中表格的方法是:将鼠标移动到表格上,此时表格左上角出现一个表格标志 ✛,单击该标志,则选中整个表格,如图 3-114 所示。

| 序号 | 工龄 | 工资 | 奖金 |
|---|---|---|---|
| 1 | 6 | 258 | 480 |
| 2 | 4 | 365 | 450 |
| 3 | 8 | 481 | 510 |

图 3-114 选中整个表格

关于表格属性的大部分操作都可以在【表格属性】对话框中进行。选中整个表格,在【表格工具】的【布局】选项卡【表】组中,单击【属性】选项,或者选中整个表格,单击鼠标右键,在弹出的右键快捷菜单中选择【表格属性】选项,即可弹出【表格属性】对话框,如图 3-115 所示。

（1）整个表格的对齐方式

如果希望设置整个表格在文档中的对齐方式，则选中整个表格，在【开始】选项卡【段落】组中，单击相应的【对齐】按钮 ≡ ≡ ≡ ，这三个【对齐】按钮分别表示表格在文档中"左对齐""居中""右对齐"；或在图 3-115【表格属性】对话框的【对齐方式】选项中进行设置。

（2）表格的文字环绕方式

表格的文字环绕方式指的是文字在表格周围是否环绕，可在图 3-115【表格属性】对话框的【文字环绕】选项处进行选择。

（3）设置行高和列宽

默认情况下，插入表格的行高是能够容纳当前光标所在处字体大小的行高，列宽是使得所有列并排布满整个窗口的列宽。用户可以对行高和列宽进行设置。

如果想为表格设置统一的行高和列宽，则选中整个表格，在【表格属性】对话框的【行】和【列】选项卡分别进行设置；如果要设置某一行的行高或者某一列的列宽，则选中该行或者该列，同样在【表格属性】对话框中进行设置，如图 3-116 所示。

图 3-115 【表格属性】对话框

图 3-116 在【表格属性】对话框中设置行高列宽

此外，还可以通过拖动表格的行和列的边线来改变行高和列宽。在鼠标放在行或列上，鼠标形状变成指向两边的箭头，此时单击鼠标左键进行拖拽，直到达到满意的行高和列宽后，再释放鼠标。

**3. 单元格对齐方式**

除了表格本身需要对齐外，单元格中的文本也需要对齐。Word 中的表格提供了 9 种单元格对齐方式，它们分别是："靠上左对齐""靠上居中对齐""靠上右对齐""中部左对齐""中部居中对齐""中部右对齐""靠下左对齐""靠下居中对齐""靠下右对齐"。其图标如图 3-117 所示。

图 3-117 单元格对齐方式

设置单元格对齐方式的方法是：选中要设置对齐方式的单元格或单元格中的文本，在【表格工具】的【布局】选项卡的【对齐方式】组中，单击如图 3-117 所示的相应对齐图标即可。

**4. 插入或删除行或列**

（1）插入行或列

可以在原有的表格上进行修改，插入新的行或列。

将光标放在要插入行或列的单元格上，单击【表格工具】的【布局】选项卡的【行和列】组上的选项，即可根据所要插入的行和列的位置来进行插入。

如果要插入的是多行或多列，选中多行，再进行上述操作。

（2）删除行或列、表格

图 3-118 【删除单元格】对话框

如果要删除行或列，在选中该行或该列后，单击【表格工具】的【布局】选项卡的【行和列】组的【删除】下拉列表，选择要删除的类型。如果选择"删除行"或"删除列"，则直接将选中的行或列删去；如果选择的是"删除表格"，则删去整个表格；如果选择的是"删除单元格"，则弹出【删除单元格】对话框，再进一步选择删除类型，如图 3-118 所示。

**5. 合并与拆分单元格**

除了可以删除整行、整列和单个单元格外，还可以对单元格进行合并或拆分。

（1）合并单元格

合并单元格的方法是：选中要合并的多个连续单元格，单击【表格工具】的【布局】选项卡【合并】组的【合并单元格】选项即可实现。

在 Word 2010 中，单元格合并后，并不会影响原单元格内容，对图 3-114 中第一列的第二个和第三个单元格进行合并后的效果如图 3-119 所示。

| 序号 | 工龄 | 工资 | 奖金 |
|------|------|------|------|
| 1 | 6 | 258 | 480 |
| 2 | 4 | 365 | 450 |
| 3 | 8 | 481 | 510 |

图 3-119 合并单元格效果

（2）拆分单元格

拆分单元格的方法是：选中要拆分的单元格，单击【表格工具】的【布局】选项卡【合并】组的【拆分单元格】选项，在弹出的【拆分单元格】对话框中，选择当前单元格所要拆分成的新单元格的列数和行数，单击【确定】按钮即可，如图 3-120 所示。

图 3-120 【拆分单元格】对话框

此外，还可以通过绘制或擦除单元格边线实现单元格拆分或合并：单击【表格工具】的【设计】选项卡【绘图边框】组的【绘制表格】选项，则鼠标变成一支铅笔的形状，将鼠标在要拆分的单元格中单击左键拖动，绘制新的单元格边线，即可实现单元格拆分；如果单击的是【擦除】选项，则鼠标变成一个橡皮擦的形状，将鼠标在要擦除的单元格边线上单击左键拖动，即可擦除边线，实现单元格合并。

（3）拆分与合并表格

如果要将一个表格拆分成多个表格，只需要将光标放在表格中要拆分的位置上，单击【表格工具】的【布局】选项卡【合并】组的【拆分表格】选项即可。

如果要合并两个表格，只需删除两个表格中间的"段落标记"↵即可。

**6. 表格自动套用格式**

Word 中提供了表格的自动套用格式，以便用户快速套用，使表格更加美观。

应用表格自动套用格式的方法是：单击【表格工具】的【设计】选项卡【表格样式】组的【表格样式】下拉列表，可以看到 Word 内置的多种表格样式，选择其中一个即可自动套用其格式，如图 3-121 所示。

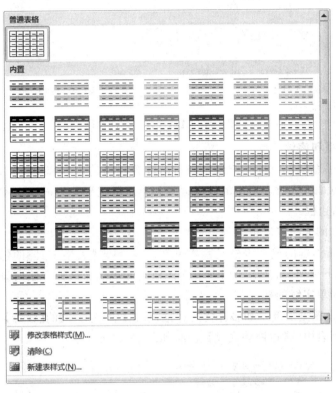

图 3-121　【表格样式】下拉列表

图 3-122 为对图 3-114 套用其中一种表格样式后的效果。

| 序号↵ | 工龄↵ | 工资↵ | 奖金↵ |
|---|---|---|---|
| 1↵ | 6↵ | 258↵ | 480↵ |
| 2↵ | 4↵ | 365↵ | 450↵ |
| 3↵ | 8↵ | 481↵ | 510↵ |

图 3-122　表格自动套用格式效果

如果对已有的表格样式不够满意，还可以在【表格样式】下拉列表中选择【修改表格样式】或者【新建表样式】选项，在弹出的【修改样式】对话框或【根据格式设置创建新样式】对话框中进行设置。【修改样式】对话框如图 3-123 所示。

如果想取消所有的表格样式，包括表格框线等，则在【表格样式】下拉列表中选择【清除】选项，则表格中的所有样式被清除，只留下纯文本。

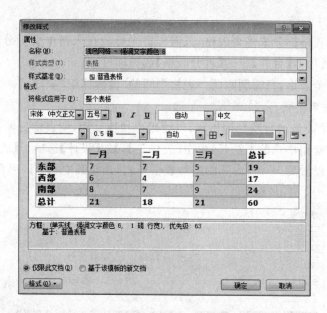

图 3-123 【修改样式】对话框

**7. 表格的边框和底纹**

除了可以套用表格样式外,用户还可以自己设置表格的边框和底纹。用户设置边框和底纹的一个突出特点是可以对表格中的任意边线和单元格进行设置,非常灵活。

(1) 设置表格边框

设置表格边框的方法有以下几种:

① 选中要设置边框的整个表格或者某些单元格,单击【表格工具】的【设计】选项卡【表格样式】组的【边框】下拉列表,在下拉列表中选择相应的边框。这种方法所设置的边框是 Word 默认的黑色 0.5 磅单实线的样式。

② 如果需要设置更加复杂和多样化的边框,单击【表格工具】的【设计】选项卡【表格样式】组的【边框】下拉列表中的【边框和底纹】选项,如图 3-124 所示。

图 3-124 【边框和底纹】对话框

在对话框右边的"预览"区域中,除了预览效果外,还有几个按钮,对应着几个位置的边框线。例如,▦表示上框线,▤表示水平中线,▦表示下框线,▥表示左框线,▯表示垂直中线，表示右框线。设置框线时，如果所要设置边框线的位置原来已经有边框线，则需要先单击所要重新设置边框的线对应的按钮，将原来的边框消除，然后在此【边框和底纹】对话框中间选择好新的"样式""颜色""宽度"后，再重新单击所要重新设置边框的线对应的按钮。

③ 使用【绘制表格】命令来改变边框。单击【表格工具】的【设计】选项卡【绘图边框】组的【绘制表格】选项，则鼠标变成一支铅笔的形状，在【绘图边框】组中还可以改变画笔的"样式""颜色""宽度"，设置喜欢的样式后，将鼠标在要设置边框的单元格边框上单击左键拖动，即可绘制新的单元格边框。

（2）设置表格底纹

设置表格底纹的方法是：选中要设置底纹的整个表格或者某些单元格，单击【表格工具】的【设计】选项卡【表格样式】组的【底纹】下拉列表，在下拉列表中选择相应的底纹，弹出【边框和底纹】对话框【底纹】选项卡设置底纹，其方法与 3.4.1 节中对字体设置底纹是类似的。

**8. 表格与文本的转换**

在 3.6.1 节中已经介绍了文本转换成为表格的方法。事实上，表格也可以转换成为普通文本，各单元格的内容转换成普通文本后，使用段落标记、制表符、逗号和指定的字符隔开。具体方法如下：

① 选中要转换成文本的表格；

② 单击【布局】选项卡【数据】组中的【转换为文本】按钮，弹出【表格转换成文本】对话框，如图 3-125 所示；

③ 在该对话框中选择文字分隔符后，单击【确定】按钮即可。

**9. 绘制斜线表头**

表格的斜线表头通常位于表格的第一个单元格中，有助于将表格中的内容分类。绘制斜线表头的方法是：将光标放在要绘制斜线表头的单元格中，单击【表格工具】的【设计】选项卡【表格样式】组的【边框】下拉列表中的【斜下框线】按钮 ⃠ 斜下框线(W) 或【斜上框线】按钮 ⃠ 斜上框线(U) 即可。绘制完斜线表头后，可以分别往斜线表头所分隔开的单元格中输入相应的文字。其绘制效果如图 3-126 所示。

| 姓名＼课程 | 计算机应用基础 | 高等数学 | 大学英语 | 总分 |
|---|---|---|---|---|
| 张三 | 77 | 90 | 77 | |
| 李四 | 65 | 87 | 89 | |
| 王五 | 77 | 96 | 74 | |

图 3-125　【表格转换成文本】对话框　　　　　图 3-126　绘制斜线表头效果

**10. 重复表格标题**

当一张表格较长，跨越了多页时，往往希望在后面的页面中显示表格的标题行，以方便查看任一个单元格所对应的标题。Word 提供了重复表格标题的功能。

重复表格标题的方法是：选中表格中想设置为重复标题的第一行或者包括第一行在内的多行，单击【表格工具】的【布局】选项卡【数据】组中的【重复标题行】按钮即可。

同样，在【表格属性】对话框的【行】选项卡中，选中【在各页顶端以标题行形式重复出现】选项也可实现，如图 3-127 所示。

注：以上关于"单元格对齐方式""插入或删除行或列""合并与拆分单元格""表格的边框和

底纹"等操作,还可以通过选中相应处理目标,右键单击鼠标,在弹出的右键快捷菜单中选择相应命令进行处理,如图 3-128 所示,此处不再赘述。

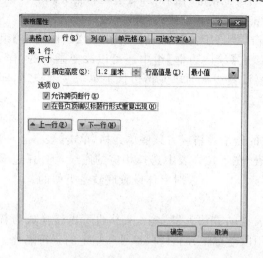

图 3-127　重复表格标题

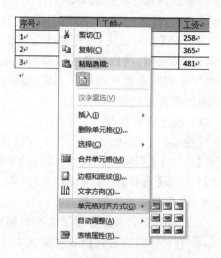

图 3-128　单元格对齐方式

### 3.6.3　表格内数据的排序和计算

对表格内的数据,往往需要进行一些排序或计算的处理。Word 的表格具有排序和计算功能。

**1. 排序**

可以对整个表格或者选定的若干行进行排序。例如,对图 3-126 中的表格,以"计算机应用基础"为主关键字,以"高等数学"为次关键字来降序排序,排序的方法如下:

① 将光标放在要排序的表格的单元格中;

② 单击【表格工具】的【布局】选项卡【数据】组中的【排序】按钮,弹出【排序】对话框;

③ 在该对话框中,选择"主要关键字"为"计算机应用基础",其"类型"为"数字","降序"排序;选择"次要关键字"为"高等数学",其"类型"为"数字","降序"排序。如图 3-129 所示。

单击【确定】按钮后,表格中的数据即发生变化。先以主要关键字"计算机应用基础"的成绩降序排列,由于"张三"和"王五"的"计算机应用基础"成绩一样,所以又以次要关键字"高等数学"的成绩降序排序,排序效果如图 3-130 所示。

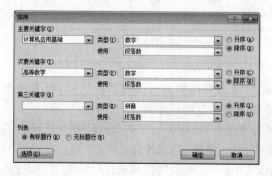

图 3-129　【排序】对话框

| 姓名　　课程 | 计算机应用基础 | 高等数学 | 大学英语 | 总分 |
|---|---|---|---|---|
| 王五 | 77 | 96 | 74 | |
| 张三 | 77 | 90 | 77 | |
| 李四 | 65 | 87 | 89 | |

图 3-130　排序效果

**2. 计算**

Word 中提供了对表格中数据进行统计和简单计算的功能,这些功能包括求和、求平均值等。

例如,计算图 3-130 中表格的总分一列,其方法如下:

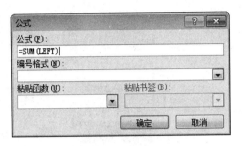

① 将光标放在要存放计算结果的单元格中,例如,第二行第五列上,即"王五"的"总分"单元格;

② 单击【表格工具】的【布局】选项卡【数据】组中的【公式】按钮,弹出【公式】对话框,如图 3-131 所示;

③ 由于 Word 检测到当前单元格左侧有存放数据的单元格,所以在【公式】一栏会自动给出对左边单元格数据求和公式"=SUM(LEFT)";在本例中,由于要计算的正是当前单元格左侧几个存放数据的单元格之和,所以无须修改公式,直接单击【确定】按钮即可。

图 3-131　【公式】对话框

计算的效果图如图 3-132 所示。

在【公式】对话框的【粘贴函数】下拉列表中,提供了多个常用公式,如图 3-133 所示。如果 Word 自动给出的公式不符合计算要求,则可以删掉【公式】一栏中的原公式,保留"="号,然后在【粘贴函数】下拉列表中选择正确的公式,并在公式名称后面的括号中填写相应的位置(LEFT、ABOVE 等)即可。

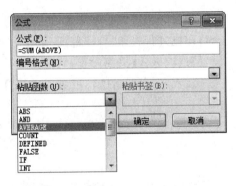

| 姓名＼课程 | 计算机应用基础 | 高等数学 | 大学英语 | 总分 |
|---|---|---|---|---|
| 王五 | 77 | 96 | 74 | 247 |
| 张三 | 77 | 90 | 77 | |
| 李四 | 65 | 87 | 89 | |

图 3-132　计算效果图

图 3-133　Word 中表格计算公式

# 3.7　打印文档

编辑完文档后,就可以将其打印出来。能成功打印文档的前提是,打印机已经正确连接好并处于就绪状态。在打印前,往往对文档进行打印预览,预览满意了,才进行打印。

## 3.7.1　打印预览

在【文件】选项卡中选择【打印】选项,则在界面的右端出现打印预览。可以逐页预览打印效果。如图 3-134 所示。

图 3-134  打印预览及打印设置

## 3.7.2  打印设置

如果对预览效果不满意,可以再进行打印设置。打印设置区域可以设定打印的份数、由哪台打印机进行打印、打印范围、纸张方向、页边距、每版打印的页数等,还可以单击底部的【页面设置】选项进入【页面设置】对话框进行设置。具体的设置方法详见 3.4.5 节。

设置好打印属性后,就可以进行打印了。

# 本 章 小 结

本章从 Word 文档的基本操作、工作窗口、编辑方法、排版技术、图文混排功能、表格制作、打印等方面详细介绍了使用 Word 2010 进行文档排版的方法和技巧。其中,排版技术、图文混排技术和表格制作技术是 Word 2010 应用最为广泛的内容,也是轻松高效地制作出各类文档并进行个性化设置的主要技术。通过本章的学习,读者应熟练掌握和巧妙应用上述技术,以实现文档版面内容丰富、美观大方的效果。

# 第4章  Excel 2010 电子表格

## 【学习目标】

Excel 2010 是 Office 2010 的一个组件，它是功能强大的电子表格处理软件，可以用来制作电子表格，并对表格进行格式的修饰；可以利用公式来完成许多复杂的数据运算；具有强大的制作图表的功能，增加了可以在一个单元格中制作反应数据变化趋势的迷你图和交互性更强和更动态的数据透视图；还可以进行数据的统计和分析，如筛选、分类汇总、数据透视表等，并且可以对数据进行合并计算。

本章教学的主要目的是让学生掌握 Excel 2010 的基本操作，熟练运用 Excel 2010 的图表功能、数值计算功能，理解并掌握 Excel 2010 的数据统计和分析功能。

## 【本章重点】

- 电子表格的基本概念，Excel 的功能、运行环境、启动和退出。
- 工作簿和工作表的基本概念，工作表的创建、数据输入、编辑和排版。
- 工作表的插入、复制、移动、重命名、保存和保护等基本操作。
- 公式和函数的应用。
- 图表和迷你图的创建和格式设置。
- 工作表的页面设置、打印预览和打印。
- 工作表的保护、链接的建立和取消。

## 【本章难点】

- 单元格的绝对地址和相对地址的概念，工作表中公式的输入与常用函数的使用。
- 数据的排序、筛选、分类汇总、数据合并的应用。
- 数据透视表和数据透视图的建立和运用。

## 4.1  Excel 2010 概述

### 4.1.1  Excel 2010 的功能

Excel 2010 功能非常丰富，可以完成许多操作，主要特点如下。

（1）方便的表格制作

Excel 2010 提供了很多输入数据的简便方法，如自动填充、自定义序列等，可以很容易制作表格。

（2）丰富多样的格式设置

在 Excel 2010 中，可以对单元格进行各种不同的格式设置，如数字、字体、对齐、边框、底纹等。不仅如此，Excel 还提供了多种不同的单元格样式和预定义的表格格式，以及各种样式的条件格式来突出显示数据。

（3）灵活的数据计算

Excel 2010 提供了各种不同类型的函数，如常用函数、统计函数、数学和三角函数等，可以利用这些函数来完成各种不同的计算。同时，用户还可以根据实际情况来创建公式，以完成更加复杂的运算。

（4）多样的图表类型和迷你图

利用 Excel 2010 的图表向导，可以很容易地生成图表。同时，Excel 2010 还提供了多种不同的图表类型，用户可以根据实际情况选择最恰当的图表来表现数据。迷你图是 Excel 2010 中的新增功能，使用它可以在一个单元格中创建小型图表，从而可以快速发现数据变化趋势。这是一种突出显示重要数据趋势（如季节性升高或下降）的快速简便的方法，可节省大量时间。

（5）强大的数据管理功能

Excel 2010 不仅可以对数据列表中的数据进行排序、筛选、分类汇总，从而使数据的显示更加清晰，而且还提供了交互性更强和更动态的数据透视图，可直接在数据透视图中显示不同的数据视图，对数据透视表所做的修改会在数据透视图中显示出来，反之亦然。Excel 2010 还提供了数据合并功能，可以将相同类型的数据统计合并在一起。

（6）切片功能

Excel 2010 新增了切片器功能，切片器在数据透视表和数据透视图视图中提供了丰富的可视化功能，方便动态分割和筛选数据以显示需要的内容，可用较少的时间审查表和数据透视表视图中的大量数据集，而将更多时间用于分析。

（7）灵活多样的数据保护功能

可以分别实现对于工作簿、工作表和单元格的保护，提高了数据的安全性。

（8）提供了"兼容模式"

在 Excel 2010 中，默认采取"兼容模式"打开早期版本的 Excel 文档，在这种模式下打开工作簿，任何新增或者增强的 Excel 2010 功能都不可用，可以避免数据丢失和保真损失，工作簿也使用 Excel 97、Excel 2003 的文件格式. xls 保存。

由于 Excel 2007 与 Excel 2010 采用相同的基于 XML 的格式，因此，Excel 2007 工作簿在 Excel 2010 中不会在"兼容模式"下打开。

（9）联机帮助系统

Excel 2010 作为 Office 系列中的一员，同样提供了联机帮助系统，对不熟悉的操作，用户可以通过帮助系统来进行查阅。

## 4.1.2　Excel 2010 的启动和退出

### 1. 启动 Excel 2010

启动 Excel 2010 可以按照下面步骤进行：

① 鼠标左键单击【开始】按钮，打开【开始】菜单；

② 在【开始】菜单中选择【所有程序】命令；

③ 在【所有程序】的级联菜单中选择【Microsoft office】的【Microsoft Excel 2010】选项，屏幕出现 Excel 工作簿窗口，如图 4-1 所示。

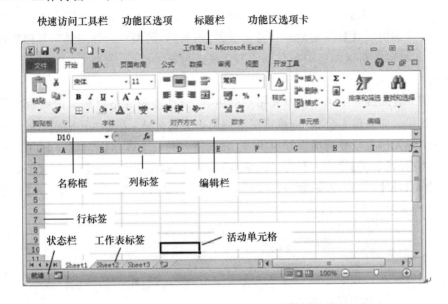

图 4-1　Excel 2010 窗口界面图

**2. 退出 Excel 2010**

一般采用鼠标左键单击窗口右上角的【关闭】按钮 ✕ 即可退出，也可以使用快捷键【Alt】+【F4】，同时按住【Alt】键和【F4】键即可。

## 4.1.3　Excel 2010 的窗口界面

如图 4-1 所示，Excel 2010 的窗口界面由标题栏、快速访问工具栏、功能区、名称框、编辑栏、工作表编辑区和状态栏组成。

**1. 标题栏**

Excel 2010 窗口最上方的就是标题栏，居中显示当前工作簿的名称，一般显示格式为"工作簿名称-Microsoft Excel"，右侧显示【最小化】、【还原/最大化】、【关闭】按钮。

**2. 快速访问工具栏**

快速访问工具栏位于 Excel 2010 窗口的左上方，用来显示常用命令按钮，一般设置【保存】、【撤销】、【恢复】、【新建】按钮，也可以用鼠标左键单击快速访问工具栏右边的【自定义快速访问工具栏】下拉列表，在其中选择需要添加到快速访问工具栏的功能，或在【文件】选项卡的【选项】命令中，打开【Excel 选项】对话框，在【快速访问工具栏】中进行设置。设置【Excel 选项】的方法与第 3 章 3.2.3 节设置【Word 选项】的方法类似，详见 3.2.3 节所述。

**3. 功能区**

标题栏下方就是功能区，由多个选项卡组成，默认情况下主要包括【文件】、【开始】、【插入】、【页面布局】、【公式】、【数据】、【审阅】和【视图】选项卡，选择不同的选项卡标签对应不同的功能组，每个功能组内包含多个选项。如果需要更改选项卡，同样可以在【Excel 选项】中进行设置。

**4. 名称框**

名称框用于显示当前单元格（即活动单元格）的名称或区域名称，如图 4-2 的名称框中显示了 A1 单元格的名称"A1"。在名称框的下拉列表中，还可以选择已定义的区域名称或公式名。当进行公式编辑时，【名称框】切换为【函数名】列表框，供用户选择函数。名称框可根据实际需要调整大小，只需将鼠标选中名称框的右边缘进行拖动即可。

**5. 编辑栏**

编辑栏用来输入或是编辑当前单元格中的内容，给活动单元格以更大的编辑空间。两者内容会同步变化。如果输入公式，一般情况下编辑区显示公式，活动单元格显示计算结果。

当对活动单元格进行数据输入和编辑时，编辑栏上的三个按钮【×】、【√】和【$f_x$】，分别表示对于输入数据的【取消】、【输入】和【插入函数】，也可以运用键盘上的【Esc】和【Enter】来表示【取消】和【输入】：按【Esc】键表示取消，按【Enter】键表示输入。当单元格为【输入】或者【编辑】状态时，编辑栏显示如图 4-2 所示。

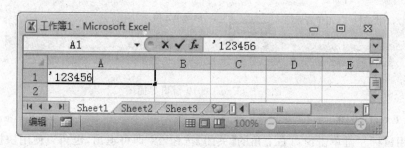

图 4-2　名称框和编辑栏

**6. 工作表编辑区**

工作表编辑区位于编辑栏和状态栏之间，是 Excel 的文档窗口，也是电子表格的工作区。

工作表编辑区由行标签、列标签、单元格、工作表标签翻动按钮、工作表标签、水平滚动条和垂直滚动条、拆分条、工作表选择框组成。

工作表选择框位于工作表左上角（即行标签和列标签的交叉位置），鼠标左键单击该处可以选定整个工作表。

如图 4-2 所示，表示当前的工作表为【Sheet1】，运用工作表滚动按钮和工作表标签，可以选择其他的工作表为当前的工作表。

拆分条分为垂直拆分条和水平拆分条，分别位于工作表编辑区垂直滚动条的上方和水平滚动条的右边，可以将工作簿窗口垂直和水平拆分，使整个工作表分为 4 个区域，可使距离较远的区域同屏显示，增强数据的可视性。

**7. 状态栏**

如图 4-1 所示，窗口最底部的一行为状态栏，用来显示当前命令、操作或状态的相关信息。例如，当选中一个单元格后，状态栏显示为【就绪】；准备往单元格中输入数据时，状态栏显示为【输入】；输入完成后，状态栏又显示为【就绪】；对于活动单元格中的数据进行修改时，状态栏显示为【编辑】。用户可以根据需要设置状态栏的显示内容，将鼠标光标移动到状态栏上，单击鼠标右键弹出【自定义状态栏】快捷菜单进行设置即可。

### 4.1.4  Excel 2010 的基本概念

**1. 工作簿**

工作簿是一个 Excel 文件,其扩展名为 .xlsx,其中可以含有一个或多个表格(称为工作表)。例如,学生成绩表、成绩汇总、学生信息表等可以存放在同一个工作簿中。

一个新工作簿默认有 3 张工作表,分别命名为 Sheet1、Sheet2、Sheet3,实际使用中,根据情况可以为工作表取一些有意义的名称。工作表的个数可以增加,也可以将不需要的工作表从工作簿中删除。

**2. 工作表**

工作表由行和列组成,一个工作表有 1 048 576 行,有 16 384 列。工作表中,行号用 1,2,3,…,1 048 576 表示,列号用 A,B,C,…,XFD 表示。

工作表标签:显示工作表的名称,默认是 Sheet1、Sheet2……按照建立的顺序以此类推。

在工作簿窗口中使用鼠标左键单击某个工作表标签,那么该工作表就变为当前的工作表,可以对该工作表进行编辑。

如果一个工作簿中有多张工作表,不能在工作表标签行全部显示时,可以利用工作簿窗口左下角的标签翻动按钮 ⏮ ◀ ▶ ⏭ 来左右移动、显示工作表标签。

**3. 单元格**

在 Excel 工作表中,行、列的交叉处叫作单元格。单元格是 Excel 的基本组成单位,单元格中可以保存数据,如文字、图片、数值等。每个单元格中除了具体的内容外,还可以对单元格的格式进行设置,如字体、对齐方式、边框等,还可以为单元格的内容添加注释。

一张工作表有 1 048 576(行)×16 384(列)个单元格,每个单元格所在列的列标签和所在行的行标签构成了单元格的地址,如图 4-1 所示的 D10 单元格,表示为第 10 行第 4 列的单元格;而第 3 行第 5 列的单元格地址为 E3。单元格的地址也作为单元格的名称。单元格中的地址还可以运用在表达式中来进行运算,如 A1+E3 表示将 A1 和 E3 单元格的内容相加。

活动单元格:在工作表中,如果单元格外部有一个黑色的方框,则表示这个单元格正在被使用,称为活动单元格。如图 4-1 中的 D10 单元格,图 4-2 中的 A1 单元格。

**4. 区域**

区域由多个连续单元格组成。例如,在公式计算中,需要计算 A1~A8 单元格数值之和,如果将这 8 个单元格的地址都写出来就比较复杂,可以采取区域表示来进行简化。

区域的表示方法是写出区域的开始(即最左上单元格)和结尾(即最右下单元格)的两个单元格地址,且两个地址之间用冒号隔开。

如 A1:A8 表示第 1 列中第 1 行至第 8 行的 8 个单元格,所有单元格在同一列;A1:D1 表示第 1 行中第 1 列至第 4 列的 4 个单元格,所有的单元格在同一行;A1:C6 表示 A1 和 C6 为对角线两端的矩形区域,3 列 6 行共 18 个单元格。图 4-3 所示为选定了 A1:C6 区域。

**5. 填充柄**

对于选定的单元格或矩形区域,在其黑色

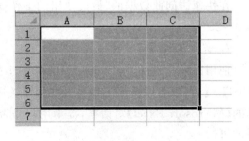

图 4-3  选定 A1:C6 区域

外框的右下角有一个小实心矩形,这就是填充柄,拖动填充柄可以向各个方向对单元格进行重复数据或有规律数据的填充。

## 4.1.5　工作簿的基本操作

工作簿作为 Excel 的文档文件,其常用的操作都可以运用【文件】选项卡来完成。工作簿的基本操作包括:创建工作簿、保存工作簿、打开现有工作簿和退出工作簿。默认情况下,【文件】选项卡显示当前工作簿的信息,包含有工作簿的属性、创建日期、相关人员、相关文档等信息。

**1. 创建工作簿**

启动 Excel 2010 时,系统会自动建立一个文件名为工作簿 1.xlsx 的空白工作簿。可以使用下面的方法来创建一个新的不同类型的工作簿。

单击【文件】选项卡的【新建】选项,在【可用模板】中有"空白工作簿""最近打开的模板""样本模板""我的模板"和"根据现有内容创建"等模板,选中以后按照向导提示就可以创建不同类型的工作簿;如果当前工作的计算机已经联网,也可以选择【Office.com 模板】下相应的模板类型,在网上查找到相应模板,然后下载到本机上使用。如果选择【根据现有内容新建】,则打开【根据现有工作簿新建】对话框,然后在电脑中选择一个已经存在的工作簿,那么,Excel 将会根据现有的工作簿新建一个工作簿,现有工作簿中的信息都会在新工作簿中显现出来,用户可以在此基础上来进行数据处理。

**2. 保存工作簿**

保存工作簿时,单击【文件】选项卡的【保存】选项;或者在键盘上按【Ctrl】+【S】或【Shift】+【F12】组合键,可以将现有的工作簿保存在磁盘上。如果文件是新建的并且是第 1 次保存,则会弹出【另存为】对话框(与 Word 里面类似),在该对话框中,可以为文件选择保存位置、文件名和文件的保存类型,选择完成后,鼠标左键单击【保存】按钮,即完成对于文件的保存,单击【取消】按钮,则取消对于文件的保存。如果不是第 1 次保存该文档,则执行【保存】命令后,文件所在的磁盘目录和文件名不变。

如果希望将工作簿保存到不同的位置,单击【文件】选项卡的【另存为】选项,屏幕上出现【另存为】对话框,在该对话框中为文件选择保存位置、文件名和文件的保存类型即可。

**3. 打开现有工作簿**

可以采取以下方法来打开一个工作簿:

① 找到需要打开的工作簿,鼠标左键双击需要打开的工作簿图标,就可以打开该工作簿;

② 单击【文件】选项卡的【最近所用文件】选项,选择要打开的文件并单击打开。

在快速访问此数据的"最近使用的工作簿"中可以设置快速访问工作簿的数目,可以设置为 0~25 个。

**4. 关闭工作簿**

使用鼠标左键单击 Excel 工作簿窗口右上角的【关闭窗口】按钮✖,或者使用快捷键【Ctrl】+【W】都可以关闭工作簿。如果要关闭的工作簿修改后没有保存,则会出现如图 4-4 所示的【Microsoft Excel】对话框,提示用户是否保存对于文件的修改,用户根据实际需要进行选择即可。

一个良好的操作习惯是,在编辑完 Excel 工作簿后,先保存,再进行关闭操作。

### 5．隐藏和取消隐藏工作簿

在实际应用中，可以根据需要把工作簿在当前窗口中隐藏起来。鼠标左键单击【视图】选项卡【窗口】组的【隐藏】选项，即可以把当前的工作簿隐藏。如果要取消隐藏，将工作簿显示出来，则鼠标左键单击【视图】选项卡【窗口】组的【取消隐藏】选项，在弹出的【取消隐藏】对话框（如图 4-5 所示）中选择需要取消隐藏的工作簿，鼠标左键单击【确定】按钮，即可将该工作簿显示出来。

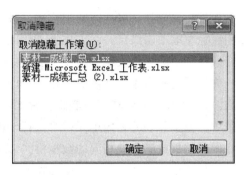

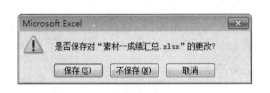

图 4-4　【Microsoft Excel】对话框　　　　图 4-5　【取消隐藏】对话框

## 4.2　工作表的基本操作

一般来说，新建的工作簿中都没有数据，具体的数据要根据实际处理的需要再分别输入不同的工作表中。因此，对于 Excel 的操作主要就是对于工作表的操作。

### 4.2.1　工作表的管理

工作表是 Excel 完成一项工作的基本单位。如果一个工作簿中包含多张工作表，可以使用 Excel 的工作表管理功能，实现工作表的创建、选择、插入、删除、移动和复制、重命名等操作。

#### 1．创建工作表

工作表是随工作簿一起创建的，默认情况下，新建的工作簿中包含名为 Sheet1、Sheet2 和 Sheet3 的 3 张工作表。用户可以根据实际情况选择新建的工作簿中包含的工作表的数量。鼠标左键单击【文件】选项卡的【选项】命令，在弹出的【Excel 选项】对话框中选择【常规】选项，如图 4-6 所示，可以看到【新建工作簿时】组中的【包含的工作表数】选项，这是指新建工作簿时所包含的工作表数目，其默认值为 3，可以设置为 1～255 之间的任意数字。实际工作簿中可以包含的工作表数目远不止

图 4-6　【常规】选项

255 个,可以利用后面的插入功能插入新的工作表。

**2. 选择工作表**

要对工作表进行操作,首先需要选择对应的工作表,可以选择一张工作表,也可以同时选择多张工作表。

选择一张工作表时,鼠标左键单击该工作表的标签,则该工作表的内容显示在工作表工作区;同时,该工作表标签变成白色。

如果需要选择多张连续的工作表,鼠标左键单击选择一张工作表,然后按住【Shift】键后,再用鼠标左键单击最后一张工作表,即可以选中这两张表中间的所有工作表(包括这两张表),所有这些选中的工作表组成工作表组,在标题栏上会出现"[工作组]"字样。

如果要选择多张不连续的工作表,可以按住【Ctrl】键后,再分别用鼠标左键单击对应的工作表,这些工作表也组成工作表组。对工作表组中任意一张工作表所进行的操作也会在工作表组中其他工作表的相同单元格中执行。因此,工作组的方式可以用于同时向多张工作表输入相同的数据或者设置相同的数据格式,以提高输入效率。

工作表组的取消可以通过鼠标左键单击工作组外的任意一个工作表标签来实现,若工作簿中所有的工作表组成一个工作表,则单击除了当前工作表之外的任意一个工作表即可取消工作组。

只有选择了工作表后,才可以进行工作表的复制、移动、删除、重命名等操作,这些操作都可以使用鼠标右键单击相应的工作表标签,在弹出的工作表管理右键快捷菜单中选择相应的选项完成。

**3. 插入工作表**

如果要在某张工作表之前插入一张工作表,可以使用下面方法来进行:

(1) 选中对应工作表,在【开始】选项卡【单元格】组的【插入】下拉列表中,选择【插入工作表】选项,如图 4-7 所示,即可在选中的工作表之前插入一张新的空白工作表,新的工作表为当前活动工作表。

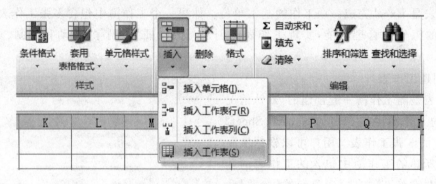

图 4-7　插入工作表

(2) 鼠标右键单击对应的工作表标签,在弹出的右键快捷菜单中选择【插入】选项,在出现的【插入】对话框(如图 4-8 所示)中选择【常用】选项卡的【工作表】选项,然后鼠标左键单击【确定】按钮即可插入一张工作表。也可以选择【图表】选项来插入一张图表工作表;或者选择【电子表格方案】中的【贷款分期付款】、【个人月预算】、【考勤卡】等插入一些已经设定好格式的电子表格,对于这些表格可以在【插入】对话框右侧的【预览】中看到表格的效果。

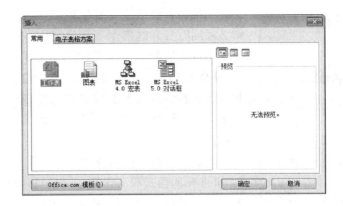

图 4-8　【插入】对话框

如果要插入多张工作表,先确定要添加的工作表数目,然后在打开的工作簿中选择与要添加的相同数目的现有工作表标签(选中的工作表标签要相邻),再按插入单张工作表的方法即可插入连续多张工作表,插入的工作表会在所选工作边标签的前面,并依照现有工作表数据自动编号命名。

**4．删除工作表**

删除工作表时,鼠标右键单击需要删除的工作表标签(可以选择一张或者多张),在弹出的工作表管理右键快捷菜单中选择【删除】选项,如果将要被删除的工作表中没有数据,则直接删除,如果将要被删除的工作表中有数据,则屏幕上会出现确认删除对话框,如图 4-9 所示,鼠标左键单击【删除】按钮后,该工作表被删除。

图 4-9　【确认删除工作表】对话框

工作表被删除后,其对应的标签从标签栏中消失,剩余工作表标签序号不重排。

注意,被删除的工作表不能用【快速访问工具栏】的【撤销】按钮来恢复,也就是说,执行完【删除工作表】的命令后,该工作表便被完全删除,无法恢复,所以删除之前要谨慎考虑。

**5．工作表的重命名**

重命名工作表,实质上是对工作表标签重命名。鼠标左键双击要重命名的工作表标签,此时该工作表标签将会以黑色突出显示,直接输入工作表标签名称后按【Enter】键就可以。工作表最好取可以反映工作表内容的有意义的名称。

注意:同一个工作簿中,工作表标签不能重复。

**6．工作表的移动和复制**

Excel 中,可以将工作表在同一个或者不同的工作簿中移动或者复制。

如果移动或者复制的工作表位于同一个工作簿中,则移动时只需要使用鼠标左键单击需要移动的工作表标签,按住鼠标左键不放,拖动到指定的工作表标签位置后释放鼠标左键,就可以实现该工作表的移动;如果在拖动的过程中同时按住【Ctrl】键就可以实现对该工作表的复制。复制后的工作表 Excel 会自动命名,如 Sheet1 的副本默认名为 Sheet1(2)。

图 4-10 【移动或复制工作表】对话框

如果需要移动或者复制的工作表位于不同的工作簿，则必须同时打开这两个工作簿，然后在源工作簿中选择需要移动或者复制的工作表，再单击【开始】选项卡【单元格】组中【格式】下拉列表的【组织工作表】选项中的【移动或复制工作表】选项；或者右键单击工作表标签，在弹出的右键快捷菜单中选择【移动或复制】选项，打开【移动或复制工作表】对话框，如图 4-10 所示。

在【工作簿】下拉列表框中选择要复制到的目的工作簿（如果选择的仍是源工作簿，则表示移动或者复制在同一个工作簿中进行；如果下拉列表框中没有目的工作簿，说明目的工作簿没有打开，需要先打开目的工作簿才能进行操作）；从【下列选定工作表之前】列表框中选择插入的位置，如果进行的是复制的操作，则还要选中【建立副本】复选框；最后，鼠标左键单击【确定】按钮就可以完成对于工作表的移动或者复制。

**7．工作表标签颜色**

通过设置工作表标签颜色可以醒目地表示不同类型的工作表。鼠标右键单击需要设置颜色的工作表标签，在弹出的右键快捷菜单中选择【工作表标签颜色】，在其级联菜单中设置主题颜色，如图 4-11 所示，有【主题颜色】和【标准色】可以选择，鼠标光标移动到颜色上面，可以显示颜色的名称，选中一个颜色后，即完成对工作表标签颜色的设置。如果这些颜色都不满足需要，可以选择【其他颜色】选项，打开【颜色】对话框，在该对话框中可以选择【标准】或者【自定义】选项卡，设置其他的颜色。

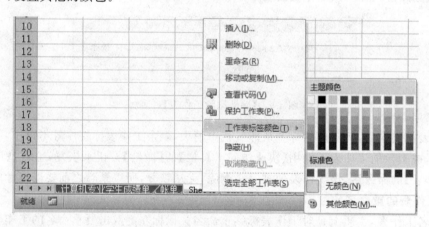

图 4-11 设置工作表标签颜色

也可以单击【开始】选项卡【单元格】组中【格式】下拉列表中的【组织工作表】选项下的【工作表标签颜色】来设置工作表标签的颜色。

## 4.2.2 工作表窗口的浏览

在 Excel 中，有时候工作表可能很大，这时可以使用一些浏览工作表的方法来快速浏览工作表中的内容。

**1．工作表的浏览**

（1）使用鼠标

使用鼠标可以很方便地进行工作表的浏览。用鼠标左键单击垂直滚动条上下两端箭头时，Excel 的工作表会向上或者向下移动一行；用鼠标左键单击水平滚动条左右两端箭头时，Excel 的工作表会向左或者向右移动一列。用鼠标左键单击垂直滚动条滑块的上方或者下方时，Excel 的工作表或向上或者向下翻动一屏；用鼠标左键单击水平滚动条滑块的左边或者右边时，Excel 的工作表或向左或者向右翻动一屏。另外，还可以用鼠标拖动滚动条上的滑块在工作表中快速移动；还可以利用鼠标中间滚动轮的上下滚动实现在工作表中的上下移动。

（2）使用键盘

可以利用键盘来实现工作表的移动，表 4-1 是一些常见的按键及其对应的动作。

表 4-1    按键及其动作

| 按　　键 | 动　　作 |
| --- | --- |
| ↑ ↓ → ← | 向上、下、左、右移动一个单元格 |
| Home | 移至当前行的第 A 列 |
| Ctrl ＋ Home | 移至 A1 单元格 |
| Ctrl ＋ End | 移至工作表内容区的最后一个单元格 |
| Enter | 移至当前列的下一个单元格 |
| Tab | 向右移动一个单元格 |
| Shift ＋ Tab | 向左移动一个单元格 |
| Page Up | 向上滚动一屏 |
| Page Down | 向下滚动一屏 |
| Alt ＋ Page Up | 向左滚动一屏 |
| Alt ＋ Page Down | 向右滚动一屏 |

（3）使用名称框

如果希望定位到某个特定的单元格或者区域，可以使用名称框。只需要在名称框中输入单元格或者区域的地址，再按【Enter】键确认就可以。

**2．多窗口查看工作簿**

新建窗口就是建立一个与当前的工作簿内容完全一样的窗口，可以实现同一个工作簿中不同工作表内容的比较，方法如下。

单击【视图】选项卡【窗口】组的【新建窗口】选项，就可以为原工作簿建立一个新窗口。新窗口相当于原窗口的镜像，对新窗口所做的修改也会在源窗口中显示出来。新建的窗口 Excel 会默认命名，例如工作簿 1.xlsx 执行【新建窗口】操作后，Excel 会自动将新建的窗口分别命名为"工作簿 1.xlsx:1""工作簿 1.xlsxs:2"等。如图 4-12 所示。

图 4-12    多窗口查看工作簿

**3. 重排窗口**

重排窗口为窗口选择重新排列的方式,方法如下。

单击【视图】选项卡【窗口】组的【全部重排】选项,弹出【重排窗口】对话框。在该对话框中可以选择排列方式,选择完成后,鼠标左键单击【确定】按钮,就可以实现对窗口的重排。Excel中提供了平铺、水平并排、垂直并排和层叠四种窗口排列方式。

在【重排窗口】对话框中,如果选中【当前活动工作簿的窗口】复选框,则只重排当前活动工作簿的窗口;如果不选中,则重排所有打开工作簿的窗口。

**4. 并排查看**

并排查看实现对于两个工作簿的比较,只有打开两个以上工作簿时该功能才可以使用。具体方法如下。

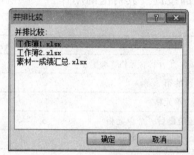

选择一个工作簿,单击【视图】选项卡【窗口】组的【并排比较】选项,如果只打开了两个工作簿,则自动选择剩下的工作簿来并排比较;如果打开了两个以上的工作簿,会弹出【并排比较】对话框,如图 4-13 所示,在该对话框中选择需要比较的工作簿来进行并排查看。

并排查看时,可以通过选择【视图】选项卡【窗口】组的【同步滚动】选项,实现两个窗口一起滚动浏览内容。如果要关闭【同步滚动】和【并排查看】模式,只需鼠标左键单击【同步滚动】和【并排查看】选项即可。

图 4-13 【并排比较】对话框

注意,在使用并排比较过程中,一定要打开两个或者两个以上的工作簿。

**5. 隐藏与取消隐藏**

Excel 2010 提供了隐藏工作表功能,可以将一些不需要的工作表暂时隐藏起来;但是这些工作表仍然保留在工作簿中,在需要的时候,又可以使用取消隐藏功能将隐藏的工作表显示出来。

单击【开始】选项卡【单元格】组的【格式】选项,在下拉列表中选择【可见性】选项下的【隐藏和取消隐藏】菜单,如图 4-14 所示,就可以通过单击【隐藏工作表】选项将当前的工作表隐藏。如果要将工作表显示出来,通过单击【取消隐藏工作表】,弹出【取消隐藏】对话框,在该对话框中选择要取消隐藏的工作表,就可以让该工作表正常显示出来。

图 4-14 【隐藏和取消隐藏】选项

在 Excel 中,也可以隐藏工作表里的某些行或列。先用鼠标右键选中需要隐藏的行或列,在弹出的右键快捷菜单中选择【隐藏】选项,就可以将对应的行或列隐藏。要取消隐藏的行或者列,则用鼠标右键选中含有隐藏的行、列的区域,在右键快捷菜单中选择【取消隐藏】选项,就可以实现。实质上,隐藏的行的高度为 0,隐藏的列的宽度为 0,因此,可以通过鼠标拖动调整行宽或者列高的方式实现隐藏和取消隐藏。

同样,还可以在如图 4-14 所示的菜单中,选择【隐藏行】或者【隐藏列】选项来实现行和列的隐藏和取消隐藏。

#### 6. 工作表窗口的拆分

工作表窗口的拆分就是将工作表窗口拆分为几个窗口,每个窗口都可以显示工作表的所有内容,方便用户的查看。

工作表的拆分有 3 种形式:水平拆分、垂直拆分、水平垂直拆分。

进行工作表的水平拆分时,可以使用垂直滚动条向上箭头【　】上方的水平拆分按钮【　】,拖动这个按钮可以实现水平拆分线的移动。

进行工作表的垂直拆分时,使用水平滚动条左边箭头【　】左边的垂直拆分按钮【　】,拖动这个按钮可以实现垂直拆分线的移动。

进行工作表的水平垂直拆分时,先选中会出现水平和垂直拆分线交叉处的右下单元格(如图 4-15 中的 F7 单元格),再单击【视图】选项卡【窗口】组的【拆分】选项,这样,在所选单元格的上方会出现水平拆分线,左边会出现垂直拆分线,如图 4-15 所示。

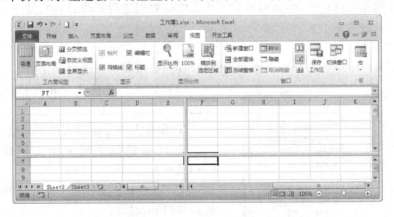

图 4-15　水平垂直拆分后的工作表

鼠标左键再次单击【拆分】选项,或者鼠标左键双击拆分线,就可以取消拆分。

#### 7. 工作表窗口的冻结

如果工作表中的数据很多,一屏不能将工作表中的数据全部显示出来,就需要滚动屏幕查看工作表的其他部分数据,这时工作表的行标题或者列标题可能会看不见。此时,就可以使用冻结功能将行标题或者列标题冻结。这样,不管怎样移动工作表,冻结部分的位置保持不变。

选择【视图】选项卡【窗口】组的【冻结窗格】选项,其下拉列表中有以下 3 个选项。

冻结拆分窗格:滚动工作表其余位置时,冻结前选中单元格的左上角区域可见,图 4-16 所示为执行水平垂直冻结后的工作表。从中可以看出,冻结后,工作表窗口被冻结线(黑色细实线)分为 4 个部分。右上角在垂直滚动工作表过程中不动,左下角区域在水平滚动工作表过程中不动,而左上角的那块区域不管如何滚动工作表都会保持不动。

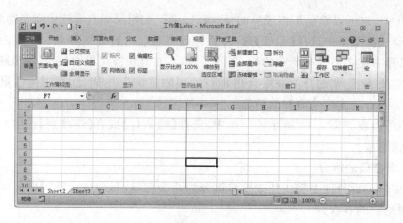

图 4-16　水平垂直冻结后的工作表

冻结首行：滚动工作表其余位置时，保持首行可见。

冻结首列：滚动工作表其余位置时，保持首列可见。

单击【视图】选项卡【窗口】组的【冻结窗格】选项下拉列表中的【取消冻结窗格】选项，就可以取消工作表的冻结。

## 4.2.3　工作表的编辑

在工作表操作的过程中，经常需要对工作表中的数据进行修改、移动、复制等操作，本节主要介绍这部分的内容。

**1. 选定单元格**

如果需要对一个或者多个单元格进行编辑，首先必须要选定这些单元格。

图 4-17　【定位条件】对话框

（1）如果要选择单个单元格，可以使用以下方法：

① 鼠标左键单击指定的单元格；

② 使用键盘上的 4 个方向键【↑】、【↓】、【→】、【←】来选择单元格；

③ 在【名称框】中输入单元格的地址，输入完成后按【Enter】键；

④ 单击【开始】选项卡【编辑】组中【查找和选择】选项下拉列表中的【定位条件】选项，打开【定位条件】对话框，如图 4-17 所示。在【定位条件】对话框中，可以设置一些定位的条件，设定完成后，鼠标左键单击【确定】按钮，如果工作表中有符合条件的数据，则会显示出来。如果没有，则提示没有符合的单元格。

（2）如果要选择连续的矩形区域，例如要选择区域 B2:F10，可以采用下面的方法：

① 在该区域左上角的单元格 B2 上单击鼠标左键，在鼠标指针呈空心十字状时，按住鼠标左键拖动鼠标指针至右下角单元格 F10，释放鼠标左键即可；

② 在该区域左上角的单元格 B2 上单击鼠标左键，按住【Shift】键后再用鼠标左键单击该

区域右下角单元格 F10 即可；

③ 在【名称框】中输入区域地址 B2∶F10，输入完成后按【Enter】键即可。

如果要选择不连续的多个单元格或区域，按住【Ctrl】键后分别选择各个不同的单元格或者区域，选择完成后释放【Ctrl】键。

（3）在 Excel 中，一些特殊的区域还可以采取下面方法选择。

① 选择整行/列：鼠标左键单击该行/列的行/列号。

② 选择连续多行/列：在需要选择的首行行号/首列列号处按住鼠标左键后拖动至末行/列后释放鼠标左键。

③ 选择整个工作表：使用快捷键【Ctrl】+【A】，或者鼠标左键单击该工作表左上角（行号和列号的交叉处）的【工作表选择框】按钮　。

**2. 移动和复制单元格**

移动或者复制单元格就是将单元格或者区域中的内容移动或者复制到其他的位置，可以使用鼠标拖动或者剪贴板的方法来实现。

（1）鼠标拖动方法

鼠标拖动方法比较适合于短距离小范围的数据的移动或者复制。

用鼠标拖动方法来移动时，首先将光标移动到所选区域的边框上，在光标变成一个类似"梅花"形状的指向 4 个方向的箭头后，按住鼠标左键拖动到目的位置后松开即可。注意在拖动的过程中，边框线为虚线。

用鼠标拖动方法来进行复制时，首先也需要将光标移动到所选区域的边框上，然后按住【Ctrl】键后再执行移动操作，就可以实现将内容复制到指定区域。注意在复制的过程中，边框显示为虚框，同时光标的右上角出现一个小的【+】号。

（2）使用剪贴板

首先选择需要复制或者移动的内容（一个单元格或者一块连续的区域，不能对多重区域使用此操作，如果选择多个区域，则会出现如图 4-18 所示的提示信息），在该位置单击鼠标右键，在弹出的右键快捷菜单中选择【剪切】（或【复制】）选项，然后用鼠标选择目的地，再从右键快捷菜单中选择【粘贴选项】选项或者【选择性粘贴】级联菜单，打开【粘贴】选项，如图 4-19 所示；或者使用【开始】选项卡【剪贴板】组的【粘贴】选项，打开下拉列表。

图 4-18　选择多个区域后使用剪贴板提示信息　　图 4-19　【粘贴】选项

在如图 4-19 所示的【粘贴】选项中，一般有下面选项可以选择（不同的内容出现的粘贴选项会有差别），将鼠标停留在各选项上时，可以在工作表编辑区中看到粘贴的预览效果。

① 粘贴：将源区域中的所有内容、格式、条件格式、数据有效性、批注等全部粘贴到目标

区域。

② 公式:仅粘贴源区域中的文本、数值、日期及公式等内容。

③ 公式和数字格式:除粘贴源区域内容外,还包含源区域的数字格式。数字格式包含会计数字格式、货币格式、百分比样式、小数点位数等。

④ 保存源格式:复制源区域的所有内容和格局。这个选项仿佛与直接粘贴没什么不同,但当源区域中包含用公式设置的条件格式时,在目的工作簿中的不同工作表之间用这种方式粘贴后,目的区域的条件格式中的公式会沿用源工作表中对应的单元格区域。

⑤ 无边框:粘贴全体内容,仅去掉源区域中的边框。

⑥ 保留源列宽:与保留源格式选项类似,但同时还复制源区域中的列宽。这与【选择性粘贴】对话框中的【列宽】选项不同,【选择性粘贴】对话框中的【列宽】选项仅复制列宽而不粘贴内容。

⑦ 转置:粘贴时调换行和列,如选择的源数据是一列,采用转置后将以一行的形式存放。

⑧ 合并条件格式:当源区域中包含条件格式时,粘贴时将源区域与目标区域中的条件格式合并。如果源区域中不包含条件格式,则该选项不可见。

⑨ 值:将文本、数值、日期及公式结果粘贴到目标区域。

⑩ 值和数字格式:将公式结果粘贴到目标区域,同时还包含数字格式。

⑪ 值和源格式:与保留源格式选项类似,粘贴时将公式结果粘贴到目标区域,同时复制源区域中的格式。

⑫ 格式:仅复制源区域中的格式,而不包括内容。

⑬ 粘贴链接:在目标区域中创立引用源区域的公式,源区域数据发生修改,目标区域的数据也会发生改变。

⑭ 图片:将源区域作为图片进行粘贴,源区域发生改变,目标区域不会发生变化。

⑮ 链接的图片:将源区域粘贴为图片,但图片会依据源区域数据的变化而变更。

⑯ 选择性粘贴:除了直接在上述选项中进行有选择地粘贴之外,还可以在【选择性粘贴】对话框中进行选择。【选择性粘贴】对话框可以通过单击鼠标右键,在右键快捷菜单中调出,也可以通过单击【开始】选项卡【剪贴板】组【粘贴】选项下拉列表中的【选择性粘贴】选项调出,如图 4-20 所示。

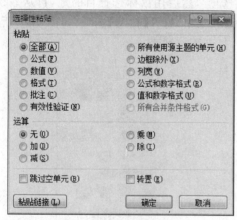

图 4-20 【选择性粘贴】对话框

在【选择性粘贴】对话框中,根据实际情况选择需要粘贴的内容,完成后按【确定】按钮即可。

还可以使用【开始】选项卡【剪贴板】组的【剪切】、【复制】、【粘贴】选项,或者快捷键【Ctrl】+【X】、【Ctrl】+【C】、【Ctrl】+【V】,其用法和功能都与右键快捷菜单中的一致。

注意,只有先剪切或者复制了内容,才可以使用【粘贴】功能。

**3. 插入和删除单元格**

(1) 插入单元格的过程如下。

① 鼠标左键单击对应单元格,确定要插入的位置。

② 单击鼠标右键,在弹出的右键快捷菜单中选择【插入】选项,会出现【插入】对话框,如图 4-21 所示。

③ 在【插入】对话框中选择要插入的方式。

- 活动单元格右移:当前单元格以及同一行中其右侧的单元格都右移一个单元格;
- 活动单元格下移:当前单元格以及同一列中其下侧的单元格都下移一个单元格;
- 整行:在该单元格所在行的上面增加一行;
- 整列:在该单元格所在列的左侧增加一列。

④ 鼠标左键单击该对话框的【确定】按钮,插入过程完成。

（2）删除单元格的过程如下。

① 鼠标左键单击对应单元格,确定要删除的单元格。

② 单击鼠标右键,在弹出的右键快捷菜单中选择【删除】命令,会出现对应的【删除】对话框,如图 4-22 所示。

图 4-21  【插入】对话框              图 4-22  【删除】对话框

③ 在【删除】对话框中选择【删除】的方式:

- 右侧单元格左移:该单元格右侧的单元格都向左移动一个单元格;
- 下方单元格上移:该单元格下方的单元格都向上移动一个单元格;
- 整行:删除该单元格所在行;
- 整列:删除该单元格所在列。

④ 鼠标左键单击【确定】按钮,删除过程完成。

注意,对应的插入或者删除操作,可以通过【快速访问工具栏】的【撤销】或者【恢复】按钮来进行操作的撤销或者恢复。

**4. 清除单元格**

删除单元格时,会影响其后面或者下方的单元格,而清除单元格不会影响其周围的单元格。在一个单元格中,往往有内容、格式、批注、超链接等,因此,实际应用时,可以根据具体情况选择需要清除的内容。单击【开始】选项卡【编辑】组的【清除】选项,在其下拉列表中根据实际需要选择要清除的内容即可。一般有下面的【清除】选项可以选择:【全部清除】、【清除格式】、【清除内容】、【清除批注】、【清除超链接】。

如果只需要清除单元格的内容,可以选中单元格后按【Delete】键或者单击鼠标右键,在弹出的右键快捷菜单中选择【清除内容】选项来完成。

**5. 行、列的插入和删除**

行、列的插入和删除可以通过上述第 3 点内容"插入和删除单元格"的方法来实现,也可以采用下面的方法来实现:

在某行的上面插入一行时,先选中这一行或者这行中的某个单元格,然后单击【开始】选项卡【单元格】组的【插入】选项下拉列表中的【插入工作表行】选项即可;

删除某行时,先选中这行,然后单击【开始】选项卡【单元格】组【删除】选项的下拉列表中的【删除工作表行】选项即可。

还可以用下面方法插入或删除行:用鼠标右键选中行后,在弹出的右键快捷菜单中选择【插入】选项直接在该行上面增加一行,选择【删除】选项,删除该行。

对于列进行插入或者删除时,方法与上面行的一致,只要在选中列的前提下进行即可。

**6. 查找和替换**

查找就是在一个指定的范围内从当前单元格开始找某数据,找到后可以继续查找,替换则是将查找到的数据用另一个数据代替。

(1) 查找

查找过程如下。

① 单击【开始】选项卡【编辑】组【查找和选择】选项下拉列表中的【查找】选项,弹出【查找和替换】对话框,选择该对话框的【查找】选项卡。

② 在【查找】选项卡中用鼠标左键单击【选项】按钮,就可以显示明细的设置项,如图 4-23 所示。可进行如下设置。

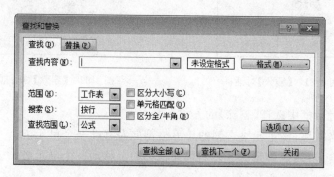

图 4-23 【查找】选项卡

- 查找内容:输入需要查找的内容,在输入查找内容时,可以使用通配符。其中,"?"表示任意一个字符;"＊"表示任意多个连续的字符,可以是 0 个字符。如果要查找的是"＊"本身,则在查找的内容中输入"\＊";如果是查找"?",则需要输入"\?"。如查找以"广"开头的两个字的文字,则设置为"广?";如果是查找以"广"开头,后面不限制字数的文本,则设置为"广＊"。注意"?"必须是在英文状态下输入。
- 格式:鼠标左键单击【格式】按钮,出现【查找格式】对话框,用户可以在该对话框中对查找内容的格式进行设置。
- 范围:可以在下拉列表中选择【工作表】(表示查找在当前工作表中进行)或者【工作簿】(查找在当前工作簿中进行)。
- 搜索:可以在下拉列表框中选择【按行】或者【按列】两种方式,分别表示行优先或者列优先搜索。
- 查找范围:下拉框中有【公式】、【值】和【批注】三个选项,根据实际情况进行设置。
- 若选中【区分大小写】、【单元格匹配】、【区分全/半角】复选框,则对查找的内容进行相应的匹配。

- 查找全部：鼠标左键单击【查找全部】按钮，可以将当前范围内所有相关的内容信息查找出来。
- 查找下一个：鼠标左键单击【查找下一个】按钮，则从当前单元格开始查找，找到第一个满足条件的单元格后停止下来，查找到的单元格成为新的当前单元格。

（2）替换

替换主要用于将当前工作表（或工作簿）大量相似的数据改为另一批数据。替换过程如下。

① 单击【开始】选项卡【编辑】组【查找和选择】下拉列表中的【替换】选项，出现【查找和替换】对话框，选择该对话框中的【替换】选项卡，单击其中的【选项】，如图 4-24 所示。在该选项卡中对查找内容、替换内容、范围、格式等的设置方法与查找中的一致。如图 4-24 所示，能实现将"h"替换为"a"。

图 4-24　【替换】选项卡

② 前面设置完成后，鼠标左键单击【全部替换】或者【替换】就可以实现替换操作：【全部替换】会把找到的所有符合条件的数据都替换掉，【替换】则只把当前单元格中符合条件的数据替换掉。

## 4.2.4　工作表中数据的输入

**1. 输入数据的一般方法**

在 Excel 2010 中，输入数据的一般过程如下。

① 在窗口下方的工作表标签中，鼠标左键单击某个工作表标签，使之成为输入数据的工作表。

② 鼠标左键单击要输入字符的单元格，使之成为当前的活动单元格，此时，在名称框中会显示该单元格的地址。当往该单元格里输入内容时，输入的内容同时会同步显示在编辑栏中。

③ 输入内容完成后，按【Enter】键，则将输入的内容保存到当前单元格，同时，该单元格下面的单元格成为新的活动单元格。还可以通过键盘上的方向键【↑】、【↓】、【→】、【←】来选择相邻的单元格，也可以使用鼠标左键单击来选择其他的单元格。

注意，在输入内容的过程中，如果输入的数据有误，可以使用鼠标左键单击编辑栏上的【取消】按钮【×】或者按键盘上的【Esc】键取消输入。同时，还可以使用鼠标左键单击编辑栏上的【输入】按钮【√】来确认输入。

**2. 不同类型数据的输入**

Excel 中，输入不同类型的数据时，应使用不同的格式，以下是一些常用的数据类型的输入方法。

(1) 字符串

Excel 中的字符包括汉字、英文字母、数字、空格和其他字符。字符串在单元格中默认的对齐方式为左对齐。

输入字符串时，直接在单元格中输入，但是以下情况需要注意：

- 输入数字字符串（即全部由数字字符组成的字符串，如身份证号、学号等）：Excel 中，直接输入的数字默认为数据，如果数据过长，会自动以科学计数的形式显示，显然，这与数字字符串本意不符。因此，可以在输入的时候加上英文状态的"'"号，如输入"'123456"，则在单元格中将以文本的形式显示 123456，并且自动左对齐。
- 输入长字符串：由于单元格的宽度有限，字符串过长时，默认状况下，如果右侧单元格中没有数据，则字符串中超宽部分一直延伸到右侧单元格显示，如果右侧单元格中有内容，则超宽部分自动隐藏。具体解决方法在后面的设置工作表格式中会详细讲解。

(2) 数值

数值数据直接输入，在单元格中默认的对齐方式为右对齐。

输入的数据宽度如果超过单元格的默认宽度，则自动转换为科学计数法。例如，如果输入的数据为 200920124786，将会自动转化成 2.009E+11。

在输入数据的过程中，除了 0~9、正负号和小数点以外，还可以使用下面的符号：

① 圆括号表示输入的是负数，如(123)表示-123。

② 以【$】或者【¥】(中文状态下按【Shift】+【4】)开始的数据表示为货币。

③ 【E】或者【e】用于科学计数法输入。

④ 【%】表示输入百分数。

⑤ 【,】表示分节符，如 1,234,456。

⑥ 输入分数时，要求分别输入整数和小数部分，中间以空格间隔，如 2 1/3，在单元格中显示分数形式，在编辑栏显示小数形式。若输入的分数小于 1，则整数部分要输入 0，如 0 1/3 形式，如果不输入 0，则 Excel 按照日期型处理，显示为 1 月 3 号。

(3) 日期和时间

输入的日期和时间在单元格中默认是右对齐。

输入日期可以采取下面的形式，以输入 2008 年 9 月 1 号为例：可以采取 2008-09-01、2008/09/01、08/09/01 等形式，当输入的数据符合日期格式时，表格将会以统一的日期形式存储数据。

注意：如果直接输入了分数形式，并且分母是 1~12 的整数时，系统默认输入的是日期，如输入 1/3，则系统会存储为 1 月 3 号；输入的年份只有两位数字时，如果是小于 30 的，则系统保存时会自动在其前面加上"20"，如 29 表示的是 2029 年，如果是大于等于 30，则系统保存时会自动添加上"19"，如 30 表示的是 1930 年。

输入时间时，时、分、秒之间用冒号":"隔开。如果按 12 小时制输入时间，则在时间数字后空一格，并键入字母 a(或者 A、am、AM，与大小写无关，表示上午)或 p(或者 P、pm 等，表示下午)；否则，如果只输入时间数字，Microsoft Excel 将按上午处理，例如 9:30 表示上午 9:30，而 9:30 P 表示 21:30。同时按【Ctrl】+【Shift】+【:】(冒号)键，可以将系统的当前时间输入到单元格中。

（4）逻辑型

逻辑型只有两个值,TRUE(真)和 FALSE(假),不区分大小写,在单元格中默认居中对齐,非零为真,零为假。

（5）错误值

如果公式无法正确显示结果,则 Excel 会自动显示错误值,如＃＃＃＃、＃DIV/0!、＃N/A、＃NAME?、＃NULL!、＃NUM!、＃REF! 和＃VALUE! 等。

**3. 自动填充数据**

如果在连续的单元格中要输入相同的数据或者具有某种规律的数据,如等差数列、等比数列等,可以使用自动填充数据来进行。

（1）相同的数据

如果要在连续的单元格中输入相同的数据,可以先在第一个单元格中输入,然后选中该单元格,再把鼠标移动到该单元格的右下角的复制柄处,在鼠标变成黑色【＋】后,按住鼠标左键向下或者向右拖动鼠标,则拖动所经过之处的所有单元格都填充了该单元格的内容。

如果需要在多个不连续的单元格中输入相同的数据,则先选中需要输入数据的所有区域(按住【Ctrl】键选择不连续区域),然后键入相应数据,再按【Ctrl】+【Enter】,则所有选中的区域都会填入该输入的数据。

（2）有序数据

如果要输入的数据具有某种规律,如等差数列、等比数列等,例如,要在 A1~A10 单元格输入 2~20 的偶数,可以采取以下两种方法进行输入。

**方法一:**先在 A1 单元格输入数字 2,再选择【开始】选项卡【编辑】组的【填充】选项,在其下拉列表中选择【序列】选项,弹出【序列】对话框,如图 4-25 所示。对于【序列】对话框根据需要进行编辑:由于是在列中产生数据,则【序列产生在】处选择【列】;填入的是等差数据,因此,【类型】处选择【等差序列】;根据实际情况,【步长值】设置为"2",终止值设置为"20",如图 4-25 所示。

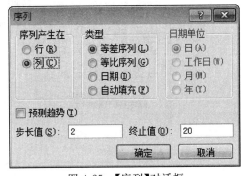

图 4-25　【序列】对话框

编辑完成后,鼠标左键单击【确定】按钮,就会在指定的区域填充数据序列。

在这种方法下,用户可以根据需要选择序列产生在行(向右自动填充数据)或者产生在列(向下自动填充数据)、序列类型(如果序列类型为日期,则需要选择日期的单位)、步长值和终止值。

**方法二:**在 A1 和 A2 单元格分别输入前两个数据 2 和 4,选中这两个单元格,将鼠标移动到 A2 单元格的右下角的复制柄处,在鼠标变成黑色【＋】后,按住鼠标左键向下拖动至 A10 单元格后释放鼠标,采取这种方式也可以完成对于序列的输入。注意,在这种方法下,只能输入等差数列。

（3）有序文字

如果需要输入有序的文字,有时也可以采取上面【有序数据】输入的方法来进行。如输入星期一后,按照上面方法二拖动鼠标,则会在所经过区域自动填充星期二、星期三等,如果序列的数据用完,则再从序列的开始数据继续填充。在这种状况下,要求所填入的序列在 Excel 软件中已经定义。

如果该序列在 Excel 2010 中没有定义,则用户可以自行定义序列,方法如下:

① 选择【文件】选项卡的【选项】选项,在弹出的【Excel 选项】对话框中选择【高级】选项【常规】下的【编辑自定义列表】按钮,打开【自定义序列】对话框,如图 4-26 所示,在该对话框的左边有【自定义序列】,显示系统已经定义好的序列。右边是【输入序列】,用户可以来自定义序列。如果选择一个已经定义好的列,则【输入序列】的文本框中显示序列的内容,序列的每一项之间以【Enter】间隔。对于系统已经定义好的序列,"添加"和"删除"功能不可用。对于用户自己定义的序列,则可以使用"添加"和"删除"功能。

② 选择【新序列】,就可以在该对话框右边的【输入序列】中输入新的序列,如图 4-26 所示。输入序列时,如果一个序列条目输入完成,则按【Enter】键,换行后输入下一个序列条目。所有序列条目输入完成后,鼠标左键单击【添加】按钮就可以将新建立的序列添加到【自定义序列】中。用户也可以先将需要定义的序列数据输入 Excel 2010 的单元格中,再在【从单元格中导入序列】文本框中输入单元格的地址,鼠标左键单击【导入】按钮,就可以将单元格中的内容导入进来建立序列,这里一个单元格的数据作为一个序列条目。

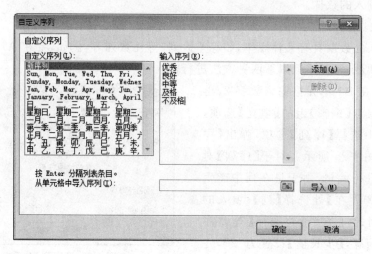

图 4-26 【自定义序列】对话框

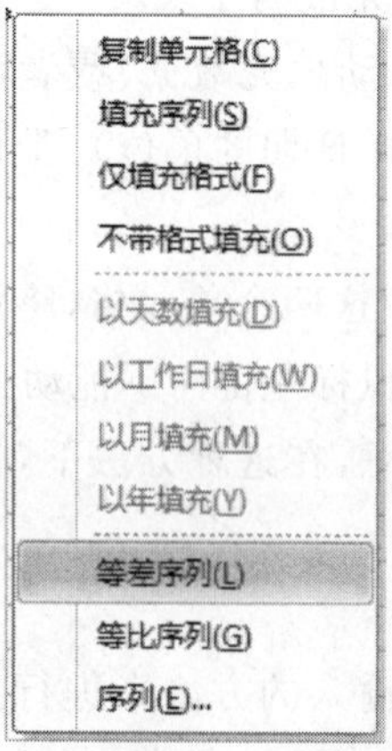

当在单元格中输入自定义的某一序列中的任一成员,拖动填充柄,即可按照定义的顺序自动填充数据。

(4) 鼠标右键拖动

在输入数据时,也可以采用鼠标右键拖动的方法进行有序数据的填充,方法如下:首先输入起始值,再用鼠标右键拖动复制柄到最后一个单元格,释放鼠标右键,此时屏幕上会显示如图 4-27 所示的右键快捷菜单,用户可以根据所需填充的数据类型在该菜单中选择最合适的填充方式,如【填充序列】、【等差序列】、【等比序列】等选项,也可以利用【序列】选项打开【序列】对话框进行设置。

图 4-27 填充右键快捷菜单

（5）记忆式输入

使用记忆式输入可以在同一列中快速填充文本型重复输入项，有以下两种方法可以实现。

① 自动重复法：选择【文件】选项卡的【选项】选项，在弹出的【Excel 选项】对话框【高级】选项中的【编辑选项】下，选中【为单元格启动记忆式键入】复选框。设置后，如输入的字符与该列上一行的字符相匹配时，则会自动填充剩余字符，如图 4-28 所示，在 A2 单元格中，白色底的"a"字符为输入字符，而黑色底的"bcde"字符串即为 Excel 自动填充的剩余字符。如果确实要输入这些字符，可以单击【√】或按【Enter】键把剩余字符填充进来。

② 下拉列表选择法：在活动单元格中，输入起始字符，同时按住【Alt】和【↓】键，则在下拉列表中显示同列上面行已经输入的含有该字符的所有项，如图 4-29 所示，可从下拉列表中选择相应项填入活动单元格中。

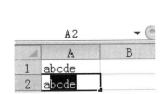

图 4-28　【记忆式键入】实例　　　　图 4-29　【下拉列表选择法】实例

## 4.2.5　单元格的批注

单元格批注就是为单元格添加的注释。

**1. 插入批注**

下面以向 B4 单元格中添加批注来说明插入批注的过程。

① 鼠标右键选中需要插入批注的单元格 B4，在弹出的右键快捷菜单中选择【插入批注】选项，或者选择【审阅】选项卡【批注】组的【新建批注】选项，调出批注编辑框，如图 4-30 所示，在 B4 单元格的右上角出现了红色的小三角，并且有一个带箭头的文本指向该单元格。

② 在批注编辑框中输入批注的内容，其中，批注的编辑者会获取一个系统的默认值，如图 4-30 中的"gz"，用户也可以对此项进行编辑。输入完成后，鼠标左键单击编辑框外的任意区域即可。

**2. 批注的编辑和删除**

对批注的内容进行编辑时，先选择需要编辑批注的单元格，再单击鼠标右键，在弹出的右键快捷菜单中选择【编辑批注】命令，就可以在批注编辑框中对批注进行编辑，编辑完成后单击编辑框外的任何地方即可。

删除批注时，先选中需要删除批注的单元格，然后单击鼠标右键，在弹出的右键快捷菜单中选择【删除批注】命令，就可以实现对批注的删除。

也可以利用【审阅】选项卡【批注】组的【编辑批注】和【删除】选项进行批注的编辑和删除，如图 4-31 所示。

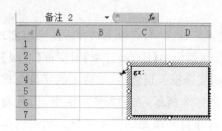

图 4-30　批注编辑框

图 4-31　【批注】组

**3. 批注的浏览、隐藏和取消隐藏**

批注的浏览可通过单击【审阅】选项卡【批注】组的【上一条】和【下一条】选项,来实现在批注之间进行切换,利用【显示/隐藏批注】选项可以将批注显示或隐藏。

也可以选中批注所在的单元格,鼠标右键单击,在弹出的右键快捷菜单中选择【显示/隐藏批注】对批注进行显示和隐藏。

**4. 设置批注选项**

批注的内容和标识符是否在工作表中显示出来,取决于对批注选项的设置。

对批注的显示形式,Excel 提供了 3 种方式,分别如下。

① 无批注或标识符:批注和标识符都不显示。

② 仅显示标识符,悬停时加显批注:这种方式下,在批注的单元格的右上角,有一个红色的小三角,如图 4-30 所示,只有当鼠标停留在添加了批注的单元格中时,批注才会显示出来。

③ 批注和标识符:同时显示批注和标识符。

设置批注显示效果的方法如下。

① 选择【文件】选项卡的【选项】选项,在弹出的【Excel 选项】对话框中选择【高级】选项的【显示】选项下【对于带批注的单元格,显示:】选项。

② 在批注对应的单选框中设置批注的显示情况,设置完成后,鼠标左键单击【确定】按钮,就可以完成对批注选项的显示效果的设置。

# 4.3　设置工作表格式

对于一个工作表,不仅要保证内容的正确性,还要考虑其可读性。本节主要介绍如何设置工作表中数据格式、字体、对齐方式、行高、列宽、边框、底纹等。通过这些设置,不仅可以提高工作表的可读性,还可以美化工作表的外观。

## 4.3.1　格式化数据

Excel 提供了大量的数据格式,如常规、数值、货币、会计专用、日期、时间、百分比、自定义等,如果不进行数据格式的设置,输入时使用默认的【常规】单元格格式。

**1. 使用【设置单元格格式】对话框设置**

可以采取下面的方法打开【单元格格式】对话框:

选择需要设置的单元格或者区域,单击【开始】选项卡【单元格】组【格式】下拉列表的【设置单元格格式】选项,出现【设置单元格格式】对话框。或者在选中的单元格或者区域上单击鼠标右键,在弹出的右键快捷菜单中选择【设置单元格格式】选项,打开【设置单元格格式】对话框,如图 4-32 所示。

图 4-32　【数字】选项卡

在【设置单元格格式对话框】的【数字】选项卡中,可以看到,Excel 2010 中提供了 12 种不同类型的数据格式,每选择一种格式,对话框的下面和右边会出现对于该类型数据的描述和一些简单的示例。对同一个单元格中的内容设置不同的格式时,输出显示的内容也会不一样。例如,某个单元格中输入 1237.456,表 4-2 中列出了不同类型时的显示形式。

表 4-2　相同数据在不同类型时的显示形式

| 类　型 | 显示形式 | 说　明 |
|---|---|---|
| 常规 | 1237.456 | 输入时的默认格式 |
| 数值 | 1,237.46 | 千分分隔符,2 位小数 |
| 货币 | ￥1,237.46 | 人民币样式符号￥ |
| 会计专用 | ￥1,237.46 | 可以对一系列数据进行货币符号和小数点对齐 |
| 百分数 | 123745.60% | 百分数形式,2 位小数 |
| 分数 | 1237 1/2 | 分母为 1 位数 |
| 科学记数 | 1.24E+03 | 2 位小数 |
| 文本 | 1237.456 | 左对齐 |
| 特殊 | 一千二百三十七.四五六 | 中文小写 |
| 自定义 | 1,237 | 自定义格式为＃,＃＃0,表示以整数方式显示 |

**2. 使用【数字】组进行设置**

如果只需要对数据的格式进行简单的设置,可以使用【开始】选项卡【数字】组的数据格式选项来进行设置,如图 4-33 所示,图中的选项依次为【常规】、【会计数字格式】、【百分比样式】、【千位分隔样式】、【增加小数位数】、【减少小数位数】。【常规】对应的下拉列表中有常见的数字格式选择,也可以使用【其他数字

图 4-33　【数字】组

格式】选项打开【设置单元格格式】对话框进行设置。【会计数字格式】的下拉列表中可以选择不同国家的货币格式,用户只需要选定需要设置格式的区域后,再使用鼠标左键单击对应的选项就可以实现。【百分比样式】将数据以百分数的形式显示,如 1 显示为 100%。【千位分隔样式】将数据的整数部分按照每 3 位进行一次分割,如 123456 显示为 123,456.00 的形式。【增加小数位数】每次增加一位小数,【减少小数位数】每次减少一位小数。

**3. 自定义数据格式**

如果 Excel 提供的数字格式不能满足需要,可以通过自定义格式来设计一些新的格式。创建的自定义格式最多可以指定 4 种格式,其书写形式为:

整数格式;负数格式;零值格式;文本格式

不同的部分之间以【;】间隔,如果要跳过其中的某一部分,该部分也应该以分号结束。例如,要创建一个不定义零值格式的自定义格式,其书写形式为:

整数格式;负数格式;文本格式

创建自定义格式的关键是如何使用数字格式符号定义所需的格式(关于数字格式符号的使用可以参考 Excel 自带的帮助文档)。

**4. 日期和时间**

Excel 中,对日期和时间都给出了多种不同的显示形式,如图 4-34 所示,还可以对时间和日期进行区域设置。使用过程中,可以根据实际需要来选择恰当的日期或者时间格式。

图 4-34 【日期】和【时间】格式

## 4.3.2 字体设置

对 Excel 中的字体设置,可以利用【开始】选项卡【字体】组的选项(主要包括字体、字号、增大字号、减小字号、加粗、倾斜、下划线等)来实现,如图4-35 所示,也可以通过【设置单元格格式】对话框中的【字体】选项卡来实现,该选项卡中包括字体、字形、字号、下划线、颜色、特殊效果等的设置,还可以通过预览查看设置的效果。具体的设置方式与 Word 中字体的设置一样,此处不再赘述。

图 4-35 【字体】组

## 4.3.3 设置对齐方式

一个工作表中,通常有多种不同的数据类型,在 Excel 中不同类型的数据在单元格中会以默认的方式对齐,如文本左对齐、数字右对齐等。如果要改变默认的对齐方式,可以使用【设置单元格格式】对话框中的【对齐】选项卡来进行设置。

**1.【对齐】选项卡**

如图 4-36 所示,【对齐】选项卡包含了 4 个部分:【文本对齐方式】、【文本控制】、【从右到左】和【方向】。

图 4-36　【对齐】选项卡

(1) 文本对齐方式

文本对齐方式通过【水平对齐】和【垂直对齐】两个下拉列表框来进行设置。其中【水平对齐】下拉列表框中包含常规、靠左(缩进)、居中、靠右(缩进)、填充、两端对齐、跨列居中、分散对齐(缩进);【垂直对齐】下拉列表框中包含靠上、居中、靠下、两端对齐、分散对齐。如果选择的水平对齐方式中含有"缩进",则右边的【缩进】列表框可以使用,输入需要缩进的字符或者通过微调按钮增加或者减少缩进字符。

(2) 文本控制

文本控制由 3 个复选项组成,其含义分别如下。

【自动换行】:对输入的内容根据单元格的列宽自动换行。

【缩小字体填充】:自动缩小单元格中字符的大小,使数据的宽度与单元格的列宽相同。

【合并单元格】:用于将多个连续的单元格合并为一个整体。使用过程中,如果选中的区域中有多个单元格都存在数据,则合并后只保留最左上角的数据,合并后的单元格的地址为最左上角的单元格地址。

如果要拆分已经合并过的单元格,选中该单元格后,在【对齐】选项卡将选中的【合并单元格】复选框取消,就可实现对于单元格的拆分,注意原单元格中的数据将会保存在拆分后区域最左上角的单元格中。

注意:【自动换行】和【缩小字体填充】每次最多只能选中一个,选择一个后,另一个自动置灰(即处于不可选的状态)。

(3) 从右到左

【从右到左】主要对文字方向进行设置,主要有 3 种文字方向,分别为根据内容、总是从左到右、总是从右到左。

（4）方向

在 Excel 中,【方向】用于设置单元格中文本的旋转角度,对应角度的范围为－90 度～90度,可以采取下面的方法对于角度进行设置:

① 在半圆周上的某点直接单击鼠标左键;

② 按住鼠标左键拖动半圆中的【文本—】到指定的角度后释放;

③ 在文本框中输入角度值或者使用微调按钮 来调整角度值。

**2. 设置简单的对齐方式**

如果只需要对单元格中的内容进行简单的对齐,可以使用【开始】选项卡的【对齐方式】组来进行设置,如图 4-37 所示。

图 4-37 【对齐方式】组

在【对齐方式】组中提供了 6 种对齐方式:顶端对齐、垂直居中、底端对齐、文本左对齐、居中、文本右对齐。

对文字方向提供了 5 种方式:逆时针角度、顺时针角度、竖排文字、向上旋转文字和向下旋转文字。

合并后居中提供了合并后居中、跨越合并、合并单元格和取消单元格合并 4 种方式。

注意:在使用【合并后居中】按钮时,如果选中的区域中有多个单元格有数据,那么执行该操作后只保留该区域最左上角的数据。

## 4.3.4　设置边框

默认状况下,工作表的表格线都是浅灰色的网格线,这种线在打印时是不能显示的。通过为工作表添加边框,不仅可以使工作表看起来更加美观清晰,而且设置的边框线可以在打印时显示出来。

【设置单元格格式】的【边框】选项卡如图 4-38 所示。

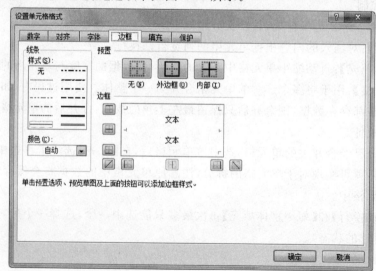

图 4-38 【边框】选项卡

【边框】选项卡由以下 4 部分组成。

（1）线条：包括样式和颜色两个选项。其中样式包括虚线、实线、粗实线、双线等线条样式，默认为【无】。颜色用来设置边框线的颜色，默认为【自动】。Excel 中提供了多种不同的颜色可供选择，用户也可以通过【颜色】下拉列表框中的【其他颜色】选项来自己定义颜色。

（2）预置：包括【无】（取消对于所选区域边框的设置）、【外边框】（为所选区域增加外边框）和【内部】（为所选区域增加内边框）。

（3）边框：包括上边框、内部水平线、下边框、左斜线、左边框、内部垂直线、右边框、右斜线 8 个不同位置的边框线形式。

（4）预览草图：显示预设的边框线的位置、线条的样式和颜色。

在具体的操作过程中，如果要取消对边框的设置，直接用鼠标左键单击【预置】选项的【无】按钮；如果需要设置一些不同样式、不同颜色的边框线，则需要先选择线条的样式和颜色后，再使用【外边框】、【内边框】或者 8 个边框按钮来添加边框线，添加的边框线的位置、线条的样式和颜色会在【预览草图】上显示出来。也可以使用鼠标左键单击预览草图中边框线的对应位置来实现边框线的添加或删除。

如果只需要添加简单的边框，还可以使用【文件】选项卡【字体】组的【边框】下拉列表中的选项来实现，这与 Word 中添加表格边框的方式相似，此处不再赘述。

## 4.3.5　设置填充图案

默认状况下，单元格是没有图案的，为工作表中的单元格设置图案，不仅可以突出显示数据，还可以美化工作表。

在【设置单元格格式】对话框中，选择【填充】选项卡，如图 4-39 所示，该选项卡中包含【背景色】、【填充效果】、【其他颜色】、【图案颜色】、【图案样式】和【示例】选项，用户可以根据实际需要进行选择，选择完成后，可以通过【示例】框预览设置的效果。图 4-39 中，【图案颜色】选"茶色，背景 2，深色 75％ "，【图案样式】选"细 垂直 条纹"，则【示例】中会显示设置的效果。

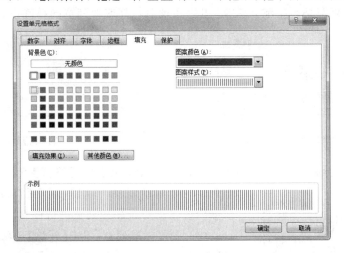

图 4-39　【填充】选项卡

用户还可以用鼠标左键单击【填充效果】选项，打开【填充效果】对话框，如图 4-40 所示，在【渐变】选项卡中设置【颜色】和【底纹样式】选项。

图 4-40　【填充效果】对话框

　　如果只需要对选定的单元格或者区域添加简单的背景颜色,可以直接通过【开始】选项卡【字体】组的【填充颜色】下拉列表   来完成。

## 4.3.6　设置行高和列宽

　　默认情况下,工作表中所有的单元格都具有相同的行高和列宽,用户可以根据实际需求对工作表中单元格的行高和列宽进行设置。

　　(1) 设置具体的行高或者列宽:选择【开始】选项卡【单元格】组【格式】下拉列表中【单元格大小】选项的【行高】选项或【列宽】选项,则会出现相应的【行高】或【列宽】对话框,如图 4-41、图 4-42 所示。在该对话框中输入数据,可以实现对行高或者列宽的精确设置。

图 4-41　【行高】对话框

图 4-42　【列宽】对话框

　　(2) 自动调整行高和列宽:使用【开始】选项卡【单元格】组【格式】下拉列表中【单元格大小】选项的【自动调整行高】选项和【自动调整列宽】选项,根据内容自动对行高和列宽进行调整。

　　(3) 设置标准列宽:单击【开始】选项卡【单元格】组【格式】选项下拉列表中【单元格大小】选项中的【默认列宽】选项,调出【标准列宽】对话框,如图 4-43 所示,在该对话框中输入标准列宽的值,鼠标左键单击【确定】按钮即可。

图 4-43　【标准列宽】对话框

（4）使用鼠标拖动的方法对行高或者列宽进行设置：使用鼠标改变行高时，将鼠标移到需要改变高度的行的行号下方，在光标变成双向箭头后，按住鼠标左键向下拖动至指定的位置后释放鼠标左键即可。在拖动鼠标的过程中，对应行的高度值会显示出来。同样，在列标区进行上面的操作可以实现列宽的设置。

## 4.3.7　设置保护单元格

【设置单元格格式】对话框的【保护】选项卡有【锁定】和【隐藏】两个复选框。只有在工作表被保护后，锁定单元格或隐藏公式才有效。

## 4.3.8　使用条件格式

在分析数据时，可能会碰到这样的情况，只需要显示某些满足条件的数据，如工资表中，哪些员工的月工资大于 5 000；成绩表中，不及格的学生有哪些，成绩优秀的学生又有哪些等。使用条件格式可以解答这些问题。采用条件格式可以实现突出显示所关注的单元格或者单元格区域，强调异常值。条件格式根据设定的条件改变单元格的外观，通过这种方式可以更加直观地查看和分析数据、发现问题以及识别问题的模式和趋势。

图 4-44 所示为学生成绩表原始数据。

| A1 | | $f_x$ | '学号 | | | |
|---|---|---|---|---|---|---|
| | A | B | C | D | E | F | G |
| 1 | 学号 | 大学物理 | 英语 | 高数 | 计算方法 | 政治 | |
| 2 | 92013 | 85 | 69 | 70 | 79 | 91 | |
| 3 | 92022 | 69 | 70 | 70 | 69 | 94 | |
| 4 | 92040 | 88 | 83 | 71 | 84 | 95 | |
| 5 | 92068 | 41 | 75 | 67 | 72 | 90 | |
| 6 | 92077 | 64 | 51 | 74 | 53 | 89 | |
| 7 | 92105 | 29 | 80 | 73 | 53 | 89 | |
| 8 | 92114 | 63 | 65 | 78 | 72 | 95 | |
| 9 | 92123 | 80 | 78 | 61 | 89 | 91 | |
| 10 | 92132 | 77 | 84 | 72 | 88 | 93 | |
| 11 | 92141 | 82 | 73 | 65 | 81 | 91 | |
| 12 | 92150 | 45 | 66 | 77 | 77 | 94 | |
| 13 | | | | | | | |

图 4-44　学生成绩表原始数据

【例 4.1】　假设现在希望对其中的成绩设计条件格式，要求成绩表中小于 60 的单元格格式为"浅红色填充"，大于 80 分的单元格字体为"加粗倾斜"，并填充图案颜色为"白色，背景 1，深色 15％"、图案样式为"水平条纹"的图案。主要操作过程如下。

① 选择成绩表中成绩所在数据区域 B2:F12。注意，只选择成绩数据区域。

② 鼠标左键单击【开始】选项卡【样式】组的【条件格式】选项，如图 4-45 所示，在【条件格式】下拉列表中选择【突出显示单元格规则】级联菜单的【小于】选项，出现如图图 4-46 所示的【小于】对话框。

图 4-45 【条件格式】下拉列表

图 4-46 【小于】对话框

③ 在【小于】对话框的文本框中输入"60"(可以直接输入,也可以引用单元格里的数值),设置为选择"浅红色填充"。设置完成后,单击【确定】按钮即可完成对该区域小于 60 分的成绩的格式设置。

④ 鼠标左键单击【开始】选项卡【样式】组的【条件格式】选项,在其下拉列表中选择【突出显示单元格规则】级联菜单的【大于】选项,在弹出的【大于】对话框的文本框中输入"80",从【设置为】下拉列表中选择【自定义格式】,打开【设置单元格格式】对话框,将字体设置为"加粗倾斜",并填充图案颜色为"白色,背景 1,深色 15%"、图案样式为"水平条纹"的图案,设置完成后,鼠标左键单击【确定】按钮即可。设置后的效果如图 4-47 所示。

如果要删除条件格式,鼠标左键单击【开始】选项卡【样式】组【条件格式】下拉列表中的【清除规则】选项,根据需要,选择【清除所选单元格的规则】、【清除整个工作表的规则】、【清除此表的规则】或【清除此数据透视表中的规则】。也可以选择【条件格式】下拉列表中的【管理规则】选项,出现如图 4-48 所示的【条件格式规则管理器】对话框,在其中选中待删除的规则,然后鼠标左键单击【删除规则】按钮即可。如果需要对规则再进行编辑,则在【条件格式规则管理器】中鼠标左键单击【编辑规则】,弹出【编辑格式规则】对话框,在该对话框中选择规则类型和对规则进行编辑。

| | A | B | C | D | E | F |
|---|---|---|---|---|---|---|
| 1 | 学号 | 大学物理 | 英语 | 高数 | 计算方法 | 政治 |
| 2 | 92013 | *85* | 69 | 70 | 79 | *91* |
| 3 | 92022 | 69 | 70 | 70 | 69 | *94* |
| 4 | 92040 | *88* | *83* | 71 | *84* | 95 |
| 5 | 92068 | 41 | 75 | 67 | 72 | *90* |
| 6 | 92077 | 64 | 51 | 74 | 53 | *89* |
| 7 | 92105 | 29 | 80 | 73 | 53 | *89* |
| 8 | 92114 | 63 | 65 | 78 | 72 | *95* |
| 9 | 92123 | 80 | 78 | 61 | *89* | *91* |
| 10 | 92132 | 77 | *84* | 72 | *88* | 93 |
| 11 | 92141 | *82* | 73 | 65 | *81* | *91* |
| 12 | 92150 | 45 | 66 | 77 | 77 | *94* |

图 4-47 设置【条件格式】后的工作表

图 4-48 【条件格式规则管理器】对话框

Excel 2010 除了预定义的规则外,用户还可以创建新的格式规则。如果需要新建规则,可以在【条件格式规则管理器】中单击【新建规则】按钮,弹出【新建格式规则】对话框,如图 4-49 所示,按照具体需要可以在该对话框中进行新的规则设置。也可以使用【条件格式】选项下拉列表中的【新建规则】选项,打开【新建格式规则】对话框。

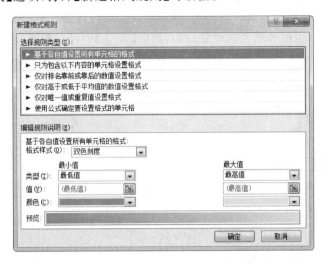

图 4-49　【新建格式规则】对话框

除了上例中的【突出显示单元格规则】外,常用的还有【项目选取规则】,可以选择【值最大的 10 项】、【值最小的 10 项】、【高于平均值】、【低于平均值】等选项;利用颜色和图标表示的【数据条】、【色阶】和【图标集】,通过颜色填充量、颜色变化和颜色图标反映单元格数据关系,使用方法与使用【突出显示单元格规则】类似。

在创建条件格式的过程中,可以引用工作表中其他的单元格,如【＄E＄5】(应用当前工作表的 E5 单元格)、【Sheet2！＄B＄2】(非当前工作表 Sheet2 中的 B2 单元格)等,但是不能引用其他工作簿的单元格。

### 4.3.9　使用套用表格样式

通过前面介绍的格式设置方法可以灵活清晰地表达用户的意图,但是如果用户希望更加省时省力地完成格式的设置,可以使用【套用表格样式】来实现。【套用表格样式】是指使用 Excel 预设的工作表样式,快速设置一组单元格的格式,并使其转换为表格,这样不仅可以美化工作表,而且可以节省大量的时间。

使用【套用表格样式】的过程如下:选择要进行格式化的区域,再选择【开始】选项卡【样式】组中的【套用表格格式】选项,在其下拉列表中选择需要的表格格式。Excel 2010 提供了浅色、中等深浅和深色等不同类型的样式。鼠标左键单击选定的样式,就会以指定的格式对选定的区域进行格式化。

如果所选定的区域没有数据,选定样式后,则会出现【套用表格式】对话框,如图 4-50 所示,在该对话

图 4-50　【套用表格式】对话框

框中可以对表的数据来源进行重新设置,并设置生成的表是否包含标题。鼠标左键单击【确定】按钮即可完成对该区域格式的设置。

如果对所提供的样式不满意,可以单击【开始】选项卡【样式】组【套用表格格式】下拉列表中的【新建表样式】选项,打开【新建表快速样式】对话框,如图 4-51 所示,在该对话框中对表元素的格式进行设置。对于表元素的每一项,选中后,可以通过【格式】按钮,打开【设置单元格格式】对话框,进行字体、边框和填充的设置;在右侧的【预览】中可以预览设置的效果。

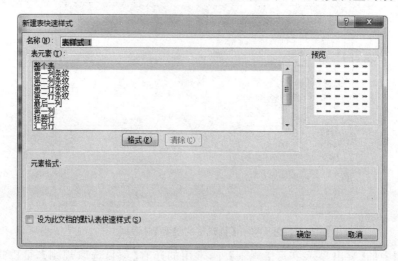

图 4-51 【新建表快速样式】对话框

如果要取消表格的格式,可以使用【表格工具】的【设计】选项卡的【表格样式】组(如图4-52所示)下拉列表中的【清除】选项来完成;也可以使用【快速访问工具栏】的【撤销】按钮来撤销设置的格式;或者使用【开始】选项卡【编辑】组【清除】下拉列表中的【清除格式】选项来清除设置的格式。

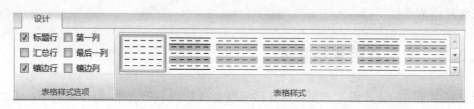

图 4-52 表格样式选项和表格样式

使用【套用表格格式】时,在【表格工具】的【设计】选项卡中,有【表格样式选项】组,如图4-52所示。在实际使用的过程中,用户可以根据具体情况来选择其中的某些项目,如果不选中某项前面复选框,则在套用表格格式时就不使用该项。

## 4.3.10 单元格样式

Excel 2010 可以设置单元格的样式。选中需要设置的单元格,鼠标左键单击【开始】选项卡【样式】组的【单元格样式】选项,出现如图 4-53 所示的下拉列表,当鼠标移动到某个样式图标上方时,可以预览单元格的样式,单击鼠标左键即选定样式。

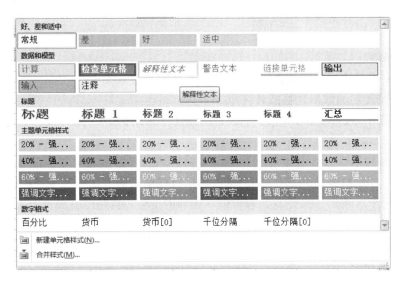

图 4-53　【单元格样式】下拉菜单

　　如果这些样式都不满足需要,用户也可以自己定义样式。选择【开始】选项卡【样式】组【单元格样式】下拉列表中的【新建单元格样式】选项,打开【样式】对话框,如图 4-54 所示,则 Excel 为新的样式默认命名为"样式 1",用户可以在文本框中输入其他的名称;利用【格式】按钮,可以打开【设置单元格格式】对话框,对样式的单元格格式进行设置;【包括样式】选项中,选中样式需要包含的项所对应的复选框即可。

　　Excel 2010 中,还可以把其他工作簿的样式合并到当前工作簿中。选择【开始】选项卡【样式】组【单元格样式】下拉列表中的【合并样式】选项,打开【合并样式】对话框,如图 4-55,选择【合并样式来源】的工作簿(该工作簿必须是打开状态的),即可完成将该工作簿中单元格样式复制到当前的工作簿中。

图 4-54　【样式】对话框

图 4-55　【合并样式】对话框

## 4.3.11　格式的复制和删除

　　如果工作表中两部分的格式相同,则只要制作其中一部分的格式,另一部分使用复制格式的方法就可以快速对其实现格式化,这样可以节省大量的时间。同时,对于不需要的格式也可以删除。

**1. 格式的复制**

使用格式刷可以快捷地实现对格式的复制,具体操作过程如下。

① 选择需要复制的源单元格或者区域。

② 鼠标左键单击【开始】选项卡【剪贴板】组的【格式刷】选项,此时鼠标光标带有一个小刷子。

③ 鼠标光标移动到目标区域的左上角,单击鼠标左键,则该区域用源区域的格式进行格式化。如果目标区域与源区域不一样大,可以使用鼠标拖动的方法来选择目标区域。

如果要将一个区域的格式复制到若干个不相邻的位置,可以在第② 步中用鼠标左键双击【格式刷】按钮,就可以进行多次的复制;复制全部完成后,再用鼠标左键单击【格式刷】按钮结束复制。

**2. 格式的删除**

如果对设置好的格式不满意,可以选中单元格后,使用【开始】选项卡【编辑】组【清除】下拉列表中的【清除格式】选项将格式清除。

注意:清除格式后,单元格中的数据将会以默认的格式进行显示。

# 4.4 数值简单计算

在前面的介绍中,数据都是采取直接输入的形式,但有时候有些数据没有现成的值存在,如成绩表中的学生平均成绩、总分等。这种状况下,就可以利用 Excel 的计算功能来完成数据的填充。Excel 还提供了功能丰富的函数,可以很容易地利用这些函数来完成各种计算,如求平均值、最大最、最小值等。本节主要对 Excel 中的公式和函数进行简单的介绍。

## 4.4.1 自动计算

对数据进行简单的自动计算,可以使用【开始】选项卡【编辑】组【求和】Σ下拉列表中的选项来完成,如【求和】、【平均值】、【最大值】等。

在实际处理数据时,可能需要计算连续区域的数据和,也有可能计算多个不连续的区域的数据和。利用工具栏上的【自动求和】按钮,可以方便地计算一个或者多个区域的和。

【例 4.2】 对图 4-56"学生成绩表原始数据"中的数据,使用【自动求和】功能计算图 4-44 中每个学生的总分成绩。

该表中一共有 11 个学生的数据,每个学生有 5 门成绩,计算过程如下:

① 选择需要存放总分的单元格,如图 4-56 中的 G3 单元格;

② 鼠标左键单击【开始】选项卡【编辑】组的【自动求和】选项,在其下拉列表中选择【求和】选项,则出现动感的虚线框,并且虚线框选择 G3 左边的数据区(默认没有选中文本区),G3 单元格和编辑区同时出现"＝SUM(B3:F3)"(后面将会介绍到的公式),表示对 B3:F3 区域求和,如图 4-56 所示;

③ 按【Enter】键或者鼠标左键单击名称框右边的输入按钮【√】,则 G3 单元格会出现 B3:F3

区域的和；如果需要取消该计算，按【ESC】键或者鼠标左键单击名称框右边的取消按钮【×】即可。

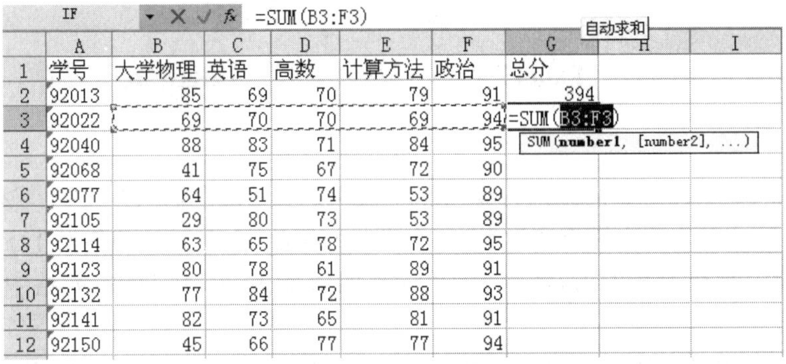


| | A | B | C | D | E | F | G | H | I |
|---|---|---|---|---|---|---|---|---|---|
| 1 | 学号 | 大学物理 | 英语 | 高数 | 计算方法 | 政治 | 总分 | | |
| 2 | 92013 | 85 | 69 | 70 | 79 | 91 | 394 | | |
| 3 | 92022 | 69 | 70 | 70 | 69 | 94 | =SUM(B3:F3) | | |
| 4 | 92040 | 88 | 83 | 71 | 84 | 95 | | | |
| 5 | 92068 | 41 | 75 | 67 | 72 | 90 | | | |
| 6 | 92077 | 64 | 51 | 74 | 53 | 89 | | | |
| 7 | 92105 | 29 | 80 | 73 | 53 | 89 | | | |
| 8 | 92114 | 63 | 65 | 78 | 72 | 95 | | | |
| 9 | 92123 | 80 | 78 | 61 | 89 | 91 | | | |
| 10 | 92132 | 77 | 84 | 72 | 88 | 93 | | | |
| 11 | 92141 | 82 | 73 | 65 | 81 | 91 | | | |
| 12 | 92150 | 45 | 66 | 77 | 77 | 94 | | | |

图 4-56　使用【自动求和】选项计算

如果需要对 G4:G12 的区域求和，可以对该区域的每一个单元格都采取这种方法进行求和运算。但 Excel 提供了更为简便的方法：选中 G3 单元格，再把鼠标移到该单元格的右下角，在光标变成填充柄状态（黑色【＋】）后，按住鼠标左键向下拖动到 G12，释放鼠标左键即可以完成对 G4:G12 区域中每一个单元格求和的计算。这实际上属于公式复制的内容，在后面的“公式的移动和复制”中会详细讲解。

按照上面操作过程中步骤② 中的方法，默认情况下，Excel 会自动选择需要计算和的单元格的上方或者左边的数据区（上方优先）。如果用户需要选择其他的区域，则在步骤② 中，鼠标左键单击【求和】选项后（数据区变成如图 4-56 所示状态），直接拖动鼠标选择其他的数据区即可；如果要选择多个不连续的区域，则先选择第一个区域，按住【Ctrl】后，依次选择其他区域，所有选中的区域都会用动感的虚线框围住。

【自动求和】的下拉列表中还有平均值、计数、最大值、最小值等选项，其使用方法与上述求和方法类似。

### 4.4.2　公式的组成和输入

利用 Excel 的自动计算，可以进行简单的求和、求平均值等计算，如果需要进行比较复杂的运算，就可以使用 Excel 的公式来完成。公式中可以利用单元格的引用地址来表示存放在其中的数值数据。如果对应单元格中的数据被修改了，则 Excel 会自动重新进行计算。运用公式，可以进行计算，返回信息，操作其他单元格的内容，测试条件等。

默认情况下，输入公式后，单元格中显示公式计算结果，编辑栏显示公式。可以在【文件】选项卡的【选项】命令的【Excel 选项】对话框中选择【高级】选项，在【此工作表的显示选项】中选中【在单元格中显示公式而非其他计算结果】复选框，则在单元格中显示公式。

**1. 公式的组成**

公式实质上就是一个等式。Excel 中的公式以“＝”号或者“＋”号开始，后面是用于计算的表达式。Excel 中的表达式是由运算符、常数、单元格引用地址、标志名称和函数连接起来的，如图 4-57 所示，写法与数学中的表达式写法类似，也可以使用括号来改变运算的优先级，括号中的优先级最高。

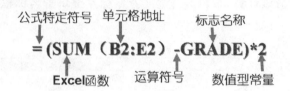

图 4-57 公式组成示例

假设 B2 和 C2 单元格的值分别为 85 和 69,在 D2 单元格中输入"=B2+C2"或者"+B2+C2",确认输入后,D2 单元格的值变为 154。如果 B2 或者 C2 单元格的值发生了变化,则 Excel 会自动重新计算 D2 单元格的值,如将 B2 单元格的值变为 90,则 D2 单元格中的值会自动更新为 159。

Excel 的公式中可以使用的运算符包括:数学运算符、比较运算符、文字运算符和引用运算符。

数学运算符主要包括"+""-""*""/""%""^"(乘方)等,除"%"(百分号运算符,Excel 中的求余需用 mod 函数实现)和作为负号使用的"-"外,其他都为双目运算符,要求参加运算的数据都是数值类型,结果也是数值类型。

比较运算符包括"=""＞""＜""＞=""＜=""＜＞",都是双目运算符,要求运算符两侧的数据类型相同。比较运算的结果为"True"或"False",例如,"2＞1"的结果为"True","2＜1"的结果为"False"。

文字运算符为"&",表示将两个文本连接起来,如"abc"&"def"的值为"abcdef",A1&"def"则表示把 A1 单元格的内容和文本"def"的内容连接成一个新的文本值。

引用运算符包括空格、","(逗号)和":"(冒号),将单元格合并。符号两侧应该是单元格名称或者是区域的名称才能够合成新的引用区域,具体含义如下。

- 冒号:区域运算符,产生一个包括在两个引用之间的所有区域,如 B5:B10,表示 B5 到 B10 之间的所有单元格。
- 逗号:联合运算符,将多个引用合并为一个引用,如 SUM(B5:B10,C3:C10)。
- 空格:交叉运算符,产生两个单元格中共有的单元格的引用,如 B5:B10 B3:B7,产生的区域是 B5:B7。

如果公式中出现了多个运算符,则计算时必须按照它们优先级的顺序进行计算。这些运算符的优先由高到低依次为引用运算符、%、^、(*、/)、(+、-)、&、比较运算符;如果优先级相同,则按照从左到右的顺序计算;如果有括号,则先计算括号中的,再计算括号外的。

**2. 公式的创建**

创建一个公式,就是把等式中参与运算的各个部分数据以及其运算符正确地写出来。创建公式时,先选择需要输入公式的单元格,然后输入"="或者"+"(本书以"="为例进行讲解),此时编辑栏如图 4-58 所示。

图 4-58 输入【=】后的编辑栏

如果公式中含有函数,可以直接在单元格(或者编辑栏)输入(如输入 SUM())函数及其参数;也可以通过图 4-58 中【SUM】下拉列表进行选择,在下拉列表中选择了函数后,出现对应的【函数参数】对话框,如图 4-59 所示。在【函数参数】对话框中,可以直接在参数框(图中的 Number1、Number2)中输入参数值,也可以直接输入区域的地址,或者利用鼠标选择对应的参数区域(选择的区域地址会自动添加到参数文本框中),【＝】号右边的{ }会随时出现所引用的单元格的数值,在对话框的下方会显示预览的计算结果。输入完成后,鼠标左键单击【确定】按钮,即将计算结果填入选定的单元格中。

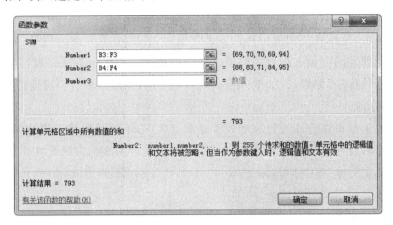

图 4-59　【函数参数】对话框

　　输入公式后,可能需要进行修改,修改公式可以在编辑栏进行,具体过程如下:先选中需要修改的公式所在的单元格,在编辑栏会出现已输入的公式;再使用鼠标左键单击公式中需要修改的位置,将光标移到修改位置,就可以进行增、删、改等工作;修改完成后,按【Enter】键或者鼠标左键单击【√】,就可以将新的计算结果写入单元格中。如果要对函数的参数进行修改,则鼠标光标移动到函数处,然后打开该函数的【函数参数】对话框,就可以对函数的参数进行修改。

### 4.4.3　公式的移动和复制

**1. 公式的移动和复制**

　　在 4.4.1 节图 4-56 的例子(【例 4.2】)中,求每个学生的总评成绩时,算出第一个学生的成绩后,用填充柄向下拖动鼠标算出后面学生的成绩,这实质上就是复制了 Excel 中的公式。从中可以看出,如果某个单元格中的数据是通过公式计算得到的,那么对此单元格中的数据进行复制时,就不只是简单复制数据,经过复制后所引用的单元格地址可能会发现变化。实质上,在公式的移动过程中也会出现类似问题。这主要是因为 Excel 中单元格的引用有相对引用、绝对引用所致。

　　公式的移动和复制方法与移动和复制单元格中其他内容的方法类似,只不过公式在经过复制和移动后,公式中所引用的单元格的地址可能会发生改变。

**2. 公式中单元格的引用**

　　公式中,单元格引用实质上是对单元格地址的引用。通过在公式中引入单元格引用地址,不仅可以指明所使用的数据的区域,还可以在公式中使用工作簿中其他工作表中的数据,也可以使用其他工作簿中的数据。

通过 4.4.1 节图 4-56 的例子(【例 4.2】)可以看到,进行公式的复制时,复制的公式中的目标单元格的行号也发生了变化,G3 单元格的内容为"＝SUM(B3:F3)",而 G4 单元格的内容为"＝SUM(B4:F4)"。也就是说,目标单元格 G4 相对于 G3 下移了一行,因此,G4 所引用的区域相对于 G3 所引用的区域也下移了一行。这实质上是单元格的一种引用方式,称为相对引用地址。除此之外,Excel 中还有绝对引用地址和混合引用地址。

(1) 相对引用地址

相对引用地址,是指在公式进行移动或者复制时,公式中单元格的行号、列号根据目标单元格所在的行号列号的变化进行自动调整。相对引用地址的表示方法是直接使用单元格的地址,即表示为"列号行号"的形式,如单元格 A1、区域 B2:F2 都是相对引用地址。

(2) 绝对引用地址

绝对引用地址是指在公式进行移动或者复制过程中,不管目标单元格在什么位置,公式中所引用的单元格的行号列号均不发生变化。绝对引用地址的表示方法是在相对地址的行号和列号前面分别加上一个"＄"符号,即表示为"＄列号＄行号"的形式,如单元格＄A＄1、区域＄B＄2:＄F＄2 都是绝对引用地址。

(3) 混合引用地址

如果单元格引用地址一部分为绝对引用地址,另一部分为相对引用地址,则把这类地址称为混合引用地址。混合引用地址有两种表示方式:＄A1、A＄1。"＄"如果在列号前面,表示公式移动或者复制过程中,行位置随着目标的行位置相应变化,而该列的位置绝对不变;如果"＄"在行号前面,表示公式移动或者复制过程中,列位置随着目标的列位置相应变化,而该行的位置绝对不变。

(4) 相对、绝对和混合引用地址的区别

下面以具体的例子来看一下相对、绝对和混合地址引用之间的区别。

在一个工作表中,B3、C3、B4、C4 中存放的数据分别为 10、20、30、40,如图 4-60 所示。

如果在 D3 单元格中输入"＝B3",则将 D3 向右复制到 E3 时,E3 中的公式为"＝C3"(相对向右移动了一列);将 D3 向下复制到 D4 时,D4 中的公式为"＝B4"(相对向下移动了一行);而将 D3 复制到 E4 时,E4 中的公式为"＝C4"(相对右移一列、下移一行)。如图 4-61 所示。

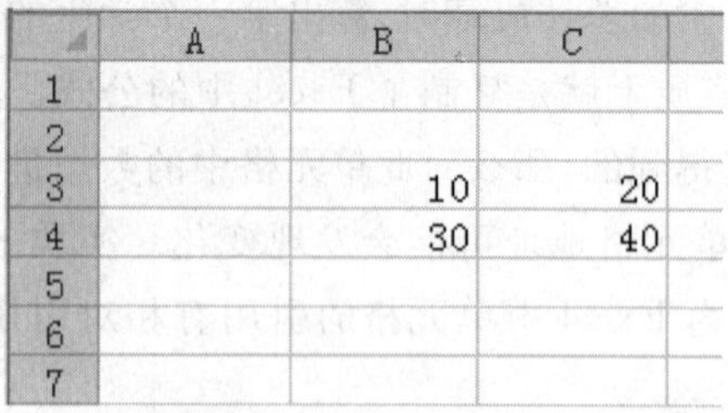

图 4-60  相对、绝对和混合引用地址的区别(1)

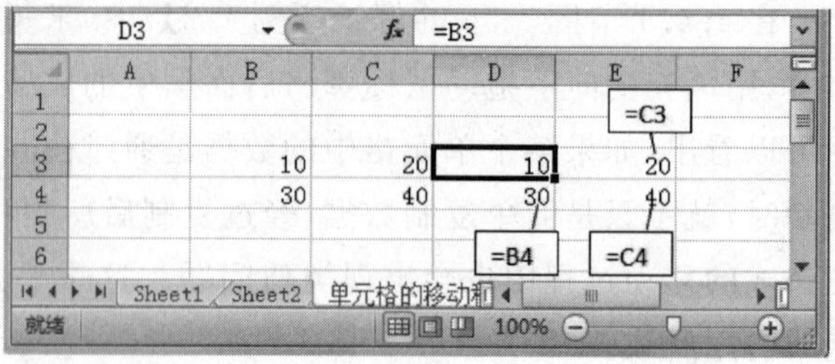

图 4-61  相对、绝对和混合引用地址的区别(2)

如果在 D3 单元格中输入"＝＄B＄3",则不管将公式移动或者复制到哪个文字,目标单元格中的公式还是"＝＄B＄3"。

如果在 D3 单元格中输入"＝＄B3",则在移动或复制公式的过程中,列号固定不变;如果将公式向右复制到 E3 单元格,则该单元格中的公式都为"＝＄B3";而如果将公式向下移动到

D4 单元格,则 D4 中的公式为"＝＄B4",相对下移了一行;而将公式复制到 E4 时,E4 中的公式为"＝＄B4",相对也只是下移了一行。

　　如果在 D3 单元格中输入"＝B＄3",则在移动或复制公式的过程中,行号固定不变;如果将公式向右复制到 E3 单元格,则该单元格中的公式为"＝C＄3",相对右移了一列;而如果将公式向下移动到 D4 单元格,则 D4 中的公式为"＝B＄3",没有变化;而将公式复制到 E4 时,E4 中的公式为"＝C＄3",相对也只是右移了一列。

　　这样,公式中单元格地址的引用有 3 种方式共 4 种表示方法,这 4 种表示方法在输入时可以相互转换。在公式是编辑状态时,把鼠标光标移动到需要转换表示方式的单元格地址上,反复按【F4】键,就可以在这几种方式之间转换。如在公式中引用 B3 单元格,反复按【F4】键时,引用方式按照以下顺序变化:B3→＄B＄3→B＄3→＄B3,最后又回到 B3。

　　用户可以根据上面的例子,在 Excel 的工作环境中进行操作,加深对地址的相对引用、绝对引用和混合引用的理解。

　　(5) 引用其他工作表中的单元格

　　上面的表示方法都是引用同一个工作表中的单元格。如果要引用同一个工作簿中其他工作表的单元格,则应在单元格地址之前说明该单元格所在的工作表,表示形式如下:

工作表名! 单元格地址

　　引用同一个工作簿的单元格地址时,可以直接在公式中指定的位置输入该单元格的地址,也可以利用鼠标左键先选中指定的工作表,再选择工作表中对应的单元格,则所引用的单元格地址也会自动添加到公式中。

　　如果要引用其他工作簿中工作表的单元格,则应在工作表名前面说明该工作表所在的工作簿的名称,表示形式如下:

[工作簿文件名.xlsx]工作表名! 单元格地址

　　(6) 定义和使用名称

　　在引用单元格或是区域时,常用它包含的单元格地址来命名,这样虽然简单,但是没有具体的含义,不易读懂,为了便于查找和理解区域数据,Excel 可以对单元格或者是区域重新定义名称。

　　名称中的第一个字符必须是字母、下划线或者反斜杠\,其余字符可以是字母(区分大小写)、数字、句点和下划线。名称不能使用单元格的引用、大小写字母 C、c、R、r 和空格定义名称。名称的最大长度是 255 个字符。

　　定义名称时,先选中需要定义名称的单元格或者区域(可以连续或者非连续区域),再用鼠标左键单击【名称框】,输入新定义的名称,按【Enter】键即可。或者选定区域后,单击鼠标右键,在弹出的右键快捷菜单中选择【定义名称】选项,出现【新建名称】对话框,如图 4-62 所示,在【新建名称】对话框中可以设置名称、范围、备注和引用位置。也可以使用【公式】选项卡【定义的名称】组的【定义名称】选项来打开【新建名称】对话框。

　　定义名称后,在【名称框】中输入名称时,对应的单元格或者区域会高亮度显示,如图 4-62 的 B2:B12 区域所示。

　　对于已经定义好的名称,可以选择【公式】选项卡【定义的名称】组的【名称管理器】选项,在弹出的【名称管理器】对话框中来进行管理,如图 4-63 所示,主要包括新建、编辑、删除名称和筛选功能。

 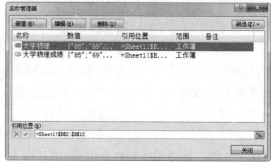

图 4-62 【新建名称】对话框          图 4-63 【名称管理器】对话框

**3. 数组公式**

数组是单元格的集合或者是一组数据的集合。区域的引用也称为区域数组,如 A1:C3 表示的就是一个 3 行 3 列的数组。

数组公式是对两组或者多组被称为数组参数的数值进行运算,每个数组参数必须有相同数量的行和列。数组公式可以同时进行多个计算并返回一种或者多种结果。除了使用【Ctrl】+【Shift】+【Enter】组合键生成数组公式外,创建数组公式的方法与创建其他公式的方法相同。Excel 的一些内置函数就是数组公式,因此必须将其作为数组输入才可以得到正确的结果。

如果不想在单元格中输入每个常量值,可以使用数组常量代替引用。数组常量可以包含数字、文本、逻辑值、♯N/A 等错误值。同一个数组常量中可以包含不同类型的数据。数组常量的值必须写在{}中,用逗号将不同列的值分开,用分号将不同行的值分开。例如:{1,2,3;TRUE,FALSE}既包含数字,又包含有逻辑值;{10,20,30,40}表示 1 行 4 列的数组,相当于一个 1 行 4 列的引用;{10,20,30,40;50,60,70,80}表示 2 行 4 列的数组。数组常量中的数字可以使用整数、小数或科学记数格式;文本必须包含在半角的双引号内,如"one";数组常量不包含单元格引用、长度不等的行或列、公式或者特殊字符 $、括弧或%。

输入数组公式时,先选定存储计算结果的区域,再输入公式,然后按【Shift】+【Ctrl】+【Enter】组合键或者【Shift】+【Ctrl】+【✔】组合键,Excel 会自动在{}中插入该公式。当编辑数组公式时,必须选取整个数组区域。

如图 4-64 所示,已知单价(A2:A4)和数量(B2:B4),计算总额(B6)。在 B6 单元格中输入=SUM(A2:A4 * B2:B4),按【Shift】+【Ctrl】+【Enter】组合键,公式自动添加{},得到总额。

图 4-64 数组公式的应用

#### 4. 公式计算中的常见错误信息

在单元格中输入一个公式后，如果不能正确的计算结果，Excel 会自动显示出错信息。Excel 中常见的错误信息及其原因如表 4-3 所示。

表 4-3　Excel 公式中的常见错误信息

| 错误信息 | 原　　因 |
| --- | --- |
| ＃＃＃＃＃ | 列宽不足以显示包含的内容；日期和时间为负值 |
| ＃DIV/0！ | 输入的公式中包含明显的被零除，如＝5/0；使用空白单元格或包含零的单元格作除数；运行的宏程序中包含有返回＝DIV/0！的函数或者公式 |
| ＃N/A | 在函数或者公式中没有可用的数值 |
| ＃NAME？ | 使用不存在的名称；名称拼写错误；在公式中使用了没有允许使用的标识；在公式中输入文本时没有使用双引号；漏掉了区域引用中的冒号 |
| ＃NULL！ | 使用了不正确的区域运算符；区域不相交 |
| ＃NUM！ | 公式或者函数中出现了无法接受的参数；输入的公式或者函数产生的数字太大或者太小，无法在 Excel 中表示 |
| ＃REF！ | 单元格的引用无效；使用的链接所指向的程序未处于运行状态；链接到不可用的动态数据交换主题；运行的宏程序所输入的函数返回 |
| ＃VALUE！ | 在函数中使用错误的参数或者运算对象的类型 |

## 4.4.4　函数的应用

对工作表中的数据进行计算时，除了使用公式，还可以使用 Excel 提供的函数（如 4.4.1 节中的求和函数、平均数函数等）。函数实质上是 Excel 已经定义好的一些公式，因此，函数处理数据的方式与创建公式处理数据的方式是相同的。例如 4.4.1 节图 4-56 的例子（【例 4.2】）中，使用函数"＝SUM(B3:F3)"与使用公式"＝B3＋C3＋D3＋E3＋F3"，作用是相同的。但是，使用函数来运算简单得多。使用函数不仅可以减少人工输入的工作量，提高工作效率，还可以降低输入时错误的概率。

#### 1. 函数的一般形式

Excel 的函数的一般形式如下：

函数名(参数 1,参数 2…)

函数名是系统定义的名称，表示该函数具有的功能，如 SUM 表示的求和函数，MAX 表示求最大值等。

圆括号中表示函数的参数（可能没有或者有多个参数），如果有多个参数，参数之间用逗号隔开，如果没有参数，函数后面的圆括号也不能省略。函数的参数可以是数字、文本、逻辑值、单元格地址等，不同类型的函数要求给定的参数类型也不同，用户只有输入给定类型的参数时才能产生有效的数值。例如，AVERAGE(A1:A8)要求 A1:A8 区域存放的是数值数据。

**2. 函数的输入**

函数是 Excel 公式的主要组成部分,因此公式输入可以归结为函数输入的问题。

(1)【插入函数】对话框

【插入函数】对话框是 Excel 提供的输入公式的重要工具,下面以输入公式【＝SUM (Sheet1! H2:H7,Sheet2! B2:B9)】为例,说明 Excel 中输入公式的具体过程。

① 选中需要存放计算结果(即应用公式)的单元格,假设为 A1。

② 选择【公式】选项卡【函数库】组的【插入函数】选项,打开【插入函数】对话框,如图 4-65 所示。或者鼠标左键单击编辑栏右边的 $f_x$ 按钮;或者在存放计算结果的单元格中输入【＝】后,鼠标左键单击名称框右边的向下箭头,在对应的下拉列表中选择【其它函数】选项;或者同时按住【Shift】＋【F3】组合键,都可以打开【插入函数】对话框。在打开的【插入函数】对话框中根据需要选择函数。

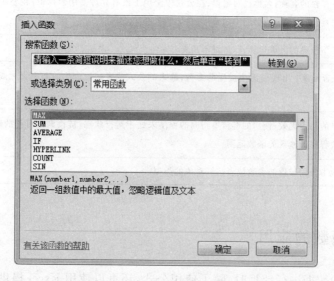

图 4-65 【插入函数】对话框

【插入函数】对话框由以下几部分组成。

- 【搜索函数】:输入一条简短的说明目的的语句,鼠标左键单击【转到】按钮,就可以自动搜索可以实现目的的函数。
- 【或选择类别】:对应的下拉列表框中显示了 Excel 提供的 11 种函数类别,包括常用函数、财务、日期和时间、统计、文本等。用户选择某个类别后,该类别的所有函数都会在【选择函数】列表框中显示出来。
- 【选择函数】:显示可以使用的函数。利用鼠标左键单击函数名称就可以选中该函数,同时,对于该函数的简单描述信息会显示在【选择函数】列表框的下面。如图 4-65 下面的关于 MAX 函数的说明。

③ 根据实际问题选择函数,现在是进行求和运算,在【或选择类别】下拉列表框中选择【常用函数】,然后在【选择函数】列表框中选择【SUM】,然后鼠标左键单击【确定】,出现 SUM 的【函数参数】对话框,如图 4-59 所示。

对 SUM 函数而言,它可以使用从 number1 开始直到 number255 共 255 个参数。在【函数参数】对话框中,输入 SUM 函数的参数的方法如下:首先把光标移动到【Number1】对应的文本框中,可以直接输入所要计算的数据区域,也可以使用鼠标左键进行选择。完成后,会在【=】的右边以数组的形式显示数组,并在下面统计和。如果有多个参数,采用上面的方式逐个进行输入。设置后的效果如图 4-66 所示。

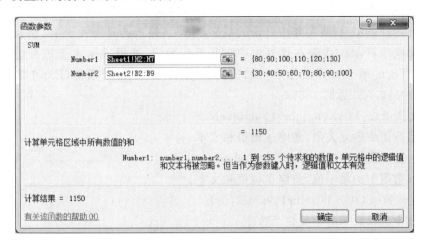

图 4-66　设置后的【函数参数】对话框

注意:在使用鼠标选择的过程中,如果工作表被【函数参数】对话框遮住,可以使用鼠标左键单击该对话框中的【折叠对话框】来折叠对话框,从而可以使工作表全部显示,输入完成后,用鼠标左键单击折叠后的输入框右侧按钮,就可以恢复输入参数的对话框。也可以直接在对应的文本框中输入参数,如直接在 Number1 文本框中输入【Sheet1！H2:H7】。

④ 所有的参数都输入完成后,鼠标左键单击【函数参数】对话框的【确定】按钮,此时在 A1就会显示计算的结果。

采取【插入函数】的方法进行输入的最大优点就是引用的区域很准确,特别是三维引用时不容易发生工作表或工作簿名称输入错误的问题。

(2) 编辑栏输入

如果用户要套用某个现成公式,或者输入一些嵌套关系复杂的公式,使用编辑栏输入就更加快捷。

在编辑栏输入时,首先选中存放计算结果的单元格;然后使用鼠标左键单击编辑栏,按照公式的组成顺序依次输入各个部分,公式输入完成后,鼠标左键单击编辑栏中的【输入】(即【√】)按钮,或者按【Enter】键即可完成公式输入。

采用编辑栏输入时,同样可以采取上面介绍的方法引用区域,以输入上面的公式为例,用户先在编辑栏中输入【=SUM()】,再将光标插入括号中间,然后按照上面介绍的方法操作就可以将引用的区域输入公式中。注意,在这种方法下,分隔引用之间的逗号必须手工输入,而不能像【插入函数】对话框那样自动添加。注意,逗号必须是英文的。

**3. 常用函数**

Excel 提供了 11 类函数,每一类又有若干个不同的函数,下面介绍几个常用的函数。函数的具体使用可以参考 Excel 的帮助文档。

(1) 求和函数:SUM(number1,number2,…)

该函数是计算各参数的所有数值和,最多可以有 255 个参数,参数可以是数值或者引用含有数值的单元格(或者区域),单元格中的逻辑值和文本会被忽略。

(2) 求平均值函数:AVERAGE(number1,number2,…)

该函数返回其参数的算术平均值,参数可以是数值或者包含数值的名称、数组和引用。

(3) 求特定日期的序列号:DATE(year, month, day)

该函数返回代表特定日期的序号。各参数表示的意义如下:year 为一到四位,根据使用的日期系统解释;month 代表每年中月份的数字,如果所输入的月份大于 12,将从指定年份的一月份执行加法运算;day 代表在该月份中第几天的数字,如果 day 大于该月份的最大天数时,将从指定月份的第一天开始往上累加。例如,采用 1900 日期系统(Excel 默认),则公式"=DATE(2001,1,1)"返回 36892。

(4) 最大值函数:MAX(number1, number2,…)

返回一组数值中的最大值,忽略逻辑值和文本。

(5) 最小值函数:MIN(number1, number2,…)

返回一组数值中的最小值,忽略逻辑值和文本。

(6) 计数函数:COUNT(value1,value2,…)

计算区域中包含数字的单元格个数。

(7) 绝对值函数:ABS(number)

返回给定数值 number 的绝对值。

(8) 求文本中字符个数:LEN(text)

返回文本字符串中字符的个数。

(9) 条件函数:IF(logical_text, value_if_true, value_if_false)

判断一个条件是否满足,如果满足,则返回一个值,否则返回另一个值。各参数表示的意义:logical_text,任何一个可判断为 TRUE 或 FALSE 的数值或者表达式;value_if_true,满足条件时的返回值;value_if_false,不满足条件时的返回值。

例如,IF(1>2,"x","y") 的结果为 y。

例如,如果 B2 中学生成绩">=60"分则为及格,否则为不及格,则可以表示为 IF(B2>=60,"及格","不及格")。

IF 函数可以嵌套使用,最多可以嵌套 64 层。嵌套使用时,可以直接在【value_if_true】或【value_if_false】对应的文本框中再输入条件函数,也可以单击名称框中的【IF】,在新出现的【函数参数】对话框中编辑。

(10) 求满足条件的单元格数目:COUNTIF(range,criteria)

计算某区域中满足给定条件的单元格数目。在其参数中,range 表示区域,criteria 表示条件。例如 COUNTIF(B2:B10,>60),表示计算 B2:B10 区域中">60"的单元格数目。criteria 中可以直接输入条件,也可以引用单元格数据。

(11) 排名函数:RANK(number, ref, order)

该函数返回某数字在一列数字中相对于其他数值的大小排名。

RANK. AVG(number,ref,order):如果多个数值排名相同,返回平均值。

RANK. EQ(number,ref,order):如果多个数值排名相同,返回该组数值的最佳排名。

Number 表示指定的数字;ref 是一组数或对一个数据列表的引用,非数字值将被忽略;order 指定排名的方式,如果为 0 或忽略则表示降序,非零值表示升序。

# 4.5 图表功能

图表是将工作表中的数据图形化,以反映数据之间的关系,使数据的显示更加直观、清晰。当工作表中的数据发生变化时,图表也自动更新。Excel 2010 一共提供了 11 类标准图表:柱形图、折线图、饼图、条形图、面积图、散点图、股价图、曲面图、圆环图、气泡图和雷达图,每一类中又有各种不同类型的图,可以根据需要创建各种不同类型的图表。

图表中包含许多元素,这些图表元素可以根据需要进行添加、删除,还可以将图表元素移动到图表中的其他位置,调整图表元素的大小或者更改格式等。

如图 4-67 所示,图表元素的说明如下。

- 图表区:包括整个图表及全部元素。
- 绘图区:通过轴来界定的区域。包括所有数据系列、坐标轴、坐标轴标题等图表元素。
- 图表标题:说明性的文本,一般显示在图表的上方,也可以放置到其他位置。
- 数据系列:表示工作表中一组相关的数据,来源于工作表中的一行或者一列数据。图表中每一组数据系列都以相同的形状、图案和颜色表示。例如,图 4-67 中标注的蓝色数据系列对应学生大学物理的成绩。通常一个图表中可以绘制多个数据系列,如图 4-67 所示中有大学物理和英语两个数据系列,但特殊地,在饼图中只能有一个数据系列。

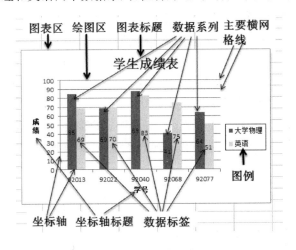

图 4-67 图表元素

- 主要横网格线:显示刻度单位的横网格线。与之相应的还有主要纵网格线。
- 图例:所有数据系列的名称的集合,用于标识图表中的数据系列名称或者分类制定的图案或颜色。用户可以对图例的字体、颜色和位置进行设置。
- 坐标轴:界定图表绘图区域的线条,包括主要横坐标轴和主要纵坐标轴。一般横坐标作为分类轴,即 X 轴,纵坐标作为数值轴,即 Y 轴。
- 坐标轴标题:坐标轴的名称,如图 4-67 所示中的学号(横坐标轴标题)和成绩(纵坐标轴标题)。
- 数据标签:为数据标记提供附加信息的标签,数据标签代表源于数据表单元格的单个数据点或值。

## 4.5.1 创建基本图表

Excel 2010 中，主要通过【插入】选项卡的【图表】组，在其中选择所需的图表类型来创建图表。

| | A | B | C | D | E |
|---|---|---|---|---|---|
| 1 | 学号 | 英语 | 高数 | 政治 | 总分 |
| 2 | 92013 | 69 | 70 | 91 | 230 |
| 3 | 92022 | 70 | 70 | 94 | 234 |
| 4 | 92040 | 83 | 71 | 95 | 249 |
| 5 | 92068 | 75 | 67 | 90 | 232 |
| 6 | 92077 | 51 | 74 | 89 | 214 |
| 7 | 92105 | 80 | 73 | 89 | 242 |

图 4-68 学生成绩表

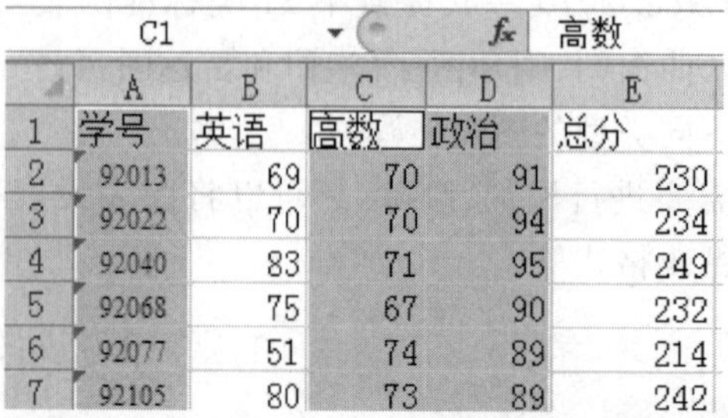

**【例 4.3】** 对图 4-68 所示的【学生成绩表】中的数据，选择【学号】、【高数】和【政治】列数据，创建【簇状柱形图】。

创建图表的操作过程如下。

(1) 选择数据区

创建图表时，选择的数据区可以是连续的，也可以是不连续的，如图 4-68 所示中选中的数据区就是不连续的。如果只选择一个单元格，Excel 会自动将紧邻该单元格且包含数据的所有单元格绘制到图表中。如果选择的数据区内有文字，则文字应在区域的最左列或者最上行，用以标明图表中数据的含义。鼠标左键单击工作表中的任意单元格，可以取消选择的区域。

注意：选择区域时，按住【Ctrl】键，可以选择不连续的区域。

(2) 插入图表

选择【插入】选项卡【图表】组的【柱形图】下拉列表(如图 4-69 所示)，可以看到柱形图的各种不同的类型，包括二维柱形图、三维柱形图、圆柱图、圆锥图、棱锥图，每一类图表又有不同类型的子图表，将鼠标指针移动到任何图表类型或图表子类型时，都会提示显示相应的图表类型名称和主要应用。选择【簇状柱形图】，会自动插入如图 4-69 所示的簇状柱形图。如果要查看所有图表类型，鼠标左键单击【图表】组图表类型启动器 ，打开【插入图表】对话框，即可浏览所有图表类型。Excel 2010 提供了柱形图、折线图、饼图、条形图、面积图、散点图、股价图、曲面图、圆环图、气泡图、雷达图一共 11 种不同的图表类型，每种里面又有不同的类型。

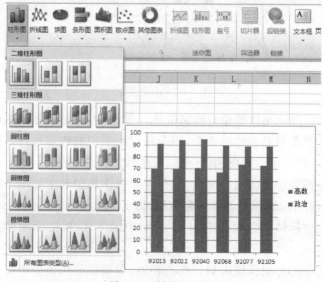

图 4-69 簇状柱形图

（3）确定图表位置

Excel 中,图表有嵌入图表和图表工作表两种位置。

嵌入图表是位于工作表中的图表,当要在一个工作表中查看或打印图表、数据透视图及其源数据或其他信息时使用此类型。默认情况下,图表作为嵌入图表插入到工作表中。

图表工作表是工作簿中只包含图表的工作表。一般在单独查看图表或者是数据透视表时使用。

如果需要将图表放在单独的图表工作表中,先选中图表,再选择【图表工具】的【设计】选项卡【位置】组的【移动图表】选项,弹出【移动图表】对话框,如图 4-70 所示,在【选择放置图表的位置】中,选中【新工作表】选项并为工作表命名,默认的名字是 Chart1、Chart2 等。如果要将图表显示为工作表中的嵌入图表,在【选择放置图表的位置】中选择【对象位于】,然后在【对象位于】下拉列表框中选择需要存放图表的工作表。

图 4-70 【移动图表】对话框

可以在【图表工具】、【布局】选项卡【属性】组的【图表名称】文本框中设置图表的名称,图表默认的名称为图表 1、图表 2 等。

如果要基于默认的图表类型快速创建图表,选择用于创建图表的数据,按【Alt】+【F1】组合键,则图表显示为嵌入图表;如果按【F11】键,则图表显示为单独的图表工作表。

如果需要移动图表位置或者修改图表大小,选中整个图表区后,通过鼠标移动就可以实现,和 Word 中移动图片的方式相同。

对于不需要的图表,选中后,按【Delete】键就可以删除。

## 4.5.2　编辑图表

编辑图表是指对整个图表或者图表的各个组成部分(即图表对象),包括【类型】、【数据】、【图表布局】、【图表样式】和【图表位置】等,进行编辑。选中图表区后,功能区增加了【图表工具】选项卡,包括【设计】、【布局】和【格式】,可以对图表进行编辑。

### 1. 图表类型

用户可以根据需要选择不同的图表类型,但图表中所表示的数值并没有变化。同一组数据可以用多种不同的图表类型来进行表达,因此,要结合实际情况来选择最适合于表达数据内容的图表类型。例如,要表示各部分数据的对比,可以选择柱形图;要表示数值的发展趋势,可以选择折线图;要表示比例关系,可以选择饼图等。

先选中图表,选择【设计】选项卡【类型】组的【更改图标类型】选项,弹出【更改图表类型】对话框(与【插入图表】对话框相似),在该对话框中重新选择需要的图表类型和子图表类型,鼠标左键单击【确定】按钮,即可完成对图表类型的更改。

也可以选中图表区或者绘图区,单击鼠标右键,在弹出的右键快捷菜单中选择【更改图表】类型,对图表的类型进行更改。

执行【设计】选项卡【类型】组的【另存为模板】选项即可把图表的格式和布局另存为可应用于将来图表的模板。

**2. 图表数据**

图表创建后,图表和创建图表的工作表数据区建立了联系,当工作表中的数据发生改变时,图表会自动更新。

选中图表后,执行【设计】选项卡【数据】组的【切换行/列】选项,图表中的数据系列可以在行、列之间进行切换。如果数据系列是产生在列的,执行该操作,数据系列就自动变为产生在行。如图 4-71 左部的簇状柱形图,有 3 个数据系列:英语、高数和政治,是以列为系列生成的图表,如果执行【切换行/列】选项,则数据系列就变为学生的学号,每一个学生都生成一个数据系列,也就是系列产生在行。默认情况下,图表一般都是以列为数据系列生成的。

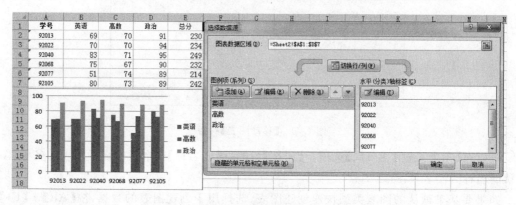

图 4-71 【选择数据源】对话框

如果要修改图表的数据,执行【设计】选项卡【数据】组的【选择数据选项】,弹出如图 4-71所示的【选择数据源】对话框。在该对话框的【图表数据区域】重新选择图表数据区域,选择完成后,再单击【确定】按钮,即可完成对图表数据的更改。

选择【选择数据源】对话框中的【图例项(系列)】中的【添加】按钮,打开【编辑数据系列】对话框,如图 4-72 所示,在对话框中输入【系列名称】和【系列值】,再用鼠标左键单击【确定】按钮,即可以为图表添加一个新的数据系列。

选中一个系列后,执行【选择数据源】对话框中的【编辑】按钮,可以对系列重新编辑,【删除】按钮可以删除选定的系列,【上移】或是【下移】调整系列的顺序。执行【水平(分类)轴标签】的【编辑】按钮,打开【轴标签】对话框,如图 4-73 所示,可以对【轴标签区域】重新进行设置。

图 4-72 【编辑数据系列】对话框

图 4-73 【轴标签】对话框

如果删除工作表的数据,则图表中对应的数据系列也被删除。如果只需要删除图表中的数据系列而不删除工作表中的对应数据,则可以在图表中要删除的数据系列上单击鼠标右键,然后在弹出的右键快捷菜单中选择【删除】命令;或者在图表中选定要删除的数据系列后,按【Delete】键删除。

**3. 图表布局**

Excel 提供了多种预定义的布局供用户选择,用户也可以根据需要手动修改布局元素。

(1) 应用预定义的图表布局

选中需要设置图表区的任意位置,单击【设计】选项卡【图表布局】组的下拉列表,则会显示所有预定义的图表布局,鼠标光标停留在某个布局上会显示布局的名称。选定某个布局后,鼠标左键单击该布局图标就可以自动对图表的布局进行重新设置。

(2) 手动更改图表元素的布局

在图表区中用鼠标左键单击需要更改布局的图表元素(或者在【布局】选项卡【当前所选内容】组中,单击【图表元素】框中的下拉列表,选择所要修改的图表元素),就可以通过移动图表元素,对元素的布局进行调整。或者在【布局】选项卡的【标签】、【坐标轴】和【背景】组中,选中需要修改的图表元素选项,在下拉列表中选择需要的布局选项,如图 4-74 所示。

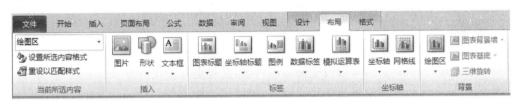

图 4-74　【布局】选项卡

**4. 图表样式**

(1) 应用预定义的图表样式

应用预定义的图表样式的方法与设置图表布局的方法很相似。选中需要设置图表区的任意位置,在【设计】选项卡的【图表样式】组中,鼠标左键单击要使用的样式即可,如图 4-75 所示。鼠标左键单击右侧的下拉按钮,即可浏览所有的样式。当 Excel 窗口缩小时,【图表样式】组中的【快速样式】库将提供图表的样式。

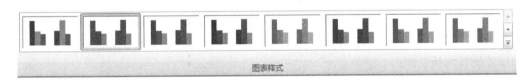

图 4-75　【图表样式】组

(2) 手动更改图表元素的格式

在图表区选中需要更改样式的图表元素,或者在【格式】选项卡的【当前所选内容】组中,单击【图表元素】框中的下拉箭头,选择所要修改的图表元素。

如果要为所选择的图表元素设置格式,选中图表元素后单击鼠标右键,在弹出的右键快捷菜单中选择对应的选项。如选中图表区,鼠标右键会关联【设置图表区域格式】快捷菜单,鼠标左键单击【设置图表区域格式】选项,打开【设置图表区格式】对话框,如图 4-76 所示。在【设置图表区格式】对话框中可以对图表区的填充、边框颜色、边框样式等进行设置,与 Word 中的设置方法相同。不同的图表元素对应的格式会有所不同,按照实际情况进行设置即可。

图 4-76 【设置图表区格式】对话框

如果要为选择的图表元素设置形状，在【格式】选项卡的【形状样式】组中选择需要的形状样式即可，也可以使用【形状填充】、【形状轮廓】或【形状效果】选项进行格式设置。

如果需要为所选图表元素中的文本设置艺术字，则使用【格式】选项卡的【艺术字样式】组中的【艺术字样式】、【文本填充】、【文本轮廓】、【文本效果】，根据需要选择格式进行设置。注意，应用艺术字后，不能删除艺术字格式。如果不需要艺术字格式，则重新选择新的艺术字样式；或者在【开始】选项卡的【字体】组，重新设置字体。

**5. 图表的移动、复制、缩放和删除**

移动、复制、缩放和删除都是对整个图表进行的，这实质上相当于对一个图形对象来进行操作，方法与其他图形对象的操作一样，先选择图表，然后对图表整体进行操作。

**6. 修饰图表**

当生成一个图表后，图表上的所有信息都是按照 Excel 默认的外观来显示的，通过对图表中各个元素重新进行格式化，可以改变图表的外观，获得更加美观的显示效果。

除此之外，还可以对图表进行图形化修饰，如在图表中添加一些说明性的文字，如图 4-67 中各图表元素的名称，这是利用【插入】选项卡【插图】组的【形状】选项来制作的，还可以在图表中添加文本框和艺术字等，从而使图表的显示更加生动直观。

## 4.5.3 迷你图

迷你图（Sparklines）是 Excel 2010 中的一个新增功能，它是绘制在单元格中的一个微型图表，可以直观地反映数据系列的变化趋势。创建迷你图后，还可以根据需要对迷你图进行自定义，如高亮显示最大值和最小值、调整迷你图颜色等。

Excel 2010 中提供了 3 种形式的迷你图，即【折线图】、【柱形图】和【盈亏图】。低版本的 Excel 文档即使使用 Excel 2010 打开也不能使用迷你图功能，必须将数据复制到 Excel 2010 文档中才能使用该功能。

**1. 迷你图的创建**

Excel 2010 中，不仅可以为一行或者一列数据创建一个迷你图，还可以通过选择与基本数据相对应的多个单元格来同时创建多个迷你图，或者通过在包含迷你图的单元格上使用填充柄（与复制公式方法相同）为后面相邻的单元格创建迷你图。

【例 4.4】 为图 4-77 中的 B2：E6 区域的数据创建迷你折线图。

首先选择需要存放迷你图的一个或者一组单元格，如图 4-77 中的 F2：F6 区域，选择【插入】选项卡【迷你图】组的【折线图】选项，弹出【创建迷你图】对话框，如图 4-78 所示，在该对话框输入创建迷你图的【数据范围】和迷你图存放的【位置范围】，然后鼠标左键单击【确定】按钮，即可实现在 F2 到 F6 单元格创建迷你图，如图 4-77 中 F2：F6 区域所示。

也可以先在 F2 单元格中创建一个迷你图，然后把鼠标光标移动到该单元格的右下角，在光标变成填充柄状态后,向下拖动到 F6 单元格,也可以实现为 F2 到 F6 之间的单元格创建迷你图。

图 4-77　迷你图　　　　　　　　　　图 4-78　【创建迷你图】对话框

### 2. 迷你图的编辑

当在工作表上选择一个或多个迷你图时,将会出现【迷你图工具】,如图 4-79 所示,并显示【设计】选项卡。在【设计】选项卡上,有【迷你图】、【类型】、【显示】、【样式】和【分组】等选项组。使用这些选项可以创建新的迷你图、更改其类型、显示或隐藏迷你图上的数据点、设置其样式和格式,或者设置迷你图组中的坐标轴的格式等。

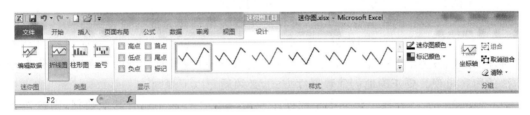

图 4-79　迷你图工具

各选项的功能描述如下。

- 编辑数据:修改迷你图图组的源数据区域或单个迷你图的源数据区域。
- 类型:更改迷你图的类型,可以为折线图、柱形图、盈亏图。
- 显示:在迷你图中标识什么样的特殊数据,如高点、低点等。
- 样式:为迷你图直接应用预定义格式的图表样式。
- 迷你图颜色:修改迷你图折线或柱形的颜色。
- 标记颜色:为迷你图中特殊数据重新选择显示的颜色。
- 坐标轴:迷你图坐标范围控制。
- 组合及取消组合:将多个不同的迷你图组合成一组或者将迷你图组进行拆分。

如果数据区域包含日期,则可以从【迷你图工具】、【设计】选项卡【组】组的【坐标轴】选项中选择【日期坐标轴类型】选项,将迷你图上的各个数据点进行排列以反映任何不规则的时间段。还可以使用【坐标轴】选项为迷你图或迷你图组的垂直轴设置最小值和最大值,明确地设置这些值可帮助控制图的比例,以便以一种更有意义的方式显示这些值之间的关系。

如果需要删除迷你图,选中需要删除的单元格,单击【设计】选项卡【分组】组【清除】选项中的【清除所选的迷你图】选项或【清除所选的迷你图组】选项即可。或者选中单元格后单击鼠标右键,在弹出的右键快捷菜单中选择【迷你图】级联菜单的相应功能选项来完成。

### 3. 迷你图与图表

迷你图存在于单元格上,而单元格又是我们平时操作最频繁的对象,我们经常会在图表、文本框、图片等的功能中大量引用,但是迷你图并不是真正存在于单元格内的【内容】,它可以被看成覆盖在单元格上方的图层,不能通过直接引用的方式来引用它。例如图 4-77 中,如果在某个单元格中引用 F2 单元格,显示的值为 0。如果需要在其他位置中引用,需要将迷你图转换为图片,具体步骤如下。

① 在生成了迷你图的单元格中单击鼠标右键,在弹出的右键快捷菜单中选择【复制】选项,在需要存放图片的单元格内单击鼠标右键,在弹出的右键快捷菜单中选择【选择性粘贴—图片】选项,即可以把迷你图转换为图片。

② 迷你图转换为图片后,就可以利用【图片】的【格式】选项进行相关操作。

# 4.6 数据统计和分析

Excel 的数据管理采取数据库的方式,管理内容包括数据排序、筛选、分类汇总等。

数据库方式,主要是指工作表中数据的组织方式与数据库中的二维表相似,即一个表由若干行若干列组成,表中的第一行是每一列的标题,从第二行开始是具体的数据,列标题作为数据库中的字段名称,行作为数据库中的具体记录。

Excel 中的数据库也称为数据清单或者数据列表。

如果要使用 Excel 的数据管理功能,首先必须将表格创建为数据列表的方式。数据库方式下,每一个表格至少要包括列标题和记录(列标题对应的数据)。Excel 根据列标题对数据进行排序、筛选、分类汇总等操作,而记录部分则是 Excel 实施管理功能的对象,该部分不允许有非法的内容出现。要正确地创建数据库方式,必须遵守以下规则:

(1)避免在一张工作表上建立多个数据库方式,如果工作表中还有其他数据,则这些数据要与数据库方式之间留出空行、空列;

(2)在数据库方式下,第一行是列标题,单元格中数据的对齐方式可以利用【开始】选项卡的【对齐方式】组来进行设置,不要用输入空格的方式调整。

## 4.6.1 数据排序

排序是指按照指定的字段值重新调整记录的顺序,这个指定的字段称为排序关键字。通过排序,可以将数据列表中的数据按照字母顺序、数值大小和时间先后等进行排列。按照关键字从高到低的顺序称为降序,反之,按照关键字从低到高的顺序称为升序或递增排序。

Excel 表的排序条件随工作簿一起保存,这样,每当打开工作簿时,都会对该表重新应用排序,但不会保存单元格区域的排序条件。如果希望保存排序条件,以便在打开工作簿时可以定期重新应用排序,最好使用表。这对多列排序或花费很长时间创建的排序尤其重要。重新应用排序时,可能由于以下原因而显示不同的结果:已在单元格区域或列表中修改、添加或删除数据;或者公式返回的值已改变,已重新计算工作表。

**1. 简单排序**

如果只需要对数据列表中的数据按照某一列的数据排序时,只需要单击此列中的任一单元格,然后鼠标左键单击【开始】选项卡【编辑】组【排序和筛选】选项的下拉列表中的【升序】或者【降序】选项即可,或者鼠标左键单击【数据】选项卡【排序和筛选】组中的 ![升序] (升序排序)或者 ![降序] (降序排序)选项。

注意:在上面的操作过程中,如果选中了作为排序依据的列的所有数据,则会出现【排序提醒】对话框,如图 4-80 所示。【排序提醒】对话框中有【给出排序依据】的单选按钮,其中,【扩展选定区域】会对整张数据列表按照选定的关键字排序,【以当前选定区域排序】则只对选定的区域中的数据进行排序。在后一种方式下,破坏了数据列表中记录值的结构。一般情况下,选取第一个选项【扩展选定区域】。

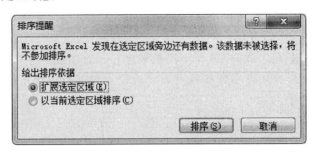

图 4-80  【排序提醒】对话框

**2. 多条件排序**

在排序过程中,可以自定义排序的条件,选择要排序的区域中任意位置的一个单元格,然后鼠标左键单击【开始】选项卡【编辑】组【排序和筛选】下拉列表中的【自定义排序】选项,或者鼠标左键单击【数据】选项卡【排序和筛选】组的【排序】选项,打开【排序】对话框,如图 4-81 所示。

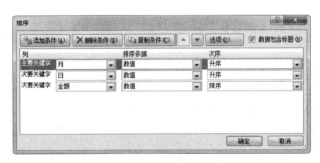

图 4-81  【排序】对话框

如果排序时依赖于不止一个关键字,可以使用鼠标左键单击【添加条件】按钮,则添加一个新的排序条件,显示为【次要关键字】,可以添加多个次要关键字,排序的时候按照关键字的顺序依次排,先按照主要关键字排,主要关键字相同就按照次要关键字排,以此类推。

【删除条件】即删除所选中的排序条件,如果删除的是【主要关键字】,则其下方的第一个【次要关键字】自动变为【主要关键字】。

【复制条件】即复制选中的排序条件。

【上移】▲和【下移】▼按钮,用于调整排序的关键字顺序。

鼠标左键单击【选项】按钮,打开【排序选项】对话框,如图 4-82 所示,可以对排序选项进行设置。【排序选项】对话框中包括【区分大小写】、【方向】和【方法】3 个选项。【区分大小写】主要是对于英文字母而言,【方向】可以选择【按列排序】或者【按行排序】,【方法】可以选择【字母排序】或者【笔画排序】。根据需要选择是否区分大小写、方向和方法,默认是【按列排序】和【字母排序】。

图 4-82  【排序选项】对话框

如果排序的数据区域有标题行,则选中【数据包含标题】,第一行为标题,标题不参与排序;否则不选,则所有的数据都参与排序。

在【列】的【主要关键字】下拉列表中,可以显示数据列表中所有列的名称,选择需要排序的列关键字即可。如果选中的数据区不包含标题,则自动以列 A、列 B、列 C 等作为关键字。

在【排序依据】下拉列表中,可以选择【数值】、【单元格颜色】、【字体颜色】或【单元格图标】作为排序依据。

在【次序】列表中,选择要对排序操作应用的顺序——升序或降序(即对于文本为从 A 到 Z 或从 Z 到 A;对于数字为从较小数到较大数或从较大数到较小数);也可以利用【自定义序列】来自行定义排序序列。

注意,在排序的过程中,空格总是排在最后面。

【例 4.5】 对图 4-83 所示的数据列表进行排序,要求先按照月份升序排序,月份相同时,再按照日期升序排序,如果日期还相同,则按照金额降序排序。

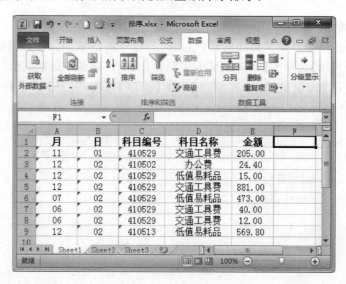

图 4-83　排序原始数据

主要操作过程如下。

① 鼠标左键单击【数据】选项卡【排序和筛选】组的【排序】选项,打开【排序】对话框,如图 4-81 所示。

② 在【排序】对话框中根据题目的要求进行如下的设置:【月】字段为主要关键字,【升序】;单击【添加条件】,添加次要关键字,【日】字段为次要关键字,【升序】;再次【添加条件】,选【金额】为次要关键字,【降序】;选择【数据包含标题】,排序依据都选择【数值】选项。

③ 鼠标左键单击【确定】按钮,出现如图 4-84 所示的【排序提醒】对话框,选择【分别将数字和以文本形式存储的数字排序】,单击【确定】按钮后排序完成,排序后的结果如图 4-85 所示。

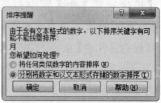

图 4-84　【排序提醒】对话框 2

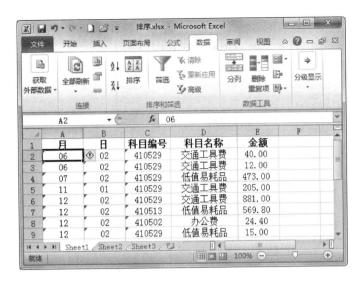

图 4-85　排序后的数据

## 4.6.2　筛选数据

筛选数据是指显示数据列表中满足条件数据,不满足条件的数据暂时被隐藏(并没有被删除),一旦筛选条件取消,这些隐藏的数据又会出现。使用 Excel 的筛选功能,可以减少查找范围,提高查找速度。

注意:通配符"＊"代表与"＊"位置相同的任意多个字符,包括空字符;通配符"?"代表"?"位置的任意一个字符,通配符必须在英文状态下输入。

筛选数据后,对于筛选后的数据子集,不需要重新排列或者移动就可以复制、查找、编辑、设计格式、制作图表和打印,还可以按多个列进行筛选。

Excel 提供了两种筛选方法:【自动筛选】和【高级筛选】。

### 1. 自动筛选

自动筛选包括 3 种类型:按颜色筛选、按条件筛选和按值列表筛选,对于每个单元格区域,这 3 种类型是互斥的。

进行自动筛选前,先在数据区域中单击选择一个单元格,鼠标左键单击【开始】选项卡【编辑】组【排序和筛选】下拉列表中的【筛选】选项,或者鼠标左键单击【数据】选项卡【排序和筛选】组的【筛选】选项,这时可以看到数据区域中每一列的列标题右边都出现了【自动筛选箭头】按钮，如图 4-86 所示,单击下拉按钮,在下拉列表中选择需要进行筛选的条件,选择完成后鼠标左键单击【确定】按钮,数据列表中满足条件的数据显示出来,不满足条件的数据则被隐藏。

【按颜色筛选】会自动获取选中的数据列中设置的颜色,可以是单元格颜色、字体颜色等。【搜索】主要用来搜索满足条件的值,所有的值都会在下面的复选框中显示出来,选中需要的值的复选框即可。也可以根据需要设置筛选条件,如需要筛选出金额为 200～500 的数据,选择【数字筛选】的【介于】,弹出【自定义自动筛选方式】对话框,如图 4-87 所示,其中【与】表示多个条件同时满足,【或】表示只要满足其中一个条件即可。筛选后,下拉箭头变成了筛选图标,表示该列设置了筛选,如图 4-88 所示。

图 4-86　自动筛选

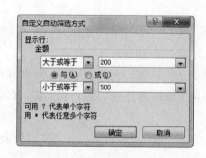

图 4-87　【自定义自动筛选方式】对话框

图 4-88　自动筛选后的数据

可以同时对多列数据设定筛选标准,这些筛选标准之间是【逻辑与】的关系,如在图 4-88 中,再为月份选择【07】的筛选条件,则只有同时满足【金额】是【200 到 500 之间】,【月】是【07】的数据记录才会显示出来。

如果要取消一个筛选条件,鼠标左键单击对应的下拉列表,然后选择【从'列名称'中删除筛选】选项(如图 4-86 中的【从"金额"中删除筛选】),就可以取消这个筛选条件。注意,只有设置了筛选条件后,该功能才可用。例如图 4-86 中,设置筛选前,该功能是灰色的不可用状态。

如果要取消自动筛选,鼠标左键单击【开始】选项卡【编辑】组【排序和筛选】下拉列表中的【筛选】选项,或者鼠标左键单击【数据】选项卡【排序和筛选】组的【筛选】选项,则所有列标题右侧的自动筛选箭头消失,数据恢复显示。

**2. 高级筛选**

对于简单的筛选条件,可以使用自动筛选很方便地完成,但是,如果筛选条件比较复杂,如有多个筛选条件并且涉及多个列字段,采用自动筛选有时可能需要经过几次筛选才能实现,有些还不能直接用自动筛选实现;而采用高级筛选则可以一次就完成。

高级筛选中涉及 3 个区域:数据区域、条件区域和筛选结果区域。

(1)数据区域表示要筛选的数据列表所在的区域。

(2)条件区域用来表示筛选的条件,是高级筛选的最关键区域,具体的设置方法如下:在工作表中根据条件情况选择若干空行(与原来的数据列表区域之间至少间隔一个空行、一个空列)作为条件区域,然后根据条件在选中区域的首行输入列名称,并在对应的列名称下方输入筛选条件即可。在输入条件时应该注意如下事项:

- 具有【逻辑与】关系的条件出现在同一行;
- 具有【逻辑或】关系的条件不能出现在同一行;
- 条件区域的内容格式必须与源数据列表中的内容格式完全一致,列名称必须与源数据列表中的列名称完全一致;
- 如果是空白单元格,表示允许任意值。

(3) 筛选结果区域用来存放筛选结果。默认状况下,在原来的数据区域显示筛选结果,也可以将筛选结果复制到其他区域。

【例 4.6】 对图 4-83 中的数据列表,使用条件筛选筛选出【日】为【02】、【科目名称】为【低值易耗品】,或者【金额】大于【200】的数据记录。

具体操作过程如下。

① 设置条件区域,如图 4-89 所示,注意条件区域的格式必须与源数据区的格式一致;如出现空白行,则所有的数据都满足条件。

② 单击数据区域中的任意单元格,鼠标左键单击【数据】选项卡【排序和筛选】组的【高级】选项,出现【高级筛选】对话框,如图 4-90【高级筛选】对话框。

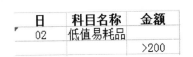

图 4-89　自动筛选条件区域设置　　　　图 4-90　【高级筛选】对话框

该对话框中各项的具体含义如下。

- 方式:此项有两个选项,【在原有区域显示筛选结果】和【将筛选结果复制到其他位置】。如果选择第一个,则下面的【复制到】为不可用状态,直接在原有区域显示结果;如果选择第二个,则需要在【复制到】对应的文本框中输入新区域的位置,只要输入新区域的第一个单元格即可。
- 列表区域:绝对地址引用筛选的数据区域,可以直接在文本框中输入,也可以直接在数据列表中进行选择。
- 条件区域:绝对地址引用筛选的条件区域。
- 复制到:存放筛选后数据的新区域位置。

③ 在【高级筛选】对话框中设置完成后,鼠标左键单击【确定】按钮,结果如图 4-91 所示。

如果要取消高级筛选,直接鼠标左键单击【数据】选项卡【排序和筛选】组的【筛选】选项,则显示所有的数据。

| 16 | 月 | 日 | 科目编号 | 科目名称 | 金额 |
|---|---|---|---|---|---|
| 17 | 11 | 01 | 410529 | 交通工具费 | 205.00 |
| 18 | 12 | 02 | 410529 | 交通工具费 | 881.00 |
| 19 | 07 | 02 | 410529 | 低值易耗品 | 473.00 |
| 20 | 12 | 02 | 410529 | 低值易耗品 | 15.00 |
| 21 | 12 | 02 | 410513 | 低值易耗品 | 569.80 |

图 4-91　高级筛选后的数据

### 4.6.3　分类汇总

分类汇总，就是将数据先进行分类，再把数据按类进行汇总分析处理。对数据分类的实质就是对数据按分类字段进行排序；而对数据汇总实质上就是对一个类别的数据进行统计，如求和、求平均值、计数等。

分类汇总是通过使用 SUBTOTAL 函数和汇总函数（如 Sum、Count 和 Average）一起计算得到汇总结果，可以为每列设置多个汇总函数类型。总计是由明细数据派生的，明细数据是在分类汇总和工作表分级显示中的分类汇总行或列。使用 Excel 的【分类汇总】功能，并不需要创建公式，Excel 会自动创建公式、插入分类汇总行，还可以以分级的形式显示明细数据。例如，对图 4-83 中的数据，如果按照【科目名称】进行分类，然后再分别计算每个科目的总金额、平均金额等，这就需要利用分类汇总的方法，其中【科目名称】为分类字段，金额为汇总项，求和、求平均值等称为汇总方式。

分类汇总前，数据区域要满足以下 3 个条件：

（1）数据区域在工作表中包含两个或者多个单元格（可以相邻或者不相邻）。

（2）进行分类汇总计算的每个列的第一行都具有一个标签，每个列中都包含类似的数据，并且该区域不包含任何空白行或空白列。

（3）对分组的数据要先排序。

【例 4.7】　对图 4-83 中的数据，分别计算每个科目的总金额。

具体操作过程如下。

① 按照分类字段【科目名称】对数据列表排序。

② 执行【数据】选项卡【分级显示】组的【分类汇总】选项，出现【分类汇总】对话框，如图 4-92 所示。

在【分类汇总】对话框中进行如下的设置：

- 鼠标左键单击【分类字段】下拉列表框，选择【科目名称】选项；
- 鼠标左键单击【汇总方式】下拉列表框，选择【求和】选项；
- 在【选定汇总项】选项的列表框中选择【金额】选项；
- 最下面的【替换当前分类汇总】、【每组数组分页】、【汇总结果显示在数据下面】是对分类汇总的显示格式进行设置，这里选取默认的第一个和第三个，如果选中【每组数据分页】，则每一组数据会以一页显示。

注意：【分类字段】和【选定汇总项】为 Excel 根据数据列表生成；【汇总方式】有求和、计数、平均值、最大值、最小值等，根据实际情况进行选择。

③ 鼠标左键单击【确定】按钮，完成分类汇总，结果如图 4-93 所示。

图 4-92　【分类汇总】对话框

图 4-93　分类汇总后的结果

从图 4-93 中可以看出，分类汇总的结果按照三级显示，可以通过鼠标左键单击分级显示区上面的 3 个按钮进行控制。鼠标左键单击【1】，只显示数据列表中的列标题和总的汇总结果；鼠标左键单击【2】，显示列标题和各个分类汇总结果和总的汇总结果；鼠标左键单击【3】，显示数据列表的全部数据和所有的汇总结果。同时，在数据列表的左侧，有【＋】（显示明细数据符号）和【－】（隐藏明细数据符号）。【＋】表示该层明细数据没有展开，鼠标左键单击【＋】可以显示明细数据，同时，【＋】变成【－】；鼠标左键单击【－】可隐藏该层所指定的明细数据，同时，【－】变成【＋】。或者执行【数据】选项卡【分级显示】组的【显示明细数据】和【隐藏明细数据】选项来实现显示或者隐藏数据。

如果要清除分类汇总，执行【数据】选项卡【分级显示】组的【分类汇总】选项，在出现的【分类汇总】对话框中，使用鼠标左键单击【全部删除】按钮即可。

如果需要在已经进行过分类汇总的数据列表的基础上再进行一次分类汇总（即嵌套分类汇总），例如，需要在上例的基础上，再按照【月】字段对金额进行汇总，操作过程与上面过程一样，但是有以下几点需要注意：

（1）第① 步排序时，按照【科目名称】为主关键字，【月】为次关键字排序；

（2）执行完上面的 3 个步骤后（也就是完成第一层的分类汇总后），再执行第② 步，在设置【分类汇总】对话框时，【分类字段】选择为列，特别要注意此时【替换当前分类汇总】不要选中。

在 Excel 中，可以嵌套多层的分类汇总，每多嵌套一层，分类汇总后显示的结果也多一级。

## 4.6.4　数据透视表

虽然分类汇总可以对多个列标题进行，但是这样会降低数据表的可读性，这时就可以利用数据透视表来帮忙。数据透视表是一种对大量数据快速汇总和建立交叉列表的交互式动态表格，能帮助用户更好的分析和组织数据。对一个数据列表，建好数据透视表后，可以对数据透视表进行重排，便于从不同的角度查看数据。

### 1. 数据透视表

【例 4.8】　对图 4-94 中的数据，先按照【加油站】进行分类，然后按照销售方式分别统计每一种【油品名称】的总金额。

主要操作过程如下。

① 单击数据列表中的任意一个单元格。

② 执行【插入】选项卡【表格】组的【数据透视表】选项,显示【创建数据透视表】对话框,如图 4-95 所示。

图 4-94  数据透视表原始数据

图 4-95  【创建数据透视表】对话框

在【创建数据透视表】对话框中,选择要分析的数据和放置数据透视表的位置。其中,【请选择要分析的数据】下,可以【选择一个表或区域】或者选择【使用外部数据源】;【选择放置数据透视表的位置】可以选择【新工作表】(插入一张新工作表)或者是【现有工作表】(需指定在现有工作表中放置数据透视表的单元格区域的第一个单元格),然后单击【确定】按钮,出现空数据透视表。Excel 会显示数据透视表字段列表,便于用户添加字段、创建布局和自定义数据透视表。

创建空数据透视表后,选中数据透视表的任意区域,在功能区显示【数据透视表工具】,包括【选项】和【设计】选项卡,可以对于数据透视表进行编辑和格式化。

默认建立的数据透视表名称为【数据透视表 1】,可以在【数据透视表工具】、【选项】选项卡【数据透视表】组的【数据透视表名称】选项中修改名称。

在图 4-96 的右侧【选择要添加到报表的字段】列表框中,会获取数据区域中给所有的字段名称,用于设置字段节和区域节的不同布局方式,区域节主要有以下选项。

- 报表筛选:此标志区域中的字段作为数据透视表的分页符。
- 行标签:此标志区域中的字段作为数据透视表的行字段。
- 列标签:此标志区域中的字段作为数据透视表的列字段。
- 数值:此标志区域中的字段作为数据透视表的用于汇总的数据。

根据题目的要求,这里分别将该【选择要添加到报表的字段】的【加油站】字段拖动到【报表筛选】,将【油品名称】字段按钮拖动到【行标签】,将【销售方式】字段按钮拖动到【列标签】,将【金额】字段按钮拖动到【数值】,也可以选中需要添加的字段,单击鼠标右键,在弹出的右键快捷菜单中选择字段要添加的区域。选择完成后,【数据透视表】区域就是生成相应的数据透视表,如图 4-96 所示。

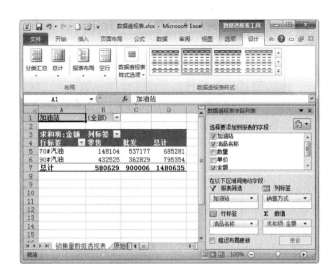

图 4-96　数据透视表

对添加错误或者不需要的字段,可以直接选中字段后,单击鼠标左键,在出现的下拉列表框中选择【删除字段】选项即可,也可以在下拉列表框中选择其他功能,对字段进行操作。

如果需要删除数据透视表,先选中数据透视表中的任意位置,然后选择【数据透视表工具】、【选项】选项卡【操作】组【选择】选项下的【整个数据透视表】选项,选中整个数据透视表后,按【Delete】键即可删除数据透视表,建立数据透视表的源数据保持不变,数据透视表所在的工作环境也不被删除。

**2. 数据透视图**

数据透视图提供数据透视表中的数据的图形表示形式,这时的数据透视表称为相关联的数据透视表(相关联的数据透视表:为数据透视图提供源数据的数据透视表。在新建数据透视图时,将自动创建数据透视表。如果更改其中一个报表的布局,另外一个报表也随之更改)。与数据透视表一样,数据透视图报表也是交互式的。创建数据透视图报表时,数据透视图报表筛选将显示在图表区(图表区:整个图表及其全部元素)中,以便排序和筛选数据透视图报表的基本数据。相关联的数据透视表中的任何字段布局更改和数据更改将立即在数据透视图报表中反映出来。

创建数据透视图的方法与创建数据透视表方法相同,执行【插入】选项卡【表格】组【数据透视表】下拉列表中的【数据透视图】选项,出现【创建数据透视表即数据透视图】对话框,具体设置与前面相同,完成后即生成如图 4-97 所示的数据透视图。

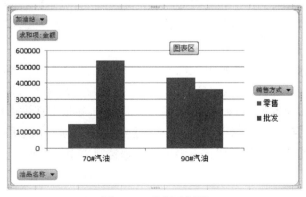

图 4-97　数据透视图

选中【数据透视图】后,出现【数据透视图工具】,主要包括【设计】、【布局】、【格式】和【分析】4 个选项。

与标准图表一样,数据透视图报表显示数据系列、类别、数据标记、坐标轴等,可以更改图表类型及其他选项,如标题、图例、位置、数据标签、图表位置等,与一般图表相同。但是,数据透视表中的分类字段可以进行筛选,如图 4-97 中的【加油站】、【油品名称】和【销售方式】都有下拉列表,鼠标左键单击打开下拉列表后可以按值进行筛选,筛选的条件改变后,数据透视图也会发生改变。

### 3. 切片器

在 Microsoft Excel 2010 中,可以使用切片器来筛选数据透视表数据。除了快速筛选之外,切片器还会指示当前筛选状态,从而便于轻松、准确地了解已筛选的数据透视表中所显示的内容。

单击要创建切片器的数据透视表中的任意位置,在功能区选择【数据透视表工具】的【选项】选项卡【排序和筛选】组的【插入切片器】选项,弹出【插入切片器】对话框,如图 4-98 所示,选中需要创建切片器的数据透视表字段的复选框,如选中【加油站】和【油品名称】复选框,单击【确定】按钮,就为选中的每一个字段显示一个切片器,如图 4-99 所示。

 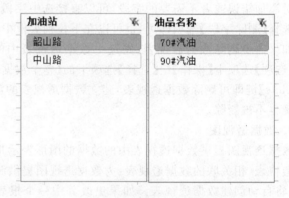

图 4-98 【插入切片器】对话框　　　　　图 4-99 【加油站】和【油品名称】切片器

创建切片器后,在【加油站】的切片器中选中【中山路】选项,在【油品名称】的切片器中选择【70＃汽油】选项和【90＃汽油】选项,就得到【中山路 70＃汽油和 90＃汽油】销售情况的数据透视表,如图 4-100 所示。

如果要清除筛选,可以单击【切片器】对话框右上角的【清除筛选器】按钮或者同时按住【Alt】＋【C】。

如果要设置切片器的格式,单击要设置格式的切片器,将显示【切片器工具】,同时出现【选项】选项卡;在【选项】选项卡上的【切片器样式】组中,单击所需的样式,如果要查看所有可用的样式,鼠标左键单击【其他】按钮▼即可。

如果不再需要某切片器,可以断开它与数据透视表的连接。单击要断开与切片器连接的数据透视表中的任意位置,再选择【选项】选项卡【排序和筛选】组【插入切片器】选项中的【切片器连接】选项,弹出【切片器连接】对话框,如图 4-101 所示,在该对话框中取消断开与切片器连接的任何数据透视表字段的复选框,再单击【确定】按钮,即可断开该字段与切片器的连接。断开连接后,再对这个切片器进行操作将不会影响数据透视表中的数据。

图 4-100　使用切片器筛选数据　　　　　图 4-101　【切片器连接】对话框

如果不需要某个切片器,可以将其删除。可以单击切片器,然后按【Delete】键;或者右键单击切片器,然后单击【删除〈切片器名称〉】,均可实现删除切片器。

### 4.6.5　数据有效性设置

数据有效性设置指对一个或者多个单元格中输入的数据类型和范围预先进行设置,保证输入的数据在有效的范围内,同时还可以设置输入提示信息、出错警告等。

【例 4.9】　将 B2:F12 的数据范围设置为 0~100 的整数,输入提示信息为【成绩,范围为 0~100 的整数】,出错提示信息为【输入的数据不在有效的范围内,请重新输入】。

具体的操作过程如下。

(1) 选定需要设置的区域 B2:F12。

(2) 执行【数据】选项卡【数据工具】组的【数据有效性】选项,在弹出的下拉菜单中选择【数据有效性】选项,出现【数据有效性】对话框,如图 4-102 所示。

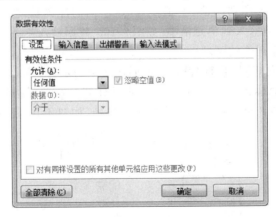

图 4-102　【数据有效性】对话框

(3) 在【数据有效性】对话框中,选中【设置】选项卡,进行如下的设置:【允许】下拉列表中选择【整数】,【数据】下拉列表中选择【介于】,【最小值】框中输入 0,【最大值】框中输入 100(【最小值】和【最大值】也可以引用单元格中的内容)。

(4) 在【数据有效性】对话框中,选中【输入信息】选项卡,进行如下的设置:【标题】框中输入【成绩】,【输入信息】框中输入【范围为 0~100 的整数】。

(5) 在【数据有效性】对话框中,选中【出错警告】选项卡,进行如下的设置:在【样式】下拉框中选择【停止】,【标题】框中输入【错误】,【错误信息框】中输入【输入的数据不在有效的范围内,请重新输入】。

(6) 鼠标左键单击【确定】按钮,完成对数据有效性的设置。

设置了有效性后,选中 B2:F12 中的任意一个单元格时,屏幕上都会出现提示信息,如图 4-103 所示。如果输入的数据不在指定的范围内,如输入了 101,屏幕上会出现【错误】对话框,显示错误信息,如图 4-104 所示。

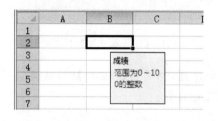

图 4-103　输入提示

图 4-104　数据有效性的提示信息和错误信息

实际处理时,有时候输入的数据需要从几个选项中进行选择,例如,采取 5 分制评价学生成绩,成绩有 5 种状态:优秀、良好、中、合格、不合格。这种状况下,也可以通过设置数据有效性来完成。

【例 4.10】　学生总体评价采取 5 分制,为学生总体评价区域(G2:F12)设置数据的输入帮手。

具体操作过程如下。

(1) 选定需要设置的区域 G2:F12。

(2) 执行【数据】选项卡【数据工具】组的【数据有效性】选项,在弹出的下拉列表中选择【数据有效性】选项,出现【数据有效性】对话框,如图 4-102 所示。

(3) 在【数据有效性】对话框中,选中【设置】选项卡,进行如下的设置:【允许】下拉框中选择【序列】,【来源】框中输入序列的值(手工输入时,不同的序列值之间用英文状态下的【,】隔开),也可以先将序列的值输入到单元格中(如图 4-105 数据输入帮手设置中的 I2:I6),然后运用【引用】按钮,引用序列值的区域。

(4) 【输入信息】与【出错信息】的设置与前面例题中的步骤(4)、(5)一致。

设置完成后,选择总体评价区域(G2:F12)中的任意一个单元格时,该单元格的右侧会出现下拉按钮,通过下拉按钮可以在下拉列表中进行选择,如图 4-105 所示。

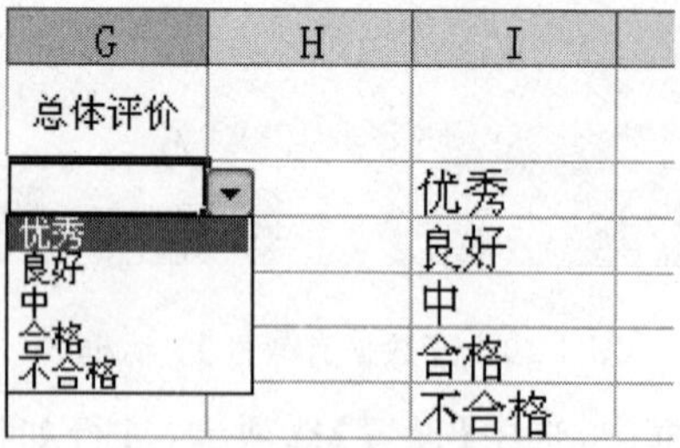

图 4-105　数据输入帮手设置

通过设置数据输入帮手,可以减少人工输入的错误,节省数据输入的时间,但这只适用于数据是少量的固定值。

Excel 中,如果没有进行有效性设置,则默认为【任何值】。用户还可以使用小数、日期、时间、文本长度、自定义(使用公式计算有效性)来设置数据的有效性,具体的操作方法与以上两个例题类似。

### 4.6.6 合并计算

如果要汇总和报告多个不同工作表中数据的结果，可以将每个工作表中的数据合并到一个工作表(或主工作表)中。合并后的工作表可以与主工作表位于同一工作簿中，也可以位于其他工作簿中。例如，如果有一个用于每个地区办事处开支数据的工作表，则可使用数据合并将这些开支数据合并到公司的开支工作表中。这个主工作表中可以包含整个企业的销售总额和平均值、当前的库存水平和销售额最高的产品等信息。

数据合并主要包括按位置进行合并计算和按分类进行合并计算。

当多个源区域中的数据是按照相同的顺序排列并使用相同的行和列标签时，可以使用按位置进行合并计算。例如，一系列从同一个模板创建的开支工作表。

当多个源区域中的数据以不同的方式排列，但却使用相同的行和列标签时，则使用按分类进行合并计算。例如，每个月生成布局相同的一系列库存工作表，但每个工作表包含不同的项目或不同数量的项目，此时，就应该使用按分类进行合并计算。

在包含要对其进行合并计算的数据的每个工作表中，通过执行下列操作设置数据。

(1) 每个数据区域都采用列表格式：每列的第一行都有一个标签，列中包含相应的数据，并且列表中没有空白的行或列。

(2) 将每个区域分别置于单独的工作表中(或者放在同一个工作表中，但是要以空白行和空白列进行间隔)，不要将任何区域放在需要放置合并结果的工作表中。

(3) 每个区域都具有相同的布局。

**【例 4.11】** 对图 4-106 和图 4-107 中学生两个学期的成绩求平均值。

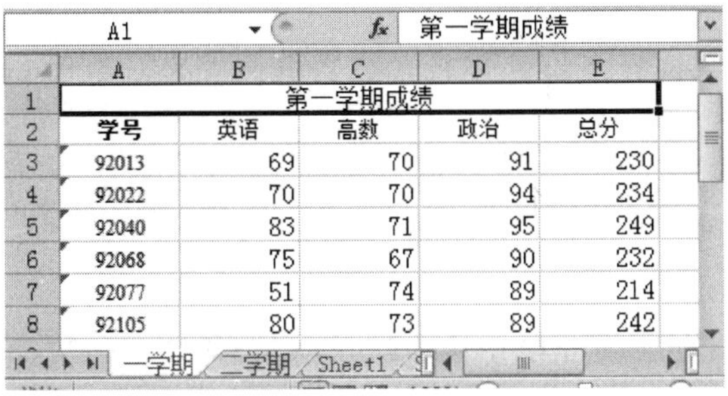

| 第一学期成绩 | | | | |
|---|---|---|---|---|
| 学号 | 英语 | 高数 | 政治 | 总分 |
| 92013 | 69 | 70 | 91 | 230 |
| 92022 | 70 | 70 | 94 | 234 |
| 92040 | 83 | 71 | 95 | 249 |
| 92068 | 75 | 67 | 90 | 232 |
| 92077 | 51 | 74 | 89 | 214 |
| 92105 | 80 | 73 | 89 | 242 |

图 4-106　第一学期成绩

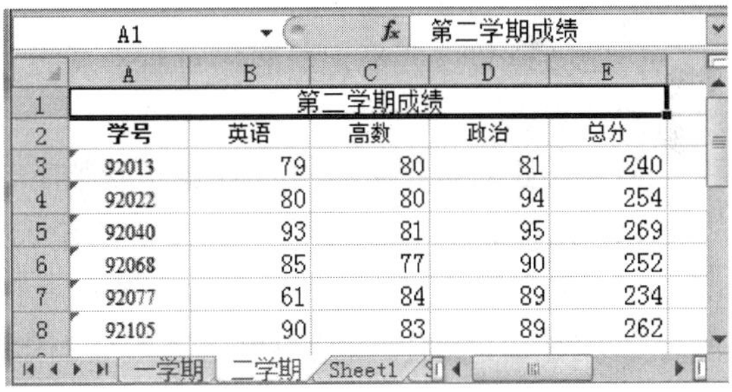

| 第二学期成绩 | | | | |
|---|---|---|---|---|
| 学号 | 英语 | 高数 | 政治 | 总分 |
| 92013 | 79 | 80 | 81 | 240 |
| 92022 | 80 | 80 | 94 | 254 |
| 92040 | 93 | 81 | 95 | 269 |
| 92068 | 85 | 77 | 90 | 252 |
| 92077 | 61 | 84 | 89 | 234 |
| 92105 | 90 | 83 | 89 | 262 |

图 4-107　第二学期成绩

① 选择需要存放合并结果的工作表，在要显示合并结果数据的单元格区域中，单击左上方的单元格。为避免原有数据被覆盖，确保在此单元格的右侧和下面为合并后的数据留出足够多的空白单元格。

② 执行在【数据】选项卡【数据工具】组的【合并计算】选项，打开合并计算对话框，如图 4-108 所示。

在【合并计算】的【函数】下拉列表中，选择用来对数据进行合并计算的汇总函数。汇总函数主要用于在数据透视表或合并计算表中合并源数据，或在列表或数据库中插入自动分类汇总，如求和、计数、平均值等。

如果包含要对其进行合并计算的数据的工作表位于另一个工作簿中，单击【浏览】找到该工作簿,然后单击【确定】选项,将工作簿路径添加到【引用位置】;在工作簿路径后面的感叹号后输入引用区域的地址。

如果包含要对其进行合并计算的数据的工作表位于当前工作簿中,则在【引用位置】文本框中输入引用位置的地址,如图 4-108 所示;在【合并计算】对话框中,单击【添加】选项,就可以添加所需的所有区域。添加后的区域在【所有引用位置】列表框中显示。对于不需要的引用位置,可以选中后鼠标左键单击【删除】按钮即可。

选择标签位置,如果选中【首行】则显示首行数据,选中【最左列】则显示最左列数据,否则不显示。

如果设置合并计算,以便它能够在另一个工作表中的源数据发生变化时自动进行更新,则在【合并计算】对话框中选中【创建指向源数据的链接】复选框。一旦选中此复选框,则不能再更改合并计算中包括的单元格和区域。若要设置合并计算,以便可以通过更改合并计算中包括的单元格和区域来手动更新合并计算,则取消选择【创建指向源数据的链接】复选框。

设置完成后,鼠标左键单击【确定】按钮,即完成合并计算,结果如图 4-109 所示。

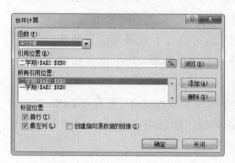

图 4-108 【合并计算】对话框                图 4-109 合并计算后的结果

除了按位置或按类别对数据进行合并计算之外,还可以使用公式或数据透视表对数据进行合并计算。

使用公式对数据进行合并计算步骤如下。

(1)在存放结果的工作表上,复制或输入要用于合并数据的列或行标签。

(2)单击用来存放合并计算数据的单元格。

(3)键入一个公式,其中包括对每个工作表上源单元格的引用,或包含要合并计算的数据的三维引用。

(4)按照公式复制的方法,对其他存放结果的单元格输入公式。

注意,如果将工作簿设置为自动计算公式,则在引用的工作表中的数据改变时,总是会自动更新通过公式进行的合并计算。

# 4.7 工作表的其他操作

本节主要介绍工作表的打印和保护数据操作。

## 4.7.1　设置打印区域和分页

**1.设置工作表打印区域**

设置工作表打印区域可以将选定的工作表区域定义为打印区域。设置时,先选定要打印的区域,单击【页面布局】选项卡【页面设置】组【打印区域】下拉列表中的【设置打印区域】选项,如图 4-110 所示,选择区域周围的边框上出现了虚线,表示打印区域设置完成。打印时,只打印被选中的区域,并且工作表被保存后再重新打开时,打印区域仍然有效。

图 4-110　设置打印区域

如果要更改打印区域,可重新选择区域,再使用【设置打印区域】;若取消已设置的打印区域,可选中区域后,选择【打印区域】选项的【取消打印区域】选项完成。

**2. 分页**

分页包括自动分页和人工分页。打印区域较大时,Excel 会自动进行分页,用户也可以根据需要进行人工分页,可以通过手动插入分页符的方法来实现人工分页;移动自动分页的分页符可以将其设置为手动设置的分页符。

（1）插入分页符

手动分页通过插入分页符的方法来实现,包括水平分页和垂直分页。

选择待分页设置的工作表,执行【视图】选项卡【工作簿视图】组的【分页预览】选项;或者鼠标左键单击状态栏的【分页预览】按钮,即可插入分页符。

若要插入水平分页符,选择要在其上方插入分页符的那一行;若要插入垂直分页符,选择要在其左侧插入分页符的那一列;若要插入水平垂直分页符,选中要在其上面和左边插入分页符的单元格,然后选择【页面布局】选项卡【页面设置】组【分隔符】下拉列表中的【插入分页符】选项,就可以插入分页符,如图 4-111 所示。

（2）删除分页符

若要删除手动插入的分页符,先选择要修改的工作表,再选择【视图】选项卡【工作簿视图】组的【分页预览】选项;若要删除垂直分页符,选择位于要删除的分页符右侧的那一列;若要删除水平分页符,选择位于要删除的分页符下方的那一行;若要删除水平垂直分页符,选中水平垂直分页符右下侧的单元格,再执行【页面布局】选项卡【页面设置】组【分隔符】下拉列表的【删除分页符】选项即可。

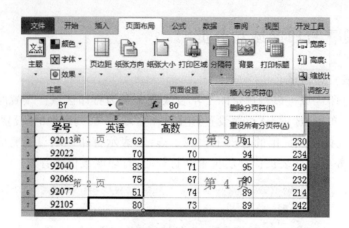

图 4-111　垂直水平分页符

也可以通过【页面布局】选项卡【页面设置】组【分隔符】下拉列表的【重设所有分页符】选项，删除所有的手动插入的分页符。

## 4.7.2　页面设置和打印

对于建立好的工作表，可以根据实际需要将其打印出来，在打印之前，需要对工作表进行一些必要的设置，如设置页面、添加页眉页脚等，也可以预览打印的效果。

### 1. 页面布局视图

单击【视图】选项卡【工作簿视图】组的【页面布局】选项，如图 4-112 所示，可以快速在【页面布局】视图中对工作表进行微调。在此视图中，可以在打印的页面环境中查看数据，快速添加或更改页眉页脚、隐藏或显示行列标题、更改数据的布局和格式、使用标尺调节行的高度和列的宽度、设置页边距等。

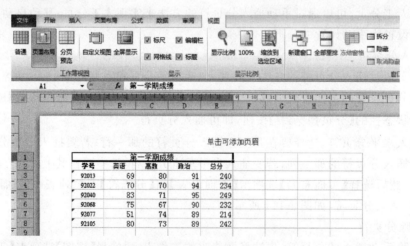

图 4-112　【页面布局】视图

### 2. 页面设置

在【页面布局】选项卡的【页面设置】组中，可以对页边距、纸张方向、纸张大小、打印区域、分隔符、背景、打印标题等进行设置。还可以单击【页面设置】按钮，在弹出的【页面设置】对话框中进行设计,该对话框中包含【页面】选项卡(如图 4-113 所示)、【页边距】选项卡(如图 4-114 所示)、【页眉/页脚】选项卡(如图 4-115 所示)和【工作表】选项卡(如图 4-116 所示)共 4 个选项卡。

【页面】选项卡(如图 4-113)用于设置【方向】、【缩放】、【纸张大小】、【打印质量】和【起始页码】。

- 【方向】:包括【纵向】和【横向】,与 Word 相似。
- 【缩放】:用于放大或者缩小打印工作表,其中【缩放比例】的范围是 10%～400%,【调整为】表示把工作表拆分为几部分打印,如调整为 3 页宽,2 页高表示水平方向分为 3 部分,垂直方向分为 2 部分,共 6 页打印。
- 【纸张大小】:在下拉列表框中选择纸张大小。
- 【打印质量】:表示每英寸打印多少点,每英寸的点数越大,打印质量越好。
- 【起始页码】:输入打印页码的首页,默认为【自动】,表示从第一页或者接上一页开始打印。

【页边距】选项卡(如图 4-114)用于设置打印数据在所选纸张的上、下、左、右留出的空白尺寸,与 Word 相似。设置页眉和页脚距上下两边的距离时,通常该距离应该小于上下空白尺寸,否则会与正文重合。打印数据在纸张的居中方式有【水平】和【垂直】两种,默认为靠上靠左对齐。

图 4-113　【页面】选项卡

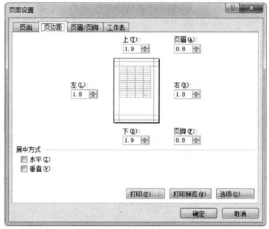

图 4-114　【页边距】选项卡

在【页眉/页脚】选项卡(如图 4-115)中,提供了许多预定义的页眉、页脚格式,只需要利用鼠标左键单击【页眉】或者【页脚】对应的下拉列表框,就可以显示所有预定义的格式,在其中选择合适的页眉或页脚;如果不满意,还可以使用【自定义页眉】或者【自定义页脚】来进行设置。【自定义页眉】或者【自定义页脚】时,将页眉区域或者页脚区域分成了左、中、右三个部分,用户可以在这三部分分别输入信息,还可以对于输入的信息进行格式设置,如图 4-117 所示。

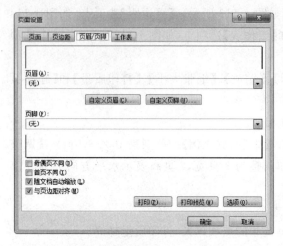
图 4-115 【页眉/页脚】选项卡

图 4-116 【工作表】选项卡

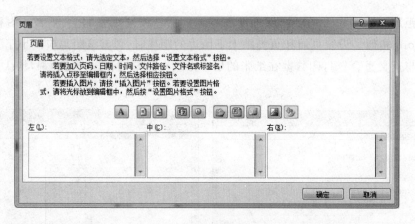
图 4-117 【页眉】对话框

在【工作表】选项卡(如图 4-116)中可以设置打印区域、打印标题、打印、打印顺序等,其中某些选项的功能如下。

· 【打印区域】:用于选择当前工作表中需要打印的区域,可以只打印工作表中的部分内容。

· 【打印标题】:用来设置需要重复打印的内容,实现每一页中都有相同的行或者列作为表格标题。其中【顶端标题行】设置打印区域各个分页的上端的行标题,【左端标题列】设置打印区域各个分页的左端的列标题。

· 【网格线】:选中后指定工作表带表格线输出;否则,只输出工作表数据,不输出表格线。

· 【单色打印】:将彩色格式打印机设置为黑白打印时,选择此选项,此时可以减少打印时间。

· 【草稿品质】:选中该选项,可以加快打印速度,但是会降低打印质量。

· 【行号列标】:选中后打印输出时会显示行号列标,默认不输出。

· 【批注】:用于选择是否打印批注及打印的位置。

· 【错误单元格打印为】:用于选择错误单元格的打印效果。

· 【打印顺序】:用于设置将工作表分成多页打印时的打印顺序。

**3. 预览和打印**

选择【文件】选项卡的【打印】选项，可以设置打印份数、选择打印机、打印范围、纸张、边距等，在右侧可以预览页面，如果满足打印条件，鼠标左键单击【打印】按钮即可。

## 4.7.3　保护数据

Excel 的数据保护功能可以实现保护数据不被其他人访问或者非法修改，可以对工作簿、工作表和单元格进行保护。

**1. 保护工作簿**

工作簿的保护包括两个方面：保护工作簿不被非法访问和保护工作簿中的结构和窗口。

（1）保护工作簿不被非法访问

保护工作簿不被非法访问主要通过设置打开和修改权限密码来实现，方法如下。

① 打开要保护的工作簿。

② 执行【文件】选项卡的【另存为】命令，在出现的【另存为】的对话框中选择【工具】下拉列表中的【常规选项】，出现【常规选项】对话框，如图 4-118 所示。

在【常规选项】对话框中可以设置以下两个密码。

- 打开权限密码：设置该密码后，打开工作簿时，会出现【确认密码】对话框，只有输入正确的密码才能打开工作簿。
- 修改权限密码：设置该密码后，打开工作簿时，会出现【确认密码】对话框，只有输入正确的密码后，才能修改工作簿；否则，工作簿以只读方式打开。

输入密码完成后，鼠标左键单击【确定】出现【确认密码】对话框，需要将密码再次输入一次，用于确认；再次确认后，返回【另存为】对话框。

注意，输入的密码是区分大小写的；如果同时设置了打开和修改权限密码，则再次确认密码时，会出现两次【确认密码】对话框，分别对应打开权限密码和修改权限密码。

③ 鼠标左键单击【保存】按钮，完成密码设置。

（2）保护工作簿中的结构和窗口

执行【文件】选项卡【信息】选项中【保护工作簿】的下拉菜单中的【保护工作簿结构】；或者执行【审阅】选项卡【更改】组的【保护工作簿】选项，弹出如图 4-119 所示的【保护结构和窗口】对话框。

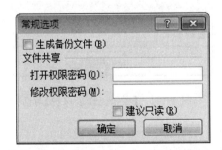

图 4-118　【常规选项】对话框

图 4-119　【保护结构和窗口】对话框

该对话框中包括以下两个复选项。

- 结构：选中该项，工作簿中的工作表不能进行移动、插入、删除等操作。

- 窗口：选中该项，工作簿窗口不能进行移动、缩放、隐藏等操作，这样，每次打开工作簿时都保持工作簿窗口的固定位置和大小。

修改密码和删除密码都是按照上面的步骤进行；只是修改密码时，在【常规选项】对话框中输入新的密码后再确认；删除密码时，在【常规选项】对话框中将原来的密码删除。

在进行上面的保护工作簿操作过程中，密码是可选的，用户根据实际情况确定是否需要密码。如果选择了密码，则执行【撤销工作簿保护】命令时也需要输入密码。

**2. 保护工作表**

保护工作表是指对工作簿中的某张工作表进行保护，方法是先确保待保护的工作表为当前工作表，然后执行【开始】选项卡【单元格】组的【格式】选项，在其下拉列表中选择【保护工作表】选项；或执行【文件】选项卡的【信息】选项中【保护工作簿】下拉列表中的【保护当前工作表】选项；或执行【审阅】选项卡【更改】组的【保护工作表】选项，出现【保护工作表】对话框，如图 4-120 所示。

在【保护工作表】对话框中选中【保护工作表及锁定的单元格内容】后，该对话框下面的【确定】按钮变为可用状态。此时，用户可以设置【取消工作表保护时使用的密码】和选择【允许此工作表的所有用户进行】的操作。设置完成后，鼠标左键单击【确定】按钮，就可以完成对工作表的保护。工作表被保护后，部分改变工作表的功能就会被禁用。

对工作表进行了保护设置后，执行【开始】选项卡【单元格】组的【格式】选项，在其下拉列表中选择【撤销工作表保护】选项；或执行【文件】选项卡的【信息】选项中【保护工作簿】下拉列表中的【保护当前工作表】选项；或执行【审阅】选项卡【更改】组的【撤销工作表保护】选项，弹出【撤销工作表保护】对话框（如图 4-121 所示），输入设置的密码就可以撤销对于工作表的保护。

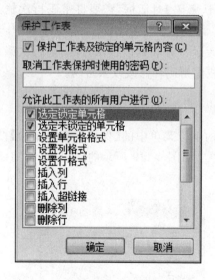

图 4-120 【保护工作表】对话框

图 4-121 【撤销工作表保护】对话框

**3. 保护单元格**

保护工作表时，工作表中的所有单元格都处于保护状态，称为【锁定】，因此，对单元格进行保护，实质上是对某些单元格设定或取消锁定，然后再对这个工作表进行保护。保护单元格时先使工作表处于非保护状态，然后选择要取消锁定的单元格区域，再单击鼠标右键，在弹出的右键快捷菜单中，选择【设置单元格格式】按钮，在弹出的【设置单元格格式】对话框的【保护】选项卡进行设置即可。该对话框中有两个复选框,【锁定】和【隐藏】,对于这两个操作,只有在工作表被保护时,锁定单元格或隐藏公式才有效。

### 4.7.4　超链接

超链接主要是在 Excel 单元格中建立直接到其他文件的链接,单击该链接可以打开链接的文件,与 Word 相似,执行【插入】选项卡【链接】组的【超链接】选项就可以打开【插入超链接】对话框,如图 4-122 所示,在该对话框中按照需要进行设置即可。

图 4-122　【插入超链接】对话框

# 本 章 小 结

本章主要介绍了 Excel 2010 的工作环境、基本概念和基本操作,包括工作簿和工作表的基本概念和操作,设置工作表格式,Excel 中函数和公式的应用,图表的创建和修饰,数据的排序、筛选、汇总、数据透视表和数据透视图等数据的统计和分析功能。本章最后还对于 Excel 2010 中的打印区域设置、页面设置、保护数据、超链接等操作进行了介绍。

# 第 5 章　PowerPoint 2010 演示文稿

## 【学习目标】

计算机在人们的生活中占据越来越重要的地位，从学校到工作岗位都离不开办公软件的使用。Microsoft 公司的 Office 办公软件在当今社会中使用最为普遍，其中 PowerPoint 软件可以用来制作演示文稿，用于毕业答辩、方案展示、产品介绍等。本章的学习目标是掌握 PowerPoint 软件的基本操作。

## 【本章重点】

- PowerPoint 2010 的功能、运行环境、启动和退出。
- 演示文稿的创建、打开和保存。
- 演示文稿视图的使用，幻灯片的插入、删除、移动、复制。
- 幻灯片内容的制作，包括版式的应用、文字编排、图片和图表等对象的插入及格式设置。
- 演示文稿的格式化，包括主题的使用、母版的设计、背景的设置等。
- 演示文稿播放效果的设置，包括幻灯片切换效果、动画等。
- 幻灯片的放映及演示文稿的打包、打印、保存并发送等。

## 【本章难点】

- 幻灯片的内容制作及格式化。
- 幻灯片的播放效果的设置。

## 5.1　PowerPoint 2010 概述

### 5.1.1　PowerPoint 2010 的功能

演示文稿可以集文字、图片、音频、视频于一体，做成一个图文并茂的文件，伴随演讲者的演讲手动放映或在展台上自主放映，辅助使用者向观众清楚生动地展示要讲解的内容。演示文稿可用于多媒体课堂教学，项目、方案等的介绍等多种需要进行公开展示或答辩的场合。

PowerPoint 2010 在以前版本的基础上，实现多人协作共同制作演示文稿，对图片、音频、视频提供了更多的处理方式和更多的共享演示文稿的途径。具体内容在下面的章节详细介绍。

## 5.1.2　PowerPoint 2010 中相关名词解释

本节介绍 PowerPoint 2010 中相关的名词,具体如下。

演示文稿:由 PowerPoint 创建的一个文件就称为一个演示文稿,由 PowerPoint 2003 版及以前的 PowerPoint 版本创建的演示文稿的扩展名为 ppt,其之后的版本,包括本章将要介绍的 PowerPoint 2010 创建的演示文稿的扩展名为 pptx。

幻灯片:演示文稿中的每一页称为一张幻灯片,一个演示文稿可包含若干张幻灯片。

主题:PowerPoint 中幻灯片版式、格式、背景、颜色等外观设计效果的集合称为"主题",使用主题可以快速地为演示文稿定义外观效果。

模板:PowerPoint 中"主题"和内容的集合可以定义为"模板",在 PowerPoint 2010 中,模板的扩展名为 potx。使用模板可以快速地创建一个具有内容和外观效果的演示文稿。

幻灯片版式:幻灯片中内容的位置布局称为幻灯片的版式,一般默认的"Office 主题"中有"标题幻灯片""标题和内容""节标题"等 12 个默认可选版式。

占位符:在幻灯片版式中用来表示内容位置的文本框称为"占位符"。

幻灯片的切换方式:幻灯片放映时,当前幻灯片和下一张幻灯片之间的过渡效果。

Backstage 视图:在 PowerPoint 2010 工作环境中,单击【文件】选项卡后,会看到 Microsoft Office Backstage 视图。在 Backstage 视图中,用户可以管理文件及其相关数据,创建、保存、检查隐藏的元数据或个人信息以及设置选项。简而言之,可通过该视图对文件执行所有无法在文件内部完成的操作。图 5-1 所示为 Backstage 视图。

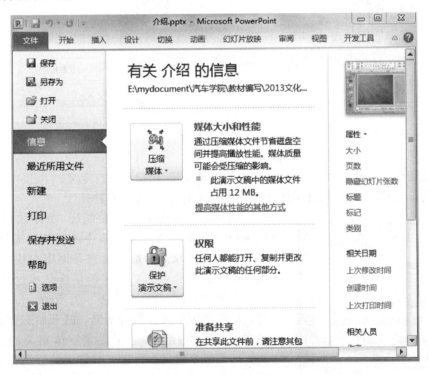

图 5-1　Backstage 视图

### 5.1.3 PowerPoint 2010 的窗口界面

在创建演示文稿之前，首先要了解演示文稿软件的基本功能界面，也就是 Microsoft 公司的 Office 办公软件中的 PowerPoint 2010 软件的工作环境。本书讲解的 PowerPoint 2010 是安装在 Windows 7 操作系统下的。

首先，在操作系统"桌面"上找到 PowerPoint 2010 软件的快捷方式，双击鼠标打开；或者在【开始】菜单的【所有程序】级联菜单中找到【Microsoft Office】文件夹，展开后，单击鼠标打开【Microsoft PowerPoint 2010】选项。图 5-2 所示是 PowerPoint 2010 的工作环境。

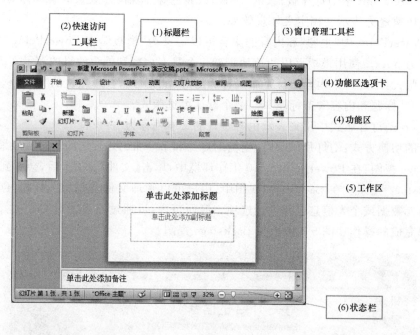

图 5-2 PowerPoint 工作环境

PowerPoint 2010 的工作环境大概分为以下部分。

（1）标题栏：显示演示文稿的文件名。

（2）快速访问工具栏：集合了一些常用的工具按钮，用户可以自定义。

（3）窗口管理工具栏：集合了窗口【最小化】、【最大化】、【关闭】按钮。

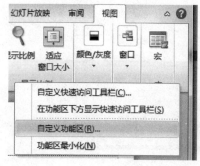

图 5-3 自定义功能区菜单

（4）功能区选项卡与功能区：功能区包含以前在 PowerPoint 2003 及更早版本中的菜单和工具栏上的命令和其他菜单项。功能区旨在帮助用户快速找到完成某任务所需的命令。功能区的切换是通过功能区选项卡来完成的，每个选项卡代表一类活动。每个选项卡所代表的功能区中又分为若干组，如【开始】选项卡的功能区中，有【字体】组，集合了设置字体相关的命令按钮。功能区可以自定义。自定义功能区的方法是：在功能区空白区域单击鼠标右键，在弹出的右键快捷菜单中选择【自定义功能区】选项如图 5-3 所示，弹出【PowerPoint

选项】对话框,在该对话框中可以完成调整选项卡中的组及组中的命令,新建自己的选项卡等操作。

(5)工作区:即 PowerPoint 2010 的视图窗口,PowerPoint 2010 提供了"普通视图""幻灯片浏览""阅读视图""备注页""幻灯片放映"5 种演示文稿视图供用户选择。每种视图以不同的方式展示幻灯片。其中,"普通视图"多用来进行幻灯片内容的编辑,其左侧窗格可以进行幻灯片的选择,"幻灯片浏览"视图多用来进行幻灯片放映方式的设置,"幻灯片放映"视图用来放映幻灯片,"备注页"用来编辑和浏览幻灯片与备注,"阅读视图"用来简单显示幻灯片,并提供【上一页】和【下一页】按钮,效果与"幻灯片放映"视图类似。各个视图的切换可以通过【视图】选项卡的【演示文稿视图】组的各个选项来进行,如图 5-4 所示。也可使用"工作区"下方的"状态栏"中的"视图快捷方式"按钮来进行,如图 5-5 所示。

图 5-4　视图选项卡　　　　　　　　　　图 5-5　状态栏上的视图快捷方式

(6)状态栏:状态栏位于应用程序窗口的最下方,给用户提供当前文档的状态及一些快捷工具按钮。Microsoft Office 系列工具的窗口基本都有状态栏。把鼠标放在状态栏的对应位置等待几秒钟,PowerPoint 就会出现提示状态栏中每一项的具体内容,如图 5-6 所示,状态栏的第一部分显示的是幻灯片的编号等。另外,可以把鼠标定位在状态栏,单击鼠标右键,通过右键快捷菜单,可自定义状态栏,调整在状态栏出现的内容,前面提到的图 5-5【视图快捷方式】的出现与否就可以通过自定义状态栏来调整。

图 5-6　状态栏的幻灯片编号

## 5.2　创建演示文稿

### 5.2.1　创建演示文稿

演示文稿的新建有多种途径可以实现,根据具体的要求不同,可以选择不同的创建方式。单击【文件】选项卡,打开 Backstage 视图,单击【新建】选项,如图 5-7 所示,在右侧的窗口中可以选择各种途径来新建演示文稿。

(1)创建空白演示文稿:在如图 5-7 所示的 Backstage 视图右侧的窗格中,在【可用的模板和主题】中选择【空白演示文稿】,然后单击【创建】按钮,即可创建一个空的演示文稿,演示文稿的标题默认为"演示文稿 1",如果再新建一个,默认标题为"演示文稿 2",以此类推,用阿拉伯数字依次命名。

图 5-7　Backstage 视图中新建功能

(2) 从模板创建：在 PowerPoint 2010 中，允许用户根据已经设计好的模板来新建演示文稿。设计好的模板可以是【最近打开的模板】，也可以是【样本模板】，或者是【我的模板】即用户自定义的模板。在 Backstage 视图下，【新建】选项右侧窗口的【可用的模板和主题】中，用户可以选择某种模板进行新建，例如用户单击了【样本模板】，则界面切换到【样本模板】界面，可以从系统自带的模板中选择一个，单击右侧的【创建】按钮完成新建，可以新建一个"都市相册"模板类型的演示文稿。此外，在【可用的模板和主题】界面中，用户还可以通过"Office.com"获取更多的模板来辅助其创建演示文稿。

(3) 从主题创建：在【可用的模板和主题】的"主页"界面中，用户还可以选择【主题】来新建演示文稿，创建步骤与使用模板创建类似，使用主题创建的演示文稿将具有用户选中的主题风格。

(4) 根据现有内容新建：在【可用的模板和主题】的"主页"界面中，用户还可以选择【根据现有内容新建】来新建演示文稿，这种新建方式要求用户在其计算机文件系统中选择现有的演示文稿的位置，新建的演示文稿将和用户选中的演示文稿一样。

另外，在 Windows 操作系统环境下，用户可在需要创建演示文稿的位置，单击鼠标右键，通过右键快捷菜单创建一个空的演示文稿。

## 5.2.2　幻灯片的基本操作

根据 5.2.1 节内容可以创建一个演示文稿，一个演示文稿中可以包含若干张幻灯片。由若干张设计丰富多彩的幻灯片，才可以创建出一个有意义的演示文稿。所以在设计演示文稿时，幻灯片的插入、移动、删除等操作是必不可少的。

(1) 幻灯片的插入：幻灯片的插入即在演示文稿中新建幻灯片。新建幻灯片有几种方式：
- 根据现有主题的幻灯片版式创建一个具有某种版式的空白幻灯片；
- 复制所选幻灯片；
- 从大纲创建幻灯片；

• 重用幻灯片。

插入幻灯片是通过【开始】选项卡的【幻灯片】组中的【新建幻灯片】选项完成的。如图 5-8 所示，单击【新建幻灯片】旁边的倒三角按钮，在弹出的菜单项中可以选择所要创建的幻灯片的方式。

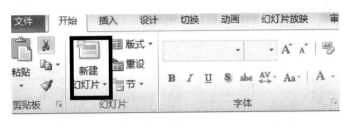

图 5-8　新建幻灯片

如果是创建空白的演示文稿，则演示文稿使用默认的【Office 主题】，用户可以从【新建幻灯片】旁边的倒三角按钮弹出的菜单中【Office 主题】的不同版式里选择需要的版式插入幻灯片，也可以单击【复制所选幻灯片】选项复制选中的幻灯片，或者单击【幻灯片（从大纲）】选项打开选择大纲文件的对话框【插入大纲】，在其中选择一个其内容设置了大纲级别的 Word 文件，如图 5-9 所示，则 Word 文件中的大纲的内容将自动复制到幻灯片中。【重用幻灯片】选项可以打开幻灯片选择任务窗格，如图 5-10 所示，在该窗格中可以浏览要重用的幻灯片文件，并选中要插入的幻灯片插入到当前文件中。

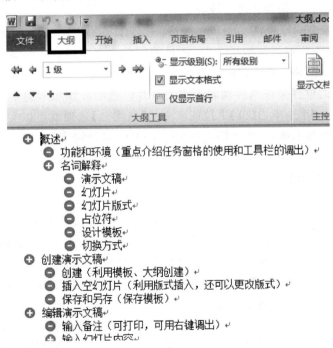

图 5-9　Word 大纲视图

（2）幻灯片的复制、移动、隐藏和删除：普通视图下，在左侧的大纲/幻灯片窗格中，按住鼠标左键选中要移动的幻灯片，拖动到相应位置即可完成移动操作；幻灯片的复制、隐藏、删除都可以借助右键快捷菜单实现。普通视图下，选中要操作的幻灯片，单击鼠标右键，在弹出的右键快捷菜单中，选择相应的命令选项即可。

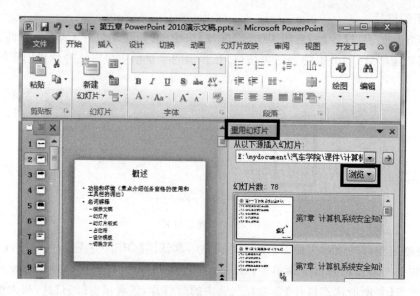

图 5-10 【重用幻灯片】任务窗格

（3）幻灯片版式的设置：为了方便使用者，PowerPoint 2010 的主题自带了包含不同内容占位符的版式设计，默认情况下使用【Office 主题】。如果要更改幻灯片的版式，先选中要更改的幻灯片，然后选择【开始】选项卡的【幻灯片】组中的【版式】选项，弹出可选的主题版式，选中某个版式就把当前幻灯片的版式改为该版式。

（4）使用"节"管理幻灯片：PowerPoint 2010 中增加了"节"管理幻灯片的功能。该功能可以为幻灯片分节，若干张幻灯片组成一节，通过节对包含多张幻灯片的演示文稿管理更加灵活，可以给节设置标题，通过折叠或展开来查看节包含的幻灯片，可以删除节和节中的幻灯片，还可以通过移动节的位置来快速移动若干张幻灯片。选中要添加节的第一张幻灯片，在【开始】选项卡的【幻灯片】组中单击【节】下拉列表中的【新增节】选项就可以实现节的添加。添加节后，选中节，单击鼠标右键，在弹出的右键快捷菜单中，可设置节的属性。

### 5.2.3 保存和另存

图 5-11 保存与另存

新建的演示文稿可以通过【快速访问工具栏】中的【保存】按钮 进行保存，或者通过【文件】选项卡中的【保存】选项进行保存，如图 5-11 所示。新建的演示文稿第一次保存时会弹出【另存为】对话框，可以选择文件的保存路径，设置文件名，并选择文件的保存类型。

建好的演示文稿也可以保存为模板，方便下次使用该文稿创建新的文稿。演示文稿模板的扩展名为 potx，在【文件】选项卡中选择【另存为】选项，在弹出的【另存为】对话框中，【保存类型】选择"PowerPoint 模板（*.potx）"，即可把当前文档保存为模板类型。该模板可供新建演示文稿使用。

# 5.3　编辑演示文稿

## 5.3.1　输入备注内容

为了方便演讲者,演讲者可以在制作幻灯片时,在对应的幻灯片中添加备注页,用来在演讲时打印或播放出来供演讲者参考。

"普通视图"下,在幻灯片区的下方有个备注框,可以直接输入备注内容,如图 5-12 所示;通过【视图】选项卡中的【演示文稿视图】组的【备注页】选项,也可以切换到"备注页"视图,在该视图下可以对备注页进行浏览和编辑。

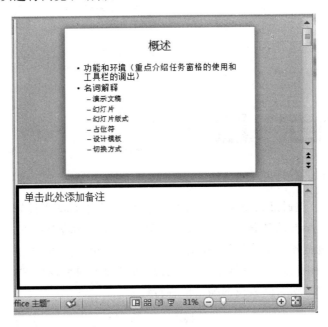

图 5-12　"普通"视图下输入备注

## 5.3.2　编辑文字

### 1. 输入文字

设定好要编辑的幻灯片版式,就可以在幻灯片中相应占位符位置通过键盘输入内容,或者通过右键快捷菜单粘贴从别的地方复制过来的内容。

此外,对于幻灯片中细节内容的编辑和修改,可以通过【替换】命令快速地进行。

例如,在一个演示文稿中,要求把该文稿中存在的"学校"一词全部改为"学院"。若该演示文稿中有几十个这样的词,一个一个修改效率很低,借助【替换】命令则很容易实现。在【开始】选项卡的【编辑】组中单击【替换】选项,弹出如图 5-13 所示的【替换】对话框,可以实现替换操作,功能与 Word 和 Excel 的替换操作类似,此处不再赘述。

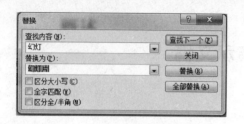

图 5-13 【替换】对话框

## 2. 设置格式

幻灯片中文本格式修改，经常要用到的是字体和段落格式的修改。这两种格式的修改或设置可以通过【开始】选项卡的【字体】组和【段落】组来进行设置。

在【字体】组中，可以通过如图 5-14 所示的功能区的选项对文字设置"字体""字号""加粗""倾斜""下划线""文字阴影"等格式。也可以通过【字体】组右下角的对话框启动器打开【字体】对话框来进行文字的格式设置，如图 5-15 所示，在该对话框中【字体】选项卡中可以设置"上标""下标""字体颜色""下划线线型""下划线颜色"等字体格式；【字符间距】选项卡可以设置字符间距的值。

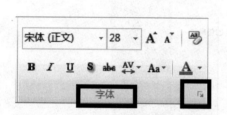

图 5-14 【字体】组及【对话框启动器】

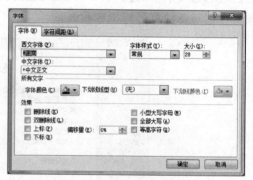

图 5-15 【字体】对话框

在【段落】组中，可以通过如图 5-16 所示的功能区的按钮对文本设置"对齐方式""项目符号""编号""行距""文字方向""分栏"等格式。也可以通过【段落】组右下角的对话框启动器打开【段落】对话框来进行段落格式设置，如图 5-17 所示，该对话框中【缩进和间距】选项卡中可以设置文本段落的"对齐方式""首行缩进""悬挂缩进""段前段后间距""行间距"等段落格式；还可以通过【制表位】按钮对制表位的缩进值进行设置。

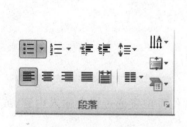

图 5-16 【段落】组

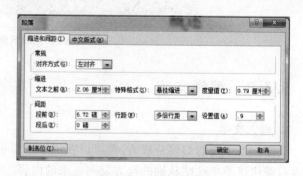

图 5-17 【段落】对话框

PowerPoint 中对文本和段落的格式设置与 Word 类似，此处不再赘述。PowerPoint 中，对文本段落的设置，使用项目符号和编号较多，关于项目符号和编号的使用，可参考 Word 中的用法。

### 5.3.3　插入文本

本节介绍【插入】选项卡【文本】组的各种功能。

**1. 插入文本框**

输入幻灯片的内容除了放在版式中已经设计好的幻灯片占位符中,还可以放在文本框中,通过选定不同类型的文本框可以对文字进行横排或者竖排的设置,通过拖动文本框,可以把文字排列在幻灯片中的任意位置。

例如,如果想在幻灯片的左上角插入垂直排列的文本,可以按以下顺序操作:鼠标左键单击【插入】选项卡,单击【文本】组中的【文本框】下拉列表,弹出如图 5-18 所示菜单,选择【垂直文本框】,然后在幻灯片的对应位置通过按住鼠标左键拖动来画出一个可输入垂直排列文本内容的文本框。

图 5-18　插入垂直文本框

插入文本框后可以对文本框进行格式的设置。把鼠标定位在文本框的边界,当鼠标形状变成十字双向箭头,此时按住鼠标左键不放,移动鼠标,则可以把文本框拖动到幻灯片的任意位置;当鼠标形状变为双向箭头,按住鼠标左键不放,移动鼠标,则可以调整文本框的大小。把鼠标定位在文本框边界的绿色圆点上,当鼠标变成圆形顺时针箭头,按住鼠标左键移动,则可以对文本框进行平面顺时针或逆时针的旋转。

此外还可以对文本框进行框线和填充等格式设置。选中文本框后,在功能区会自动出现【绘图工具】工具选项卡,该选项卡是上下文选项卡,随着选中的对象而出现,该工具选项卡中有【格式】选项卡,切换到【格式】选项卡就可以对文本框进行各种格式设置,如图 5-19 所示。例如,如果要对文本框进行框线和填充等设置,可以通过【格式】选项卡中的【形状样式】组的右下角的对话框启动器▣打开【设置形状格式】对话框,如图 5-20 所示,左侧的列表框中列出了可以设置的属性,例如可以通过【填充】设置文本框的底纹,通过【线条颜色】设置文本框框线的颜色,通过【线型】设置文本框框线的类型等。

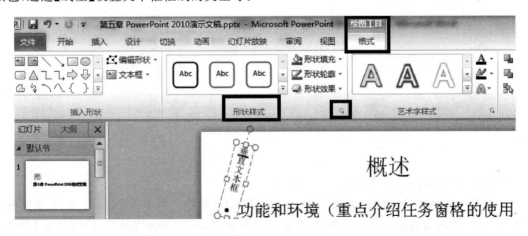

图 5-19　绘图工具的【格式】选项卡

也可以对文本框中的内容进行格式的设置,具体设置的过程与 5.3.2 节介绍的设置文本格式的方法类似。

图 5-20　【设置形状格式】对话框

### 2. 插入艺术字

幻灯片中也可以插入艺术字,具体操作过程与 Word 中插入艺术字的操作过程类似。打开【插入】选项卡,在【文本】组中单击【艺术字】选项,在弹出的菜单中选择合适的艺术字样式进行插入,插入后在幻灯片上就会出现一个具有该艺术字样式的占位符,在占位符中即可输入艺术字的内容,同时功能区自动出现【绘图工具】工具选项卡,切换到该工具选项卡中的【格式】选项卡,即可对艺术字进行格式的设置,如图 5-21 所示。艺术字主要格式的设置可以通过【格式】选项卡的【艺术字样式】组及其右下角的对话框启动器打开的【设置文本效果格式】对话框来进行设置。

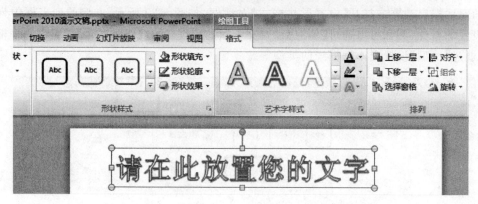

图 5-21　设置艺术字格式

### 3. 插入页眉页脚、时间日期、幻灯片编号

幻灯片中还可以插入页眉页脚、时间日期及幻灯片编号。在 PowerPoint 2003 及以前的版本中,这三项内容的插入通过母版来设置,在 PowerPoint 2010 中,可以通过【插入】选项卡的【文本】组中的对应选项来插入。

单击【页眉页脚】或【日期和时间】或【幻灯片编号】选项中的任何一个即可弹出同一个对话框:【页眉页脚】对话框,如图 5-22 所示。在对话框的【幻灯片】选项卡中可设置幻灯片是否显示"日期和时间""幻灯片编号"和"页脚",并可以设置时间的格式及页脚的内容。

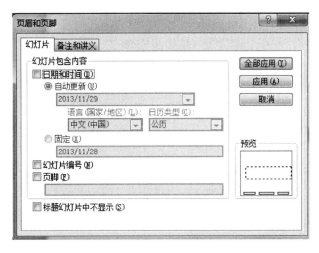

图 5-22　【页眉页脚】对话框

#### 4. 对象

在【插入】选项卡的【文本】组中,单击【对象】选项即可弹出如图 5-23 所示的【插入对象】对话框,可以插入"新建"的各种类型的文件或对象,也可以插入"由文件创建"的对象。例如,如果需要在当前演示文稿的放映中播放另一个演示文稿,可以用插入对象的方法实现,选中要插入另一个演示文稿的幻灯片,单击【插入对象】对话框中的【由文件创建】单选按钮,在弹出的界面中,单击【浏览】按钮去文件系统中选择所要插入的演示文稿,如图 5-24 所示,就可以实现把一个演示文稿作为对象插入另一个演示文稿的幻灯片中。

图 5-23　【插入对象】对话框

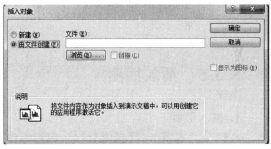

图 5-24　插入对象由文件创建

## 5.3.4　插入表格

幻灯片中还可以插入表格。在【插入】选项卡的【表格】组中,单击【表格】选项,在弹出的菜单中,如图 5-25 所示,可以插入表格。可以插入自定义行、列数的表格,还可以绘制表格,还可以插入一个 Excel 表格对象。插入表格后,在自动出现的【表格工具】的【设计】和【布局】选项卡,可对表格属性进行设置,如图 5-26 所示。具体的格式设置过程与 Word 类似,在此不再赘述。

图 5-25　插入表格

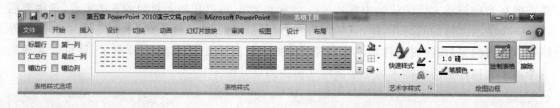

图 5-26　"表格工具"工具选项卡

## 5.3.5　插入插图

### 1. 插入形状

在【插入】选项卡的【插图】组中，鼠标左键单击【形状】选项即可弹出系统已经定义好的一些形状库，如图 5-27 所示。选中要插入的形状，就可以在幻灯片中绘制形状。绘制完形状后，功能区会自动出现【绘图工具】选项卡，通过该选项卡的【格式】选项卡，如图 5-19 所示，即可通过【插入形状】、【形状样式】、【排列】、【大小】等组中的命令对插入的形状进行格式设置。

### 2. 插入 SmartArt

SmartArt 是 Microsoft Office 2010 提供的一种新功能，该功能提供了一些模板，如列表、流程图、组织结构图和关系图等，以简化创建复杂形状的过程。利用该模板创建的图即为 SmartArt。

单击【插入】选项卡【插图】组中的【SmartArt】选项即可弹出【选择 SmartArt 图形】对话框，通过该对话框，便可以选择要插入的图形的类别。例如，如果选择流程图中的"基本流程"图模板进行插入，如图 5-28 所示，功能区自动出现【SmartArt 工具】选项卡，则可以通过其中的【设计】和【格式】选项卡，对流程图进行布局，并对其中的文本、图形等对象进行格式设置。

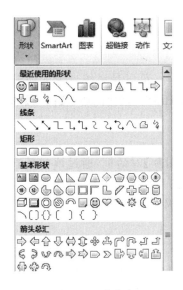

图 5-27　形状库

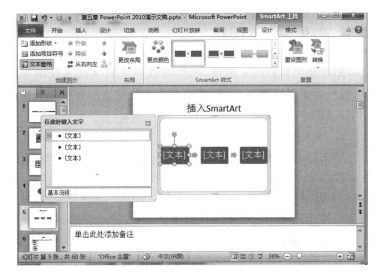

图 5-28　编辑 SmartArt

### 3．插入图表

幻灯片中还可以插入图表，图表的创建依据来自数据，所以插入图表后，图表具体呈现什么样子，是由数据源决定的。正确地填写数据源的数据是创建图表的关键。

在【插入】选项卡的【插图】组，单击【图表】选项即弹出如图 5-29 所示【插入图表】对话框。该对话框中包含了系统自定义的图表类型，左侧的列表是图表类型分类，右侧是每类中的具体类型，把鼠标移动到具体类型图标上暂停几秒钟，就会出现图表类型的具体名称。例如，"柱形图"中的第一个图表是"簇状柱形图"，选中后单击【确定】按钮，在幻灯片中出现一个"簇状柱形图"图表，并打开一个 Excel 文件用来输入创建图表的具体数据，同时功能区切换到【图表工具】选项卡的【设计】选项卡。此外还有【布局】和【格式】选项卡可以对图表进行细节的布局和格式设置，如添加图表标题、设置绘图区填充等。对图表格式的设置与 Excel 中的图表功能类似。

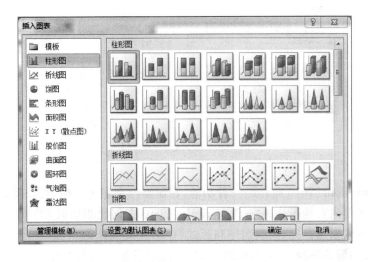

图 5-29　【插入图表】对话框

### 5.3.6　插入图像

幻灯片中可以插入图像,图像可以是来自文件系统的单张图片,可以是系统自带的剪贴画,也可以是屏幕截图,还可以是来自文件系统的若干张图组成的相册。该功能通过【插入】选项卡的【图像】组实现。

**1. 插入图片**

单击【插入】选项卡的【图像】组中的【图片】选项即弹出【插入图片】对话框,通过该对话框在文件系统中选出要插入幻灯片的图片,单击【插入】按钮即可把图片插入幻灯片,同时功能区自动出现【图片工具】选项卡,通过其中的【格式】选项卡,即可对图片进行各种格式的设置。通过鼠标拖动图片可以调整图片的位置。

**2. 插入剪贴画**

单击【插入】选项卡【图像】组中的【剪贴画】选项即在工作区的右侧弹出【剪贴画】任务窗格,通过单击窗格中的【搜索】按钮可以搜索出系统自带的或来自网络的可用的剪贴画,单击剪贴画可以插入幻灯片中。同时功能区自动出现【图片工具】选项卡,通过其中的【格式】选项卡,即可对剪贴画进行各种格式的设置。

**3. 插入屏幕截图**

Microsoft Office 2010 提供了一个屏幕截图的工具。在 PowerPoint 2010 中,单击【插入】选项卡【图像】组中的【屏幕截图】选项,即弹出如图 5-30 所示的菜单,在该菜单中,可以选择插入当前已经打开的【可用视窗】或通过【屏幕剪辑】去剪辑屏幕中的某块区域。通过【屏幕截图】插入幻灯片的图片可以像普通图片一样通过【图片工具】选项卡中的【格式】选项卡进行格式的设置。

图 5-30　插入【屏幕截图】

**4. 相册**

相册是 PowerPoint 2010 新增的一种功能,相册是一个演示文稿,可以看成是若干张幻灯片的集合,其中主要内容是图片。在 PowerPoint 2010 中创建相册时,先添加图片,将图片添加到相册中后,可以添加标题,调整顺序和版式,在图片周围添加相框,甚至可以应用主题,以便进一步自定义相册的外观。相册功能可以批量地设置插入幻灯片中的图片的格式,节省了操作时间。

插入相册即创建或编辑相册。创建相册要单击【插入】选项卡的【图像】组中的【相册】选项,在弹出的如图 5-31 所示的菜单中,单击【新建相册】,即弹出如图 5-32 所示的【相册】对话框。在该对话框中的"插入图片来自"下,单击【文件/磁盘】按钮,在弹出的【插入新图片】对话框中,找到包含要插入的图片的文件夹,然后单击【插入】按钮。如果要更改图片的显示顺序,请在"相册中的图片"下单击要移动的图片的文件名,然后

图 5-31　新建相册

使用箭头按钮在列表中向上或向下移动该名称。在"相册版式"下,可以设置图片的版式(一张幻灯片有几张图片,是否带标题等),相框的形状和主题,并在右侧显示预览效果。最后单击【创建】按钮。此时创建了一个新的演示文稿,演示文稿的内容即为设置好的相册内容。该演示文稿的【插入】选项卡【图像】组中的【相册】选项的【编辑相册】命令被激活,可以对相册进行二次编辑。

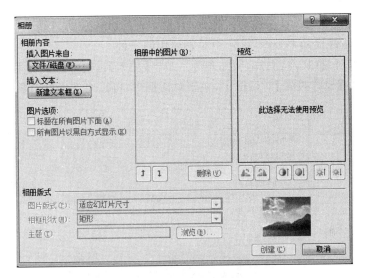

图 5-32　【相册】对话框

## 5.3.7　插入链接

### 1. 插入超链接

在 PowerPoint 中,超链接可以是从一张幻灯片到同一演示文稿中另一张幻灯片的连接,也可以是从一张幻灯片到不同演示文稿中另一张幻灯片、电子邮件地址、网页或文件的连接。可以对文本或对象(如图片、图形、形状或艺术字)创建超链接。

在幻灯片中选中要创建超链接的文本或对象,单击【插入】选项卡的【链接】组中的【超链接】选项,弹出如图 5-33 所示的【插入超链接】对话框,通过该对话框,可以设置超链接"要显示的文字",可以链接到"现有文件或网页""本文档中的位置""新建文档""电子邮件地址"等位置。其中应用最广泛的为链接到本演示文稿的另一张幻灯片的位置,通过单击"本文档中的位置",在右侧的"请选择文档中的位置"列表中选择要链接到的幻灯片,单击【确定】按钮,即可完成超链接的设置。Word 中也有关于超链接的设置,使用方法类似。

图 5-33　插入超链接

**2. 设置动作**

为幻灯片中的文本或对象设置动作是 PowerPoint 特有的功能。其中设置的动作类型包括超链接，可以说超链接是 PowerPoint 中对象动作的一种。

选中要设置的对象（文本、图片、剪贴画等），单击【插入】选项卡【链接】组的【动作】选项，弹出如图 5-34 所示的【动作设置】对话框中，在该对话框中，可以对选中的对象设置动作。

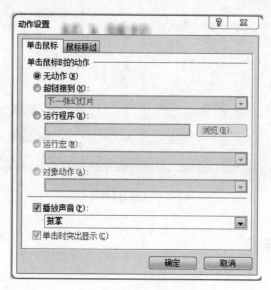

图 5-34　动作设置

若要选择在幻灯片放映视图中单击对象时的行为，则在【单击鼠标】选项卡进行设置。若要选择在幻灯片放映视图中鼠标指针移过对象时的行为，则在【鼠标移过】选项卡进行设置。

若要选择单击或将鼠标指针移过图对象时将发生的动作，请执行下列操作之一。

- 若要使用形状，但不指定相应动作，单击【无动作】单选按钮。
- 若要创建超链接，单击【超链接到】单选按钮，然后选择超链接动作的目标对象（如下一张幻灯片、上一张幻灯片、最后一张幻灯片或另一个 PowerPoint 演示文稿）。若要链接到其他程序创建的文件（如 Microsoft Office Word 或 Microsoft Office Excel 文件），在【超链接到】列表中，单击【其他文件】。

- 若要运行某个程序,单击【运行程序】单选按钮,单击【浏览】,然后找到要运行的程序。
- 若要运行宏,单击【运行宏】单选按钮,然后选择要运行的宏。但是要注意仅当演示文稿包含宏时,【运行宏】设置才可用。
- 【对象动作】动作按钮仅当演示文稿包含 OLE 对象时才可用。
- 若要播放声音,选中【播放声音】复选框,然后选择要播放的声音。

PowerPoint 中,用得比较多的是"动作按钮","动作按钮"是 PowerPoint 中已经设计好的一系列常用动作按钮图形,通过【插入】选项卡的【插图】组的【形状】选项弹出的形状库中最后一组形状"动作按钮"来插入,如图 5-35 所示,插入这类图形后会自动弹出【动作设置】对话框来设置动作。

图 5-35　动作按钮

### 5.3.8　插入符号

**1. 插入符号**

PowerPoint 幻灯片的文本中也可以输入特殊符号,如要输入"🕷"这种符号,通过【插入】选项卡【符号】组中的【符号】选项打开【符号】对话框,如图 5-36 所示,通过【字体】下拉列表选择符号库,然后在下方的滚动列表中选中要插入的符号,单击【插入】按钮,即可完成符号的插入。

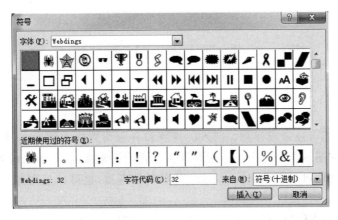

图 5-36　【符号】对话框

**2. 插入公式**

PowerPoint 中的公式指由复杂数学符号组成的数学公式,只是一种展现形式,并不完成运算。

首先在幻灯片中把鼠标定位到要插入公式的文本框中,单击【插入】选项卡的【符号】组中的【公式】选项,打开如图 5-37 所示的菜单,在该菜单中可以选择已经定义好的常用数学公式模板或【插入新公式】选项,然后在幻灯片中通过功能区自动出现的【公式工具】选项卡的【设计】选项卡的各种符号的模板来输入公式,如图 5-38 所示。

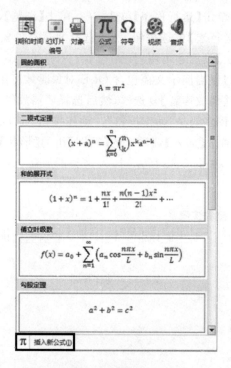

图 5-37　插入公式

图 5-38　【公式工具】选项卡

## 5.3.9　插入媒体

幻灯片中可以插入视频或音频。插入的视频和音频可以嵌入演示文稿中,也可以被链接到幻灯片中,不增加演示文稿的大小。视频音频是否能正常播放,是由系统安装的播放工具决定的。视频、音频文件可以来自 PowerPoint 的剪辑管理器,也可以是文件系统中存储的文件。

**1. 插入视频**

通过【插入】选项卡【媒体】组的【视频】选项打开如图5-39所示的下拉列表,可以选择【文件

图 5-39　插入视频

中的视频】或【剪贴画视频】来插入视频。单击【文件中的视频】弹出如图 5-40 所示的【插入视频文件】对话框,通过该对话框选择文件系统中要插入的视频,单击下方的【插入】按钮旁的倒三角,在弹出的菜单中选择【插入】选项,则把视频文件嵌入演示文稿,若选择【链接到文件】,则视频文件没有嵌入演示文稿。

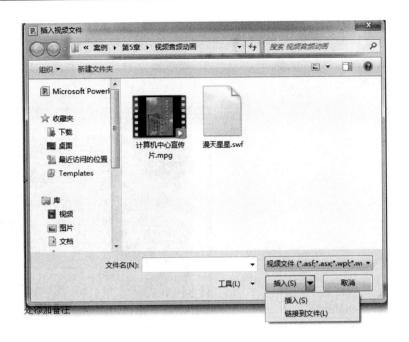

图 5-40　【插入视频文件】对话框

　　插入视频文件后,在功能区自动出现【视频工具】选项卡,如图 5-41 所示,通过该选项卡的【格式】和【播放】选项卡,可以对视频文件进行编辑。其中【格式】选项卡主要对视频的外观进行设置,如颜色、大小、形状、边框等。其功能与图片等图形对象的格式设置类似,比较容易理解。【播放】选项卡主要对视频的播放控制和内容长短等进行设置。

图 5-41　【视频工具】选项卡

　　在【播放】选项卡的【视频选项】组中,如图 5-42 所示,可以设置视频的播放【音量】,视频是"自动"播放还是"单击时"开始播放,也可以设置视频是否全屏播放或循环播放。

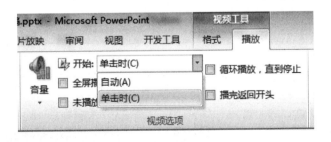

图 5-42　【视频选项】设置

　　如果视频太长,还可以对视频进行剪裁,在幻灯片中,选中视频对象,然后切换到【视频工具】选项卡的【播放】选项卡,在【编辑】组中单击【剪裁视频】选项,如图 5-43 所示,打开如

图5-44所示的【剪裁视频】对话框。在对话框中,拖拽视频预览区域下方的绿色滑块调整开始时间,而拖拽红色滑块调整结束时间,它们之间所截取的部分便是要保留的部分。最后,单击【确定】按钮关闭【剪裁视频】对话框,在幻灯片中,即可通过视频对象下方的播放控件,快速预览剪裁好的视频片断。

图 5-43　【播放】选项卡中的【编辑】组

图 5-44　【剪裁视频】对话框

### 2. 插入音频

幻灯片中不仅可以插入【文件中的音频】、【剪贴画音频】,还可以【录制音频】。通过【插入】选项卡【媒体】组的【音频】选项打开如图 5-45 所示下拉列表,可以选择【文件中的音频】或【剪贴画音频】或【录制音频】来插入音频。插入来自文件的嵌入音频或链接音频的方法与插入视频类似,不再赘述,在此介绍如何插入录制的音频。

单击图 5-45 中的【录制音频】命令,弹出如图 5-46 所示的【录音】对话框。在对话框中可以设置录音文件的"名称",单击红色圆形按钮即可开始录音,单击蓝色方形按钮即停止录音,单击蓝色三角按钮可以播放录音,单击【确定】按钮,录音以小喇叭的形状插入幻灯片中。单击小喇叭,功能区出现【音频工具】选项卡,可以通过其中的【格式】和【播放】选项卡对小喇叭的外观和声音播放的控制进行设置。具体操作与视频类似,不再赘述。

图 5-45　插入音频

图 5-46　【录音】对话框

### 5.3.10　插入 Flash 动画

随着计算机技术的发展,Flash 动画越来越多地被用在各种场合。幻灯片中插入 Flash 动画也成为制作丰富多彩的演示文稿的一种手段。

若想插入 Flash 动画,必须先调出【开发工具】选项卡。在功能区的空白处单击鼠标右键,在弹出的如图 5-47 所示的右键快捷菜单中,单击【自定义功能区】选项,弹出【PowerPoint 选项】对话框,在对话框右侧【主选项卡】的滚动列表中找到【开发工具】,在前面的复选框打钩,单击【确定】按钮,则【开发工具】选项卡出现在功能区中,如图 5-48 所示。

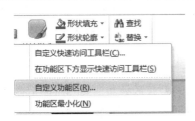

图 5-47　【自定义功能区】右键快捷菜单　　　　　　　图 5-48　【开发工具】选项卡

单击【开发工具】选项卡【控件】组中控件库最后一个【其他控件】按钮,如图 5-48 所示,弹出如图 5-49 所示的【其他控件】对话框,在对话框的滚动列表中找到"Shockwave Flash Object"列表项,该控件即为 Flash 动画控件,单击【确定】按钮,然后把鼠标移动到要插入 Flash 对象的幻灯片页面,此时鼠标形状为"十字"形,按住鼠标左键拖动,则画出放置 Flash 动画的位置,在【开发工具】选项卡的【控件】组中单击【属性】选项,则弹出 Flash 控件的属性对话框,在该对话框的"movie"属性栏输入 Flash 动画的路径和名称,则 Flash 动画就可以链接到该幻灯片中。如图 5-50 所示。

图 5-49　【其他控件】对话框　　　　　　　图 5-50　插入 Flash 对象

# 5.4  格式化演示文稿

## 5.4.1  设置主题

使用主题可以简化专业设计师水准的演示文稿的创建过程。不仅可以在 PowerPoint 中使用主题颜色、字体和效果，而且可以在 Word、Excel 和 Outlook 中使用它们，这样用户的演示文稿、文档、工作表和电子邮件就可以具有统一的风格。

PowerPoint 定义出若干套主题，主题是一组统一的设计元素，使用颜色、字体、图形等设计演示文稿的外观。使用主题后，用户只要把注意力放在幻灯片内容的编辑输入上就可以了，格式方面的问题都由主题来解决。

使用主题要首先打开【设计】选项卡，在【主题】组中浏览主题库中的主题，把鼠标悬停到主题缩略图上，即可看到主题的名称，同时可以预览幻灯片应用该主题的效果。图 5-51 所示，是使用名为"奥斯汀"主题的预览效果，选中一张幻灯片，单击主题缩略图，则把主题应用到整个演示文稿，按住键盘上【Ctrl】键通过鼠标单击选中若干张幻灯片，再单击主题缩略图，则把主题设置给选中的若干张幻灯片。若想查看更多的主题或使用文件系统中存储的主题，单击【主题】组中主题库右下角的【更多】按钮▽，打开如图 5-52 所示的菜单。

图 5-51  预览主题

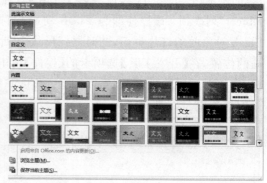

图 5-52  更多主题

在该菜单中，可以选择系统内置的更多主题，或来自"Office.com"的主题，也可以浏览文件系统中存储的主题，或者保存当前使用的主题，下面会介绍自定义主题颜色、字体和效果，自定义后用户可以保存自己的主题，主题文件的扩展名为 thmx。

除了使用系统已经定义好的主题外，用户还可以对主题的颜色、字体及效果进行修改和自定义。主题颜色、主题字体和主题效果三者构成一个主题。

### 1. 主题颜色

PowerPoint 中定义了若干套主题颜色。PowerPoint 2003 中称其为配色方案，PowerPoint 2010 中称其为主题颜色。通过设置幻灯片的主题颜色，可以统一调整所有幻灯片中同一类对象的颜色，如标题、文本、超链接、已访问的超链接等对象的颜色。其中幻灯片中某些对象的颜色，如超链接和已访问的超链接的颜色，必须通过主题颜色来修改和设定。

在【设计】选项卡的【主题】组中，单击【颜色】选项可以打开如图 5-53 所示的菜单，在该菜单中可以查看系统内置的或自定义的一些主题颜色，把鼠标悬停在主题颜色上可以在幻灯片中看到应用颜色的预览效果,单击某个主题颜色,如"暗香扑面",则把该主题颜色应用到了所有幻灯片中。

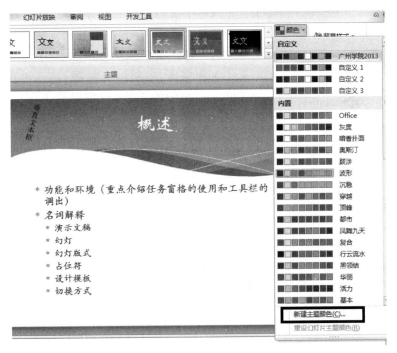

图 5-53　主题颜色

除了系统提供的一些已经定义好的主题颜色,用户还可以自行编辑主题颜色。在如图 5-53 所示的菜单中单击【新建主题颜色】命令,可以打开如图 5-54 所示的【新建主题颜色】对话框,在该对话框中可以对幻灯片中的各种对象设置统一颜色,其中"超链接"和"已访问的超链接"可以对超链接的文本和访问过的超链接文本设置颜色。修改颜色后,单击【确定】按钮,则修改后的颜色将应用到所有幻灯片中,并且该主题颜色的名称出现在如图 5-53 所示【自定义】主题颜色列表中。

图 5-54　【新建主题颜色】对话框

图 5-55　主题字体

## 2. 主题字体

主题字体是应用于文件中的主要字体和次要字体的集合。对整个文档使用一种字体始终是一种美观且安全的设计选择,但当需要营造对比效果时,使用两种字体将是更好的选择。在 PowerPoint 2010 中每个 Office 主题均定义了两种字体:一种用于标题;另一种用于正文文本。二者可以是相同的字体,也可以是不同的字体。Power-Point 使用这些字体构造自动文本样式。更改主题字体将对演示文稿中的所有标题和项目符号文本进行更新。

打开【设计】选项卡,在【主题】组中单击【字体】选项,弹出如图 5-55 所示的菜单,菜单的滚动列表中显示了系统内置的主题字体图标,每个图标旁边列出了该主题字体的名称、标题的字体和正文文本的字体。单击某个字体图标将修改所有幻灯片中的标题的字体和正文文本的字体。

此外还可以新建自己的主题字体,单击【字体】菜单中的【新建主题字体】命令,弹出如图 5-56 所示的对话框,在该对话框中则可以定义主题字体的名称,标题的中、西文字体,正文的中、西文字体等。

## 3. 效果

主题效果是应用于文件中元素的视觉属性的集合。通过使用主题效果库,可以替换不同的效果集以快速更改图表、SmartArt 图形、形状、图片、表格、艺术字和文本等对象的外观。

打开【设计】选项卡,在【主题】组中单击【效果】选项,弹出如图 5-57 所示的下拉列表,列表中显示了系统内置的主题效果图标。单击某个主题效果将把该效果应用到所有幻灯片的对象上。

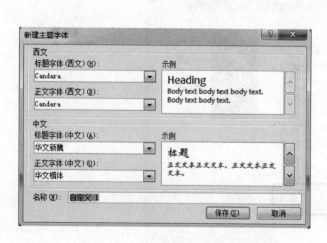

图 5-56　【新建主题字体】对话框

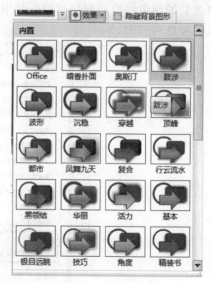

图 5-57　主题效果库

## 5.4.2　设置背景

PowerPoint 2010 中每套主题都提供了浅色和深色共 12 种背景样式,通过【设计】选项卡的【背景】组的【背景样式】选项可以打开如图 5-58 所示的菜单,该菜单中有 12 种背景样式可以选择,单击某个样式将把所有幻灯片设置为该背景。

除了使用主题提供的背景外,用户还可以自行设置背景填充图案,背景填充的可以是颜色,也可以是填充效果;可以给单张幻灯片设置背景,也可以给所有的幻灯片设置相同的背景。

在【背景样式】菜单中,如图 5-58 所示,单击【设置背景格式】命令,弹出如图 5-59 所示的【设置背景格式】对话框,该对话框中有 4 个选项卡,其中【填充】最为重要。【填充】选项卡设置的是背景填充的内容,【图片更正】、【图片颜色】、【艺术效果】都是对"图片或纹理"类背景进行进一步的格式设置,设置完成后即完成对当前页幻灯片的背景设置,单击【全部应用】则把背景应用到所有幻灯片,单击【重置背景】则删除当前正在设置的背景。

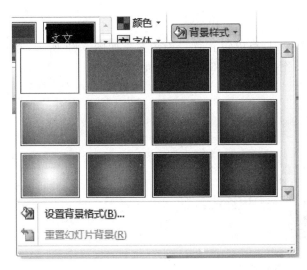

图 5-58　【背景样式】菜单　　　　　　　图 5-59　【设置背景格式】对话框

在如图 5-59 所示的【设置背景格式】对话框中,先选中左侧【填充】选项卡,在右侧选中【纯色填充】单选按钮,可以设置背景的颜色,并可以设置"透明度",如图 5-60 所示。

在【填充】选项卡中选中【渐变填充】单选按钮,可以设置渐变的背景颜色及效果,如图 5-61 所示。其中"预设颜色"是系统已经定义好的一些渐变颜色方案,单击后面的按钮可以弹出预设渐变颜色方案库,把鼠标悬停在颜色方案上可以看到方案的名称,如"红日西斜""金乌坠地""雨后初晴"等,选中预设方案后,还可以设置预设渐变色的"类型""方向""角度"等属性。此外,通过在"渐变光圈"的颜色条上添加 或删除 "停止点" 以自定义渐变效果,如图 5-61 所示,每个"停止点"可以通过鼠标拖动调整位置,也可以设置"颜色""亮度""透明度"。通过这些属性设置,能设计出复杂的颜色渐变效果。

在【填充】选项卡中选中【图片或纹理填充】单选按钮,可以设置背景为纹理或图片。如图 5-59 所示,可以通过"纹理"后的按钮选择系统已经定义好的纹理效果设置为背景,如"画布""水滴"等,同时可以设置"平铺选项"和"透明度"属性;也可以单击【文件】按钮,从文件系统中选择图片作为背景。这两种背景都可以通过【设置背景格式】对话框左侧的选项卡来设置【图片更正】、【图片颜色】、【艺术效果】等属性。

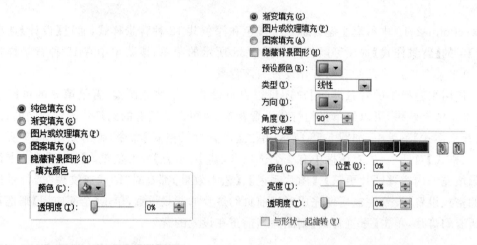

图 5-60　纯色填充　　　　　　　　　　　　图 5-61　渐变填充

在【填充】选项卡中选中【图案填充】单选按钮，可以设置背景为图案。如图 5-62 所示，在图案库中选择图案作为背景，同时可以设置图案的前景色和背景色属性。

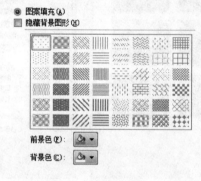

图 5-62　图案填充

### 5.4.3　设置母版

PowerPoint 中提供了幻灯片母版、备注母版、讲义母版来实现对这 3 种视图的格式的统一设置。其中使用最多的是幻灯片母版。

PowerPoint 2010 中的主题已经给出了幻灯片统一格式的定义，但是如果要在主题的基础上进行某个版式中对象细节格式的修改，例如，需要修改所有幻灯片中的项目符号，则需要编辑幻灯片母版。演示文稿中幻灯片使用的每一个主题对应一套幻灯片母版，例如，一个演示文稿有 12 张幻灯片组成，前 4 张使用了一种主题，后 8 张使用另外一种主题，则该演示文稿有两套幻灯片母版。一套完整的幻灯片母版包括系统定义好的所有幻灯片版式，如"标题幻灯片""标题和内容"等。

打开【视图】选项卡，在【母版版式】组中单击【幻灯片母版】选项即可打开演示文稿的幻灯片母版，同时功能区切换到【幻灯片母版】选项卡。把鼠标悬停在工作区左侧的母版缩略图上，可以看到母版的名称和使用该母版的幻灯片的编号范围。在【幻灯片母版】选项卡,可以对母版进行各种编辑,如"插入幻灯片母版""插入版式",设置"主题""背景"等。

选中工作区左侧的母版缩略图,在右侧的工作区,可以对母版中各个占位符及其中的内容进行格式设置。如图 5-63 所示,选中"标题和内容"母版中一级项目符号所在的位置,通过右键快捷菜单设置项目符号,则所有使用该主题的"标题和内容"版式的幻灯片中文本的一级项目符号都会发生改变。在母版中可以修改占位符中文字的字体、大小、颜色、填充、项目符号等。格式的修改一般通过【开始】选项卡的【字体】和【段落】组来实现,基本操作步骤是先选中要修改的内容,再去选择要执行命令。详细修改方法可参考 5.3.2 节。对母版占位符中内容的格式的修改会影响所有使用该母版的幻灯片。

图 5-63　设置"标题和内容"母版中文本的项目符号

此外用户还可以在母版中添加个性化的内容。例如,在幻灯片母版的右上角插入一个形状,并输入内容"计算机文化基础",则关闭母版后,使用该母版的所有幻灯片都会出现该形状。

# 5.5　设置演示文稿的播放效果

演示文稿的内容和格式编辑好以后,接下来要做的工作就是设置演示文稿的播放效果了。演示文稿可以设置两方面的播放效果:幻灯片的切换方式、幻灯片的动画效果。

## 5.5.1　设置幻灯片的切换方式

幻灯片切换方式是指幻灯片放映时从一页幻灯片转换到另一页幻灯片时的动态过渡效果,过渡效果包括页面视觉效果和声音效果。

打开【切换】选项卡,如图 5-64 所示,该选项卡主要用来设置幻灯片的切换,在【切换到此幻灯片】组中单击切换效果库右下角的【其他】按钮,打开如图 5-65 所示列表框,该列表框中列出系统已经定义好的所有幻灯片切换效果,按大类分有"细微型""华丽型""动态内容"。选中其中的一种切换方式,即可设置为当前选中的幻灯片的切换方式,若要应用到所有幻灯片,在【切换】选项卡的【计时】组中单击【全部应用】选项。

图 5-64  【切换】选项卡

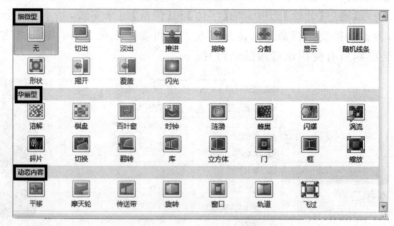

图 5-65  切换方式列表

选中切换方式后,还可以对切换方式进行进一步的细节设置。例如,选中"推进"切换效果后,还可以通过【切换到此幻灯片】组中的【效果选项】来进行效果的进一步设置,如图 5-66 所示,"推进"切换效果可以通过【效果选项】设置推进的方向。此外,在【计时】组中还可以设置切换时的"声音",切换"持续时间"及"单击鼠标时"切换还是自动切换。

图 5-66  设置切换方式的属性

## 5.5.2  设置动画

幻灯片中的对象,如标题、文本、图片等,在放映的时候,可以以不同的方式依次出现在屏幕上,这种放映效果是通过设置幻灯片中对象的动画效果来实现的。

PowerPoint 2010 专门定义了一个【动画】选项卡用来设置幻灯片中的动画,如图 5-67 所示,其中【预览】组用来预览已经设置的动画效果,【动画】组用来对对象设置动画,并设置简单的属性,【高级动画】组也可以实现【动画】组设置动画的功能,同时能通过【动画窗格】对多个对象的动画进行高级的设置,【计时】组用来对动画进行常用属性的设置。

图 5-67　【动画】选项卡

### 1. 添加动画

添加动画有两种途径,首先在幻灯片中选中要设置动画的对象,例如,一个形状,单击【动画】组中动画库的右下角的【其他】按钮,打开如图 5-68 所示菜单,在该菜单中选择要设置的动画类型,完成对该对象动画的添加。另外,通过【高级动画】组中的【添加动画】选项也可以打开同样的菜单。对于普通的文本或图形图片对象,动画效果基本有四类:"进入""强调""退出""动作路径";对于视频和音频对象,选中后添加动画,还增加了"媒体"类动画效果,如图 5-69 所示,该类动作效果可以控制媒体的播放、停止、暂停等。

图 5-68　【添加动画】级联菜单

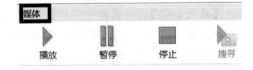

图 5-69　【媒体】动画效果

### 2. 效果选项

对对象设置动画完成后,可以通过【动画】组的【效果选项】按钮设置动画的简单效果,例如,如果已经设置了"浮入"动画,则通过【效果选项】可以设置"浮入"动画的方向为"上浮"或"下浮",如图 5-70 所示。

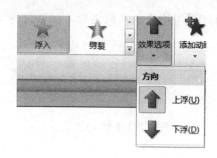

图 5-70 【效果选项】按钮

### 3. 动画刷

动画刷是 PowerPoint 2010 提供的新功能,功能和用法类似 Office 中的格式刷,可以将已经设置好的格式应用到 PowerPoint 的其他对象中。具体方法是:先选中设置了要被复制动画的对象 1,单击【高级动画】组中的【动画刷】按钮,再单击需要设置动画的对象 2,则对象 2 就会被设置成和对象 1 一样的动画。

### 4. 动画窗格

通过单击【高级动画】组的【动画窗格】选项,可以在幻灯片工作区的右侧调出【动画窗格】,如图 5-71 所示,在该任务窗格中可以设置该幻灯片中所有动画的各种属性。

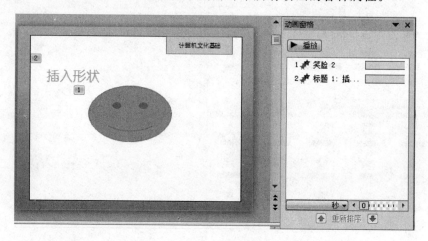

图 5-71 工作区右侧的【动画窗格】

【动画窗格】的列表框中的列表项代表幻灯片中的动画效果,列表的顺序是动画出现的顺序,如果需要调整动画出现的顺序,可以先选中动画效果,再用【动画窗格】中下方的【上移】按钮➡和【下移】按钮⬇实现。

选中【任务窗格】中的动画效果,单击鼠标右键,通过弹出的右键快捷菜单,如图 5-72 所示,可以对动画进行进一步的属性设置。其中【删除】命令可以删除选中的动画效果。单击【效果选项】命令,则打开该动画效果的效果选项对话框。例如,选中的对象的动画效果如果是"浮入",则弹出如图 5-73 所示的"上浮"效果对话框。

效果选项对话框中一般有 3 个选项卡。其中,【效果】选项卡中,"声音"下拉列表主要用来设置动画出现时的声音;"动画播放后"下拉列表主要用来设置动画播放完成后对象的外观效果;"动画文本"下拉列表是针对文本动画的,主要用来设置文本是整段出现,还是一个一个词出现或者是一个一个字出现。

图 5-72　动画的右键快捷菜单　　　　　图 5-73　"上浮"效果选项对话框

【计时】选项卡主要用来设置动画出现的时机。如图 5-74 所示,"开始"下拉列表中有 3 个内容可以选:"单击时"表示单击鼠标时动画开始启动;"与上一动画同时"表示当前动画和上一个动画同时启动;"上一动画之后"表示上一动画播放完成后,该动画才启动;"延迟"框中设置的时间,表示上一动画播放完后多长时间,该动画才启动。"期间"下拉列表设置动画出现的速度。此外,通过【动画】选项卡中【计时】组的【持续时间】框,可以设置动画播放的精确时间长度。"重复"下拉列表设置动画重复出现的次数。"触发器"可以用来设置单击幻灯片中的另一个对象来触发该动画的播放,触发器的设置多用在媒体动画设置中,例如通过单击一个形状对象来启动视频的播放动画,详细介绍见下一小节。

图 5-74　【计时】选项卡

【正文文本动画】选项卡用来设置组合文本的播放顺序,只对正文文本动画起作用。

### 5. 音频动画

插入音频文件后,系统自动给该幻灯片添加一个声音的"播放"动画效果,并设置了一个触发器来触发声音的播放,如图 5-75 所示。音频对象可以添加的动画效果有"进入""强调""退出""动作路径""媒体"。而"媒体"中又分为"播放""暂停""停止"等。其中声音何时开始播放是声音的"播放"动画效果中的一个属性设置。对音频对象设置动画常用的是设置声音的"播放"动画效果。

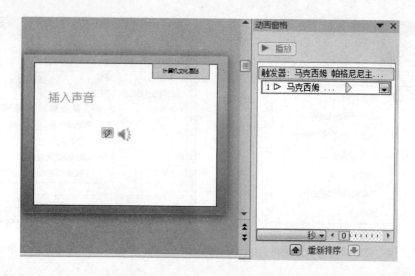

图 5-75　插入"音频"后的【动画窗格】

例如,幻灯片中已插入了音频文件,则系统为声音自动添加了"播放"▷动画效果,要设置声音的"播放"动画效果,鼠标左键单击【动画窗格】中的动画效果列表框中的"播放"动画效果右侧的按钮,在弹出右键快捷菜单中,单击【效果选项】命令,则弹出【播放音频】效果设置对话框,如图 5-76 所示。

在【效果】选项卡中,"开始播放"可以用来设置音频中开始播放的位置,一般情况下都是从头开始播放的。"停止播放"用来设置停止播放的时机,如果想把音频作为背景音乐,那么将该音频插入第一张幻灯片,并且设置"停止播放"的时机为"在 $n$ 张幻灯片后",这个 $n$ 的数字值要比整个演示文稿的总的幻灯片张数多,这样音乐就会在播完所有的幻灯片后才停止。

【计时】选项卡中关于动画"开始"时机的设置,这里使用的是"触发器",如图 5-77 所示。【单击下列对象时启动效果】下拉列表中列出了当前幻灯片中的对象,例如选择了"标题 1:插入声音",则表示单击幻灯片中的"插入声音"标题框时,音频开始播放。利用"触发器"功能,在幻灯片中可以很容易地为音频或视频添加【播放】、【暂停】和【停止】按钮。

图 5-76　【播放音频】效果设置对话框

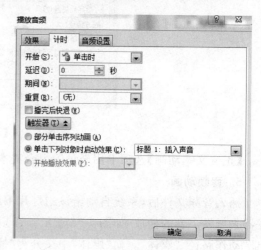

图 5-77　【播放音频】的【计时】选项卡

【音频设置】选项卡中的功能已经失效，PowerPoint 2010 把其中的功能放到了【音频工具】选项卡的【播放】选项卡中来设置，详见 5.3.9 节的介绍。

除了自动添加的音频"播放"动画效果外，用户还可以通过【添加动画】按钮为音频添加"暂停""停止"等动画效果，这些动画效果的属性设置与"播放"类似，不再赘述。

**6．视频动画**

幻灯片中的视频对象除了和"图片"对象一样设置视频框的"进入""强调""退出""动作路径"动画效果外，还可以设置视频对象的"媒体"动画效果："播放""暂停""停止"等。

例如，设置插入的视频对象的"播放"动画效果可以通过如下操作：选中要设置的视频对象，在【动画】选项卡的【高级动画】组中单击【添加效果】选项，在出现的菜单中选中"播放"效果，则添加了视频的播放动画效果到【动画窗格】的动画列表框内，选中该动画效果，打开右键快捷菜单，单击其中的【效果选项】命令，则弹出【播放视频】效果选项对话框，如图 5-78 所示，该对话框与音频的效果选项对话框类

图 5-78　【播放视频】效果选项对话框

似，其中有 3 个选项卡，用来设置三方面的动画效果，具体设置也与音频动画类似，不再赘述。

# 5.6　演示文稿的放映与分发

## 5.6.1　设置放映方式

演示文稿编辑完成后，要对放映进行相应的设置，所有关于幻灯片放映的相关属性的设置，都可以在【幻灯片放映】选项卡中进行，如图 5-79 所示。

图 5-79　【幻灯片放映】选项卡

**1．自定义放映**

在【开始放映幻灯片】组中可以定义放映的幻灯片的范围。其中【自定义幻灯片放映】可以将放映的幻灯片的范围定义为当前演示文稿的幻灯片的一个子集。通过单击【自定义幻灯片放映】下拉列表中的【自定义放映】选项，弹出如图 5-80 所示的【自定义放映】对话框，该对话框中可以新建若干个演示文稿幻灯片的子集，作为放映的对象。单击对话框中的【新建】按钮，弹出如图 5-81 所示的对话框，在该对话框中，可以定义自定义放映对象的名称，例如在"幻灯片

放映名称"框中输入"第一个自定义放映对象"、也可以在"在演示文稿中的幻灯片"列表中选中幻灯片,通过【添加】按钮添加到"在自定义放映中的幻灯片"列表中,也可以通过【删除】按钮,删除"自定义放映中的幻灯片"列表中的幻灯片,或通过【向上】或【向下】箭头按钮来移动幻灯片的位置。单击【确定】按钮后,自定义的幻灯片对象就加入了【自定义放映】对话框的列表中,在该对话框中,还可以对该放映对象进行再编辑或删除、复制,如图5-82所示。关闭后,如果要放映该自定义放映对象,就可以通过【幻灯片放映】选项卡的【开始放映幻灯片】组的【自定义幻灯片放映】选项的菜单,如图5-83所示,来启动放映。

图 5-80  【自定义放映】对话框

图 5-81  【定义自定义放映】对话框

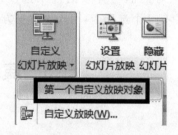

图 5-82  包含自定义放映对象的【自定义放映】对话框    图 5-83  放映"自定义放映对象"

### 2. 设置幻灯片放映

根据演示文稿使用的场合不同,可以给演示文稿设置不同的放映类型,每种放映类型还可以进行细节属性的设置。幻灯片的"放映类型"分"演讲者放映""观众自行浏览""在展台浏览"三种类型。在【幻灯片放映】选项卡的【设置】组中,单击【设置幻灯片放映】选项,即弹出如图5-84所示的【设置放映方式】对话框。

此对话框可以设置幻灯片的"放映类型","放映幻灯片"的范围,"放映选项","换片方式","多监视器"等放映属性。

在这些属性设置中,需要说明的是"排练时间""旁白"和"多监视器"。

"排练时间"指用户自行设定的幻灯片放映时每张幻灯片持续放映的时间。单击【幻灯片放映】选项卡【设置】组中的【排练计时】选项,可进入"幻灯片放映"视图,同时在左上角出现如图5-85所示的【录制】工具条,工具条上中间的时间框用来记录当前幻灯片的放映时间,最后的时间框用来记录开始播放后,播放到当前幻灯片总共用的时间,当单击鼠标切换到下一页幻灯片时,中间的时间框将开始重新计时。最后幻灯片播放完成后会提示用户共用了多长时间、是否保存等,单击【保存】按钮后完成排练计时,同时幻灯片切换到"幻灯片浏览"视图。保存的排练时间可以用在幻灯片放映方式的设置中。

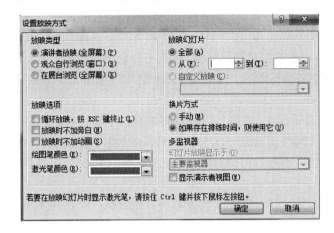

图 5-84　【设置放映方式】对话框　　　　　　图 5-85　【录制】工具条

　　"旁白"是指放映过程中录制的解说幻灯片的声音。单击【幻灯片放映】选项卡【设置】组中的【录制幻灯片演示】选项,在打开的如图 5-86 所示的菜单中,可以选择【从头开始录制】,也可以选择【从当前幻灯片开始录制】,选择后,即弹出如图 5-87 所示的【录制幻灯片演示】对话框,单击对话框中的【开始录制】按钮开始录制"旁白""激光笔"和"排练计时"。录制界面与"排练计时"的录制界面一致,只不过在用鼠标单击切换幻灯片的过程中,可以通过话筒输入每页幻灯片的声音旁白,也可以使用激光笔在幻灯片上做注释。

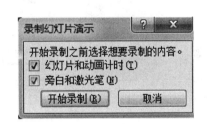

图 5-86　【录制幻灯片演示】级联菜单　　图 5-87　【录制幻灯片演示】对话框

　　"排练计时"和"旁白"的清除可以通过【幻灯片放映】选项卡【设置】组中的【录制幻灯片演示】下拉列表中的【清除】级联菜单实现,如图 5-88 所示。

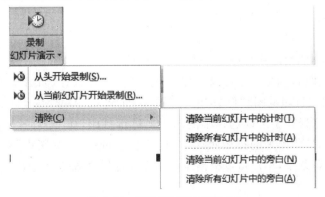

图 5-88　清除"计时"与"旁白"

如果放映演示文稿的计算机支持多台监视器，那么可以通过设置"多监视器"和"显示演示者视图"，如图 5-84 所示，来实现演示者在一台计算机（如便携式计算机）上使用"演示者视图"查看带备注的演示文稿，而观众可以在其他监视器（如投影到大屏幕上的监视器）上观看不带备注的幻灯片放映。"演示者视图"中演示者可以使用缩略图，可以不按顺序选择幻灯片，并且可以为观众创建自定义的演示文稿；可以查看幻灯片的备注，可以在演示过程中让屏幕加亮或变暗等。

如图 5-84 所示，在【设置放映方式】对话框中，如果"放映选项"组合框中不选择【放映时不加旁白】的复选按钮，则幻灯片放映时，会同时播放录制的旁白。如果在"换片方式"组合框中选择【如果存在排练时间，则使用它】单选按钮，幻灯片放映时则按照排练时间自动切换，不需要单击鼠标切换。

如果演示文稿是用来当作课件或演讲说明的，需要演讲者自行放映，那么在"放映类型"组合框中选择【演讲者放映】单选按钮，在这种情况下一般不会循环播放，会忽略旁白，需要手动切换幻灯片；如果演示文稿是提供给观众浏览或展台播放，一般情况下会循环播放，播放旁白，使用排练时间来控制幻灯片的切换。具体设置什么属性，要根据具体应用场合决定。

此外，在演讲者播放幻灯片时，要注意右键快捷菜单的使用，如图 5-89 所示，【指针选项】级联菜单可以提供给用户各种类型的"笔"来辅助演讲。

图 5-89　放映中的右键快捷菜单

## 5.6.2　打印

用户有时候需要把幻灯片打印出来参考。通过【文件】选项卡打开 Backstage 视图，选择【打印】选项，则在视图右侧窗口中可以进行打印的相关属性设置，如图 5-90 所示。

视图中"打印机""打印范围""份数"的设置方法与 Word 类似，在此不再说明。PowerPoint 中打印文稿的特殊之处在于可以选择不同的版式进行打印，如"幻灯片""讲义""备注页""大纲"等，不同的内容，打印出来的排版版式不同，通过 Backstage 视图中【整页幻灯片】按钮，可以弹出打印版式设置菜单，用户可以根据自己的需要选择合适的版式进行打印。

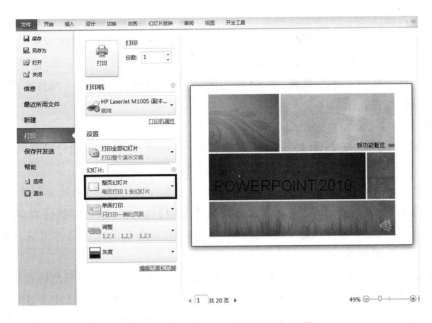

图 5-90　Backstage 视图中【打印】功能

## 5.6.3　保存并发送

PowerPoint 2010 提供了多种途径来分发演示文稿,其中通过各种网络途径分发是其新增的功能。演示文稿的"保存并发送"功能是在 Backstage 视图中实现的,如图 5-91 所示,通过【文件】选项卡打开 Backstage 视图,单击左侧的【保存并发送】选项,在视图右侧的窗口中就可以把演示文稿保存成各种类型,并选择不同的途径分发演示文稿。

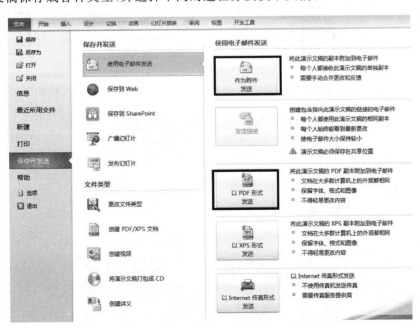

图 5-91　Backstage 视图中【保存并发送】功能

### 1. 保存并发送

PowerPoint 2010 提供的网络发送方式中，最常用的是"使用电子邮件发送"，演示文稿可以作为"附件"以"演示文稿"类型或"PDF 文档"类型来发送，如图 5-91 所示，使用这种功能需要用户的计算机安装电子邮件系统，单击【作为附件发送】按钮将启动电子邮件客户端软件，从而能进一步编辑邮件。

### 2. 文件类型

多数情况下，用户创建演示文稿后可以进行进一步的类型处理，方便分发和使用。这类处理都在 Backstage 视图的【文件类型】列表中进行操作。

演示文稿可以保存为其他类型。如图 5-92 所示，【更改文件类型】功能实际上是更为直观地实现了以前版本的"另存为"功能，单击【更改文件类型】列表项，在右侧的列表中选中要更改为的文件类型，在列表下方单击【另存为】按钮，在弹出的对话框中保存文件到文件系统，则演示文稿就完成了类型更改。

演示文稿可以保存为固定格式文档，即 PDF 类型，这样的演示文稿只允许查看，不允许修改。如图 5-93 所示，单击【创建 PDF/XPS 文档】列表项，在右侧的窗口中单击【创建 PDF/XPS】按钮，则弹出如图 5-94 所示的对话框，在弹出的对话框中选择保存路径，单击【发布】按钮，则演示文稿就保存为了 PDF 类型的文档。

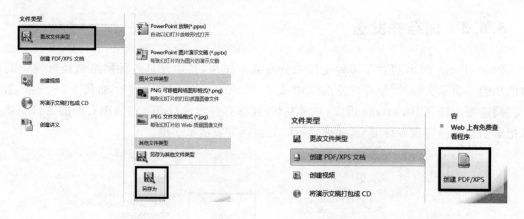

图 5-92　更改文件类型　　　　　　　　　图 5-93　创建 PDF/XPS 文档

图 5-94　【发布为 PDF 或 XPS】对话框

　　演示文稿还可以创建为视频,创建视频的过程中,可以使用演示文稿本身已经录制好的"排练计时"和"旁白和激光笔",如果没有"排练计时",可以临时录制计时和旁白,也可以不使用计时和旁白,单独设置每页幻灯片的放映时间。演示文稿创建为视频后,增加了可移植性,任何支持 wmv 格式的媒体播放器都可以播放它,缺点是不能和用户进行交互。所以,一般用于展台放映的演示文稿,可以把它创建为视频。如图 5-95 所示,单击【创建视图】列表项,在右侧的窗口中单击【创建视频】按钮即可在弹出的对话框中保存视频到文件系统。其中"计算机和 HD 显示"用来设置视频的分辨率,"使用录制的计时和旁白"可以实现"计时和旁白"的录制,也可以设定不使用"计时和旁白"。

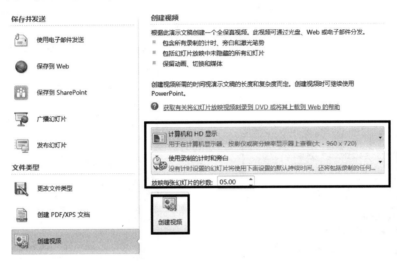

图 5-95　创建视频

　　制作演示文稿的目的是为了在某个应用场合播放,如果要播放的场合没有安装 Power-Point,那可能会导致演示文稿不能播放。为了解决这个问题,使演示文稿能够在任何计算机环境中播放,同时保持演示文稿的交互性,需要把演示文稿打包成自带播放器的文件夹,打包成的文件夹可以存储在计算机的文件系统中,或刻录在光盘上。

　　如图 5-96 所示,在 Backstage 视图的【保存并发送】窗口中单击【将演示文稿打包成 CD】列表项,在右侧的窗口中单击【打包成 CD】按钮,则弹出如图 5-97 所示的对话框,鼠标左键单击【添加文件】按钮,在打开的对话框中选择要一同打包的和当前演示文稿相关的其他文件,一般情况下不需要自己选择;通过【选项】按钮打开【选项】对话框,如图 5-98 所示,用户可以选择是否要打包链接的文件和嵌入的 TrueType 字体,默认情况下这两项是一定要选的,同时还可以设置演示文稿的打开密码和修改密码。【选项】设置完成后,在【打包成 CD】对话框中用鼠标左键单击【复制到文件夹】选项,在弹出的对话框中设置打包后的文件夹名称和存储位置,最终鼠标左键单击【确定】按钮完成打包。此后可以把打包后的文件夹复制到任何计算机中,演示文稿都可以正常播放。

　　此外,还可以通过 Backstage 视图的【保存并发送】窗口的【创建讲义】列表项的【创建讲义】按钮来创建演示文稿对应的 Word 文档,在弹出的如图 5-99 所示的对话框中,可以设置 Word 内容的版式。

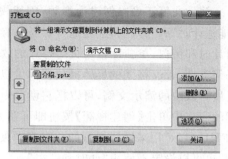

图 5-96　将演示文稿打包成 CD　　　　　　图 5-97　【打包成 CD】对话框

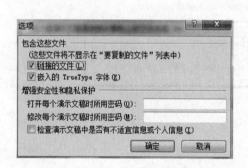

图 5-98　打包选项设置对话框　　　图 5-99　【创建讲义】的【发送到 Microsoft Word】对话框

# 本 章 小 结

　　本章从 PowerPoint 文档的基本相关概念、创建演示文稿、编辑幻灯片内容、格式化幻灯片、设置幻灯片播放效果、设置幻灯片放映方式、文档的打印和保存等方面详细介绍了 PowerPoint 2010 演示文稿的创建和使用方法及技巧。其中编辑幻灯片内容介绍了在幻灯片中插入各种对象的方法,格式化幻灯片介绍了通过主题、背景、母版的方式统一设置幻灯片格式,幻灯片的播放效果的设置可以通过设置幻灯片切换效果和动画来实现。以上提到的三方面内容是使用 PowerPoint 编辑演示文稿的主要技术。通过本章的学习,希望读者能熟悉上述技术,设计出满足实际需求的演示文稿。

# 第6章　计算机网络基础

## 【学习目标】

自 20 世纪 90 年代以后,以因特网(Internet)为代表的计算机网络得到了飞速发展,计算机网络在人们的生活、工作、学习和交往中的作用越来越大,对社会发展有巨大的推动作用。

本章结合当前网络的发展趋势,对网络的基本概念和主要应用进行了介绍。通过本章的学习,使学生掌握计算机网络及因特网的基本理论,并能熟悉地使用网络服务。

## 【本章重点】

- 计算机网络的基本概念。
- 网络的体系结构。
- Internet 的基础知识。
- Internet 的应用。
- 网络安全。

## 【本章难点】

- 网络的体系结构。
- Internet 的应用。

# 6.1　计算机网络概述

## 6.1.1　计算机网络产生及发展

计算机网络涉及通信与计算机两个领域,是计算机技术与通信技术紧密结合的产物。它的诞生使计算机体系结构发生了巨大变化,推动了信息化社会的发展,给人们的生活带来了极大的便利。计算机网络从 20 世纪 50 年代起步,在近 20 年来得到了迅猛的发展,其发展历程可以总结为以下几个阶段。

**1. 以单计算机为中心的联机终端系统**

将远程用户的输入输出装置通过通信线路与计算机的通信装置相连,用户在远程终端上输入自己的程序和数据,通过通信线路汇集到主机进行处理,处理结果再由主机的通信装置和通信线路返回给用户终端。

**2. 以通信子网为中心的主机互联**

将分布在不同地点的计算机通过通信线路互连成为计算机-计算机网络,联网用户可以使用网络中的其他计算机的软件、硬件与数据资源,从而达到了资源共享的目的。

**3. 计算机网络体系结构标准化阶段**

国际标准化组织 ISO 颁布了"开放系统互连参考模型(Open System Interconnection / Reference Model,OSI/RM)"的国际标准,形成了体系结构标准化的计算机网络。

**4. 网络互连与高速网络**

将分布在不同地理位置,采用不同协议的网络相互连接起来,构成大规模的、复杂的网络,使不同的网络之间能够在更大范围内进行通信,达到更高层次的信息交换和资源共享。目前,全球以因特网(Internet)为核心的高速计算机互联网络已经形成,Internet 已经成为人类最重要的、最大的知识宝库,它使世界各地的计算机用户可通过高速网络共享信息资源。

## 6.1.2 计算机网络的定义和组成

计算机网络出现的历史虽然不长,发展却非常迅速,它已成为计算机应用的一个重要领域,是信息交换和资源共享的技术基础。

**1. 计算机网络的定义**

计算机网络是指利用通信设备和线路,将分布在不同地理位置的、功能独立的多个计算机系统连接起来,在网络通信协议和软件的支持下进行数据通信,实现网络中资源共享和信息传递的计算机系统集合。简单来说,计算机网络就是一些互相连接的、自治的、实现资源共享的计算机的集合。从定义中可见,计算机网络需要包括三个方面的内容。

第一,"互相连接",两台或两台以上计算机需要互相连接才能构成网络,才能互相交换信息。

第二,"自治",每台计算机的工作都是独立的,任何一台计算机都不能干预其他计算机的工作,任意两台计算机之间没有主从关系。

第三,"资源共享",组建计算机网络的主要目标就是实现资源共享和信息传输。

**2. 计算机网络的组成**

在计算机网络中,各计算机之间通过通信媒体、通信设备进行数字通信,在此基础上各计算机通过网络软件共享其他计算机上的硬件资源、软件资源和数据资源。因此,从系统功能的角度看,计算机网络可以划分为资源子网和通信子网两大部分,如图 6-1 所示。

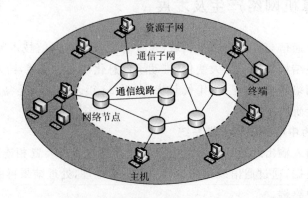

图 6-1 通信子网和资源子网

（1）资源子网：实现资源共享功能的设备及其软件的集合。由用户直接使用，其主要任务是收集、存储和处理信息，负责全网的信息处理和数据处理业务，为用户提供网络服务和资源共享功能。主要包括：网络中的计算机系统、I/O 设备、各种软件资源和数据库等。

（2）通信子网：实现网络通信功能的设备及其软件的集合。为资源子网提供服务，其主要任务是连接网上的各种计算机，完成数据的传输、交换和通信处理。主要包括：通信线路（传输介质）、网络连接设备（如网桥、路由器、交换机等）、网络协议和通信控制软件等。

## 6.1.3　计算机网络的分类

对网络的分类有以下多种形式。
- 按网络的地理范围划分：局域网、城域网、广域网。
- 按网络的拓扑结构划分：星形网、环形网、总线网、树形网、网状网络。
- 按网络的使用范围划分：公用网、专用网。

其中，最常用的划分方式是按网络的地理范围进行划分，划分为以下 3 个网络。

（1）局域网

局域网（LAN，Local Area Network），是一种在小区域范围内，由各种计算机和数据通信设备互连在一起的计算机通信网络。局域网的作用范围一般在 10 千米以内，使用双绞线、同轴电缆、光纤等传输介质实现一个单位或一个部门内（如一个学校、一个建筑物内）的小范围组网。局域网可以实现文件管理、应用软件共享、打印机共享、扫描仪共享、工作组内的日程安排、电子邮件和传真通信服务等功能。

这种网络的典型特性是：
- 距离短，延迟小，误码率低，传输速率高，一般在 10～100 Mbit/s 之间；
- 成本低，配置简单，容易组网；
- 用户数少，易管理，使用灵活方便。

目前常用的局域网类型包括：以太网（Ethernet）、令牌环网（Token Ring）、光纤分布式数据接口（FDDI）等，其中应用最广泛的当属以太网，它是目前发展最迅速、也是最经济的局域网。

（2）城域网

城域网（MAN，Metropolitan Area Network），作用范围在几千米到几十千米，通常作用于一个地区或城市。城域网是对局域网的延伸，用于局域网之间的连接，可以通过不同的硬件、软件及专门的线路或利用现有的电话线、电视电缆、光纤、微波等组建城域网。

这种网络的主要特点是：
- 数据传输速率次于局域网；
- 数据传输距离比局域网要长，信号容易受到干扰；
- 采用的传输介质相对复杂，组网比较困难，成本较高。

（3）广域网

广域网（WAN，Wide Area Network），是一种跨地域的计算机网络的集合。其覆盖的地理范围比局域网要大得多，可从几十千米到几千甚至几万千米，通常跨越省、市，甚至一个国家、一个洲。它通常是利用电信部门提供的各种公用交换网，把多个局域网及城域网连接起来，并与世界各地的网络进行互连，达到资源共享的目的，它是全球计算机网络的主干网络。

因特网(Internet)就是全球最大的广域网。

广域网一般具有以下几个特点：

- 覆盖范围广,通信距离远,规模可以覆盖全球;
- 由于长距离的传输,数据的传输速率比局域网和城域网慢很多;
- 容易出现错误,传输错误率最高;
- 传输介质多样,采用的技术比较复杂,网络设备昂贵;
- 是一个公共的网络,不属于任何一个机构或国家。

## 6.1.4 计算机网络的功能和应用

**1. 计算机网络的功能**

随着计算机网络规模的不断增大,联网的设备不断增多,网络的内容也越来越丰富,功能越来越全面。目前,计算机网络具备的基本功能主要包括以下几种。

(1) 资源共享:计算机网络的主要功能。计算机中的许多资源都是十分昂贵的,不能为每个用户所拥有。通过网络,用户能部分或全部地共享这些资源,大大提高系统资源的利用率。网络中的共享资源可分为以下几种。

- 硬件资源:各种类型的计算机、大容量存储设备、计算机外部设备,如彩色打印机、静电绘图仪等。
- 软件资源:各种应用软件、系统开发所用的支撑软件、数据库管理系统等。
- 数据资源:数据库文件、数据库、办公文档资料等。
- 信道资源:电信号的传输介质。

(2) 数据通信:计算机网络的最基本功能。计算机网络可以提供电子邮件、远程登录、浏览等数据通信服务。不同地区的计算机系统,通过网络及时、高速地传递各种信息,交换数据,发送电子邮件,使人们之间的联系更加紧密,具有很高的实用价值。

(3) 网络分布式处理与负载均衡:同一任务分配到网络中分布的其他计算机上协同完成,降低了软件设计的复杂性,大大提高了工作效率。另外,当网络中某台计算机或某个程序负荷过重时,通过网络将任务的一部分转交给其他空闲的计算机去完成,充分利用网络中的空闲资源,大大降低成本。

(4) 提高系统可靠性:在计算机网络中,各台计算机都可通过网络相互成为后备机,每一种资源都可以在两台或多台计算机上进行备份,可避免系统瘫痪,提高系统的可靠性。

(5) 分散数据的综合处理:将分散在网络各计算机中的数据资料收集起来,对其进行综合分析处理,并把正确的分析结果反馈给相关用户。

**2. 计算机网络的应用**

计算机网络的应用范围十分广泛,已经遍及人们学习、工作、生活的各个领域。通过计算机网络,人们可以开展广泛的交流活动。常用的应用包括以下几种。

- 办公自动化(OA,Office Automation):以计算机为中心,采用现代化的办公设备和先进的通信技术,使企业内部人员方便快捷地共享信息,高效地协同工作。
- 电子数据交换(EDI,Electronic Data Interchange):俗称"无纸交易",将贸易、运输、保险、银行和海关等行业的信息统一编码,通过计算机通信网络,使各有关部门、公司与企业之间进行数据交换与处理,完成贸易处理。

- 远程交换(Telecommuting)：一个公司总部与分公司办公室之间通过远程交换系统实现分布式办公。
- 远程教育(Distance Education)：通过音频、视频(直播或录像)以及包括实时和非实时在内的计算机技术把课程传送到校园外的教育，突破了时空的限制，提供了更多的学习机会，实现了教育资源的共享。
- 电子银行：是一种由银行提供的基于计算机和计算机网络的新型金融服务系统。

## 6.1.5　计算机网络的体系结构

计算机网络是一个复杂的具有综合性技术的系统，为了允许不同系统实体互连和互操作，不同系统在通信时必须遵守事先约定好的规则，这些为进行网络中数据交换而建立的规则、标准或约定，称为网络协议(Network Protocol)，简称协议。计算机系统间的通信是一个复杂的过程，为了减少协议设计的复杂性，网络中使用了"分层"的观点，把网络划分成若干层次来进行研究。计算机网络的体系结构(Architecture)就是计算机网络的层次结构及各层协议的集合。目前，网络的体系结构主要有两种国际标准，一种是法律上的国际标准 OSI/RM 参考模型；另一种是非国际标准 TCP/IP 参考模型，此标准获得了最广泛的应用，也称为事实上的国际标准。

**1. 开放系统互连参考模型(OSI/RM)**

国际标准化组织 ISO(International Standards Organization)在 20 世纪 80 年代提出了开放系统互连参考模型(OSI/RM,Open System Interconnection Reference Model)，它致力于解决各种不同类型的计算机系统和网络之间的互连问题。

OSI/RM 参考模型的逻辑结构如图 6-2 所示，它共分为 7 层，由低到高依次是：物理层、数据链路层、网络层、传输层、会话层、表示层和应用层。其中，下 3 层依赖于网络，以节点间的通信为主，实现通信子网的功能，提供数据传输和交换功能。上 3 层是面向应用的，实现资源子网的功能，提供用户与应用程序之间的数据处理。而传输层是上下两部分的桥梁，建立在由下 3 层提供服务的基础上，为面向应用的高层提供网络无关的信息交换服务。

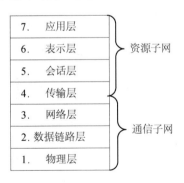

图 6-2　OSI/RM 参考模型

OSI/RM 参考模型各层的主要功能如下。

(1) 物理层

物理层是 OSI/RM 模型的最底层，其主要任务是尽可能地屏蔽掉物理设备、传输媒体、通信手段等所产生的差异，在传输媒体上透明地传送比特流。

（2）数据链路层

数据链路层的数据传输单元是按一定格式组织起来的位组合，即"数据帧"。数据链路层为物理层和网络层之间提供通信服务，建立相邻节点之间的数据链路，实现帧的无差错传送。

（3）网络层

网络层主要解决网络与网络之间的通信问题，其数据传输单元是"分组"或"包"。网络层的根本任务是实现分组从源主机传送到目的主机。

（4）传输层

传输层是 OSI/RM 模型中最重要的一层，它将实际使用的通信子网与高层应用分开，该层的数据单元是"报文"。传输层的主要任务是保证数据可靠地从发送端发送到目的端，处理数据包错误、数据包次序，以及其他一些关键的传输问题。

（5）会话层

会话层负责在网络中的两个节点之间建立、维护和终止端与端之间的通信，是用户连接到网络的接口。

（6）表示层

表示层的目的是处理信息传送过程中数据表示的问题，如同应用程序和网络之间的翻译官，其主要功能是完成传输数据表示的解释工作，包括数据转换、数据加密和数据压缩等。

（7）应用层

应用层是 OSI/RM 七层模型的最高层，是计算机网络与最终用户间的接口，它直接为应用进程提供服务。应用层提供了各种应用层协议，使得网络用户或应用程序能够完成特定的网络服务功能，如文件服务、电子邮件服务、远程登录、域名解析服务等。

**2. TCP/IP 参考模型**

TCP/IP(Transmission Control Protocol/Internet Protocol)是一组通信协议的代名词，是由一系列协议组成的协议簇。它起源于美国 ARPAnet 网，是因特网上所有网络和主机之间进行通信必须使用的协议标准。随着因特网的迅速发展，TCP/IP 得到了广泛的应用，已成为事实上的网络互连标准。在 TCP/IP 参考模型中，把网络划分为四个层次，由下向上依次是：网络接口层、网际层、传输层和应用层。TCP/IP 参考模型的层次划分和各层的网络协议，以及与 OSI/RM 模型的对应关系如图 6-3 所示。

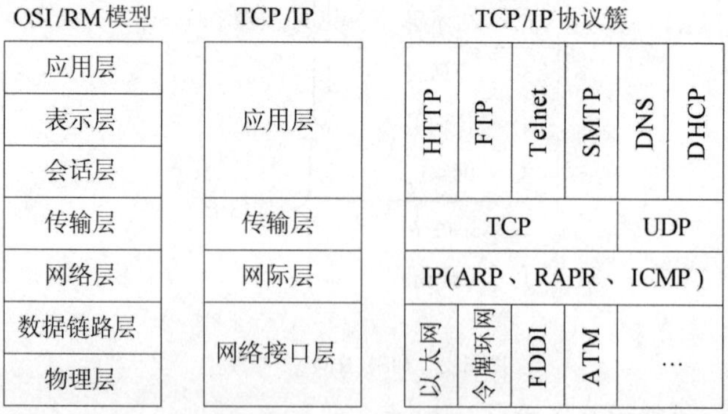

图 6-3 TCP/IP 分层模型

下面简单介绍 TCP/IP 参考模型中各层所提供的服务。

（1）网络接口层

网络接口层是 TCP/IP 的最底层，提供了各种网络的接口，负责通过网络发送和接收 IP 数据报。TCP/IP 没有定义这层的具体协议，允许主机使用多种现成的流行的协议连入网络，体现出 TCP/IP 协议的兼容性与适应性，为 TCP/IP 协议的成功奠定了基础。

（2）网际层

网际层是 TCP/IP 协议的核心，是传输媒体和用户之间的接口，主要负责相邻节点之间的数据传送。网际层提供了基于无连接的数据传输、路由选择、拥塞控制和地址映射等功能，其主要协议如下。

- IP（Internet Protocol，网际协议）：网际层的核心协议，它规定了 IP 数据包的格式，以及网络范围内的 IP 地址格式，提供数据分组传送、路由选择等功能。
- ARP（Address Resolution Protocol，地址解析协议）：根据已知的 IP 地址，获取对应主机的物理地址。
- RARP（Reverse Address Resolution Protocol，反向地址解析协议）：通过物理地址查找对应的 IP 地址。
- ICMP（Internet Control Message Protocol，网际控制报文协议）：允许主机或路由器报告差错情况和提供有关异常情况的报告。

（3）传输层

传输层的主要任务是为应用进程之间提供端到端的逻辑通信，它还需要对收到的报文进行差错检查。传输层需要有两种不同的传输协议，即面向连接的 TCP 协议和无连接的 UDP 协议。

- TCP（Transmission Control Protocol，传输控制协议）：提供可靠的、面向连接的服务，在通信前必须建立一条连接，利用各种机制实现流量控制、拥塞控制等，保证数据的可靠传输。
- UDP（User Datagram Protocol，用户数据报协议）：提供不可靠的、无连接服务，在传送数据之前不需要先建立连接，不保证可靠交付，没有拥塞控制，很适合多媒体通信的要求。

（4）应用层

TCP/IP 的应用层包括了 OSI 模型的应用层、表示层和会话层的大部分功能，负责处理特定的应用程序，向用户提供一组常用的应用协议，如 HTTP（Hyper Text Transfer Protocol，超文本传输协议）、FTP（File Transfer Protocol，文件传输协议）、Telnet（虚拟终端协议）、DNS（Domain Name System，域名系统）、SMTP（Simple Mail Transfer Protocol，简单邮件传输协议）等。

**3．TCP/IP 的工作原理**

从以上体系结构来看，TCP/IP 参考模型和 OSI/RM 模型都是分层的结构。在进行数据通信时，数据首先由发送端的应用进程发送给应用层，接着从上到下经过传输层、网络层的传输到达网络接口层，再转化为比特流，通过传输媒体传送到接收端的网络接口层。在接收端，数据再由下到上经过网络接口层、网际层、传输层的传输到达应用层，最后由用户的接收进程获取。

数据在发送端逐层传递的过程中，数据块每经过一层都要加上该层有关的控制信息，再向下传输，最后到达传输媒体，这个过程称为数据的封装，每层的控制信息可称为报头。在接收端,信息向上传递时,刚好与之相反,每层都要把发送端同层添加的报头剥去,再上交给上层,这个过程称为数据的解封。在数据传输过程中,每层添加的报头对上层来说是透明的,上层根本感觉不到下层报头的存在。TCP/IP 协议中,数据的传输过程如图 6-4 所示。

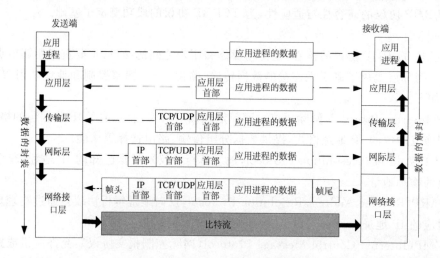

图 6-4　TCP/IP 协议数据传输过程

## 6.2　Internet 的基本技术

### 6.2.1　Internet 的发展

Internet 中文译文为"因特网",它是通过各种网络设备连接地球上不同地区、不同类型的计算机网络的互联网络。Internet 起源于 1969 年美国国防部的高级研究计划局(ARPA)建设的一个军用网 ARPAnet,当时仅连接了 4 台计算机,主要用于计算机联网实验。

到了 20 世纪 70 年代,ARPAnet 已经建立了多个计算机网络,但各个网络中的计算机只能与该网络中的其他计算机通信,不能与其他网络中的计算机通信。为此,ARPA 继续开展相关的研究,研究的内容就是将不同网络中的计算机互联,使之能相互通信,形成"互联网"。研究人员称之为"Internetwork",简称为"Internet"。

1983 年 APPAnet 分成两个网络:一个为军用网络,称为"MILNET";另一个为民用网络,仍称为"ARPAnet"。

1986 年美国科学基金组织(NSF)将美国各地的 5 个科研教育超级计算机中心互联,采用 TCP/IP 通信协议,形成 NSFnet 广域网。同时许多大学、政府、私人科研机构等网络并入 NSFnet,成为 Internet 的主干网络,这促成了 Internet 的第一次快速发展。

Internet 的第二次飞速发展在 20 世纪 90 年代,随着工商企业进入 Internet,Internet 开始大规模应用在商业领域。目前,Internet 的应用已经渗透到了社会生活的各个方面,如教育、娱乐、商业等。

随着 1994 年中国正式加入 Internet,Internet 在我国飞速发展,截至 2013 年 6 月 30 日,我国网民数量达到 5.91 亿,网站数达到 294 万个,国际出口带宽数达到 2 098,150 Mbit/s。

## 6.2.2　网络上的设备

网络设备是连接到网络上的物理实体,主要包括计算机、集线器、交换机、路由器、网关、调制解调器等。

集线器:英文名 Hub,是具有多个端口的网络连接设备,其作用是将信号放大增强后,发送给与它连接的所有其他网络设备,以扩大网络的传输距离。

交换机:与集线器相似,通过其上的端口进行信号的转发。不同的是,集线器没有记忆功能,而交换机具有记忆功能,能"记住"连接到交换机上的设备地址。连接到交换机上的两台设备间要通信时,交换机找到与目的设备连接的端口,通过此端口向目的设备转发信号。

路由器:用于连接逻辑上分开的多个网络,为信息流或数据分组选择路由。

网关:在传输层上实现网络互连,并且仅用于两个高层协议不同的网络互连。如有网络 A 中的计算机要向网络 B 中的计算机发送消息,则消息先发送到 A 的网关,再发送到 B 的网关,由 B 的网关将消息发送到目的计算机。

调制解调器:又称 Modem,主要完成模拟信号与数字信号的转换。信号在通信线路上传输时采用模拟信号,而计算机内部采用数据信号。计算机发送数据时,调制解调器将计算机的数字信号转换为模拟信号;接收数据时,调制解调器将接收到的模拟信号转换为数字信号传输给计算机。

## 6.2.3　IP 地址和域名

### 1. IP 地址

Internet 上存在大量的计算机,这些计算机之间要能相互通信,必须具有唯一的身份标识。Internet 上计算机的身份标识就是分配给此计算机的 IP 地址,IP 协议使用 IP 地址在主机间传递信息。Internet 采用全球统一的地址格式为网络中的每台主机、每个网络分配唯一的 IP 地址。

IP 地址的长度为 32 位,分为 4 段,每段 8 位。将每段的 8 位二进制地址用十进制数字表示,并且段与段之间用"."隔开,则 IP 地址可以用 4 个 0～255 之间的十进制数表示,如搜狐的主机地址为 121.14.0.97,华南理工大学广州学院的主机地址为 125.216.159.11。

IP 地址由两部分组成,一部分为 Internet 上某网络在 Internet 上的网络地址,另一部分为该网络中的计算机在网络中的主机地址。根据网络地址长度的不同,IP 地址分为 A、B、C、D、E 共 5 类地址,其中 A、B、C 三类为基本类,D 类为多播地址,E 类保留,作为备用地址。

A 类地址格式如图 6-5 所示。

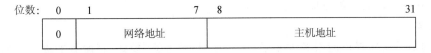

| 位数: | 0 | 1 | 7 | 8 | 31 |
|---|---|---|---|---|---|
| | 0 | 网络地址 | | 主机地址 | |

图 6-5　A 类地址格式结构图

A 类地址最高位为 0,第 1～7 位用来存储该网络在 Internet 上的网络地址,第 8～31 位用来存储网络中的计算机在该网络中的主机地址。由于用 7 位表示网络地址,并且全 0 和全 1

的网络地址有特殊用途不能作为网络地址,所有 A 类地址最多能表示的网络数为 $2^7-2=$ 126 个。每个 A 类地址用 24 位来表示该网络中计算机的主机地址,每个 A 类地址表示的网络中最多可以包含的主机数为 $2^{24}-2=16\ 777\ 214$ 台(主机地址全 0 表示网络地址,全 1 表示广播地址,因此全 0 或全 1 均不能作为主机地址),所有 A 类地址主要分配给规模比较大的网络使用。

B 类地址格式如图 6-6 所示。

图 6-6　B 类地址格式结构图

B 类地址最高两位为 10,第 2~15 共 14 位表示网络地址,故可以表示的网络数为 $2^{14}-2=$ 16 382,第 16~31 共 16 位表示该网络中计算机的主机地址,所有每个 B 类地址表示的网络中最多可以包含的主机数为 $2^{16}-2=65\ 534$。

C 类地址格式如图 6-7 所示。

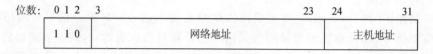

图 6-7　C 类地址格式结构图

C 类地址最高三位为 110,第 3~23 共 21 位表示网络地址,故可以表示的网络数为 $2^{21}-2=$ 2 097 150,第 24~31 共 8 位表示该网络中计算机的主机地址,所有每个 C 类地址表示的网络中最多可以包含的主机数为 $2^8-2=254$。

在 A、B、C 三类地址中每一类地址保留了一个地址区间作为私有地址,A 类地址的私有地址区间为 10.0.0.0~10.255.255.255,B 类地址的私有地址区间为 172.16.0.0~172.31.255.255,C 类地址的私有地址区间为 192.168.0.0~192.168.255.255,这些地址可以被局域网中的计算机使用作为 IP 地址,但不能作为 Internet 上的 IP 地址。因此使用这些地址的计算机不能直接和 Internet 连接,但通过一些技术和方法可以和 Internet 中的计算机通信。

随着互联网的发展,IPv4 采用 32 位的 IP 地址越来越显示出其缺陷:一方面随着互联网用户的增多,可供使用的 IP 地址越来越少;另一方面,现在的 Internet 安全主要建立在应用程序级别,如 EMail 加密、接入安全(SSL)等,IPv4 无法从 IP 层来保证 Internet 的安全。Internet 标志工作组提出了 IPv6 来替代现在使用的 IPv4。在 IPv6 中,IP 地址的长度为 128 位,一方面可以解决 IPv4 的地址不足的问题,另一方面 IPv6 考虑网络安全问题,支持各种安全选项,如审计、数据完整性检查、保密行验证等。目前国内许多大学都已经建立基于 IPv6 的实验网站,如浙江大学、上海交通大学、华南理工大学等建立的基于 IPv6 的实验网站,可以为用户提供 WWW、FTP、BBS、视频点播等服务。

**2．域名**

现在的 Internet 提供的服务大多采用"客户器/服务器"模式,将服务器提供的服务安装在 Internet 中的主机上,用户只需知道主机的 IP 地址,就可以使用主机上提供的服务。由于 IP 地址难以记忆,为了方便用户使用,用域名来表示 Internet 上的计算机(组)的名称,用户通过域名就可以找到 Internet 上的计算机(组),从而使用该计算机提供的服务。Internet 上的域名是唯一的,每一个域名都有一个唯一的 IP 地址与之对应。

域名由一串用"."隔开的名字组成,如"www. baidu. com"为"百度"的域名,"www. gcu. edu. cn"为"华南理工大学广州学院"的域名。域名的结构与我们平常生活中的使用习惯不同。日常生活中的地址表示为:中国. 广东省. 广州市. 花都区,而域名的基本结构为:

主机名. 三级域名. 二级域名. 顶级域名

位于域名最后的为顶级域名,目前 Internet 中的顶级域名有:1、地理顶级域名,如 cn(中国)、hk(中国香港)、tw(中国台湾)、us(美国)等,华南理工大学广州学院的域名中"cn"为地理顶级域名;2、类别顶级域名,表 6-1 给出了常用的类别域名。百度的域名中"com"为类别顶级域名。

表 6-1  常用类别域名

| 域名 | 类别 | 域名 | 类别 |
|---|---|---|---|
| com | 商业组织,现通用 | edu | 教育机构 |
| net | 网络组织,现通用 | gov | 政府部门 |
| org | 组织机构,现通用 | mil | 军事部门 |

按照《中国互联网络域名管理办法》,顶级域名 cn 下设置"类别域名"和"行政区域名",其中"类别域名"与顶级域名中的"类别顶级域名"基本相同,而"行政域名"共 34 个,适用于我国的各省、自治区、直辖市、特别行政区等,表 6-2 给出了几个行政区域名示例。

表 6-2  常用行政区域名

| 行政区域名 | 地区 | 行政区域名 | 地区 |
|---|---|---|---|
| bj | 北京市 | gd | 广东省 |
| sh | 上海市 | sd | 山东省 |
| tj | 天津市 | xz | 西藏自治区 |

例如,www. gcu. edu. cn 中的二级域名"edu"为顶级域名"cn"下的类别域名,www. gold. gd. cn 中的二级域名"gd"为顶级域名"cn"下的行政区域名。

三级域名一般为相应机构的组织机构名,如 www. gcu. edu. cn 中的"gcu"代表华南理工大学广州学院,www. baidu. com 中的"baidu"代表百度。

一个组织机构中有一个或多个主机提供服务,每个主机都有自己的主机名,一般为提供 web 服务的主机命名为"www",提供邮箱服务的主机命名为"mail"。例如,www. gcu. edu. cn 中的"www"为华南理工大学广州学院提供 web 服务的主机名,mail. gcu. edu. cn 中的"mail"为华南理工大学广州学院提供邮箱服务的主机名。

**3. 域名解析**

域名有助于人们记忆相关的网络地址,但网络中通信的计算机只识别 IP 地址,因此必须将域名转换为计算机能识别的 IP 地址。域名解析就是将域名转换为 IP 地址的过程,完成此过程的是 DNS 服务器,在 DNS 服务器上存储了与域名相对应的 IP 地址。

## 6.2.4  Internet 接入技术

网络接入技术是指一个 PC 机或局域网与 Internet 相互连接的技术,或两个远程局域网之间相互连接的技术。接入方式主要有 PSTN、ISDN、DDN、LAN、ADSL、VDSL、PON、光纤接入等,各种接入技术有其优缺点。下面主要介绍 ADSL 和光纤接入技术。

ADSL(Asymmetric Digital Subscriber Line,非对称数字用户环路),利用普通的电话线将用户计算机接入 Internet,其最高下行速率和最高上行速率不同,因此称为非对称数字用户线环路。利用 ADSL 接入技术,在客户端需要安装 ADSL Modem,再将个人计算机连接到 AD-SL Modem 上,具体结构如图 6-8 所示。

光纤接入技术是用光纤代替传统的铜缆线路(如电话线),用户端用光纤 Modem 将个人计算机连接到光纤上,光纤 Modem 结果如图 6-9 所示。

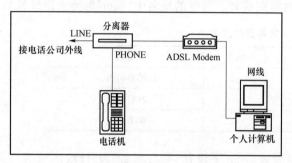

图 6-8　个人 ADSL 接入结构图　　　　图 6-9　光纤 Modem 接口示意图

光纤 Modem 上的光纤接口直接连接到外部光纤上,用户的个人计算机通过网线连接到光纤 Modem 的局域网接口上,通过拨号连接到 Internet。

光纤利用光来传递信息,传输质量好,容量大,抗干扰能力强,光纤通信已成为世界通信中的主要传输方式。工业和信息化部在 2012 年 5 月发布的《宽带网络基础设施"十二五"规划》中提出,到 2015 年,全国基本实现"城市光纤到楼入户,农村宽带进乡入村"。城市家庭接入带宽达到 20 Mbit/s,农村家庭接入带宽达到 4 Mbit/s;实现光纤到户覆盖两亿户,用户超过4 000 万,城市新建住宅光纤到户率达到 60%以上。

# 6.3　Internet 的应用

## 6.3.1　相关概念

### 1. 统一资源定位器 URL

统一资源定位器(URL,Uniform Resource Locator)是 Internet 上资源的地址,用于定位Internet 上的资源。URL 的标志格式为

$$协议类型://服务器地址[:端口号]/路径/文件名$$

［　］表示其包含的内容在某些情况下可以省略。例如,http://sports. sohu. com/20130826/ n384863407. shtml表示一个地址,http 为超文本传输协议,sports. sohu. com 为域名,表示搜狐的 sports 服务器,20130826/n384863407. shtml 表示服务器的 20130826 子目录(相当于文件夹)的 n384863407. shtml 网页。

### 2. 协议

网络协议是网络上所有的设备(计算机、路由器、交换机等)之间通信规则的集合,协议规

定了通信时信息采用的格式和这些格式的意义。

常见的应用层协议如下。

HTTP(Hypertext Transport Protocol),超文本传输协议):规定了浏览器和服务器之间相互通信的规则,主要用于从 WWW 服务器传输超文本到本地浏览器。

FTP(File Transfer Protocol,文件传输协议):是在网络中的两台计算机之间传送文件的协议。通过 FTP,用户可以将文件从 FTP 服务器下载到本地计算机中,也可以将本地计算机中的文件上传到 FTP 服务器中。

SMTP(Simple Mail Transfer Protocol,简单邮件传输协议):定义了从源地址传输邮件到目的地址的规则。

## 6.3.2  WWW 及浏览器

WWW(World Wide Web),中文译名为"万维网"。借助万维网,用户可以通过客户端程序(浏览器)浏览万维网中的文字、声音、图像等各种多媒体资源。实现万维网功能的主要协议如下。

**1. URL**

URL 用来标识万维网中资源的位置。如果将万维网上的资源看成硬盘中的文件,则URL 可以看成硬盘中文件的路径。

**2. HTTP**

由于万维网中的资源和客户机位于网络中的不同位置,必须将资源传输到客户机的客户端程序,通过客户端程序显示资源内容。HTTP 规定了客户机程序和服务器之间的交流方式。

**3. HTML**

HTML(超文本标记语言)用来定义超文本的结构和格式,从而使用户在客户端程序里能浏览到结构良好的超文本信息。

用户用来浏览超文本信息的客户端程序就是浏览器,最常用的浏览器有 IE(Internet Explorer)、Chrome 和 Firefox 等,据百度统计流量研究院的统计数据,在 2013 年 5 月 1 日到 2013 年 7 月 31 日共 3 个月中,IE8.0 的使用率占 34.52%,Chrome 的使用率占 22.42%,IE6 的使用率占 14.05%,IE9 的使用率占 7.48%,其他 IE 浏览器(包括 IE10、IE7 等)的使用率超过 60%。

下面以 IE9 为例来介绍浏览器的使用方法。

在 Windows 7 中,通过单击桌面底部【任务栏】上的 IE 图标即可启动 IE9,IE9 启动后的界面如图 6-10 所示。

在菜单栏的下面是【收藏夹】栏,【收藏夹】右边为命令栏,浏览器底部为【状态栏】。由于设置不同,可能界面上包含的项目及其位置不同。用户可以自己调整界面上的项目,具体设置方法为:在菜单栏的右边空白处单击右键,弹出如图 6-11 所示的右键快捷菜单,从菜单中可以看到,在浏览器中显示的项目,在菜单中其相应的菜单项前面均显示有一个"√",表示该项已显示。如果想取消项目在浏览器上的显示,只需在要取消显示的项目上单击,即可看到在右键快捷菜单中其相应的菜单项前面的"√"消失,同时相应的栏目在浏览器中消失。例如要在浏览器界面上取消【工具栏】的显示,可在菜单栏的右边空白处单击右键,在弹出的右键快捷菜单中单击【命令栏】即可,此时,可以看到【命令栏】项前面的"√"消失,【命令栏】也已经在浏览器上消失。

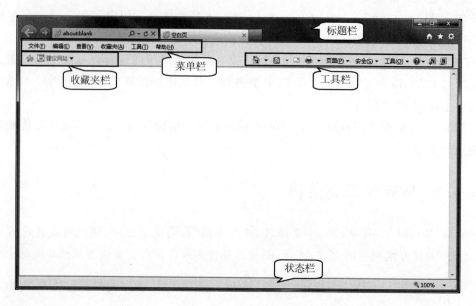

图 6-10　IE9 基本界面图

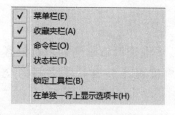

图 6-11　【右键快捷菜单】

　　直接在浏览器的地址栏中输入网页的地址后按【Enter】键就可以打开相应的网页,如 www. hao123. com。当我们在【地址栏】输入网页地址时,地址中的 http 可以省略,浏览器会自动在前面加上 http。

　　在当今社会信息量急剧增加的时代,人们越来越需要通过搜索引擎搜索所需的信息,下面简单介绍在百度搜索信息的方法。

在【地址栏】输入"www. baidu. com"后按【Enter】键,在浏览器中显示百度的页面如图6-12 所示。

图 6-12　百度搜索主页面

百度页面中间有一个搜索框,在其中输入要搜索的关键词,单击搜索框右边的【百度一下】按钮即可进行搜索。如果要搜索的信息关键词有多个,关键词之间用空格分隔即可。如要搜索在 redhad 系统中安装 hadoop 的方法,只需在搜索框中输入"redhad hadoop",搜索的结果如图 6-13 所示。

图 6-13　百度搜索结果

通过百度可以搜索需要的新闻、音乐、图片、视频等。如果要搜索图片,可以先单击搜索框上面的【图片】超链接即可转到图片搜索的主页面,如图 6-14 所示,在搜索栏中输入要搜索图片的关键词,单击【百度一下】按钮即可搜索需要的图片。

图 6-14　百度图片搜索页面

浏览器常用的功能如下。

（1）添加页面到【收藏夹】

如果想把正在浏览的页面的地址保存下来,可以将其添加到【收藏夹】。将页面添加到【收藏夹】有两种方式。

① 通过【收藏夹栏】

打开要收藏的页面,单击【收藏夹栏】上的【添加到收藏夹栏】按钮,即可将页面添加到【收藏夹栏】。例如,要将华南理工大学广州学院的首页添加到【收藏夹】,先在浏览器中打开网页www.gcu.edu.cn,界面如图 6-15 所示,再单击【收藏夹栏】上的【添加到收藏夹栏】按钮。

图 6-15　添加到收藏夹前的浏览器界面

收藏后的浏览器界面如图 6-16 所示。以后需要打开华南理工大学广州学院的首页时，只需单击【收藏夹栏】中"华南理工大学广州学院"图标即可。

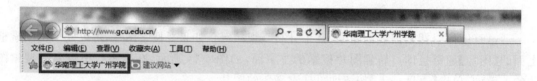

图 6-16　添加到【收藏夹】后的浏览器界面

② 通过【收藏夹】菜单

打开将要收藏的页面后，单击【收藏夹】菜单中的【添加到收藏夹】按钮，弹出【添加收藏】对话框，如图 6-17 所示。

直接单击【添加】按钮即可将网页添加到【收藏夹】。将页面通过【收藏夹】菜单添加到收藏夹后，在【收藏夹】菜单中增加相应的菜单项，如图 6-18 所示，单击此菜单项即可打开相应的页面。

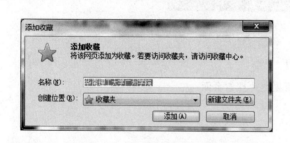

图 6-17　【添加收藏】对话框

图 6-18　添加都收藏夹后的【收藏夹】菜单

（2）删除浏览历史记录和查看下载记录

通过浏览器浏览网页时，浏览器可以保存用户的浏览历史页面、经过允许保存的页面登录密码等，这些历史信息可以通过菜单命令清除。

单击【工具】菜单栏中的【删除浏览的历史记录】，弹出如图 6-19 所示的【删除浏览的历史记录】对话框。勾选要删除的项，然后单击【删除】按钮即可删除相关的内容。

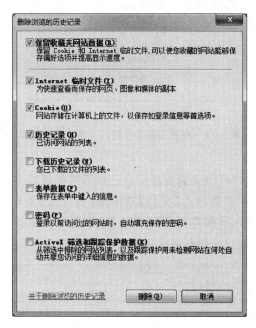

图 6-19　【删除浏览的历史记录】对话框

　　在【工具】菜单中，单击【查看下载】菜单项即可打开如图 6-20 所示的对话框，在对话框中可以看到所有已经下载的文件，在已经下载的文件上单击右键，在弹出的右键快捷菜单中（如图 6-21 所示）选择【打开所在文件夹】，即可打开已经下载的文件所在的文件夹，查看所下载的文件。

图 6-20　【查看下载】对话框

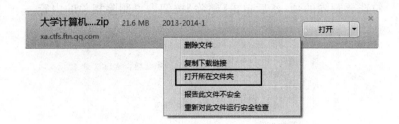

图 6-21　查看下载文件所在文件夹快捷菜单

（3）保存网页

对于感兴趣的网页，用户可以将其保存到自己计算机的硬盘上，当需要浏览时可以直接打开已经保存的网页。具体方法是单击【文件】菜单的【另存为】菜单项，弹出如图 6-22 所示的【保存网页】对话框，用户输入欲保存网页的文件名，并选择保存类型（可以选择网页、Web 档案、文本文件等）后单击【确定】选项即可保存网页。

图 6-22　【保存网页】对话框

## 6.3.3　FTP 服务

通过浏览器，用户可以下载网络中的文件，但不能上传文件。而 FTP 服务允许 FTP 客户端从 FTP 服务器下载文件，也允许客户端将文件上传到服务器。

现在网络上有一些公司建立了专门的 FTP 站点，为用户提供 FTP 服务，如微软（ftp. microsoft. com）、Adobe（ftp. adobe. com）等。更多的 FTP 站点是由公司、企业建立的，供公司、企业内部员工使用，不对外提供服务。

可以使用浏览器和文件管理器连接 FTP 站点来进行文件的上传和下载，下面以华南理工大学广州学院计算机中心提供的内部 FTP 站点为例简单说明 FTP 服务的使用。FTP 服务器的 IP 地址是 10. 5. 1. 5，打开文件管理器，在【地址栏】中输入"ftp://10. 5. 1. 5"，然后按

【Enter】键,弹出登录界面,如图 6-23 所示。

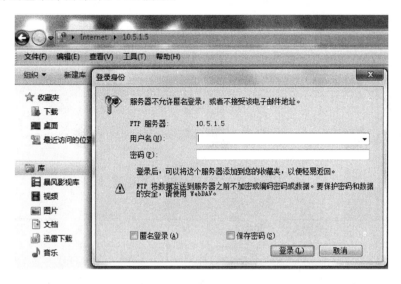

图 6-23　FTP 服务器登录界面

计算机中心为每个 FTP 服务的使用者提供了用户名和密码,只需在界面中输入分配的用户名和密码,单击【登录】按钮即可登录服务器。登录成功后即可看到 FTP 服务器中用户个人建立的文件夹和上传的文件,如图 6-24 所示。

图 6-24　FTP 服务器登录成功后的文件列表

下载文件(夹)到本地时,在需下载的文件(夹)上单击右键,在弹出的右键快捷菜单中选择【复制到文件夹】选项,在弹出的【浏览文件夹】对话框(如图 6-25 所示)中选择相应的存放位置,单击【确定】按钮,即可将所选择的文件复制到本地计算机中。

上传文件到 FTP 服务器时,用户必须具有文件上传的权限。先复制本地需要上传到服务器中的文件,然后在 FTP 服务器中想存放的位置单击右键,在弹出的右键快捷菜单中选择【粘贴】选项,就可以将文件上传到 FTP 服务器,如图 6-26 所示。

图 6-25　【浏览文件夹】对话框

图 6-26　在 FTP 服务器中粘贴文件

## 6.3.4　电子邮件

电子邮件已经成为人们生活、工作中的一个重要沟通工具,很多网站提供免费邮箱服务,如 163、新浪、搜狐等,只要登录相关网站申请就可以获得分配的邮箱。

如果要通过邮箱来收、发邮件,可以直接在相关网站登录邮箱来进行。如要登录搜狐的邮箱,首先在浏览器中输入搜狐邮箱登录页面地址"mail.sohu.com",进入如图 6-27 所示的搜索登录页面,在页面中输入邮箱的邮箱名和密码,单击【登录】按钮即可登录邮箱,登录后的邮箱管理界面如图 6-28 所示。在邮箱管理界面,用户可以通过界面上提供的按钮、超链接来收邮件、发邮件;查看收件箱、草稿箱、垃圾箱中的邮件,以及已经发送的邮件、已删除的邮件。

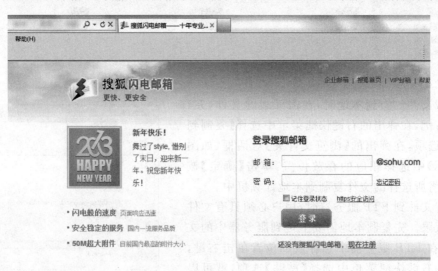

图 6-27　搜狐邮箱登录页面

图 6-28 搜狐邮箱用户管理界面

除了直接通过登录相关网站来登录邮箱外,用户还可以通过相关的软件来管理邮箱,如 Foxmail、Outlook、Windows Live Mail 等。Outlook 是 Microsoft Office 套装软件的组件之一,使用 Outlook 可以收发邮件、管理联系人信息等。下面简要介绍 Outlook 2010 的配置与使用。

Outlook 安装完成后,单击【开始】菜单中的【所有程序】,展开"Microsoft Office",如图 6-29 所示,单击其中的【Microsoft Outlook 2010】即可启动 Outlook 2010。

图 6-29 Microsoft Office 展开图

在使用 Outlook 之前,应先对 Outlook 进行配置,具体方法如下。

(1)在【Microsoft Outlook 2010 启动】对话框中,单击【下一步】按钮,进入【账户配置】对话框。

(2)在【账户配置】对话框中,勾选【是】选项,单击【下一步】按钮,进入【添加新账户】对话框,如图 6-30 所示。

(3)在【添加新账户】对话框中,在"您的姓名"后面的文本框中输入你想设置的名字,如 Tom;在"电子邮箱地址"后面的文本框中输入要登录的电子邮箱地址,如 tom1@sohu.com;在"密码"和"重新键入密码"后面的文本框中输入电子邮箱的登录密码;输入完成后单击【下一步】按钮,进入【电子邮箱服务器】配置界面。

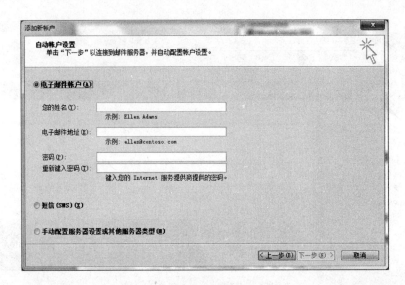

图 6-30　【添加新账户】对话框

　　(4) 在【电子邮箱服务器】配置界面(如图 6-31 所示),Outlook 会自动建立网络连接,自动配置电子邮箱的服务器,配置完成后单击【完成】按钮,Outlook 配置完成,此时 Outlook 正式启动。

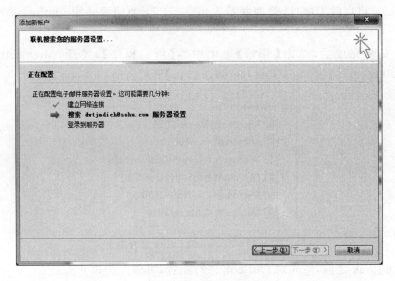

图 6-31　电子邮箱自动配置界面

　　(5) Outlook 启动后的界面如图 6-32 所示,在 Outlook 最上面为标签区,包含【文件】、【开始】、【发送/接收】、【文件夹】、【视图】等选项卡,在标签区下面为【功能区】,单击不同的选项卡,在功能区会显示不同的功能按钮。

　　在功能区左侧下部为【导航窗格】和【任务切换按钮】,右侧为【阅读窗格】。【导航窗格】中显示的内容根据其下方所选任务的不同而不同。在图 6-32 中,可以看到【导航窗格】下的【邮件】任务加粗显示,说明当前正在进行【邮件】任务处理,这时在导航窗格中显示了邮件处理相关的按钮,如查看【收件箱】、【草稿】、【发件箱】、【已删除邮件】和【已发送邮件】等按钮。在默认状态下,阅读窗格中显示的是【收件箱】中的邮件列表和收件箱中第一封邮件的内容,分别单击

【草稿】、【已发送邮件】、【已删除邮件】等按钮时,在阅读窗格会分别显示各个类别的邮件列表和列表中第一封邮件的内容。

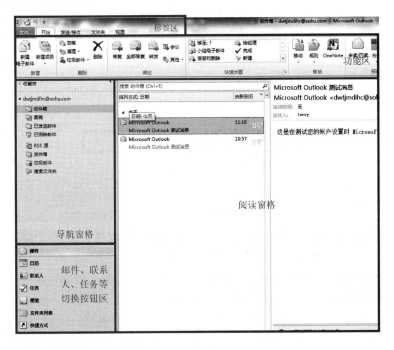

图 6-32　Outlook 主界面

Outlook 主要的功能是收发邮件,下面简要介绍邮件的接收与发送的基本操作。

**1. 接收邮件**

首先确保任务切换按钮区的【邮件】任务处于被选中状态(即【邮件】加粗显示),单击【开始】选项卡中的【发送/接收所有文件夹】按钮,此时 Outlook 会将远程邮箱中的邮件下载到本地。

下载完成后,单击导航窗格中的【收件箱】按钮,在阅读窗格左边将显示所有的邮件列表(包括新下载的)。在列表中任意一项上单击,在阅读窗格右边显示邮件的详细内容;或者在列表中任意一项上右键,在弹出的右键快捷菜单中选择【删除】选项,即可将邮件删除,此时邮件被移动到【已删除邮件】文件夹,单击【已删除邮件】按钮,就可以看到被删除的邮件。

**2. 发送邮件**

首先确保任务切换按钮区的【邮件】任务处于被选中状态,单击【开始】选项卡中的【新建电子邮件】按钮,弹出邮件编辑界面,如图 6-33 所示。

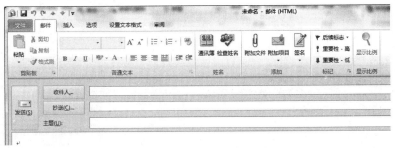

图 6-33　新邮件编辑界面

在"收件人"后面的文本框中输入收信人的电子邮件地址（如 tom@163.com）。如果要将此邮件同时发送给其他多个人，可以将邮件的所有接收者的邮箱地址写在"收件人"后面的文本框中，中间用";"隔开。例如，需要将邮件发送到"tom@163.com；marry@163.com；james@sohu.com"，只需在"收件人"后的文本框中输入所有的邮箱地址，如图 6-34 所示。

图 6-34　向多人发送邮件图

将所有接收人地址写在"收件人"后的文本框中时，所有收件人都可以看到此邮件的所有发送地址。如果不想收件人看到此邮件的其他接收人，可以采用抄送的方式发送邮件。在"收件人"后的文本框中输入一个邮件接收地址，将其他接收人的邮箱地址写在"抄送"后的文本框中，不同邮箱地址间用";"隔开，如图 6-35 所示。

图 6-35　邮件抄送界面图

如果需要为邮件添加附件，单击图 6-35 中的【附加文件】按钮，弹出如图 6-36 所示【插入文件】对话框，在其中选择需要添加为附件的文件，单击【插入】完成附件的添加。

图 6-36　【插入文件】对话框

然后分别输入邮件的主题和正文,完成后如图 6-37 所示,单击【发送】按钮完成邮件的发送。

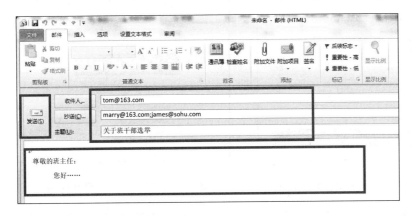

图 6-37　邮件编写完成界面

## 6.3.5　网络硬盘

网络硬盘又称为网络 U 盘、网盘,是由互联网公司推出的在线存储服务,向用户提供文件的存储、访问、备份、共享等文件管理功能。

目前最主要的网盘有 115 网盘、百度云网盘、华为的 DBank 网盘、金山快盘等。下面介绍 115 网盘的主要使用方法。

打开浏览器,在地址栏中输入"http://www.115.com/",打开 115 网盘的主页,如图 6-38 所示。

图 6-38　115 网盘主页

网页的右侧上方为登录区,登录区下方为注册区。使用网盘之前需要先注册,可以使用手机号码注册,也可以通过邮箱注册。如果使用邮箱注册,则在注册区输入邮箱地址、网盘登录密码和验证码,如图 6-39 所示。

单击【立即注册】按钮,弹出如图 6-40 所示界面,要求用用户登录注册时所填写的邮箱来进行验证,此步骤由用户自己完成,这里不做过多描述。

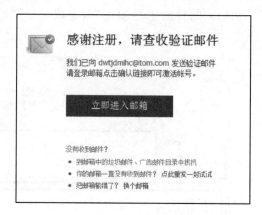

图 6-39　注册信息输入界面　　　　　图 6-40　单击【立即注册】后显示页面

　　验证成功后即可用邮箱名来登录、使用网盘。在 115 网盘主页的登录区输入注册时的邮箱名和密码,单击【登录】按钮即可进入如图 6-41 所示的个人资料完善页面,本文跳过【完善资料】、【好友推荐】、【圈子推荐】等步骤,单击【直接进入网盘】超链接,进入网盘管理界面如图 6-42 所示。

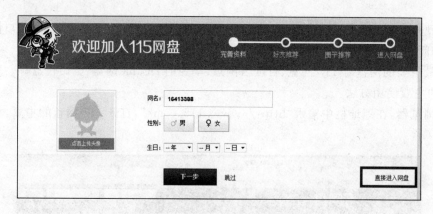

图 6-41　个人资料完善页面

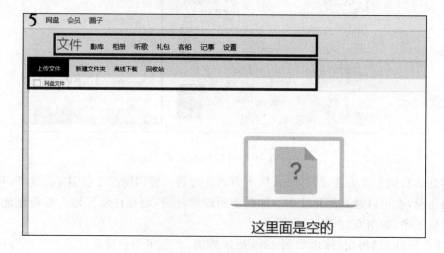

图 6-42　115 网盘管理界面

115 网盘支持用户将本地的文件上传到网盘,同时支持种子文件、115 网盘文件提取码等各种离线下载方式。115 网盘提供文件上传与管理、相片管理、在线听歌、文件分享、记事等功能。

如图 6-42 所示,115 网盘的管理主要通过两个版块实现。在上部的版块中用户可以选择要操作的类型,如【文件】、【影库】、【相册】、【听歌】等。正在被用户选择进行操作的类型用橙色加大字体显示,如图 6-42 所示,用户当前正在进行"文件"的相关操作。下面主要介绍文件的上传与管理。

单击上部版块中的【文件】选项,在下部版块中将显示文件管理的功能界面。与 Windows 操作系统的文件管理类似,可以先建立存放文件的文件夹,再把需要存储的文件存放到相应的文件夹中。单击下面版块中的【新建文件夹】选项,弹出如图 6-43 所示对话框。

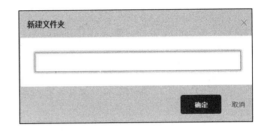

在弹出的对话框中输入要新建文件夹的名字,如"计算机文化基础",单击【确定】按钮,即可

图 6-43　【新建文件夹】对话框

新建"计算机文化基础"文件夹。文件夹建立以后,用户的当前操作目录就是新建的文件夹。如图 6-44 所示,用户当前的操作目录为"网盘文件"的"计算机文化基础"文件夹。

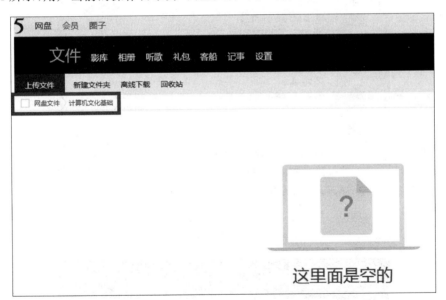

图 6-44　新建文件夹后的用户界面

此时,用户可以将本地的文件上传到当前文件夹,单击【上传文件】选项,弹出如图 6-45 所示的上传文件界面,单击界面中的【添加文件】按钮,弹出如图 6-46 所示的选择文件对话框,在对话框中选择需要上传的文件,再单击【打开】按钮,系统会将用户选择的文件上传到网盘中的"计算机文化基础"文件夹中。上传完后如果需要继续上传文件,再次单击图 6-45 中的【添加文件】按钮,选择文件上传即可;如果不需要继续上传文件,单击图 6-45 中右上角的【关闭】按钮,关闭上传文件操作界面,此时返回用户当前操作目录,即"计算机文化基础"文件夹,如图 6-47 所示,此时可以看到此目录中包含的文件。

图 6-45　上传文件操作界面

图 6-46　【上传文件】对话框

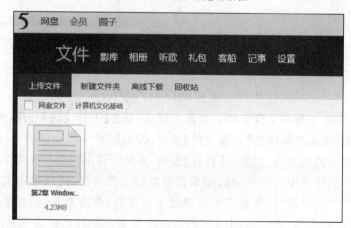

图 6-47　上传文件后的当前目录

　　如果用户需要对已经上传的文件进行"删除""重命名"等各种管理,在文件上单击右键,在弹出的右键快捷菜单中选择相应的选项即可,如图 6-48 所示。

图 6-48　【右键快捷菜单】界面

　　单击图 6-48 中的【网盘文件】项,即可返回"文件管理"的根目录,此时根目录下已经包含一个文件夹"计算机文化基础",如图 6-49 所示。

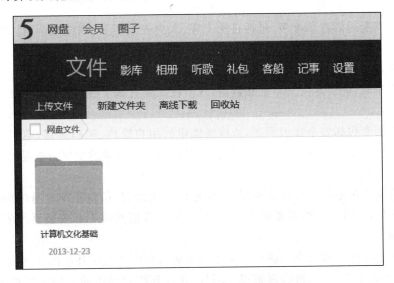

图 6-49　新建文件夹后的文件管理根目录

　　在文件夹上单击右键,在弹出的右键快捷菜单中选择相应的选项即可完成对文件夹的管理,用法与对文件的管理相似,此处不再做详细介绍。

# 6.4　网络安全

随着计算机网络的普及,网络在人们工作、生活中扮演着越来越重要的作用,怎样保护个人的信息安全成为人们越来越关注的一个问题。

## 6.4.1　网络安全的概念

网络安全是指网络系统的硬件、软件及其系统中的数据受到保护,不因偶然的或者恶意的原因而遭到破坏、更改、泄露,系统连续、可靠、正常地运行,网络服务不中断。网络安全在本质上是网络中的信息安全。网络安全的主要特征如下。

- 保密性:信息只能被授权用户使用,不能泄露给非授权用户、实体或过程。
- 完整性:数据未经授权不能更改,即信息在存储、传输过程中不被修改、破坏和丢失。
- 可用性:获得授权的实体可以按照需求使用数据。
- 可控性:对信息的传播及内容具有控制能力。
- 可审查性:出现安全问题时能提供相关的依据与手段。

## 6.4.2　网络安全的威胁及其防范

威胁网络安全的因素非常多,包括自然灾害、人为安全因素、系统漏洞、计算机病毒、人为攻击等。

为了防范自然灾害及不可抗力因素引发的事故对信息系统造成的毁灭性破坏,要求信息系统在遭遇灾难时,能快速恢复系统和数据,现阶段主要有基于数据备份和基于系统容错的系统容灾技术。

人为安全因素包括安全意识不强,造成系统中的用户账户、密码泄露,系统安全配置不当导致系统安全措施不能起到应有的作用等。针对人为安全因素的主要措施是加强安全教育及培训,增强安全意识。

计算机系统不可避免都存在系统漏洞,如操作系统漏洞、信息系统自身的漏洞等,这就要求我们一方面使用正版软件,不要使用盗版软件;另一方面及时下载安装系统安全补丁,弥补系统安全漏洞。

计算机病毒是计算机安全面临的一个主要威胁,在《中华人民共和国计算机信息系统安全保护条例》中明确指出,计算机病毒是指"编制者在计算机程序中插入的破坏计算机功能或者破坏数据,影响计算机使用并且能够自我复制的一组计算机指令或者程序代码"。

为了防范病毒对计算机系统的攻击,可以在信息系统中安装防火墙。防火墙能提供强大的访问控制、信息过滤等功能,帮助系统抵挡网络入侵和攻击,防止信息泄露。另外也可以采用数据加密技术,采用一定的算法,将人们易于识别的明文转换为难以识别的密文等。有关病毒防治的内容详见第1章所述。

# 本 章 小 结

　　本章对计算机网络的产生、发展、体系结构与应用做了详细介绍；重点阐述了 Internet 的产生，Internet 网络互联中的设备、IP 地址的格式以及域名的结构；通过图文演示了生活中常用的 Internet 应用如 WWW 服务、FTP 服务，电子邮件服务和网络硬盘等的使用；最后对网络中越来越重要的网络安全与防范进行了说明。通过本章的学习，读者可以掌握计算机网络的相关知识，熟练使用 Internet 上的常用服务，安全、有效地利用网络上的信息服务。

# 第7章 多媒体技术基础

## 【学习目标】

随着通信技术、电子技术和大规模集成电路的迅速发展，一个新的技术领域——多媒体技术领域形成了。利用多媒体技术，人们可以处理图像、制作动画、捕捉和编辑音频、视频等。多媒体技术的出现改变了信息传播和交流的方式，极大地改变了人们的生活和生产方式。

本章教学的主要目的是让学生熟悉多媒体技术的相关概念，了解多媒体技术的核心内容和发展趋势，掌握各种多媒体信息（如图形图像、动画、音频、视频等）的类型和处理过程，熟悉常用的多媒体软件。

## 【本章重点】

- 多媒体技术的相关概念。
- 多媒体技术的核心内容。
- 多媒体技术的应用领域及发展趋势。
- 多媒体信息的处理。
- 常用的多媒体软件。

## 【本章难点】

- 多媒体信息的处理。

## 7.1 多媒体技术的相关概念

"多媒体"一词来自于英文单词 Multimedia，是由 Multiple 和 Media 两个单词组成的。多媒体技术（Multimedia Technology）则是利用计算机对文本、图形、图像、声音、动画、视频等多种信息综合处理、建立逻辑关系和人机交互作用的技术。

多媒体技术的产生和发展带来了计算机领域的又一次变革，将计算机技术的应用推向了又一个高潮。经过多年的发展，多媒体技术已经渗透到商业、旅游、娱乐、教育、艺术等几乎所有的社会与生活领域，给人们的工作和生活带来了翻天覆地的变化。

### 7.1.1 多媒体技术的特征

多媒体技术有很多特征，但是最显著的三大特征是多样性、交互性和集成性。

**1. 多样性**

多样性是指多媒体技术充分利用人类多感官感知世界的特点,综合处理文本、图形图像、声音、动画、视频等多种媒体形式,极大地丰富了媒体的表现力,增强了表达效果,增大了传递的信息量。

**2. 交互性**

交互性是指用户可以与计算机实现信息交流的双向性,是多媒体技术区别于传统媒体的主要特点之一。多媒体技术可以向用户提供多种人机交互的方式。通过这些交互方式,用户可以根据其不同的需求,重点接收有效信息,淡化其他部分,同时也可以更有效地使用信息。交互性是用来判断是否采用多媒体技术的一个重要标准。例如,在电影或者电视节目中虽然也同时具有图像、声音、动画等多种不同媒体,但由于其不具备交互功能,不能实现人机对话,所以不能称之为多媒体。

**3. 集成性**

集成性是指多媒体技术将各种单一、零散的媒体集成为一体,统一组织,通过媒体之间的相互作用和关系实现多媒体信息的表现,而不是多种媒体形式的机械组合。多媒体技术的集成性主要体现在两方面:一是多媒体信息媒体的集成,如文字、图形图像、声音、动画、视频等的集成;二是处理这些媒体的设备的集成,如计算机、电视、音响、影碟机等设备的集成。另外,多媒体技术也将处理不同信息媒体的多种技术结合在一起,综合地处理各种信息。这也可以看作是多媒体技术集成性的表现之一。

## 7.1.2　多媒体计算机

所谓多媒体计算机(Multimedia Personal Computer,MPC)就是具有了多媒体处理功能的个人计算机,它的硬件结构与一般所用的 PC 机并无太大的差别,只不过是多了一些硬件配置而已,这些硬件配置包括音频卡、视频卡、图形加速卡以及一些多媒体人机交互部件。此外,由于多媒体计算较一般运算复杂,多媒体数据也具有数据量大的特点,所以多媒体计算机一般也需要有较强的处理能力和存储容量。专业的多媒体计算机大多是工作站级别的计算机。

# 7.2　多媒体技术的应用领域及发展趋势

## 7.2.1　多媒体技术的发展简史

多媒体技术是计算机技术的一场伟大革命。它在原有的计算机技术的基础上,打破了传统媒体间的界限,以多种形式表达、存储和处理信息,充分调动人们视觉、听觉、触觉、嗅觉等多种感觉器官与计算机交互作用,传递信息,使人与计算机之间的交流更加方便、更加快捷。纵观过去的三十年,多媒体技术主要经历了以下几个重要历程。

1984 年,美国苹果(Apple)公司开创了用计算机进行图像处理的先河,首次采用位图(Bitmap)的概念对图像进行描述,实现了对图像进行简单的处理、存储和传输等功能,并引入窗口(Window)和图标(Icon)等技术,创建了图形用户界面(Graphical User Interface,GUI)。

1985 年,美国 Commodore 公司推出了世界上第一台多媒体计算机系统,该计算机系统被命名为 Amiga。

1986 年,索尼(Sony)公司和飞利浦(Philips)公司共同制定并推出了交互式激光光盘系统标准(Compact Disc Interactive,CD-I),并公布了 CD-ROM 文件格式,从而实现了多媒体信息存储的规范化和标准化。

1987 年,美国 RCA 公司制定并推出了交互式数字视频(Digital Video Interactive,DVI)技术标准,对交互式视频技术进行了规范化和标准化。

1990 年,由美国微软(Microsoft)公司发起,飞利浦(Philips)公司等一些计算机技术公司共同组建了"多媒体个人计算机市场协会(Multimedia PC Marketing Council)"。

1991 年,多媒体个人计算机市场协会提出了多媒体计算机技术规格(Multimedia Personal Computer,MPC)1.0 标准。在相继的几年,多媒体技术标准化的速度进一步加快。1991 年制定了 JPEG 标准,1992 年制定了 MPEG 标准,1993 年制定了 MPC2.0 标准,1995 年制定了 MPC3.0 标准。

1992 年,美国微软(Microsoft)公司推出 Windows 3.1,它综合了 Windows 的所有多媒体扩展技术,成为广为使用的多媒体操作系统。在接下来的 1995 年,微软公司推出 Windows 95 操作系统,1998 年推出 Windows98 系统,之后又陆续推出 Windows 2000 系列、Windows XP、Windows 7、Windows 8、Windows 10 等操作系统。

从多媒体技术的发展趋势来看,多媒体技术将是未来技术发展的主流,将更为广泛地应用于人们的工作、学习和生活中。

## 7.2.2　多媒体技术研究的核心内容

多媒体技术研究的核心内容主要包括以下几个方面。

**1. 多媒体数据压缩编解码技术**

在多媒体计算机系统中,由于处理的信息从单一媒体转到了多种媒体,要表示、传输和处理大量的声音、图像甚至影像视频信息,其数据量之大是非常惊人的,同时对媒体信息的实时性要求也非常高。为了解决多媒体数据的存储、处理和传输的问题,不仅需要计算机有更高的数据处理和数据传输能力以及巨大的存储空间,而且也要求通信信道有更高的带宽。另外,更重要的是必须对多媒体数据进行有效的压缩。因此,数据压缩编解码自然就成为了多媒体技术中最为关键的核心研究内容。

多媒体数据中存在着很大的冗余,这使多媒体数据压缩成为可能。多媒体数据,尤其是图像、音频和视频,其数据量是相当大的,但巨大的数据量并不完全等于它们所携带的信息量,也就是说,表达这些信息并不需要那么大的数据量。这就是冗余。冗余是指信息存在的各种性质的多余度,包括空间冗余、时间冗余、结构冗余、知识冗余、统计冗余、视觉冗余等。多媒体数据压缩就是在不影响或少影响多媒体信息质量的前提下,尽量设法减少冗余的数据量。

**2. 多媒体数据库技术**

多媒体数据库是一个由若干多媒体对象构成的集合,多媒体数据库管理则是对多媒体数据库的各种操作和管理。多媒体数据库要研究的内容主要包括:多媒体数据模型、数据压缩和还原、数据查询处理、用户接口技术等。

### 3. 多媒体信息检索技术

多媒体信息检索是指根据用户的需要,对文本、图形、图像、声音、动画、视频等多媒体信息进行检索,从而得到用户需要的信息。

### 4. 超文本和超媒体技术

超文本(Hypertext)是对信息进行表示和管理的一种方法。传统文本是以线性方式来组织的,而超文本是以非线性的方式组织的。超文本系统模拟人的联想记忆结构,将信息按照一定的需要采用一种非线性网状结构进行组织,从而使用户可以方便地浏览相关的内容。在早期,这种信息的组织结构只用来存储和管理文本信息,所以称为超文本。但随着多媒体应用的出现和广泛应用,这种组织管理信息的方式被引入到对多媒体信息的管理中,即被称为超媒体(Hypermedia)系统。

### 5. 智能超媒体技术

智能超媒体是超媒体与人工智能技术相结合的产物。随着超媒体技术的蓬勃发展和广泛应用,要求超媒体系统中多媒体信息的表现更具有智能性,比如在超媒体的链接和节点中嵌入相关的规则,使其通过一定的计算和推理能够智能地展示内容,或者在用户不清晰信息节点时,通过与用户的交互了解用户的需要,智能地进行导航。要实现这些功能,就必须将人工智能技术引入到超媒体系统中。

### 6. 人机交互技术

人机交互(Human-Computer Interaction,HCI)技术是目前计算机领域研究得最多的问题之一。人机交互就是指用户与计算机之间以某种交互方式,采用某种对话语言,为完成某项任务而进行信息交换的过程。人机交互过程最基本和最重要的目的就是加强人机之间的交流,使计算机更了解用户的需要,从而更好地为用户服务。

### 7. 虚拟现实技术

虚拟现实(Virtual Reality,VR)技术,也称为"虚拟环境"或"临境"技术,是一种全新的人机交互系统,也是当今计算机科学领域中最尖端的课题之一。虚拟现实技术综合了计算机硬件技术、软件技术、传感技术、人工智能技术和心理学技术等多个科学领域的知识,利用多媒体系统生成一个逼真的、具有临场感觉的环境,使置于其中的用户仿佛进入了虚拟世界,具有视觉、听觉、触觉及嗅觉等多感官的主观感受。

虚拟现实技术的实现需要一些特殊的软、硬件的支持。近年来,计算机辅助设计(Computer-aided Design,CAD)软件、计算机图形技术、头盔显示器(Head-mounted Displays,HMD)(如图 7-1 所示)、数据手套(Data Glove)(如图 7-2 所示)和缩型技术(Miniaturization)的迅速发展极大地推动了虚拟现实技术的实现、发展和应用。

图 7-1　头盔显示器　　　　　　　图 7-2　数据手套

虚拟现实技术可以广泛应用于模拟训练、军事演习、航天仿真、游戏、设计、教育等多个领域,是目前以及将来若干年十分重要的技术。图 7-3 所示为美国海军人员利用虚拟现实技术做降落伞训练。

图 7-3　美国海军人员利用虚拟现实技术做降落伞训练

**8. 多媒体网络与通信技术**

随着多媒体技术的蓬勃发展,传统的电信业务,如电话、传真等通信方式已经不能适应人们的信息沟通需求。将多媒体技术与通信网络技术相结合,为人们提供更加高效、快捷的沟通方式已成为越来越迫切的需求。多媒体网络通讯技术结合了多媒体技术、有线和无线通信网络(如电话、电报、传真等)、广播和闭路电视网络、微波和卫星通信网络、计算机远程和局域网络等各种通信技术,是一种涉及多媒体、计算机和通信等多个领域的综合性技术。

近年来,各类通信网络上出现了越来越多的多媒体应用。多媒体网络通信技术的广泛应用极大地影响了人们的工作方式和生活方式。它的出现推动了视频会议、视频点播、远程交互式教学系统、多媒体电子邮件的发展和推广。

**9. 分布式多媒体技术**

分布式多媒体技术集成了多媒体技术、分布式处理技术、网络通信技术、人机交互技术、人工智能技术等多种技术,广泛应用于计算机支持协同工作、远程会议、远程教育、分布式多媒体办公自动化和移动式多媒体系统等。

## 7.2.3　多媒体技术的应用领域

随着多媒体技术的蓬勃发展和逐渐成熟,多媒体技术的应用几乎遍及各行各业。下面将简单介绍几个主要的应用领域。

**1. 教育和培训**

教育培训领域是多媒体技术应用得最早的领域,也是发展得比较迅速的领域。多媒体技术的崛起给传统的教育培训领域赋予崭新的面目,改变了传统的教学思想、教学手段、教学内容和教学过程,更重要的是改变了传统的教学模式。除了传统的粉笔和黑板,计算机、录像机、录音机、投影机等也越来越多地出现在课堂教学中,使教学手段变得更加丰富,更加灵活。利用多媒体技术编制的教学课件,能创造出图文并茂、生动丰富的教学环境和交流方式,提高学生的学习兴趣。另外,多媒体辅助教学软件和以互联网为基础的远程教育突破了原有的教学地点和教学时间的限制,使学生可以根据自己的实际情况和个人需要有选择地进行学习,真正实现个性化学习。

多媒体技术在教育培训领域的应用主要表现在电子教案、形象教学、模拟交互过程、网络多媒体教学、仿真工艺过程等。

**2. 娱乐**

(1)游戏。多媒体技术广泛应用于游戏领域,除了常见的二维动画游戏,还有三维动画游戏、仿真游戏等。

(2)影视。影视娱乐业广泛采用多媒体技术,以适应人们日益增长的娱乐需求,比如电视/电影/卡通混编特技,特技制作、三维成像模拟特技等。

(3)旅游。多媒体技术在旅游业的应用主要表现在利用多媒体技术展示和介绍旅游景点的信息,使人们足不出户便可走天下。

**3. 商业广告**

多媒体技术用于商业广告的例子比比皆是。从大型显示屏广告到影视商业广告,多媒体技术的应用使商业广告中的信息得到更完美的展示,并更具有艺术性。

**4. 商业应用**

多媒体技术在商业中的应用主要表现在网络购物、商场导购和辅助设计等几个方面。

(1)网络购物。随着计算机技术和网络技术的发展和普及,人们的购物方式已经从传统的逛街购物渐渐转到网上购物。多媒体技术使用户可以通过图像、视频、音频等多种方式了解商品,做到足不出户即可购物。

(2)商场导购。大型商场中,人们可能不容易找到需要的商品或商家。商家可以利用多媒体技术开发商场的导购系统,利用电子触摸屏的计算机咨询系统为顾客解决问题。

(3)辅助设计。在建筑、装修,甚至珠宝、服装等设计领域,设计师可以通过多媒体技术提前将设计方案展示在客户面前,并且可以根据客户的反馈进行快速及时的调整,以达到方便沟通、节约时间等目的。

**5. 办公自动化**

多媒体技术在自动化办公系统中的使用包括对图像、音频、视频信息的采集、处理和存储。以音频信息为例,多媒体技术可以帮助人们采集声音或者自动进行语音识别,再将采集的音频信息转换成为相应的文字。另一方面,也可以输入一段文字,再利用计算机技术将其转换为音频,即语音的合成。

**6. 电子出版物**

由于计算机技术的介入,出版物早已不局限于传统的纸质版。电子出版物以其丰富多样的表现形式,方便灵活的使用方式更为大众所喜爱。比如电子杂志,不仅图文并茂,还可以插入背景音乐和相关视频,使制作方能够采用更适合的表现方式呈现杂志内容,同时也使读者获得更好的阅读体验。

**7. 网络通信**

(1)视频会议。随着商业全球化的发展,多媒体视频会议越来越多地应用在大型公司,用于给处于不同国家不同地域的人士互通消息,讨论问题。在多媒体视频会议中,与会者可以看到其他人的视频,听到他们的声音,共享或传递存储的文本、图形图像、动画、声音、视频等文件,进行实时消息传递等。

（2）远程医疗。以多媒体技术为主的综合医疗信息系统,打破了医生和病人面对面看病的传统方式,使医生和病人即使远隔千里,也可以观其色,问其症,进行咨询和诊断。当出现重大疑难杂症的时候,还可以帮助处在不同地域的医生进行综合会诊,大大缩短了会诊的时间,为病人赢得了宝贵的时间。

**8. 人工智能模拟**

将多媒体技术和人工智能技术相结合,模拟人类或者其他生物的形态、行为等,主要包括生物形态模拟、生物智能模拟、人类行为智能模拟等。

## 7.2.4 多媒体技术的发展趋势

目前,多媒体技术的研究主要集中在以下几个方面。

（1）多媒体通信网络环境的研究和建立。创建分布、协同的多媒体环境,在全球范围内建立一个可以自由交互的通信网络,使人们可以通过其迅速获取大量信息,创造更大的社会价值。

（2）流媒体技术。高速的网络环境可以使人们在短时间内获取大量信息,但是由于成本等原因,这不是在短期内可以完成的。因此,继续加强和完善流媒体技术也是非常必要的。这里所说的"流",是一种数据的传输方式。使用这种方式,接收者可以在尚未完全接收信息的情况下,先对信息进行处理。这种一边接收,一边处理的方式,很好地解决了多媒体信息在网络上的传输问题。

（3）智能多媒体技术。多媒体技术充分利用了计算机的快速运算能力,综合处理声、文、图信息,用交互式弥补计算机智能的不足。发展智能多媒体技术包括加强文字、语音、图像的识别、输入和理解,知识工程以及人工智能方面的课题等。

（4）虚拟现实技术。虚拟现实技术可以与可视化技术结合,配以语音、图像识别技术,创建更为真实、交互性更好的虚拟现实系统。

（5）应用领域的扩展。虽然多媒体技术已经应用在日常生活的很多领域,但是对于它对其他领域的影响仍然还在不断地探索当中。

将来多媒体技术将向着下面的六个方向发展:
（1）高分辨化,以提高多媒体信息的显示质量;
（2）高速度化,以缩短多媒体信息的处理时间;
（3）简单化,以便于对多媒体信息的操作;
（4）高维化,以创建三维、四维或更高维的多媒体环境;
（5）智能化,以提高计算机对信息的识别能力和理解能力;
（6）标准化,以便于多媒体信息的交换和共享。

# 7.3 多媒体信息的处理

多媒体应用软件的编制,可以分为前期和后期两个阶段,前期主要是各种素材的制作,包括文本、图形图像、声音、视频、动画等各种媒体形式数据的获取,后期主要是将各种素材根据要求编辑合成,形成完整的应用软件。下面就具体谈谈如何获取各种媒体形式的数据。

## 7.3.1　数字图像的处理

**1. 数字图像的相关概念**

计算机描述图像通常有两种方法,一种是用画面像素点进行描述,一种是用一组计算机命令来描述。根据描述方法的不同,我们将数字图像分为两种类型:图形和图像。

(1) 图像(Images)

图像,又称为点阵图或者位图。它是通过描述画面中每个像素的亮度或颜色来表示该画面的。像素(Pixel)是构成图像的基本元素,一个个像素组合起来就形成了图像,就像一个由许多小灯泡组成的广告牌一样,不同颜色的灯泡根据需要进行排列就可以组成图像。

计算机的这种描述方法给图像带来的优点是:表现力强,层次丰富,色彩逼真,可充分表现大量细节,使图像更接近于自然的真实。如果我们希望得到一幅照片,或者类似照片那样的图像,那么最好用位图来表现。

当然图像也有它的缺点。它占用的空间比较大,需要消耗大量的存储空间。当对图像进行缩放、旋转等操作时会引起图像的失真。

图像识别是目前图像领域的研究热点之一,通过相应地识别算法和工具,能识别出图像里的图形和文字信息,如现在很流行的二维码识别、指纹识别(如图 7-4 所示)等。

(2) 图形(Graphics)

与图像不同,图形不是由像素组成的,而是用一组计算机指令的描述组成。这些指令描述了构成图形的各个组成部分,如直线、圆、弧、矩形、曲线等的位置、大小、形状甚至阴影、材质等特性,最终建立成图形。

图 7-4　加入指纹识别功能的 Iphone 5S 手机

与图像相比,图形最大的优点是可以任意缩放、旋转或修改其属性,修改后图形的质量不会发生变化。另外,图形所占用的空间也比较小,在网上传输有很大的优势。

图形的缺点是不适宜表现复杂的景物。

目前,图形被广泛应用于计算机辅助设计、人机交互界面、虚拟现实和地理信息系统等领域。目前计算机图形的研究重点主要在于建模技术(特别是 3D 建模)和绘制(即图形仿真)技术。

(3) 分辨率

分辨率是数字图像中的又一个基本概念。分辨率是影响图像质量的重要因素,主要包括显示分辨率、图像分辨率、扫描分辨率和打印分辨率。

① 显示分辨率。所谓显示分辨率就是指显示器上所能显示像素点的个数,由水平方向的像素点个数和垂直方向的像素点个数构成,表达方式为水平方向像素点个数×垂直方向像素点个数。比如,某显示器水平方向的像素点为 640 个,垂直方向的像素点为 480 个,它的分辨率就是 640×480。同样大小的显示器,显示分辨率越高,屏幕上能够容纳的像素就越多,显示

出来的图像就越细腻越光滑。目前常用的显示分辨率有 640×480、800×600、1 024×768、1 280×1 024 等。

② 图像分辨率。图像分辨率是指描述图像实际所用像素点的个数。分辨率越高,像素点越多,图像尺寸就越大,所以图像分辨率也称作图像尺寸。图像分辨率的表达方法和显示分辨率一样,是图像的水平方向像素点个数×图像垂直方向像素点个数。

在具体运用时,要注意图像分辨率与显示分辨率之间的关系。如果图像分辨率和显示分辨率一样,那么图像正好占满显示器屏幕。如果图像分辨率比屏幕分辨率低,那么图像只占屏幕的一部分,如图像分辨率是 400×300 ,要在显示分辨率为 800×600 的屏幕上显示,那么图像就只占屏幕的四分之一。如果图像分辨率大于屏幕分辨率,那么屏幕上只显示图像的某一部分,需要滚动屏幕才能看到图像的其他部分。

③ 扫描分辨率。扫描分辨率是指扫描仪在扫描图像时每英寸所包含的点。扫描分辨率反映了扫描后的图像与原始图像之间的差异。扫描分辨率越高,差异越小。

④ 打印分辨率。打印分辨率是指在打印图像时每英寸可识别的点。打印分辨率反映了打印的图像与原始图像之间的差异。打印分辨率越接近原始图像的分辨率,二者的差异越小,打印的质量越高。

扫描分辨率和打印分辨率都是以 dpi(dots per inch)为单位。两种分辨率的最高值分别受扫描仪和打印机硬件设备的制约。

(4) 颜色深度

颜色深度是指图像中每个像素的颜色(或者亮度)信息所占的二位制数的位数,用"位每像素(b/p)"来表示。"位"是计算机存储器最小的单位,通常所说的一个开或关就是一位。计算机中由"位"组成字节,8 位称作一个字节。计算机位图中每一个像素的颜色总是由"位"来记录的,位数越多,颜色就越多。图像中每一个像素所用的位数就是图像的位深度,称作图像深度。1 位是最基本的深度,它只有两个值,开或者关,如果 1 表示开,0 表示关,它只有两种可能,要么 1,要么 0,也就是说只有两种颜色。颜色数量是以 2 为底的幂来计算的,如 2 位就是 2 的 2 次方,即四种颜色,这四种组合是 00,01,10,11。4 位是 2 的 4 次方,即 16 种颜色。8 位是 2 的 8 次方,即 256 种颜色。如果是 24 位就有 16.7 M 种颜色,比人的眼睛所能分辨的颜色还要多,所以通常把 24 位颜色称作真彩色。常见的颜色深度及对应的颜色数如表 7-1 所示。

表 7-1  图像的颜色深度及对应的颜色数

|  | 颜色深度 | 表现的颜色数 |
|---|---|---|
| 1 位图 | 1 位 | $2^1 = 2$ 种 |
| 4 位图 | 4 位 | $2^4 = 16$ 种 |
| 8 位图 | 8 位(索引色) | $2^8 = 256$ 种 |
| 16 位图 | 16 位(高彩色) | $2^{16} = 65\ 536$ 种 |
| 24 位图 | 24 位(真彩色) | $2^{24} = 16\ 777\ 216$ 种 |
| 32 位图 | 32 位 | $2^{32} = 4\ 294\ 967\ 296$ 种 |

**2. 数字图像的文件格式**

常见的图像文件格式有以下几种。

(1) BMP(Bitmap,位图)格式

BMP 是一种与设备无关的,静态无压缩的文件格式。这种格式的图像文件的特点是包含

的图像信息丰富,但也由此导致了文件的数据量大,占用空间大。

(2) GIF(Graphics Interchange Format,图形交换格式)格式

顾名思义,GIF 格式文件一开始只是为了进行图形交换的。这种格式的特点是压缩比高,占用空间较少,所以迅速得到了广泛的应用。最初的 GIF 格式文件只是用来存储单幅的静止图像(即 GIF87a 规范)。随着技术的不断发展,GIF 格式可以支持交替扫描方式,从而可以同时存储若干幅静止图像形成连续的动画,成为当时支持二维动画为数不多的格式之一。目前,因特网上大量使用的彩色动画文件多为这种格式的文件。

GIF 格式也有个缺点,就是不能存储超过 256 色的图像,使得图像看上去的真实感和丰富程度略打折扣。尽管如此,由于 GIF 格式文件数据量小,下载速度快,可以支持二维动画等特点,它在因特网上被人们广泛使用。

(3) JPEG(Joint Photographic Experts Group,联合图像专家组)格式

这种格式采用 JPEG 国际压缩标准对静态图像进行压缩。其压缩技术十分先进,在获取得极高压缩率的同时也能展现十分丰富生动的图像,也就是说,可以用最少的磁盘空间得到较好的图像质量。

目前,各类浏览器均支持 JPEG 这种图像格式。由于 JPEG 格式的文件尺寸较小,下载速度快,JPEG 格式也成为网络上最受欢迎的图像格式之一。

(4) TIFF(Tagged Image File Format,位映射图像文件格式)格式

这种格式采用了多种压缩方法。TIFF 格式的图像文件包含的图像信息丰富,图像质量高,适用于多个操作平台,如 PC 机和 Macintosh 机等。

(5) PNG(Portable Network Graphic,可携带网络图像)格式

这种格式汲取了 GIF 和 JPEG 二者的优点,存贮形式丰富,兼有 GIF 和 JPEG 的色彩模式;能把图像文件压缩到极限以利于网络传输,但又能保留所有与图像品质有关的信息,因为 PNG 是采用无损压缩方式来减少文件的大小,这一点与牺牲图像品质以换取高压缩率的 JPEG 有所不同;它的显示速度很快,只需下载 1/64 的图像信息就可以显示出低分辨率的预览图像;PNG 同样支持透明图像的制作,透明图像在制作网页图像的时候很有用,我们可以把图像背景设为透明,用网页本身的颜色信息来代替设为透明的色彩,这样可让图像和网页背景很和谐地融合在一起。现在,越来越多的软件支持这一格式,而且在网络上也越来越流行。

**3. 常用的图形图像处理软件**

目前,常用的图形图像处理软件包括 Photoshop、CorelDRAW、Adobe Fireworks、Adobe Illustrator、光影魔术手、美图秀秀、POCO 图客等。

## 7.3.2　数字音频的处理

声音是用来传递信息的最常用的媒体,是多媒体信息的一个重要组成部分。通过对声音的应用,可以使多媒体视频、图像、动画等更加生动、鲜活。

**1. 数字音频的相关概念**

声音是通过一定介质(如空气、水等)传播的连续的振动的波,也称为声波。声波是随着时间而连续变化的物理量,它有 3 个重要的指标:

(1) 振幅(Amplitude)。振幅是指波的高低幅度,用来表示声音的强弱。通常用 A 表示。

(2) 周期(Period)。周期是指两个相邻的波之间的时间长度,常用 T 表示,以秒(s)为单位。

(3) 频率(Frequency)。振动是指每秒钟振动的次数,常用 f 表示,以 Hz 为单位。频率与周期具有互为倒数的关系。

声音具有音调、音色和响度 3 个要素。

(1) 音调。音调是指声音的高低。音调与声音的频率有关。频率越高,音调越高;反之,频率越低,音调越低。

(2) 音色。音色,又称为音品,反映了声音的质量。

(3) 响度。响度是指声音的强度,就是通常说的声音的强弱或大、小、轻、重,所以也称为音强,由声波振动的振幅决定。

**2. 数字音频的文件格式**

(1) WAV 格式。这是微软公司开发的一种声音文件格式,也称为波形声音文件。它是 Windows 本身存放数字声音的标准格式,由于微软的影响力,目前也成为一种通用性的数字声音文件格式,几乎所有的音频处理软件都支持 WAV 格式。WAV 格式文件的特点是声音层次丰富、还原性、表现力强。由于 WAV 格式存放的一般是未经压缩处理的音频数据,所以体积都很大,不适于在网络上传播。WAV 格式使用媒体播放机可以直接播放。

(2) MP3 格式。MP3 是 MPEG Audio Layer3 压缩格式文件。它的优势是在高压缩比的情况下,仍然能保持相当不错的音质。

(3) RealAudio 格式。RealAudio(RA)、RealMedia(RM)和 RealAudioMedia(RAM)是 Real 公司开发的音频流文件格式。它的特点是以牺牲声音质量来降低自身大小。由于它面向的目标是实时网上传播,所以在高保真方面远不如 MP3,但在只需要低保真的网络传播方面却首屈一指。播放 RA、RM、RAM 文件,都需要安装 Real Player 播放器。

(4) WMA 格式。WMA(Windows Media Audio)格式是微软公司力推的一种音频格式,它的主要目的是以少量数据量达到相对高品质音质的目的。由于微软的影响力,这种音频格式现在正获得越来越多的支持。

(5) MIDI 音乐格式。所谓 MIDI 是指电子乐器数字化接口(Musical Instrument Digital Interface)的缩写。它是为把电子乐器连接到计算机所需的电缆和端口定义的一种标准,以及控制计算机和具有 MIDI 接口设备之间进行信息交换的一整套规则,包括电子乐器之间传送数据的通信协议。

MIDI 音乐的主要优点是生成的文件比较小。因为 MIDI 文件存储的是命令,而不是声音本身,因此比较节省空间。MIDI 文件容易编辑,可以作为背景音乐。

(6) VQF 格式。VQF 是日本 YAMAHA 公司与 NTT 公司共同开发的一种音频压缩格式,VQF 的音频压缩率比标准的 MP3 音频压缩率高许多,可以达到 1 : 18 左右,甚至更高,而且音质极好,几乎听不出它与原音频文件的差异。但由于 VQF 是 YAMAHA 公司的专有格式,需要 YAMAHA 公司的 VQF 播放器才能播放,其他播放器需要安装插件才能播放,所以影响力不如 MP3。

**3. 常用的音频处理软件**

常用的音频处理软件有 Adobe Audition 和 GoldWave 等。

## 7.3.3 计算机动画的处理

计算机动画是在计算机图形图像技术上迅速发展起来的一门高新技术。动画使多媒体信息更加生动、直观、易于理解。

**1．计算机动画的相关概念**

动画,就是以一定的速度播放连续画面,以达到连续的动态效果,来显示运动和变化的技术。当将一幅幅独立的、仅有略微差别的画面快速连续地播放时,呈现在人们眼前的就不再是一幅幅单独的静止的画面,而是一段连续的动画。这种现象可以用"视觉滞留"原理来解释,即人的眼睛所看到的影像会在人的视网膜上滞留 1/10 秒。因此,当图像以一定快的速度播放时,人们看到的就是连续的画面。

动画不仅仅可以表现物体的运动过程,还可以表现物体的非运动过程,比如柔性的变形、色彩和光的强弱变化等。

**2．计算机动画的类型**

计算机动画的类型可以从四个方面进行划分。

(1) 以动画的创作方式划分

① 实时生成动画。实时生成动画是由计算机实时生成并演播的。这类动画文件的存储内容是动画演播时实时生成的一系列计算机指令,而不是动画画面。

② 帧动画。帧动画是由一系列画面序列组成的,其中每一幅静态的图像被称为一帧。帧动画占用的存储空间较大,但在播放时只需要按顺序调用画面即可,不需要生成大量的计算机指令,因此对计算机的要求不高。

(2) 以画面的透视效果划分

① 二维动画。二维动画又称为"平面动画"。它是在二维的平面上构成动画的基本动作。因为二维动画的设计只局限于平面,所以它缺乏立体感。另外,二维动画对光、影、景深等的要求不高,制作相对比较简单。

② 三维动画。三维动画是指用计算机技术生产的模拟的三维空间。与二维动画相比,三维动画添加了画面深度的表现,更为真实。

(3) 以画面的制作方法划分

① 路径动画。路径动画就是指让特定的对象根据既定的路径进行运动的动画,适合描述有特定运动轨迹的运动过程,比如月球围绕地球的运动等。

② 运动动画。在运动动画中,物体通过运动和变化产生动画特效。

③ 变形动画。变形动画可以将两个不同对象联系起来进行相互的转化,比如由一个圆形变成一个三角形。

(4) 以人与动画的关系划分

① 时序播放型动画。时序播放型动画是最基本的动画类型。用户不能改变时序播放型动画的播放顺序,但是仍然可以控制动画的播放、暂停等。

② 实时交互型动画。实时交互型动画的最大特点就是动画的播放过程中计算机可以与用户相互交互。动画没有预先设定的时序,用户可以对其播放顺序进行操纵。

**3．计算机动画的文件格式**

常用的计算机动画的文件格式有以下两种。

(1) SWF 格式

SWF 是 Micromedia 公司的产品 Flash 的矢量动画格式,它采用曲线方程描述其内容,而不是由点阵组成内容,因此这种格式的动画在缩放时不会失真,非常适合描述由几何图形组成的动画,如教学演示等。SWF 格式是一种"准"流式媒体(Stream)文件,在观看的时候,可以不必等到动画文件全部下载到本地,而是从一开始就可以观看。这种格式的动画可以与 HTML

文件完美融和,因此被广泛应用于网页上。

(2) GIF 格式

在图像格式中我们已经谈到 GIF 格式,由于 GIF 图像格式可以同时存储若干幅静止图像并形成连续的动画,所以 GIF 也就成了动画格式的一种。

**4. 常用的动画处理软件**

常用的动画处理软件有 Flash 等。

## 7.3.4 数字视频的处理

随着生活越来越丰富,人们已经不满足于仅仅看别人拍摄的视频,还想拍摄并分享自己的视频。随着摄像机、手机等工具的普及,视频的拍摄和制作已经成为可能,并日趋普遍。

**1. 数字视频的相关概念**

视频,也称为运动图像,是指内容随时间变化的一组动态图像。根据不同的处理方式,视频可以分为模拟视频和数字视频两种。模拟视频是用连续的模拟信号存储、处理和传输的视频信息,而数字视频是使用离散的数字信号表示、存储、处理和传输的视频信息。

**2. 数字视频的文件格式**

常用的视频文件格式如下。

(1) AVI 格式

AVI 格式,即音频视频交错格式(Audio Video Interleaved),1992 年由微软公司推出。所谓"音频视频交错",就是可以将视频和音频交织在一起进行同步播放。这种视频格式的优点是图像质量好,可以跨多个平台使用;缺点是体积过大,而且压缩标准不统一,不同的压缩标准之间又不兼容,如高版本 Windows 媒体播放器播放不了采用早期编码编辑的 AVI 格式视频,而低版本 Windows 媒体播放器又播放不了采用最新编码编辑的 AVI 格式视频。

(2) MPEG 格式

MPEG 格式,即运动图像专家组格式(Moving Picture Expert Group)。常见的 VCD、SVCD、DVD 都属于这种格式。MPEG 格式是运动图像压缩算法的国际标准,它采用有损压缩方法减少运动图像中的冗余信息从而达到高压缩比的目的。MPEG 格式有统一的标准,兼容性相当好。目前 MPEG 格式有三个压缩标准,分别是 MPEG1、MPEG2 和 MPEG4。

(3) MOV 格式

MOV 格式是美国 Apple 公司开发的一种视频格式,具有两个较明显特点:一是具有较高的压缩比率和较完美的视频清晰度,其视频文件体积非常小;二是跨平台性,即不仅能支持Mac OS,同样也能支持 Windows 系列。目前这种格式得到业界的广泛认可,已成为数字媒体软件技术领域事实上的工业标准。播放 MOV 文件的默认播放器是 Apple 公司的 QuickTime Player。

(4) ASF 格式

ASF 格式是微软公司为了和 Real Player 竞争而推出的一种视频流媒体格式(Advanced Streaming Format),可以直接使用 Windows 自带的 Windows MediaPlayer 对其进行播放。由于它使用了 MPEG4 的压缩算法,所以压缩率和图像的质量都很不错。

(5) DAT 格式

DAT 格式是 VCD 专用的视频文件格式,也是基于 MPEG 压缩/解压缩技术的视频文件格式。

（6）WMV 格式

WMV 格式是微软推出的一种采用独立编码方式并且可以直接在网上实时观看视频节目的文件压缩格式。

（7）RM 格式

RM 格式是 Real Networks 公司推出的音频视频流媒体格式，使用 RealPlayer 或 RealOne Player 播放器可以在不下载音频/视频文件的条件下实现在线播放。

（8）RMVB 格式

RMVB 格式是一种由 RM 视频格式升级延伸出的新视频格式，其先进之处在于它打破了原先 RM 格式那种平均压缩采样的方式，在保证平均压缩比的基础上合理利用比特率资源，留出更多的带宽空间。这些带宽会在出现快速运动的画面场景时被利用，从而在保证静止画面质量的前提下，大幅地提高运动图像的画面质量，使图像质量和文件大小之间达到微妙的平衡。

**3. 常用的视频处理软件**

常用的视频处理软件有 Adobe Premiere、Movie Maker 和会声会影等。

## 7.3.5　流媒体技术

在传统的因特网上，数据存在的方式是以整个文件夹为单位的。所以，传统的媒体使用方式也是将媒体文件当成是一般的文件夹，必须要完全下载后才能播放。但通常情况下，多媒体文件比较大，用户需要等待很长时间才能完全将其下载到本地，并且存储的空间也很大。流媒体的出现解决了这一问题。

流媒体（Streaming Media）是指以流式传播的方式在网络中传输音频、视频和多媒体文件的形式。流媒体文件格式是支持采用流式传输及播放的媒体格式。在使用流式传输方式时，首先将视频和音频等多媒体文件经过特殊的压缩方式分成一个个压缩包，然后由服务器向用户计算机进行连续、实时的传送。实时数据流传输分为传输、解码和播放几个流程。在采用流式传输方式的系统中，用户不必像非流式播放那样等到整个文件全部下载完毕后才能看到其中的内容。用户只需要等待几秒钟或几十秒的启动延时，之后就可以在计算机上播放流式媒体文件，剩余的部分将继续进行下载，直至播放完毕。

# 7.4　常用的多媒体软件

多媒体软件种类繁多，下面介绍一些常用的多媒体软件。

## 7.4.1　Photoshop

Adobe Photoshop 是一个由 Adobe 公司开发和发行的图像处理软件。Photoshop 主要处理以像素所构成的数字图像。从功能上看，该软件可分为图像编辑、图像合成、校色调色及特效制作部分等。

图像编辑是图像处理的基础,可以对图像做各种变换如放大、缩小、旋转、倾斜、镜像、透视等;也可进行复制、去除斑点、修补、修饰图像的残损等操作。这在婚纱摄影、人像处理制作中有非常大的用处,去除人像上不满意的部分,进行美化加工,得到让人满意的效果。

图像合成则是将几幅图像通过图层操作、工具应用合成完整的、传达明确意义的图像,这是美术设计的必经之路。该软件提供的绘图工具让图像与创意很好地融合,使图像的合成天衣无缝。

校色调色是该软件强大的功能之一,可方便快捷地对图像的颜色进行明暗、色偏的调整和校正,也可在不同颜色间进行切换以满足图像在不同领域如网页设计、印刷、多媒体等方面的应用。

特效制作在该软件中主要由滤镜、通道及工具综合应用完成。包括图像的特效创意和特效字的制作,如油画、浮雕、石膏画、素描等常用的传统美术技巧都可借由该软件特效完成。而各种特效字的制作更是很多美术设计师热衷于该软件研究的原因。使用其众多的编修与绘图工具,可以更有效地进行图片编辑工作。

2003 年,Adobe 将 Adobe Photoshop 8 更名为 Adobe Photoshop CS。2013 年,Adobe 公司推出了最新版本的 Photoshop CC,自此,版本 Adobe Photoshop CS6 是 Adobe Photoshop CS 系列最后一个版本。

### 7.4.2　Flash

Flash 是一种集动画创作与应用程序开发于一身的创作软件,广泛用于创建吸引人的应用程序。Flash 包含丰富的视频、声音、图形和动画,用户可以在 Flash 中创建原始内容或者通过从别的软件导入的素材来快速设计简单的动画,以及使用 Adobe Action Script 3.0 开发高级的交互式项目。Flash 可以包含简单的动画、视频内容、复杂演示文稿和应用程序以及介于它们之间的任何内容。Flash 动画设计中最重要的三个基本功能是绘图和编辑图形、补间动画和遮罩。

Flash 使用矢量运算的方式,产生出来的影片占用存储空间较小,因此 Flash 被大量应用于互联网网页的矢量动画设计。目前全世界几乎所有的网络浏览器都内建了 Flash 播放器(Flash Player),可以在网页上直接播放 Flash 动画。

### 7.4.3　3DS Max 和 Maya

3DS Max 是美国 Autodesk 公司出品的基于 PC 系统的三维动画渲染和制作软件。其前身是基于 DOS 操作系统的 3D Studio 系列软件。在 Windows NT 出现以前,工业级的 CG 制作被 SGI 图形工作站所垄断。3D Studio Max+Windows NT 组合的出现一下子降低了 CG 制作的门槛,成为电脑游戏中动画制作的首选。3DS Max 广泛应用于广告、影视、工业设计、建筑设计、三维动画、多媒体制作、游戏、辅助教学以及工程可视化等领域。

Maya 也是美国 Autodesk 公司出品的世界顶级的三维动画软件,应用对象是专业的影视广告、角色动画、电影特技等。Maya 功能完善,工作灵活,易学易用,制作效率极高,渲染真实感极强,是电影级别的高端制作软件。Maya 集成了 Alias、Wavefront 最先进的动画及数字效果技术。它不仅包括一般三维和视觉效果制作的功能,而且还与最先进的建模、数字化布料模拟、毛发渲染、运动匹配技术相结合。Maya 可在 Windows NT 与 SGI IRIX 操作系统上运行。在目前市场上用来进行数字和三维制作的工具中,Maya 是首选解决方案。

如今 Maya 和 3DS Max 同为 Autodesk 旗下的主力,并无优劣之分,但用途各异。3DS Max 的工作方向主要是面向建筑动画、建筑漫游及室内设计。而 Maya 软件应用主要是动画片制作、电影制作、电视栏目包装、电视广告、游戏动画制作等。

### 7.4.4　Audition

Audition 是一个专业音频编辑和混合软件,专为在照相室、广播设备和后期制作设备方面工作的音频和视频专业人员设计,可提供先进的音频混合、编辑、控制和效果处理功能。Audition 是一个完善的多声道录音室,最多可混合 128 个声道,可使用 45 种以上的数字信号处理效果并且可提供灵活的工作流程。无论是要录制音乐、无线电广播,还是为录像配音,Audition 都能提供很方便的操作流程。

### 7.4.5　Premiere

Premiere 是目前最流行的非线性编辑软件,是数码视频编辑的强大工具。其最新版本 Adobe Premiere Pro 以其新的合理化界面和通用高端工具,兼顾了广大视频用户的不同需求,在一个并不昂贵的视频编辑工具箱中,提供了前所未有的生产能力、控制能力和灵活性。Adobe Premiere Pro 既是一个创新的非线性视频编辑应用程序,也是一个功能强大的实时视频和音频编辑工具,是视频爱好者们使用最多的视频编辑软件之一。

# 本 章 小 结

本章介绍了多媒体技术的相关概念、核心内容、应用领域及发展趋势、多媒体信息的处理及常用的多媒体软件。通过本章的学习,读者应熟悉多媒体技术的相关概念,了解多媒体技术的核心内容和发展趋势,掌握各种多媒体信息(如图形图像、动画、音频、视频等)的类型和处理过程,熟悉常用的多媒体软件。

# 第8章 计算机硬件拆装与维护

## 【学习目标】

本章教学的主要目的是让学生熟练掌握拆卸与组装计算机各个部件的方法,理解并掌握使用 Ghost 工具对计算机系统进行备份和还原。

## 【本章重点】

- 拆卸与组装计算机各个部件的方法。
- 使用 Ghost 备份与还原系统分区。
- 计算机故障排除。

## 【本章难点】

- 拆卸计算机各部件。
- 组装计算机各部分。
- 使用 Ghost 备份系统分区。
- 使用 Ghost 还原系统分区。

# 8.1 计算机硬件拆卸与安装

本节主要介绍计算机硬件的拆卸与安装的基本操作。

## 8.1.1 计算机硬件的拆卸

硬件拆卸前准备:

(1)消除静电。人体静电对芯片电路有一定概率造成电路击穿而器件损坏,在拆装计算机前可接触地面或其他金属物体,消除人体静电。

(2)准备拆卸的主要工具。拆卸计算机前,需要准备十字螺丝刀 1 把、镊子 1 个、大器皿和小器皿各 1 个、工作台 1 张。

(3)注意拆卸技巧:拆卸过程中,使用正确的拆卸方法,不要强行拆卸。插拔各种板卡时,切忌盲目用力,用力不当可能会使板卡折断或变形。

### 1. 关闭电源

关闭计算机电源,拔去计算机主机电源线以及计算机主机与显示器、键盘、鼠标及其他外部设备的连接线。如图 8-1 所示。

拔去所有
与主机的
连接线

图 8-1　主机的连接线

**2. 打开机箱**

使用十字螺丝刀,拧开固定机箱盖的螺丝,并将卸下的螺丝放入小器皿中。打开机箱盖子,初步了解机箱内各部件接线的方向、颜色和位置等,并记录下来。

**3. 卸下硬盘、光驱**

记录硬盘、光驱等存储设备电源线、数据线的位置,拔去硬盘、光驱等存储设备的电源线、数据线,使用十字螺丝刀拧开紧固硬盘、光驱的螺丝,并取下硬盘、光驱,放入大器皿中,卸下的螺丝放入小器皿中。如图 8-2 所示。

图 8-2　卸下硬盘光驱电源线、数据线

**4. 卸下主板上的显卡、保护卡**

使用十字螺丝刀将主机后置面板上固定显卡、保护卡的螺丝卸掉,并将螺丝放入小器皿中。将锁住显卡、保护卡的卡扣压下,使显卡、保护卡向上松开,然后再取出显卡、保护卡,放入大器皿中。如图 8-3 所示。

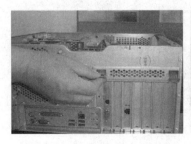

图 8-3　卸下显卡、还原卡

## 5. 卸下内存条

同时按下内存插槽两侧的卡扣,卸下内存条,放入大器皿中,如图 8-4 所示。

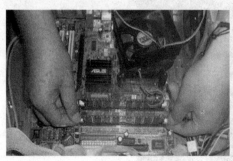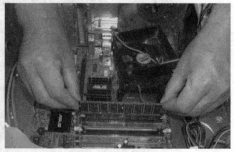

图 8-4　卸下内存条

## 6. 卸下主板

按对角线的顺序卸下主板上的 6 颗螺丝,将主板从主机箱中移除,螺丝放入小器皿中,如图 8-5 所示。

图 8-5　卸下主板螺丝

## 7. 卸下 CPU 风扇及 CPU

拔掉 CPU 散热风扇与主板之间的电源线,使用十字螺丝刀拧松 CPU 散热器上四个角的螺丝,然后移掉 CPU 散热器,并将 CPU 散热器放入大器皿中。如图 8-6 所示。

图 8-6　卸下 CPU 风扇

卸下 CPU 时,先压下 CPU 插槽的拉杆,再移动拉杆使得 CPU 保护盖打开,然后取出 CPU,将 CPU 放入大器皿中,如图 8-7 所示。

图 8-7　打开 CPU 保护盖

**8. 卸下主机电源**

仔细观察电源与主机箱的紧固方式,拆卸紧固电源的螺丝,放入小器皿中,取出主机电源,放入大器皿中。

## 8.1.2　计算机硬件的安装

**1. 安装主机电源**

从大器皿中取出主机电源,仔细观察电源与主机箱的卡位,将主机电源推进主机箱卡位,使用十字螺丝刀将固定电源的螺丝拧紧,并理顺主机电源的各类电源输出线。

**2. 安装 CPU**

(1) 打开 CPU 保护盖,观察 CPU 插槽中缺脚的位置。根据 CPU 针脚与 CPU 插槽的缺脚的方向,把 CPU 平放在 CPU 插槽中。如图 8-8 所示。

图 8-8　安装 CPU

(2) 盖住 CPU 保护盖,并扣上 CPU 插槽拉杆。

**3. 安装 CPU 散热器**

(1) 在 CPU 芯片上正面均匀地涂抹一层传热硅脂,确保 CPU 与 CPU 散热器之间的导热性。如图 8-9 所示。

图 8-9　在 CPU 芯片上涂传热硅脂

（2）将 CPU 散热器固定架放在主板背面，并将 CPU 散热器的 4 个插销对准主板上的 4 个固定孔位，使用十字螺丝刀拧紧 CPU 散热器上的 4 颗螺丝，如图 8-10 所示。

图 8-10　CPU 散热器和固定金属片

（3）并将 CPU 散热风扇的电源线插在主板的 CPU 风扇插座中。

**4. 安装主板**

（1）观察机箱后置面板上预留的孔，把主板平放在主机箱中，通过微调将主板上的输出端口对准机箱后置面板上预留的孔，如图 8-11 所示。

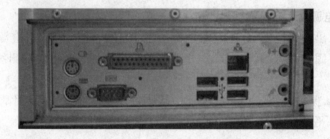

图 8-11　挡板孔

（2）确认各种端口都与后置面板上的孔对齐后，使用十字螺丝刀将螺丝固定主板在主机箱。

**5. 安装内存条**

（1）将内存条插槽两侧的卡扣向外打开，观察内存条上的缺口是否与插槽上的相符，确定后方向后，将内存条垂直放置于插槽上，如图 8-12 所示。

图 8-12　安装内存条

（2）将内存条的缺口和插槽的缺口对准，以双手拇指在内存顶部两边，并垂直、平均施力将内存条压下。此时插槽两侧的固定扣会向内靠拢，并卡住内存条，当确实卡住内存条两侧的缺口时安装就完成了。

**6．安装显卡和保护卡**

（1）将 PCI-E 显卡对准 PCI-E 插槽对应位置，如图 8-13 所示，然后轻轻用力向下按一下，如果听到咔嗒一声，表示显卡已被安装到 PCI-E 插槽里了。

图 8-13　安装显卡

（2）用安装显卡的方法，将保护卡安装在 PCI（白色）插槽中。

（3）使用十字螺丝刀将主机后置面板上固定显卡、保护卡的螺丝拧上。

**7．安装硬盘、光驱**

（1）将硬盘、光驱等存储设备放置在主机箱，并使用十字螺丝刀将存储设备固定在主机箱。

（2）将 SATA 数据连线的一端插在主板 SATA 接口中，另一端插在硬盘、光驱接口中（由于 SATA 连接线接口呈 L 方向的，所以一般不会插反）。

（3）将 SATA 电源线插在硬盘、光驱的电源接口中，如图 8-14 所示。

图 8-14　安装硬盘电源线与数据线

**8．前置面板与主机连接线的安装**

机箱前置面板与主板的连接线包括是控制主机电源开关、系统复位、硬盘电源状态指示灯、前置 USB 接口、耳机麦克风接口，如图 8-15 所示。

图 8-15　机箱前置面板对应主板接口

（1）将标有"Power LED"的指示线插在 1、2 号针上，将标有"Power SW"的指示线插在 3、4 号针上，将标有"IDE LED"的指示线插在 5、6 号针上，将标有"Reset SW"的指示线插在 7、8 号针上，如图 8-16 所示。

1、2 号针 ──── ───── 3、4 号针

5、6 号针 ──── ───── 7、8 号针

图 8-16　电源开关，硬盘、电源指示灯，系统复位接口

（2）将 USB 连接线插在主板 USB 接口中，连接时红色在左侧即可。

（3）将耳机、麦克风连接线插在主板耳机、麦克风接口中，连接时红色在左侧即可，如图 8-17 所示。

耳机、麦克风接口　　　　　　　　　　　　　　　　电源开关
　　　　　　　　　　　　　　　　　　　　　　　系统复位
USB 接口　　　　　　　　　　　　　　　　　　　硬盘指示灯
　　　　　　　　　　　　　　　　　　　　　　　电源指示灯

图 8-17　机箱前置面板接口

### 9. 连接主板电源线

将 24 口和 4 口电源线插在主板电源插座中，如果方向不对，将无法插入，如图 8-18 所示。

图 8-18　主板电源连接

### 10. 关闭机箱盖

接好机箱内各种连接线后，机箱内部就基本安装完毕。为了防止通电后发生故障，应仔细检查机箱内各部件，看有没有安装不牢固、容易松动的。另外再检查各连线，看是否都接上、有没有接反。

如果确认无误就可以关闭机箱盖，将面盖螺丝拧上。

### 11. 连接机箱外部插头、连线

主机安装成功后，就可连接键盘、鼠标、显示器等外部设备，进行上电测试了。机箱外部插头、连线如图 8-19 所示。

图 8-19　机箱外部插头、连线

（1）鼠标、键盘：将鼠标、键盘的 USB 接口插在机箱后面的 USB 接口上。

（2）显示器：将显示器信号线插头插在显卡输出插座上，并将插头两边的固定螺丝拧上，以防止松脱。

计算机组装基本完成，接通电源，按下计算机电源开关，可以看到电源指示灯亮起，硬盘指示灯闪动，显示器出现开机画面，系统开始自检。

# 8.2　系统的备份与还原

## 8.2.1　使用 Ghost 备份系统分区

Norton Ghost（诺顿克隆精灵 Symantec General Hardware Oriented System Transfer）是美国赛门铁克公司旗下的一款出色的硬盘备份还原工具。Ghost 可以实现 FAT16、FAT32、NTFS、OS2 等多种硬盘分区格式的分区及硬盘的备份还原。

本节以备份系统分区成镜像文件为例，进行详细说明。

**1. 设置 U 盘启动**

由于 Ghost 工具安装在 U 盘上，在进行备份系统分区前，首先需要在 BIOS 中设置 U 盘设备为第一启动项。进入 BIOS 的方法随不同的 BIOS 而不同，一般来说有在开机自检通过后按 Del 键或者 F2 键。进入 BIOS 以后，找到"Boot"项目，在列表中将第一启动项设置为"USB-FDD"。

**2. 启动 Ghost 工具**

设置好从 U 盘启动后，把带有 Ghost 工具的 U 盘插入电脑 USB 接口中。重启电脑，按照提示选择"GHOST 工具"，并按"回车"进入 Ghost 程序。如图 8-20 所示。

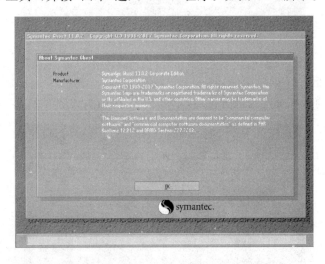

图 8-20　Ghost 启动界面

**3. 选择模式**

依次选择 Local（本地）→Partition（分区）→To Image（备份到镜像），如图 8-21 所示。

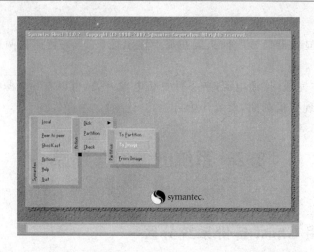

图 8-21　Ghost 模式选择

**4. 选择源驱动器**

选择硬盘为源驱动器后，单击"OK"按钮。如图 8-22 所示。

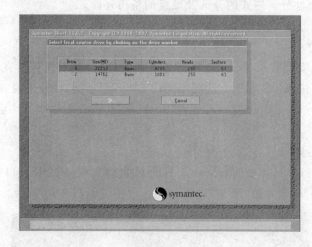

图 8-22　选择源驱动器

**5. 选择备份分区**

选择需要备份的系统分区为源分区后，单击"OK"按钮。如图 8-23 所示。

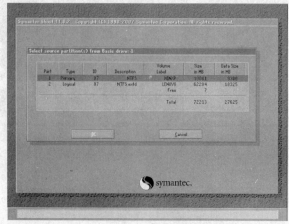

图 8-23　选择备份分区

### 6. 选择镜像存放位置

使用【Tab】键选择备份镜像存放的位置,并命名镜像文件为"WINXP. GHO",并单击"Save"按钮。如图 8-24 所示。

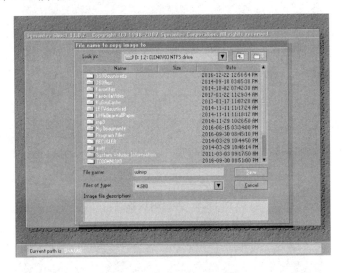

图 8-24 备份镜像存放位置

### 7. 选择镜像压缩模式

其中 No 表示不压缩,Fast 表示适量压缩,High 表示高压缩但执行备份速度慢。选择"Fast"模式进行备份。如图 8-25 所示。

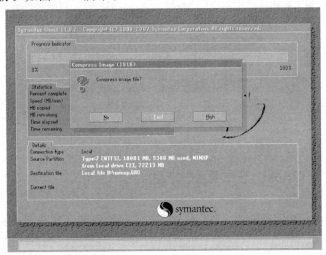

图 8-25 选择镜像压缩模式

### 8. 生成镜像文件

选择"Yes"进行备份,镜像备份完成,按回车退出。如图 8-26、图 8-27 所示。

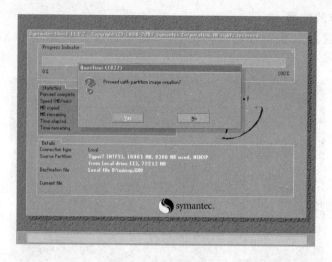

图 8-26　再次确认备份

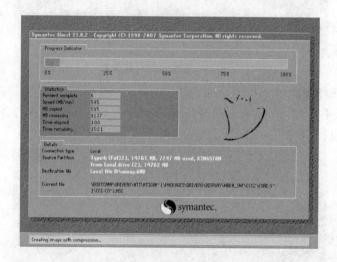

图 8-27　镜像备份过程

## 8.2.2　使用 Ghost 还原系统分区

上一节将系统分区备份成镜像文件,本节将备份好的镜像还原成系统分区。

**1. 设置 U 盘启动**

与备份系统分区类似,在还原系统前,设置 U 盘为第一启动项。具体操作办法详见 8.2.1 节所述。

**2. 启动 Ghost 工具**

设置好从 U 盘启动后,把带有 Ghost 工具的 U 盘插入电脑 USB 接口中。重启电脑,按照提示选择"GHOST 工具",并按"回车"进入 Ghost 程序。

**3. 选择还原模式**

依次选择 Local(本地)→Partition(分区)→From Image(从镜像中还原)。如图 8-28 所示。

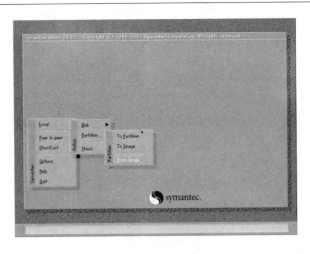

图 8-28　选择还原模式

**4. 选择镜像文件**

使用【Tab】键在"Look in"选项中选择镜像文件存放位置，并选择"WINXP. GHO"镜像文件后，单击"Open"。如图 8-29 所示。

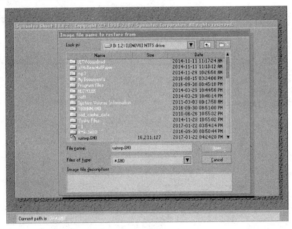

图 8-29　选择镜像文件

**5. 选择目标驱动器、目标分区**

选择硬盘为目标驱动器，并选择第一分区（主分区）为目标分区。如图 8-30、图 8-31 所示。

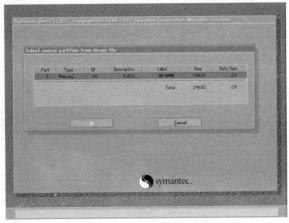

图 8-30　选择目标驱动器

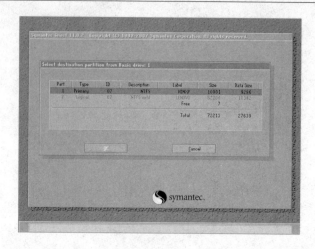

图 8-31　选择目标分区

### 6. 还原分区

选择"Yes"进行镜像还原。还原进度达到100％,还原文件完全覆盖,单机 Reset Computer 重启电脑,分区还原成功。如图 8-32、图 8-33 所示。

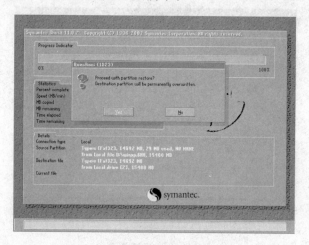

图 8-32　再次确认还原

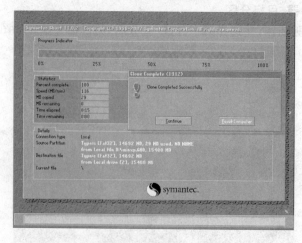

图 8-33　分区还原成功

## 8.3　计算机故障诊断与排除

本节主要介绍通过主板故障诊断仪对计算机的硬件故障进行诊断与排除。

诊断仪采用 10 个 LED 指示灯,按计算机主机五大硬件(电源、主板、CPU、内存、显卡)启动的先后顺序,从左至右依次排列,形成一个启动进度条,直接指示主机启动进程。

将诊断仪 PCI 金手指插入电脑主板 PCI 插槽,并保证接触良好,诊断仪无须开机,此时按下主机开机键启动主机,从左至右查看诊断仪故障指示灯即可识故障。如图 8-34 所示。

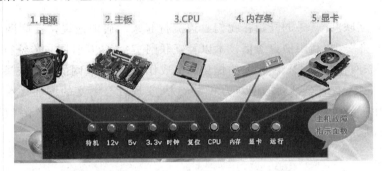

图 8-34　主板故障诊断仪指示灯对照图

**1. 诊断主机电源供电线路、主板供电线路**

1) 待机指示灯不亮:主机未通电,电源或电源线路损坏。

2) 12 V 5 V 3.3 V 灯任意一指示灯不亮:电源供电不稳定、主机电源坏、电源线路坏。

3) 时钟指示灯不亮:主机未工作,检查主板供电或更换主板,也有可能是 CPU 严重损坏、失效导致。

4) 复位指示灯不亮:主板或复位键损坏。

**2. 诊断 CPU、内存、显卡是否正常运行**

1) 灯停留在 CPU 位置:CPU 工作异常,更换 CPU 或检测 CPU 总线。

2) 灯停留在内存位置:内存故障,内存条接触不良、内存条损坏或内存总线故障。

3) 灯停留在显卡位置:显卡故障,显卡接触不良、显卡损坏或显卡总线故障。

4) 运行灯亮:表示主机五大硬件启动,主机正常运行。

注意:请在主机关机并断电的状态下插拔诊断仪,以免主机在带点状态下,因操作不当,造成主机部件或诊断仪损坏。

# 本　章　小　结

本章主要介绍计算机硬件的拆卸与安装,计算机操作系统的还原与备份以及计算机硬件故障排除与诊断。通过本章的学习,读者应熟练掌握拆卸与组装计算机各个部件的方法,理解并掌握使用 Ghost 工具对计算机系统进行备份和还原。

# 第 9 章 "互联网＋"

【学习目标】

最近几年,"互联网＋"一词开始在我们身边流行起来。通俗地说,"互联网＋"就是"互联网＋各个传统行业",即,利用信息通信技术以及互联网平台,让互联网与传统行业进行深度融合,充分发挥互联网在社会资源配置中的优化和集成作用,将互联网的创新成果深度融合于经济、社会各领域之中,提升全社会的创新力和生产力,实现社会财富的增加。本章主要介绍了"互联网＋"的定义、发展、应用和未来趋势。通过本章的学习,读者可以了解"互联网＋"的具体内涵,了解"互联网＋"在各个领域的具体体现和应用。

【本章重点】

- "互联网＋"的定义。
- "互联网＋"的应用。

【本章难点】

- "互联网＋"的应用。

## 9.1 "互联网＋"概述

### 9.1.1 "互联网＋"是什么

最近几年,"互联网＋"一词开始在我们身边流行起来。2016 年 5 月 31 日,教育部、国家语言文字工作委员会在北京发布《中国语言生活状况报告(2016)》,"互联网＋"入选十大新词和十大流行语。

但什么是"互联网＋"呢?"＋"即为添加、融合。通俗地说,"互联网＋"就是"互联网＋各个传统行业",即,利用信息通信技术以及互联网平台,让互联网与传统行业进行深度融合,充分发挥互联网在社会资源配置中的优化和集成作用,将互联网的创新成果深度融合于经济、社会各领域之中,提升全社会的创新力和生产力,实现社会财富的增加。

### 9.1.2 "互联网＋"的由来

互联网(Internet)的历史已经相当悠久,始于 1969 年美国的阿帕网,并已经深入到人们生活的方方面面。而国内"互联网＋"理念的提出,最早可以追溯到 2012 年 11 月。当时,易观国际董事长兼首席执行官于扬在易观第五届移动互联网博览会上,首次提出"互联网＋"理念。他认为:"无论你今天做的是哪一个行业,是服务业,是实体的制造业,还是我们所谓的金融服务业,所有的这些都意味着将要被互联网改变,都会有'互联网＋'这样一个方式。"图 9-1 为于扬在易观第五届移动互联网博览会上。

在 2015 年 3 月的全国两会上,全国人大代表马化腾提交了《关于以"互联网＋"为驱动,推进我国经济社会创新发展的建议》的议案,他表示,"互联网＋"是指利用互联网的平台、信息通信技术把互联网和包括传统行业在内的各行各业结合起来,从而在新领域创造一种新生态。他希望这种生态战略能够被国家采纳,成为国家战略。图 9-2 为马化腾在 2015 年全国两会上。

图 9-1　于扬在易观第五届移动互联网博览会上

图 9-2　马化腾在 2015 年全国两会上

在 2015 年 3 月 5 日的十二届全国人大三次会议上,李克强总理在政府工作报告中首次提出"互联网＋"行动计划。李克强在政府工作报告中提出:"制定'互联网＋'行动计划,推动移动互联网、云计算、大数据、物联网等与现代制造业结合,促进电子商务、工业互联网和互联网金融(ITFIN)健康发展,引导互联网企业拓展国际市场。"

2015 年 12 月 16 日,第二届世界互联网大会在浙江乌镇开幕,中国互联网发展基金会联合百度、阿里巴巴、腾讯共同发起倡议,成立"中国互联网＋联盟"。

## 9.2 "互联网＋"与我们的生活

"互联网＋"已经遍及国家发展的各个传统行业以及社会民生的各个角落,并给人们的生活带来直接的影响。

### 9.2.1 "互联网＋"金融

2013 年 6 月,阿里巴巴继发展其电子商务("淘宝网")和第三方支付("支付宝")之后,正式推出网上理财产品("余额宝"),真正开始分流银行存款和客户。自此,互联网公司从事的金

图 9-3　互联网金融六大模式

融业务、模式以及其对传统金融机构和金融市场产生的影响引起了社会广泛的重视。此后,第三方支付、移动支付、网上借贷(P2P)、债权众筹、股权众筹、金融资产(保险、基金及理财产品等)网上销售和申购等业务如火如荼地发展起来,甚至出现网络(数字)货币及其交易等。于是,"互联网金融"("互联网+"金融)的概念才开始出现并被广泛接受,中国也成为全世界首创"互联网金融"概念的国家。因此,"互联网金融"从其产生开始就更多地指互联网公司发展的金融业务和模式,并与传统金融机构办理的金融业务和模式相对应。

目前,互联网金融有第三方支付、电商信贷、P2P 信贷、众筹融资、第三方基金销售、互联网保险等模式,如图 9-3 所示。

### 1. 第三方支付

第三方支付是指,具备实力和信誉保障的第三方企业和国内外的各大银行签约,在银行的直接支付环节中增加一个中介,即,在通过第三方支付平台交易时,买方选购商品,不直接将款项打给卖方而是付给中介,中介通知卖家发货;买方收到商品后,通知付款,中介将款项转至卖家账户。

我们所熟悉的支付宝,就是非常典型的第三方支付产品。有了第三方支付,消费者和商家不需要在多个银行开设不同的账户进行付款,消费者网上购物的成本降低了,商家运营的成本也降低了,网上购物过程更加快捷、便利。

除了支付宝,目前中国国内的第三方支付产品主要有微信支付、百度钱包、PayPal、中汇支付、拉卡拉、财付通、融宝、盛付通、腾付通、通联支付、易宝支付、中汇宝、快钱、国付宝、物流宝、网易宝、网银在线、环迅支付 IPS、汇付天下、汇聚支付、宝易互通、宝付、乐富等。图 9-4 为部分第三方支付产品图例。

图 9-4　部分第三方支付产品图例

### 2. 电商信贷

电商信贷是指诸如阿里巴巴、苏宁等电子商务企业利用其自身电商平台的优势,直接向平台上的供应商和个人提供借贷的一种经济活动。电商信贷属于互联网金融模式之一的网络借贷,是对传统银行信贷的创新。

电商信贷中,互联网企业基于大数据技术,在放贷前可以通过分析借款人历史交易记录,迅速识别风险,确定信贷额度,借贷效率极高;在放贷后,可以对借款人的资金流、商品流、信息流实现持续闭环监控,有力降低了贷款风险,进而降低利息费用,让利于借款企业,因此,电商信贷深受小微企业的欢迎。图 9-5 所示为阿里信用贷款的官方宣传。

图 9-5　阿里信用贷款官方宣传

### 3. P2P 信贷

P2P 信贷,指有资金并且有理财投资想法的个人,通过第三方网络平台牵线搭桥,使用信用贷款的方式将资金贷给其他有借款需求的人。P2P 平台的盈利主要是从借款人收取一次性费用以及向投资人收取评估和管理费用。

近几年,我国 P2P 网络信贷市场出现了爆炸式增长,无论是平台规模、信贷资金,还是参与人数、社会影响都有较大进步。截至 2015 年 12 月底,网贷行业运营平台达到了 2 595 家,历史累计成交量已经达到了 13 652 亿元。P2P 规模的飞速发展为中小微企业融资开拓了新的融资渠道,也为居民进行资产配置提供了新的平台。图 9-6 所示为 P2P 网络信贷示意图。

图 9-6　P2P 网络信贷示意图

### 4. 众筹融资

众筹即大众筹资或群众筹资。互联网时代的众筹,是指用"团购＋预购"的形式,通过互联网,发布筹款项目并向网友募集项目资金。利用互联网传播的特性,众筹让小企业、艺术家或个人可以对公众展示他们的创意，争取大家的关注和支持，进而获得所需要的资金援助。

众筹这种融资模式具有融资门槛低、融资成本低、期限和回报形式灵活等特点，是初创型企业的重要融资渠道。我国已成立的众筹平台已经超过 200 家，较为被大众所知的有点名时间、追梦网、淘梦网、海色网、好梦网、点火网、众意网、人人投等。图 9-7 所示为人人投网站的官方宣传。

图 9-7　人人投网站的官方宣传

#### 5．互联网保险

互联网保险是一种新兴的、以计算机互联网为媒介的保险营销模式，是指保险公司或新型第三方保险网以互联网和电子商务技术为工具，来支持保险销售的经营管理活动的经济行为。

据中国保险协会发布的《2015 年保险市场运行情况分析报告》显示，2015 年，国内保险市场呈现出互联网保险高速增长、保险新产品更趋多样化、保障型保费份额扩大等特点。2015 年，互联网保险保费收入 2 223 亿元。

相比传统保险推销的方式，互联网保险有非常明显的优势。对于客户而言，在互联网保险中，客户可以在线比较多家保险公司的产品，能更加自主地选择产品，并通过轻点鼠标，实现网上在线产品的咨询及理赔。对于保险公司而言，可以减少其在险种的选择、保险计划的设计和销售等方面的费用，有利于提高保险公司的经营效益。据有关数据统计，通过互联网向客户出售保单或提供服务要比传统营销方式节省 58%～71% 的费用。图 9-8 所示为中国平安保险官方宣传。

图 9-8　中国平安保险官方宣传

#### 6. 互联网银行

2014 年,互联网银行的落地,标志着"互联网＋"金融融合进入了新阶段。2015 年 4 月 18 日,以腾讯为最大股东的深圳前海微众银行"Webank"正式对外营业,成为国内首家互联网民营银行(其图标如图 9-9 所示)。2015 年 6 月 25 日,以阿里巴巴为最大股东的浙江网商银行"Mybank"正式开业。

图 9-9　微众银行图标

银行的互联网模式大大降低了金融交易的成本:节省了有形的网点建设和管理安全等庞大的成本、节省了大量人力成本、节约了客户跑银行网点的时间成本等。客户在任何地点、任何时间都可以办理银行业务,效率大大提高,同时,通过网络化、程序化交易和计算机快速、自动化等处理,大大提高了银行业务处理的效率。

由此可见,"互联网＋"金融的实践,正在让越来越多的企业和百姓享受更高效的金融服务。

## 9.2.2 "互联网＋"商贸

电子商务,通常是指在全球各地广泛的商业贸易活动中,在因特网开放的网络环境下,基于浏览器/服务器的应用方式,买卖双方不谋面地进行各种商贸活动,实现消费者的网上购物、商户之间的网上交易和在线电子支付以及各种商务活动、交易活动、金融活动和相关的综合服务活动的一种新型的商业运营模式。

这种许多年前还令人感觉陌生的模式,如今正强烈冲击着传统商业模式。近年来,移动互联网等新一代信息技术加速发展,电子商务伴随着互联网发展壮大,商贸领域的商业模式创新层出不穷,具有广阔前景和无限潜力。正如马化腾所言,"互联网＋"商贸,"是对传统行业的升级换代,不是颠覆掉传统行业","特别是移动互联网对原有的传统行业起到了很大的升级换代的作用。"

据《2015 年度中国电子商务市场数据监测报告》显示,2015 年,中国电子商务交易额达 18.3 万亿元,同比增长 36.5％,增幅上升 5.1 个百分点。其中,B2B 电商交易额达 13.9 万亿元,同比增长 39％。网络零售市场规模 3.8 万亿元,同比增长 35.7％。

在电子商务中,与老百姓密切相关的是 B2C(Business-to-Customer)模式,也就是通常说的直接面向消费者销售产品和服务的商业零售模式。从市场份额来看,2015 年的 B2C 市场中,天猫的市场份额位居第一,京东占比有所增长,如图 9-10 所示。与 2014 年相比,京东、苏宁易购、唯品会、国美在线的份额有所增加。从增速来看,京东、苏宁易购、唯品会、国美在线的增速高于 B2C 行业 56.6％的整体增速,几家企业规模总和超过三成。也由于各家电商竞争激烈,这几年被称为互联网电商的战国时代,因此有了这样一幅漫画,如图 9-11 所示。

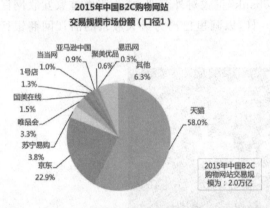

图 9-10　2015 年中国 B2C 购物网站交易规模市场份额　　　　图 9-11　互联网电商的战国时代

### 9.2.3　"互联网十"工业

"互联网十"工业,即传统制造业企业采用移动互联网、云计算、大数据、物联网等信息通信技术,优化研发、设计、生产、制造、营销及服务等各个环节,实现生产效率的提高。"互联网十"工业示意图如图 9-12。该示意图表明,工业生产的各个环节均与互联网密不可分。

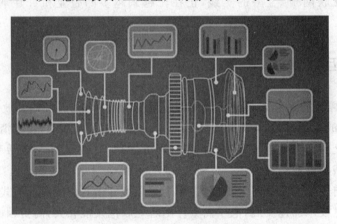

图 9-12　"互联网十"示意图

例如,在工业生产上,传统的汽车、家电等制造厂商可以将生产设备接入互联网,使各生产设备能够自动交换信息、触发动作和实施控制,从而缩短生产周期,提高生产效率。

又如,通过在产品上增加自动采集用户数据的网络软硬件模块,可以及时获取市场需求以进行深度挖掘,从而实现产品及服务的个性化。

如今,互联网工业已经进入加速阶段,2016 年的达沃斯论坛提出"第四次工业革命"概念,表明第四次工业革命浪潮正在掀起,互联网工业迎来了爆发式发展的最好契机。制造业与互联网的融合创新,智能制造装备与关键技术的发展,重点行业实施智能制造的解决方案等,将会成为未来"互联网十"的重要发展议题。

## 9.2.4 "互联网＋"通信

2015 年 4 月,国家工信部指出,要加大互联网中宽带等基础配套设施服务的建设。目前,在基础设施建设方面,经过几年的"宽带中国"专项行动,宽带基础设施加速升级,2015 年,国内三大运营商投资总额达到了 4 539.1 亿元,中国已建成世界上最大的 4G 网络,移动宽带网络覆盖和用户规模跃居世界第一。

据中国互联网信息中心 CNNIC 发布的第 37 次《中国互联网络发展状况统计报告》显示,截至 2015 年 12 月,互联网在信息通信服务收入中的占比超过 60％,中国网民规模达 6.88 亿,互联网普及率为 50.3％,如图 9-13 所示;手机网民规模达 6.2 亿,占比提升至 90.1％,如图 9-14 所示,无线网络覆盖明显提升,网民 Wi-Fi 使用率达到 91.8％。

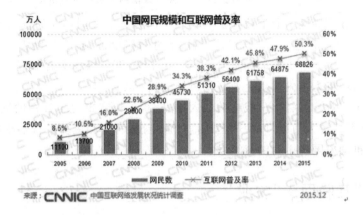

图 9-13　中国网民规模和互联网普及率

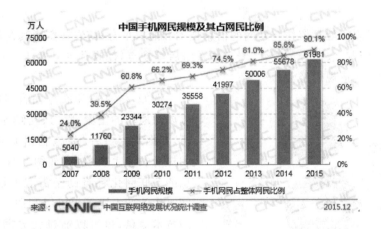

图 9-14　中国手机网民规模及其占网民比例

"互联网＋"通信还极大地促进了中国智能手机研发制造的迅速发展。近几年,国产手机厂商纷纷发布新品进军高端手机市场。据统计,2016 年 6 月,国内手机市场出货量 4 455.7 万部,同比增长 16.9％;上市新机型 138 款,同比增长 16.9％。其中,4G 手机出货量 4 170.7 万部,上市新机型 122 款,同比分别增长 28.3％ 和 35.6％,占比分别为 93.6％ 和 88.4％,如图 9-15 所示。

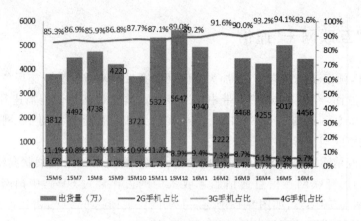

图 9-15　2015 年 6 月至 2016 年 6 月国内手机出货量情况

此外，"互联网＋"催生了通信业外扩潮。中国作为通信大国，4G 的普及速率正在迅速提升，在 3G 时代，国内通信业产能获得快速提升，部分通信设备、器件及光纤光缆均存在供大于求的情况，海外出口成为解决产能的重要途径。在中亚、西亚等国移动通信普及率尚低，网络升级拓展需求旺盛，将为国内通信企业开拓市场空间。

未来，随着国家对"互联网＋"战略的深入推进，新一轮宽带提速计划的展开，未来三大运营商的投资仍将保持较大力度，以使中国通信行业走出去，并和更多来自全球各地的客户和伙伴建立联系，以推动中国通讯业的持续发展。

## 9.2.5　"互联网＋"农业

农业是中国最传统的基础产业，农业看起来离互联网最远，但"互联网＋"农业的潜力却是巨大的。

"互联网＋"农业就是依托互联网的信息技术和通信平台，使农业摆脱其在传统行业中，消息闭塞、流通受限制、农民分散经营、服务体系滞后等缺点，使现代农业坐上互联网的快车，实现中国农业集体经济规模经营。

例如，对农户和农企而言，通过信息技术，可以对地块的土壤、肥力、气候等进行大数据分析，并据此提供种植、施肥相关的解决方案，大大提升农业生产效率（如图 9-16 所示）；农业信息的互联网化将有助于需求市场的对接，互联网时代的新农民不仅可以利用互联网获取先进的技术信息，也可以通过大数据掌握最新的农产品价格走势，从而决定农业生产重点；而农业电商将推动农业现代化进程，通过互联网交易平台减少农产品买卖中间环节，增加农民收益。

对消费者而言，消费者通过互联网与农户沟通，可以及时获取种子是否健康、施肥是否适量、采摘是否科学等信息。质量好的农产品能

图 9-16　"互联网＋"农业示意图

够得到更快、更广的传播推广,用户可以更方便、更放心地消费优质农产品。

## 9.2.6 "互联网＋"医疗

近 30 年来,"看病难""看病贵"一直是困扰我国医疗事业发展的瓶颈,尤其是在广大农村乡镇,这一问题显得尤为突出。在互联网时代,这一"痛点"有望得到改善。

通过互联网医疗,患者有望从移动医疗数据端监测自身健康数据,做好防范;在诊疗服务中,患者可以依靠移动医疗实现网上挂号、询诊、购买、支付(如图 9-17 所示),节约时间和经济成本;在诊疗服务后,患者可依靠互联网与医生进行后续健康观察及沟通。

图 9-17　"互联网＋"医疗之网上挂号、支付

百度、阿里巴巴、腾讯等中国互联网巨头在"互联网＋"医疗方面也逐渐形成巨大的产业布局网。

例如,百度推出了"健康云"概念,基于云计算和大数据技术,形成"监测、分析、建议"的三层架构,对用户的健康信息进行监测,根据监测数据进行健康指数分析,并视情形对用户做出健康检查及生活习惯的建议,为用户提供专业的健康服务。

阿里巴巴推出了"未来医院"。"未来医院"以支付宝为核心,由国内多家软件公司为其提供智能优化诊疗服务流程的技术,已先后在杭州、广州、昆明、中山等地的医院试点。此外,阿里巴巴公司与百度公司合作,正在部署"阿里健康云平台——数据服务"平台及相应的医药大数据战略。

腾讯以 QQ 和微信两大社交软件为依托,在 QQ 上推出"健康板块",其投入巨资收购丁香园和挂号网,为微信平台打造互联网医疗服务整合入口。2014 年 4 月,九州通医药集团股份有限公司携手腾讯,开发微信医药 O2O"药急送"功能,随后,微信订阅号"好药师健康资讯"和微信服务号"好药师"也陆续开通,健康资讯及时快速地抵达用户。

2015 年中国移动医疗市场规模为 48.8 亿元,同比增长 62％,如图 9-18 所示。预计未来几年,移动医疗将继续高速发展。根据易观国际的预测,到 2018 年,我国移动医疗市场有望达到 300 多亿元的规模。

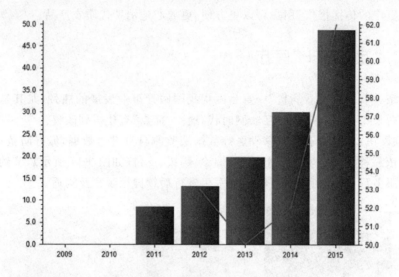

图 9-18　近几年中国移动医疗市场规模

### 9.2.7　"互联网＋"教育

一所学校、一位老师、一间教室，这是传统教育。一个教育专用网、一部移动终端，几百万学生，学校任你挑、老师由你选，一切教与学活动都围绕互联网进行，老师在互联网上教，学生在互联网上学，信息在互联网上流动，知识在互联网上成型，这就是"互联网＋"教育。图 9-19为"互联网＋"教育示意图。通过该示意图可见，在"互联网＋"教育中，教与学的各个过程，均在互联网上进行。

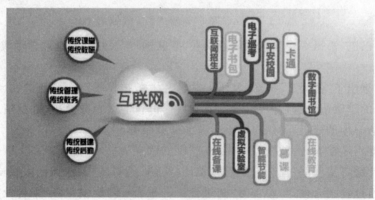

图 9-19　"互联网＋"教育示意图

第一代教育以书本为核心，第二代教育以教材为核心，第三代教育以辅导和案例方式出现，如今的第四代教育，才是真正以学生为核心。中国工程院院士李京文表示，中国教育正在迈向 4.0 时代。

目前，在教育领域，"互联网＋"正在让教育焕发出新的活力。

腾讯公司开设了"腾讯课堂"，仅以其"会计学堂"为例，"会计学堂"总部设在一个不到 10人的办公室里，聘请了各地的职业教师在线教学。目前单个课程上课用户数稳定在 500 人，每门录播课程观看人次超过 1 万。如图 9-20 所示为"腾讯课堂"官方宣传。

图 9-20 "腾讯课堂"官方宣传

此外,目前很多省市正在推行"互联网＋资源共享"行动计划。例如,目前佛山市优课网平台汇报优秀精品课资源超过 20 000 节,覆盖了中小学全部教材版本重要知识点内容,对有效教学的深入推进发挥了巨大作用。在这种平台上,学生可以使用电子书包进行自主学习,教学名师可以进行在线讲座与辅导答疑,真正实现了随时随地的个性化学习。

我们正越来越感受到"互联网＋"教育的巨大优势。首先,"互联网＋"教育突破了地域、时间和师资力量的局限,传统教育需要大量教学硬件资源如教学场地等,更需要将大量师资力量等软件资源集中在一起,而"互联网＋"教育仅需要一台联网计算机,足不出户便可完成高效率的学习;其次,从传统一个优秀老师只能服务几十个学生扩大到能服务几千个甚至数万个学生,"互联网＋"教育最大程度上发挥了优质教育资源的作用和价值;再次,传统教育往往滞后于社会发展,教学内容较为陈旧、教学方式相对落后,培养出来的人才不能满足社会发展的需求,"互联网＋"教育可以通过互联网快速传播先进的理念、知识和技术,从而提高教育的效率;最后,互联网联通一切的特性让跨区域、跨行业、跨时间的合作研究成为可能,这也在很大程度上规避了低水平的重复,加速了教育和学术研究水平的提升。

## 9.2.8 "互联网＋"政务

"互联网＋"政务,主要是借助云计算、大数据技术推动政府搭建智慧城市平台,老百姓在平台上可以进行各种政务相关办事程序的了解、申请、执行等,让百姓享受信息技术带来的便捷服务。

"互联网＋"政务,并不是简单地将传统的政府管理事务原封不动地搬到互联网上,而是在流程优化的基础上,用全新的方法和程序去完成原有的业务功能。包括阿里巴巴和腾讯在内的中国互联网公司通过自有的云计算服务正在为地方政府搭建政务数据的后台,将原本留存在政府各个部门中互不连通的数据归集在一张网络上,形成了统一的数据池,实现了对政务数据的统一管理。

在"互联网＋"政务时代,老百姓可以享受"一站式"服务。老百姓通过手机端,借助支付宝、淘宝、新浪微博等平台,就可以进行交通违法查询及缴罚、公积金查询、出入境业务查询及办理、户政业务查询、社会信用查询等,可以享受公证服务、合同服务、纳税服务等,此外,缴纳社保、结婚登记、办理营业执照等服务,都将陆续开放。图 9-21 为"互联网＋"政务示意图,由图可见,"互联网＋"政务涵盖了政务服务的各个方面。

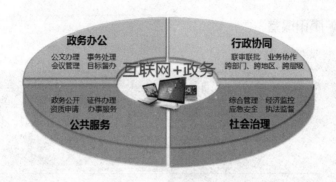

图 9-21  "互联网十"政务示意图

"互联网十"政务摆脱了时间、空间条件的限制,实实在在方便了老百姓,让政府随时随地为个人提供政务服务成为可能,减轻了政府窗口的工作压力,提高了政府的行政效率,提升了政府的公共服务能力。

此外,互联网可以向公众公开办事程序,提高政府工作的透明度,树立政府的公信力。同时,政府可以随时了解公众的意见和要求,也能提高公众对政府决策的理解度和支持率。

"互联网十"政务正在快速发展。2016 年 9 月 29 日,国务院《关于加快推进"互联网十政务服务"工作的指导意见》(以下简称《指导意见》)发布,如图 9-22 所示。《指导意见》提出,2017 年底前,各省(区、市)人民政府、国务院有关部门建成一体化网上政务服务平台,全面公开政务服务事项,政务服务标准化、网络化水平显著提升。2020 年年底前,建成覆盖全国的整体联动、部门协同、省级统筹、一网办理的"互联网十政务服务"体系,大幅提升政务服务智慧化水平,让政府服务更聪明,让企业和群众办事更方便、更快捷、更有效率。

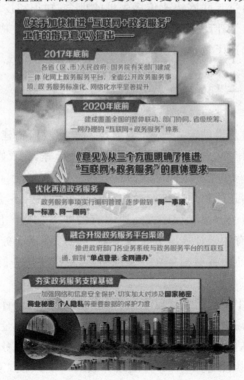

图 9-22  国务院《关于加快推进"互联网十政务服务"工作的指导意见》要点

## 9.2.9 "互联网十"民生

与"互联网十"政务类似,在民生领域,老百姓通过手机端,借助支付宝、淘宝、新浪微博等平台,就可以进行生活缴费及充值(水、电、煤气、物业、机动车油卡等)、天气查询、交通购票(飞机、火车、地铁、汽车等)、约车租车、预约挂号、信用卡还款、贷款、保险办理等。"互联网十"民生示意图如图 9-23 所示,在该图中,通过微信平台,即可进行多项民生事务的处理。

如前面 9.2.6 节所述的"互联网十"医疗,9.2.7 节所述的"互联网十"教育,其实是"互联网十"民生的两大重要体现。除此之外,"互联网十"交通、"互联网十"旅游也是民生领域发展迅速的代表。

在"互联网十"交通领域,近两年,从国外的 Uber、Lyft 到国内的滴滴打车、快的打车,移动互联网催生了一批打车、拼车专用软件,如图 9-24 所示,虽然它们在全世界不同的地方仍存在不同的争议,但它们通过把移动互联网和传统的交通出行相结合,改善了人们出行的方式,提高了车辆的使用率,推动了互联网共享经济的发展,减少了尾气排放,对环境保护也做出了贡献。

图 9-23　"互联网十"民生示意图

图 9-24　滴滴打车、快的打车软件

在"互联网十"旅游领域,从游客的旅游体验,到旅游企业的营销方式,再到政府部门的旅游管理,互联网的力量已经渗透到旅游的方方面面。

我们或许都有过这样的体验,如果我们恰巧是在旅游旺季游览一处名胜景点,那原本期待的悠闲度假可能反而成为一种"体力活"。例如,北京故宫,在旅游旺季,光是排队购票就常常需要 1 个多小时,再加上安检、存包等,进入故宫时两个小时已经过去了。

而如今,游客只需要提前在故宫官网或一些网上平台购票,到门口刷身份证即可进入故宫。这不仅免除了游客排队买票的痛苦,也为他们逛故宫节省出了更多的时间。这是互联网破解旅游痛点的一个重要方面。部分旅游网上购票平台如图 9-25 所示。

除了网上提前购票,微信可以实现扫码购票及微信支付,市民在景区门口,不用排队,只要在景区扫一扫微信二维码,即可马上实现微信支付。进入景区时,使用微信电子二维码门

图 9-25　部分旅游网上购票平台

票自助扫码过闸机,无须人工检票。此外,微信还有景区导览、规划路线等功能。购票后,微信

将根据市民的购票信息,进行智能线路推送。

而在国外,柬埔寨吴哥窟景区已采取脸部识别的系统,门票上会附游客照片,便于游客进出景区;在东京迪士尼,游客超过饱和流量时,工作人员通过测算景区何时能够达到合理流量,给游客一张纸条,请其在测算的时间后再进入游玩。

此外,在"互联网＋"旅游时代,一个地方美丽不美丽,值不值得去,已经不再是某个拥有信息垄断权力的精英机构说了算,而是由千千万万普普通通的游客在网上分享的主观感知和评价的结果说了算。

这些都是"互联网＋"旅游时代游客的新福利。

而这些福利才刚开始。2015年9月16日,国家旅游局下发《关于实施"旅游＋互联网"行动计划的通知》。《通知》提出了"互联网＋"旅游的具体目标:到2018年,我国旅游业各个领域与互联网深度融合发展;在线旅游投资占全国旅游直接投资的10％,在线旅游消费支出占国民旅游消费支出的15％。到2020年,旅游业各领域与互联网达到全面融合,互联网成为我国旅游业创新发展的主要动力和重要支撑,网络化、智能化、协同化国家智慧旅游公平服务平台基本形成;在线旅游投资占全国旅游直接投资的15％,在线旅游消费支出占国民旅游消费支出的20％。

为实现这些目标,国家正在加快推进旅游区域互联网基础设施建设、旅游相关信息互动终端等设备体系建设、旅游物联网设施建设、智慧旅游景区建设等。例如,提高机场、车站、码头、宾馆饭店、景区景点、旅游购物店、主要乡村旅游点等旅游区域及重点旅游线路的无线网络、3G/4G等基础设施的覆盖率;在上述主要旅游场所提供PC、平板、触控屏幕、SOS电话等旅游信息互动终端,使旅游者更方便地接入和使用互联网信息服务及进行在线互动;在旅游大巴、旅游船和4A级以上旅游景区的人流集中区、环境敏感区、旅游危险设施和地带,配置视频监控、人流监控、位置监控、环境监测等设施;规范发展在线旅游租车、在线度假租赁、在线旅游购物和餐饮服务;推动全国所有4A级景区实现免费WIFI、智能导游、电子讲解、在线预订、信息推送等功能全覆盖;建设好旅游投诉处置平台等。

可以预见,在未来,作为老百姓民生的一部分,如此便利的旅游模式,会在很大程度上提高老百姓的生活质量,从而增加老百姓的幸福感。

## 9.3  "互联网＋"的未来

### 9.3.1  其他"互联网＋"应用正在兴起

在9.2节"互联网＋"与我们的生活中所提到的"互联网＋"的应用,是当前"互联网＋"若干应用中发展较为迅速,融合较为深入的应用。在未来,这些应用还将大规模地催生其他"互联网＋"应用。

例如,"互联网＋"的兴起会衍生一大批介于政府与企业之间的第三方服务企业,即"互联网＋"服务商。他们本身不会从事"互联网＋"传统企业的生产、制造及运营工作,但是会帮助线上及线下双方的协作,从事的是双方的对接工作,盈利方式则是双方对接成功后的服务费用及各种增值服务费用。

这些增值服务,包括培训、招聘、资源寻找、方案设计、设备引进、车间改造等。初期的"互联网＋"服务商是单体经营,后期则会发展成为复合体,不排除后期会发展成为纯互联网模式的平台型企业。第三方服务涉及的领域有大数据、云系统、电商平台、O2O 服务商、CRM 等软件服务商、智能设备商、机器人、3D 打印等。

此外,随着"互联网＋"的兴起,各行各业都需要更多"互联网＋"人才,因此这会带来关于"互联网＋"的培训及特训职业线上线下教育的爆发。在在线教育领域,职业教育一直是颇受追捧的教育类型,同时占据较大市场份额。

"互联网＋"职业教育的培训内容丰富多样,可能涉及具体细分的每个岗位的工作。其实这些在线培训岗本质上还是互联网企业的职位,传统企业想改变企业架构,需要配备更多的专业技能职工。"互联网＋"职业培训主要面向两个群体,一是对传统企业在职员工的培训,二是对想从事该行业的人员的培训。

这些仅仅是"互联网＋"未来应用的很小一部分,随着信息技术的发展,未来"互联网＋"对各产业的渗透应该是全方位的。

## 9.3.2 关于"互联网＋"的若干规划

2015 年 7 月 4 日,国务院发布《关于积极推进"互联网＋"行动的指导意见》(以下简称《意见》)。《意见》明确了 11 项重点行动。分别是"互联网＋"创业创新;"互联网＋"协同制造;"互联网＋"现代农业;"互联网＋"智慧能源;"互联网＋"普惠金融;"互联网＋"益民服务;"互联网＋"高效物流;"互联网＋"电子商务;"互联网＋"便捷交通;"互联网＋"绿色生态;"互联网＋"人工智能。

《意见》提出了推进"互联网＋"的七方面保障措施:一是夯实发展基础,二是强化创新驱动,三是营造宽松环境,四是拓展海外合作,五是加强智力建设,六是加强引导支持,七是做好组织实施。

2015 年 12 月 14 日,工信部印发《工业和信息化部关于贯彻落实〈国务院关于积极推进"互联网＋"行动的指导意见〉的行动计划(2015－2018 年)》(以下简称《计划》),提出到 2018 年,互联网与制造业的融合进一步深化,制造业数字化、网络化、智能化水平显著提高,并推出旨在推进智能制造和下一代信息基础设施等产业发展的多个行动计划。

《计划》提出了智能制造培育推广行动,计划到 2018 年,高端智能装备国产化率明显提升,建成一批重点行业智能工厂,培育 200 个智能制造试点示范项目,初步实现工业互联网在重点行业的示范应用。

《计划》还提出网络基础设施升级行动,要求未来三年基本建成宽带、融合、泛在、安全的下一代国家信息基础设施,全面提升对"互联网＋"的支撑能力。到 2018 年,建成一批全光纤网络城市,4G 网络全面覆盖城市和乡村,80％以上的行政村实现光纤到村,直辖市、省会主要城市宽带用户平均接入速率达到 30 Mbit/s。

此外,《计划》提出到 2018 年,高性能计算、海量存储系统、网络通信设备、安全防护产品、智能终端、集成电路、平板显示、软件和信息技术服务等领域取得重大突破,涌现出一批具有自主创新能力的国际领先企业,安全可靠的产业生态体系初步建成。

### 9.3.3 "互联网＋"的未来

新一代信息技术的发展，推动了知识社会以人为本、用户参与的下一代创新（创新 2.0）的演进。创新 2.0 以用户创新、开放创新、大众创新、协同创新为特征。随着新一代信息技术和创新 2.0 的交互与发展，人们生活方式、工作方式、组织方式、社会形态正在发生深刻变革。

"互联网＋"正是在创新 2.0 下互联网与传统行业融合发展的新形态、新业态。它代表了一种新的经济增长形态，即充分发挥互联网在生产要素配置中的优化和集成作用，将互联网的创新成果深度融合于经济社会各领域之中，提升实体经济的创新力和生产力。

然而，从现状来看，"互联网＋"尚处于初级阶段，各领域对"互联网＋"还在做论证与探索，特别是那些非常传统的行业，他们正努力借助互联网平台增加自身利益。

而在未来，无所不在的网络将会与无所不在的计算、无所不在的数据、无所不在的知识一起，推进无所不在的创新，以及数字向智能、智能向智慧的演进，并继续推动"互联网＋"的演进与发展。人工智能技术的发展，包括深度学习神经网络，以及无人机、无人车、智能穿戴设备以及人工智能群体系统集群及延伸终端，将进一步推动人们现有生活方式、社会经济、产业模式、合作形态的颠覆性发展。

# 本 章 小 结

本章简述了"互联网＋"的定义及由来、"互联网＋"的应用以及"互联网＋"的未来，其中，从金融、商贸、工业、通信、农业、医疗、教育、政务、民生等方面详细描述了"互联网＋"与我们生活息息相关的各个方面。通过本章的学习，读者可以大致了解"互联网＋"的内涵，对"互联网＋"在日常生活中的应用原理的理解也会更加清晰、深入。

# 第 10 章　其他流行技术

## 【学习目标】

随着互联网的高速发展,大数据、云计算、物联网这些相关技术逐渐流行起来。这些技术息息相关,并共同促进了人类生产和生活方方面面的智能化发展。本章介绍了大数据、云计算、物联网三大技术的定义、发展、应用和趋势,其中,对每种技术在日常生活中的应用进行了详细描述。通过本章的学习,读者可以了解大数据、云计算、物联网三大技术的基本定义和发展历程;了解日常生活中诸多使用到这三大技术的应用,并深切体会到科技给人们的生活所带来的极大便利;了解这三大技术的未来发展趋势和方向。

## 【本章重点】

- 大数据的应用。
- 云计算的服务类型。
- 物联网的应用。

## 【本章难点】

- 大数据的定义及特征。
- 云计算的概念及特点。
- 物联网的定义。

# 10.1　大　数　据

随着互联网的高速发展,尤其是门户网站、搜索引擎、社交网络的先后问世,互联网数据不断膨胀。而从 2008 年开始,智能手机及其他移动设备数量的猛增又催生了移动数据的急剧膨胀。我们已经逐渐身处于一个被海量数据包围的信息化时代。

自 2011 年以来,"大数据"(Big Data)成为最流行的几大 IT 词汇之一,随之而来的还有大数据存储、大数据处理等,如图 10-1 所示。人们开口闭口谈论"大数据",生活中的每个角落都有"大数据"的影子,"大数据"已经连续几年成为热点话题。那么,什么是大数据呢? 它有什么特征? 它能应用在我们生活中的哪些方面? 它未来发展有哪些趋势呢?

图 10-1　大数据及其相关词汇

### 10.1.1　大数据的定义及特征

表面上看,"大数据"一词非常简单,因此,很容易被简单理解成为"大量的数据",但其实,多大的数据才算"大数据"? 有没有一个明确的界限?"大数据"的"大"仅仅是指数量大吗? 还是还有其他更丰富的含义?

**1. 大数据的定义**

最早提出"大数据"时代到来的是全球知名咨询公司麦肯锡(McKinsey & Company)。麦肯锡是这样定义大数据的:"大数据指的是大小超出常规的数据库工具获取、存储、管理和分析能力的数据集。"但它同时强调,并不是说一定要超过特定 TB 值的数据集才能算是大数据。

研究机构高德纳(Gartner Group)给出了这样的定义:"大数据"是需要新处理模式才能具有更强的决策力、洞察发现力和流程优化能力的海量、高增长率和多样化的信息资产。

亚马逊(Amazon)的大数据科学家 John Rauser 给出了一个简单的定义:大数据是任何超过了一台计算机处理能力的数据量。

在维基百科中:"大数据(或称巨量数据、海量数据、大资料),指的是所涉及的数据量规模巨大到无法通过人工或者计算机,在合理的时间内截取、管理、处理、并整理成为人类所能解读的形式的信息。"

IBM 公司首次提出:"可以用 3 个特征相结合来定义大数据:海量(Volume)、种类(Variety)和速度(Velocity),或者就是简单的 3 V 或 $V^3$,即庞大容量、极快速度和种类丰富的数据。"最近,IBM 又在其 3V 基础上归纳总结了第 4 个 V——Veracity(真实和准确)。

国际数据公司(International Data Corporation,IDC)在 IBM 所提出的 3 个特征的定义的基础上,增加了一个 V——巨大的数据价值(Value)。它提出:"大数据技术描述了新一代的技术和架构,其被设计用于:通过使用高速(Velocity)的采集、发现和/或分析,从超大容量(Volume)的多样(Variety)数据中经济地提取价值(Value)。"

至此,大数据的 5V(Volume、Variety、Velocity、Value、Veracity)定义被行业大多数公司认可,如图 10-2 所示。

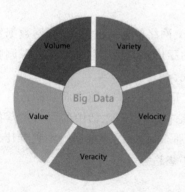

图 10-2　大数据的 5V

**2. 大数据的特征**

大数据的 5V 定义其实反映了大数据的 5 大特征。

（1）Volume（数据量）

我们正在存储越来越多的数据,其中包括环境数据、财务数据、医疗数据、监控数据等。各家企业的数据量正在从 GB、TB 级向 PB、EB 级发展,据中国互联网数据中心统计[1]:淘宝网同时每天的在线商品数已经超过了 8 亿件,平均每分钟出售 4.8 万件商品;Facebook 网站上每天的评论达 32 亿条,每天点赞数超过 27 亿,每天新上传的照片数量达 3 亿张;新浪微博的注册用户已超过 5 亿。而根据 IDC《数字世界》研究项目的统计,2010 年全球数字世界的规模首次达到了 ZB 级。其中,1 ZB＝1 024 EB,1 EB＝1 024 PB,1 PB＝1 024 TB,1 TB＝1 024 GB。Gartner 公司研究认为,每年的数据量正以至少 50％的速度递增,即每年新增的数据量不到两年就会翻一番。这与智研咨询集团发布的 2011—2015 年全球大数据储量规模走势[2]是相吻合的,该走势如图 10-3 所示。

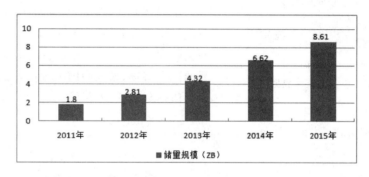

图 10-3　2011—2015 年全球大数据储量规模走势

《中国产业调研网发布的中国大数据市场调查研究与发展前景预测报告（2015—2020年）》认为,大数据时代将引发新一轮信息化投资和建设热潮,到 2020 年全球将总共拥有 35ZB 的数据量。

（2）Variety（数据多样性）

数据的多样性是指数据格式的种类是多样的。数据格式已不仅仅局限于传统的结构化数据,随着社交网络的发展、移动设备和各类传感器的普及,所需要存储和处理的数据还包括来自网页、互联网日志文件、社交论坛、电子邮件、传感器数据等半结构化及非结构化数据。存储和处理这些半结构化和非结构化数据（所有格式的办公文档、全文文本、各类报表、图像、图片、声音、影视、超媒体、XML、HTML、感知数据等）将比存储和处理结构化数据更耗费空间和时间。

（3）Velocity（数据的速度）

数据的速度指的是数据流动的速度。在商业及其他相关领域,处理和交易的数据正在以越来越高的速度和频率产生。根据 DOMO 公司 2015 年 8 月发布的一项统计[3]表明,一分钟内将会有这些数据产生:Facebook 用户点赞 4 166 667 条内容;Twitter 用户发送 347 222 条推文;YouTuBe 用户上传 300 个小时的新视频;Instagram 用户点赞 1 736 111 张照片;Pinterest 用户发布 9 722 张图片;Apple 用户下载 51 000 个 Apps;Netflix 用户发送 77 160 小时的视频;Reddit 网站用户投出 18 327 张选票;Amazon 新增 4 310 条独立浏览量;Vine 用户播放 1 041 666 个视频;Tinder 用户滑动 590 278 次屏幕;Snapchat 用户分享 284 722 张照片;Buzzfeed

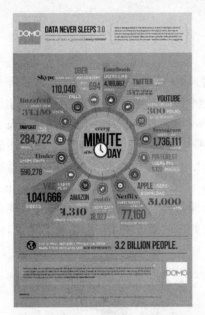

图 10-4　DOMO 公司发布的关于 1 分钟
内发生的事件的统计数据

用户观看 34 150 个视频；Skype 用户拨打 110 040 个电话；Uber 乘客搭乘 694 次快车。如图 10-4 所示。

（4）Value（数据的价值）

数据的价值是指数据在运营和应用中所产生的价值。在大数据时代，数据将是企业的核心资产，但由于数据量大，数据的价值密度低。如何充分利用海量数据，从中提取出有价值的信息，并将其转化成为企业生产力和竞争力，对企业盈亏将起到决定性的作用。大数据的价值直接体现在其市场规模上，智研咨询集团发布的 2011—2015 年全球大数据市场规模走势[2]如图 10-5 所示。

中国产业调研网发布的中国大数据市场调查研究与发展前景预测报告（2015—2020 年）预测未来大数据产品在三大行业的应用将产生 7 千亿美元的潜在市场，未来中国大数据产品的潜在市场规模有望达到 1.57 万亿元。

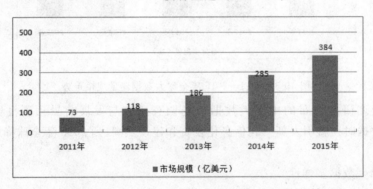

图 10-5　2011—2015 年全球大数据市场规模走势

（5）Veracity（真实和准确）

"只有真实而准确的数据才能让对数据的管控和治理真正有意义。随着社交数据、企业内容、交易与应用数据等新数据源的兴起，传统数据源的局限性被打破，企业越发需要有效的信息治理以确保其真实性及安全性。"[4]未来，随着大数据处理技术的成熟，在数据的真实性、可靠性、安全性等方面，将会有更加深入有效的措施来进行保障。

## 10.1.2　大数据的应用

数据的增长带来了庞大的信息量，新的信息催生了新的应用，新的应用又产生了更多新的数据。本节我们将为大家介绍多个行业真实的大数据应用。

**1. 大数据让交通更智能**

针对美国洛杉矶等地交通拥堵情况，美国政府在 I-10 和 I-110 州际公路上建立了一条收费的快速通道，并通过大数据引导驾驶人员在该通道上行驶，保证交通畅通。

施乐公司就是参与上述大数据项目的公司。在它的抗拥塞项目 ExpressLanes 中,系统能实时检测快速通道的交通流量情况,进行分析,并会根据快速车道的拥塞情况而动态定价。施乐公司的首席技术执行官 Natesh Manikoth 表示,如果交通开始拥堵,私家汽车的支付价格将上升,以减少他们进入,而将车道用于高占用率的车辆,例如公共汽车和大巴车。

施乐公司还有另一个项目在洛杉矶称为 ExpressPark,其目标是让人们提前快速获知在哪能找到停车场,需要花费多少金额。不仅要确保定价,同时更要确保数据实时到达用户手中。例如,提前 40 分钟告知用户停车位置等[5]。

在美国旧金山湾区还有一个快速交通系统,该系统把所有列车、车站及管线道路设备的信息都数字化,并汇集到统一的数据平台上。乘客们可以从系统网站上查到各条线路的运营时刻表、发车间隔、以及线路的实时情况,如哪条线路有故障、哪条线路出现拥堵、该线路上的下一趟列车或公车何时进站等。这样的系统在世界各地的多个城市正在被广泛使用。

此外,我们所使用的百度导航地图、高德导航地图等,也正是利用了大数据的集成和处理,来为驾车、公交、步行等多种形式的出行提供导航。图 10-6 所示为阿里云大数据交通指引。

图 10-6  阿里云大数据交通指引

**2. 大数据助力医疗**[5]

近几年,医疗数据产业在美国发展迅速。这归功于电子病历在过去 10 年的逐步普及,以及医院、药厂和保险等机构对数据分析价值的高度认可。一些新型数据公司和数据分析公司纷纷涌现,其中比较有代表性的有 Flatiron、IBM Watson Oncology、IMS Health Oncology、Palantir 四大公司。这四大公司代表了当前医疗数据领域发展的大方向[6],分别是基于肿瘤临床数据的事实、肿瘤人工智能辅助决策、肿瘤全景数据、医疗公众资源数据,如图 10-7 所示。

图 10-7  四大医疗数据公司

　　创立于 2012 年的 Flatiron 是一家基于肿瘤病患的医疗数据分析公司。其 Flatiron 平台由行业领先的肿瘤学家、医生和工程师共同打造,在这个平台上,医生可以记录、整理、追踪和分析自己病人的情况。其中,Flatiron-Oncoemr 子系统管理癌症病人电子病历;Flatiron-Oncoanalytics 子系统主要基于数据做整理,并形成高质量的分析和总结,例如,某种类型的病人的增长情况、正在治疗的病人的增长情况、存活率的跟进等;Flatiron-Oncobilling 子系统清晰地显示了治疗的付费情况、病人的保险组合及各类病人的成本和收入等,以便采用更合理有效的治疗流程和手段,以及进行更好的控费等,如图 10-8 所示[6]。

图 10-8　Flatiron-Oncobilling 子系统

　　IBM Watson Oncology 系统将患者数据与医学文献相结合,提供建议,帮助肿瘤专家制定决策,并随最新肿瘤技术、治疗和治疗证据的发展随时更新。

　　凭借庞大的用药和医生数据基础,结合丰富的医药咨询经验,医疗数据界的巨头 IMS Health 多年来一直在打造医药医疗全景数据图。IMS 除了拥有巨大的数据量外,在数据拼接和整合上也有丰富的经验,随着电子病历数据的引入和增长,IMS 致力于把药厂销量、销售到医疗机构的量、医疗机构用药治疗情况以及病人保险付费情况全部串联到 IMS Health 医疗平台上,如图 10-9 所示。

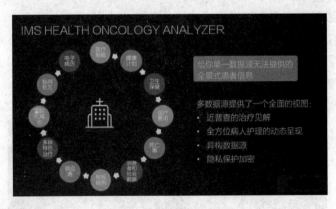

图 10-9　IMS Health 医疗平台

　　此外,还有诸如 Express Scripts 这样的处方药管理服务公司,它每年管理着 1.4 亿处方,覆盖了 1 亿美国人和 65 000 家药店,它通过一些复杂模型来检测虚假药品,这些模型还能及时提醒人们何时应该停止用药。

### 3. 大数据玩转政治

在美国上一任的总统选举中,奥巴马以 332 票对 206 票成功击败共和党的米特·罗姆尼,连任美国总统。在这一场势均力敌的政治角力中,双方阵营在人力、财力和物力上的投入可以说是在伯仲之间。然而,曾在民意调查和电视辩论中一度处于弱势的奥巴马最后成功逆转。奥巴马的竞选团队能在最短时间内筹措到十亿美金的竞选资金,能成功预测到哪些摇摆州会左右选情,所有这些,都归功于大数据[7]。

选战之初,奥巴马的数据科学团队搭建了一套统一的数据平台,将先前散布在各个数据库内关于民调专家、选民、筹款人、选战员工和媒体人的数据聚合在了一起,解决了数据一致性问题;随后,数据科学团队利用已有数据对未来数据构建统计和推荐模型,并借此分析和预测选民的投票意向,发掘潜在选民;继而,数据科学团队用计算机对采集来的民调数据进行模拟竞选,获取模拟竞选报告,提供指导性意见,从而应对变化,并调配资源。正是通过构建这样的预测模型,竞选团队成功判断出大部分俄亥俄州人不是奥巴马的支持者,反而更像是罗姆尼因为 9 月的失误而丢掉的支持者[7]。后来的竞选结果表明,模拟竞选与真实竞选的得票率非常接近,图 10-10 所示为奥巴马在俄亥俄州的哈密尔顿县的早期模型及实际投票率。

PERCENTAGE OF VOTES CAST FOR OBAMA BY EARLY VOTERS IN HAMILTON COUNTY, OHIO

**57.68%** Model | **57.16%** Actual

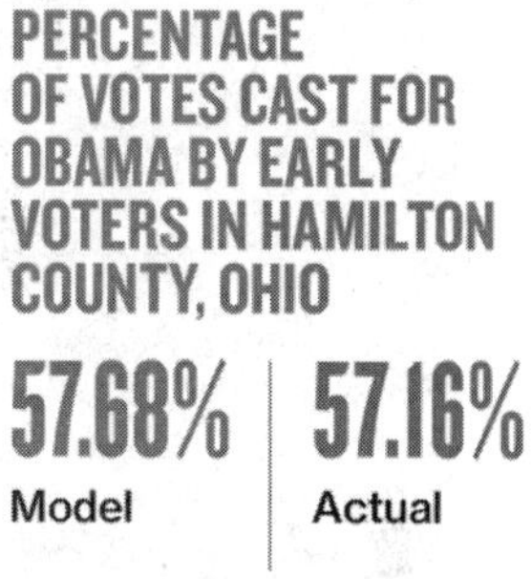

图 10-10 奥巴马在俄亥俄州的哈密尔顿县的早期模型及实际投票率

奥巴马和他的大数据团队证明了拥有海量数据和相应的数据处理能力,在瞬息万变的政治角力中非常重要。

### 4. 大数据让社会更安全

洛杉矶警察局采用数据分析来标明洛杉矶的犯罪高发地区,将过去 80 年内的 130 万个犯罪记录输入系统。如此大量的数据帮助警察们更好地了解犯罪的特点和性质,并进行犯罪预测。结果显示,系统对犯罪的预测与历史数据非常吻合。如今,通过该系统来预测犯罪高发地区已经成为警察们的日常工作之一,并且,这个系统每天还有新的犯罪数据输入,从而使得系统的预测越来越准确。

数据显示,当时,洛杉矶警察局利用大数据分析系统,成功地把辖区里的盗窃犯罪降低了33%,暴力犯罪降低了 21%,财产类犯罪降低了 12%[8]。

2012—2015 年,美国在 10 个警察局进行了通过大数据预测犯罪的实验,被大数据预测的犯罪三分之二真实地发生了,同时警方还通过大数据提高了抓获犯罪嫌疑人的概率。

同样,意大利特兰托大学一项名为"Once Upon a Crime"的研究,用免费的人口统计和移动数据与犯罪数据进行了比对,并成功预测出伦敦可能发生犯罪事件的地点,准确度高达70%,如图 10-11 所示。

犯罪数据不仅仅能够被用来预防犯罪,还能够从一个更高的角度帮助人们理解犯罪发生的原因。例如,IBM 的安全顾问,前警察 Shaun Hipgrave 在接受 BBC 采访时提到:"当你利用大数据,你能够看到一个正常家庭和一个问题家庭的区别,你能看到的是缺乏学校教育的结果。这样我们可以真正从源头上找到降低犯罪的办法。"

大数据分析不仅仅能用来打击犯罪或者盗窃行为,还能够用来打击类似骗保的行为。Durham 的警察局就利用大量的保险数据,找出了一批虚构车祸进行骗保的案件,并打掉了相应的犯罪团伙。

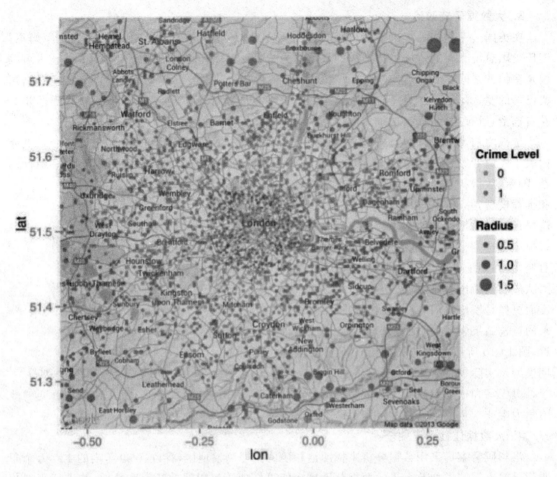

图 10-11　利用大数据技术预测伦敦可能发生犯罪事件的地点[9]

### 5．大数据让教育更高效

在美国亚利桑那州立大学，学生们有一套与众不同的选课系统来帮助其从 250 多个专业中挑选适合自己的课程。该系统融合了所有专业的课程信息、学生选课信息、学生修读结果信息等，其最大的特点是，将所有课程中的关键核心课程筛选出来，并针对学生在这些核心关键课程上的表现动态提供意见给学生本人。该选课系统会根据学生在这门课的表现，判断其是否适合继续学习这个专业，一旦发现有比较严重的偏差，则会主动预警告该学生考虑攻读其他专业。该系统上线后，该校的学生流失率下降了 7 个百分点[7]。

此外，在这类系统中，学生在校的学习行为，例如有没有缺课，有没有及时完成作业，有没有经常上图书馆查阅资料等，都能被记录。这些数据被拿来与选课系统中学生的学习表现作关联分析，并对学生的后续行为进行预测。预测的结果不仅给教师提供了关于如何指导个别学生的更准确的信息，也帮助学生提前获知按自己的能力学习某门课程的可能效果。图10-12 所示为大数据教育示意图。

除了上述这些方面，大数据及其处理技术还被广泛应用在工农业生产、社交、游戏、传媒等诸多方面，在此不一一举例。

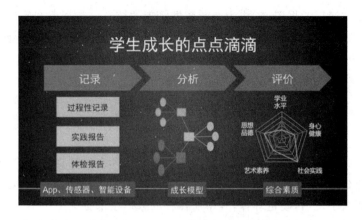

图 10-12　大数据教育示意图

### 10.1.3　大数据的趋势

"大数据"在全球引领了又一轮数据技术革命的浪潮。随着大数据技术的深入发展,其表现出如下趋势[10]。

**1. 大数据将与云计算深度结合**

大数据离不开云计算,云计算为大数据提供了弹性可拓展的基础设备,是产生大数据的平台之一。自 2013 年开始,大数据技术已开始和云计算技术紧密结合,预计未来两者关系将更为密切。除此之外,物联网、移动互联网等新兴计算形态,也将一齐助力大数据革命,让大数据营销发挥出更大的影响力。

**2. 数据科学和数据联盟陆续成立**

随着大数据的快速发展,就像计算机和互联网一样,大数据很有可能是新一轮的技术革命。随之兴起的数据挖掘、机器学习和人工智能等相关技术,可能会改变数据世界里的很多算法和基础理论,实现科学技术上的突破。

未来,数据科学将成为一门专门的学科,被越来越多的人所认知。各大高校将设立专门的数据科学类专业,而社会上也会涌现出一批与之相关的新的就业岗位。与此同时,基于数据这个基础平台,也将建立起跨领域的数据共享平台,之后,数据共享将扩展到企业层面,并且成为未来产业的核心一环。

**3. 数据泄露泛滥**

未来几年数据泄露事件的增长率也许会达到 100%,除非数据在其源头就能够得到安全保障。可以说,在未来,每个财富 500 强企业都会面临数据攻击,无论他们是否已经做好安全防范。而所有企业,无论规模大小,都需要重新审视今天的安全定义。在财富 500 强企业中,超过 50% 将会设置首席信息安全官这一职位。企业需要从新的角度来确保自身以及客户数据的安全。所有数据在创建之初便需要获得安全保障,而并非在数据保存的最后一个环节,仅仅加强后者的安全措施已被证明于事无补。

**4. 数据管理成为核心竞争力**

数据管理成为核心竞争力,直接影响财务表现。当"数据资产是企业核心资产"的概念深入人心之后,企业对于数据管理便有了更清晰的界定,将数据管理作为企业核心竞争力,持续发展,战略性规划与运用数据资产,成为企业数据管理的核心。数据资产管理效率与主营业务收入增长率、销售收入增长率显著正相关;此外,对于具有互联网思维的企业而言,数据资产竞争力所占比重逐步提高,数据资产的管理效果将直接影响企业的财务表现。

# 10.2  云 计 算

当你使用计算机时,是否有过这样的经历呢? 刚购买不久的计算机,因为安装及运行太多软件,而导致开机延迟,发热严重或死机;刚购买的应用程序,不久之后就需要又花钱进行升级或更新;计算机用久了之后,硬盘坏掉,其中所保存的数据全部丢失……

上述的烦恼,通过云计算或许可以得到解决。通过云计算,你不必再担心计算机的内存或硬盘是否足够,其中所存放的数据是否能被保存完好,上述的信息存储和信息处理都会通过互联网交给"云端"来实现。你所需要准备的,是一台普通的可以上网的计算机,在任何地点,任何时间,你都能享受到诸如此类的服务。整个过程,你甚至察觉不到你用的这些资源并不在你的计算机上,除了更方便、更快速、更可靠、更便宜,你几乎体会不到其他任何区别。

那么,什么是云计算呢? 让我们来探究一番。

## 10.2.1  云计算的背景及简史

### 1. 云计算思想的产生[11]

在传统模式下,企业使用计算机等硬件和软件来完成工作,协助提高效率。但由于软硬件设施的更新换代及企业自身规模的变化,企业需要花费大量的人力和财力进行硬件基础设施的维护及软件的升级。而对普通个人用户来说,我们在计算机上安装及使用许多软件,而许多软件是收费的,对不经常使用该软件的用户来说,购买是非常不划算的。

能否有这样的服务,能够提供我们需要的软件供我们租用? 这样我们只需在需要使用软件时付少量租金即可租用这些软件服务,而无须使用软件时可以不必承担费用,以节省许多购买软硬件的资金及维护软硬件设施的时间。

我们每天都要用电,但不是每家都自备发电机,它由电厂集中提供;我们每天都要用自来水,但不是每家都有井,它由自来水厂集中提供。这种模式极大地节约了资源,方便了我们的生活。面对计算机带来的上述困扰,我们是否可以像使用水和电一样使用计算机资源呢? 这些想法最终导致了云计算的产生。

图 10-13  Amazon 公司 EC2 定额服务 LOGO

### 2. 云计算发展简史

1983 年,Sun 公司提出"网络是计算机"("The Network is the Computer"),这被业界认为是对云计算的预测。

2006 年 3 月,Amazon 公司推出弹性计算云服务(Elastic Compute Cloud, EC2),其服务 LOGO 如图 10-13 所示。

2006 年 8 月 9 日,Google 首席执行官埃里克·施密特(Eric Schmidt)在搜索引擎大会

(SES San Jose 2006)首次提出"云计算"(Cloud Computing)的概念。

2007 年 10 月,Google 与 IBM 开始在美国大学校园,包括卡内基梅隆大学、麻省理工学院、斯坦福大学、加州大学柏克莱分校及马里兰大学等,推广云计算的计划。

2008 年 2 月 1 日,IBM 宣布将在中国无锡太湖新城科教产业园为中国的软件公司建立全球第一个云计算中心(Cloud Computing Center)。

2008 年 8 月 3 日,美国专利商标局网站信息显示,戴尔正在申请"云计算"商标,此举旨在加强对这一未来可能重塑技术架构的术语的控制权。

2009 年,阿里巴巴集团创立中国云计算平台阿里云。从 2010 年开始,阿里云正式对外提供云计算商业服务,希望能够帮助更多的中小企业、金融、科研机构、政府部门,实现计算资源的"互联网化"。

2010 年 3 月 5 日,Novell 与云安全联盟(CSA)共同宣布一项供应商中立计划,名为"可信任云计算计划(Trusted Cloud Initiative)"。

2010 年 7 月,美国国家航空航天局和包括 Rackspace、AMD、Intel、戴尔等在内的厂商共同宣布"OpenStack"开放源代码计划,微软在 2010 年 10 月表示支持 OpenStack 与 Windows Server 2008 R2 的集成,而 Ubuntu 已把 OpenStack 加至其 11.04 版本中。

在中国,微软 2014 年 3 月 27 日宣布由世纪互联负责运营的 Microsoft Azure 公有云服务正式商用,这是国内首个正式商用的国际公有云服务平台。微软 Azure 云产品信息如图 10-14 所示。

图 10-14　微软 Azure 云产品

2015 年,阿里云加快了全球化步伐,目前,阿里云在杭州、北京、青岛、深圳、上海、千岛湖、内蒙古、香港、新加坡、美国硅谷、俄罗斯、日本等地域设有数据中心,未来还将在欧洲、中东等地设立新的数据中心。阿里云全球数据中心示意图如图 10-15 所示,其基础的云计算产品如图 10-16 所示。

图 10-15　阿里云的全球数据中心示意图

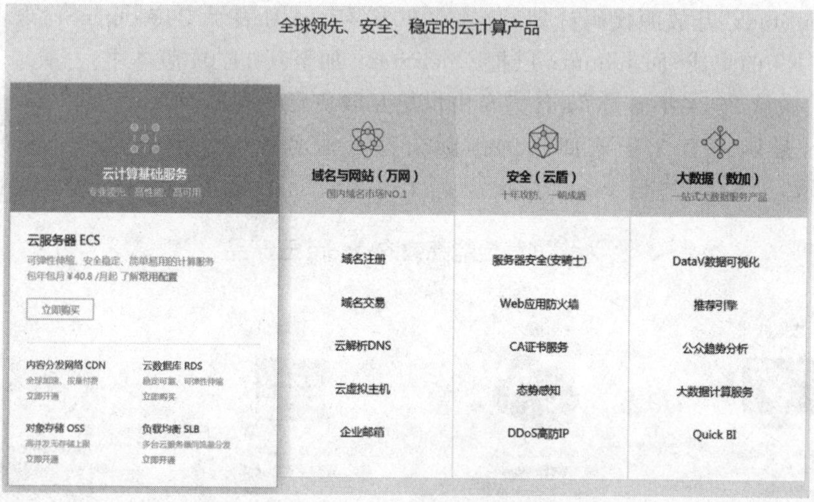

图 10-16　阿里云基础的云计算产品

现在,我们已经进入一个言必称"云计算"的云时代。

## 10.2.2　云计算的概念及特点

### 1. 云计算的概念

关于云计算的概念有很多种表述,国内云计算专家刘鹏教授给出了云计算的简洁易懂的两个定义:"云计算是一种商业计算模型。它将计算任务分布在大量计算机构成的资源池上,使各种应用系统能够根据需要获取计算力、存储空间和信息服务。""云计算是通过网络按需提供可动态伸缩的廉价计算服务。"[12]

简单来说,云计算中的"云",指的是各种资源所组成的资源池,这些资源包括:网络、服务器、存储、应用软件及服务,它们是可以自我维护和管理的虚拟计算资源。云计算将这些资源集中起来,并通过专门的软件实现自动管理,无须人为参与。用户可以根据自己的实际需求,动态申请部分资源,而无须为烦琐的细节及管理和维护工作而烦恼,能够更加专注于自己的业务,提高效率。

为什么称之为"云"呢?因为云计算中的这些计算资源在某种程度上与现实中的云具有相似的特征,如:云一般都比较大,计算资源的总量也是非常庞大的;云的规模是动态变化的,其边界是模糊的,计算资源的规模也是动态可伸缩的,其边界也是相对较为模糊的;云在空中飘忽不定,无法也无须确定它的具体位置,但它确实存在于某处,计算资源也是这样。

**2. 云计算的特点**

由上述云计算概念可知,在云计算模式下,用户的计算机会变得十分简单。我们不再需要为计算机配置足够大的内存和硬盘,不再需要安装种类繁多的应用软件,而只要能够上网,只要有浏览器,就可以满足我们的需求。因为,用户的计算机除了通过浏览器给"云"发送指令和接收数据外,基本上什么都不用做,便可以使用云服务提供商的计算资源、存储空间和各种应用软件。这就像连接"显示器"和"主机"的电线无限长,从而可以把显示器放在使用者的面前,而把主机放在远到甚至连计算机使用者本人也不知道的地方。云计算把连接"显示器"和"主机"的电线变成了网络,把"主机"变成云服务提供商的服务器集群[11]。

在这个过程中,个人用户或者企业用户,不需要拥有看得见、摸得着的庞大的硬件设施,也不需要为机房支付设备供电、空调制冷、专人维护等费用,并且不需要等待漫长的供货周期、项目实施等冗长的时间,只需要把钱汇给云计算服务提供商,即可马上得到需要的服务,就像使用水、电、煤气和电话那样方便、自然、按需使用,且费用低廉。

可见,云计算有如下特点[12]。

(1) 超大规模

云计算的"云"具有超大的规模。一般情况下,云服务提供商都是拥有上百万或数十万台服务器的公司,如谷歌、亚马逊、IBM、微软、Yahoo、阿里、百度和腾讯等。由于规模超大,其所能提供的计算资源的规模也非常大,用户几乎感受不到资源匮乏的情况。

(2) 虚拟化

在任何地点,任何时间,用户都可以通过任何终端(如计算机、PAD 或手机),借助网络来获取及使用云计算资源,而至于其所使用的资源具体在哪里,用户无须也无从知道。这些资源来自于"云",是通过虚拟化技术整合出来的虚拟计算资源,而不是固定的某台服务器上的资源。

(3) 高可靠性

云计算中,为了避免因为服务器故障而导致数据丢失,使用了数据多副本容错、计算节点同构可互换等措施。也就是说,即使当前保存及处理用户数据的服务器出现问题,用户数据也不会丢失,对用户来讲,使用云服务比使用自己的计算机更加可靠。

(4) 通用性

云计算所提供的服务有各种各样的类型,支撑千变万化的应用程序。不管用户是来自哪个地方,从事哪个行业,都能使用云计算资源来满足自己的业务需求。

(5) 高可伸缩性

"云"的规模可以动态伸缩,满足应用和用户规模增长的需要。例如,用户申请并正在使用1 G 的计算资源时,发现可能 1 G 仍不够用,则他可随时向服务供应商再申请所需的资源。

(6) 按需服务

"云"是一个庞大的资源池,用户可以像购买水、电、煤气等资源一样购买云资源,按需付费。

（7）极其廉价

"云"的特殊容错措施使得可以采用极其廉价的节点来构成云；"云"的自动化管理使数据中心管理成本大幅降低；"云"的公用性和通用性使资源的利用率大幅提升。而对用户而言，由于无需对硬件进行维护、对软件进行升级，其所耗费的成本也是较低的。

## 10.2.3　云计算的服务类型

在云计算领域，你会常常听到或看到这样几个专用术语：IaaS、PaaS、SaaS。这些都是云计算服务类型的具体表现形式，其中，IaaS(Infrastructure as a Service)是将基础设施作为服务，PaaS(Platform as a Service)是将平台作为服务，SaaS(Software as a Service)是将软件作为服务，如图 10-17 所示。本节我们来简单介绍这几个术语所代表的含义。

图 10-17　云计算的服务类型[12]

### 1. IaaS

IaaS(Infrastructure as a Service)是将基础设施作为服务。服务提供商所提供的资源由以基础设施为中心的资源组成，包括硬件、网络、连通性、操作系统以及其他一些原始的 IT 资源[13]。

一个典型的 IaaS 环境中的核心和主要 IT 资源就是虚拟服务器，租用时要指定服务器的硬件需求——处理器能力、内存和本地存储空间等。这些资源是虚拟化的并打包成包，通常是未配置好的。因此，以 IaaS 使用服务的云用户，可以动态申请或释放这些服务器等资源，按使用量付费，并且拥有较高的控制权。

IaaS 服务模式的典型应用是亚马逊云计算 AWS(Amazon Web Services)的弹性计算云 EC2 和简单存储服务 S3(Simple Storage Service)，S3 的官方宣传如图 10-18 所示。

图 10-18　Amazon S3 的官方宣传

**2. PaaS**

PaaS(Platform as a Service)是将平台作为服务，它提供开发环境或用户应用程序的运行环境。这些环境是预先定义好的"就绪可用"的环境，由已经部署好和配置好的 IT 资源组成，用户在其平台基础上定制开发自己的应用程序，省去建立和维护裸基础设施 IT 资源的管理负担。

PaaS 服务模式的典型应用包括 Google APP Engine、Microsoft Windows Azure、Salesforce 的 force. com 平台、百八客的 800APP 等，其图标、示意图和官方宣传分别如图 10-19、图 10-20、图 10-21、图 10-22 所示。

图 10-19　Google APP Engine 图标

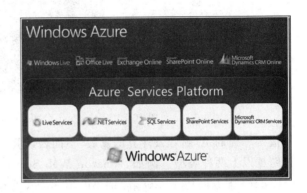

图 10-20　Windows Azure 示意图

图 10-21　Salesforce 公司 force. com
平台的官方宣传

图 10-22　八百客图标

**3. SaaS**

SaaS(Software as a Service)是将软件作为服务，将某些特定应用软件功能封装成服务。服务提供商将应用软件统一部署在自己的服务器上，用户根据需求通过互联网向服务提供商订购应用软件服务，并根据所定软件的数量、时间的长短等因素付费，服务提供商通过浏览器向用户提供软件。

这种模式的针对性最强，所提供的服务都是有专门用途的应用软件。这种服务模式的特点是：可按需定购，选择更加自由；可灵活启用和暂停，随时随地都可使用；产品更新速度快；等等。这种模式也是最轻便的、最广泛存在的、最能被普通大众所接触到的服务模式。

SaaS 服务模式的典型应用有 Salesforce 公司提供的在线客户关系管理 CRM（Client Relationship Management）服务等，其官方宣传如图 10-23 所示。

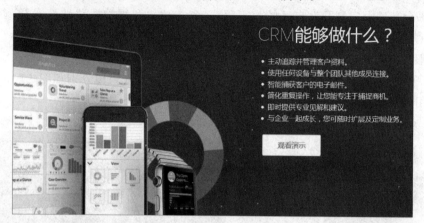

图 10-23　Salesforce 公司 CRM 服务的官方宣传

值得一提的是，随着云计算的发展，不同云计算解决方案之间相互渗透融合，同一种产品往往跨越以上两种类型。例如，Amazon Web Services 是以 IaaS 发展的，但其新提供的弹性 MapReduce 服务模仿了 Google 的 MapReduce，简单数据库服务 SimpleDB 模仿了 Google Bigtable，这两者均属于 PaaS 的范畴，而它新提供的电子商务服务 FPS 和 DevPay 以及网站访问统计服务 Alexa Web 服务，则属于 SaaS 的范畴[12]。

## 10.2.4　云计算的发展现状

云计算能够快速发展，得益于以下几点：

首先，云计算是并行计算、分布式计算、网格计算和虚拟化技术发展演化的结果，这些技术均较为成熟，这在极大程度上加速了云计算发展的速度。

其次，影响云计算从概念走向落地的重要因素之一，是网络带宽和网络速度的发展。云服务简单、轻巧、方便的使用方式背后，是近年来足够高的、可靠的、低成本的、容易获取的带宽资源的支撑。

此外，各大公司极力促进云计算发展。其中，谷歌、亚马逊和微软等大公司是云计算的先行者，惠普、雅虎、英特尔、IBM、阿里巴巴、VMware、Salesforce、Facebook、YouTube、MySpace 等众多公司也迅速崛起。在中国，以阿里云、云创存储等为代表的中国云计算也进入了飞速发展阶段。

### 1. 全球云计算发展状况

2016 年 9 月，谷歌公司推出"谷歌云（Google Cloud）"。Google Cloud 品牌涵盖范围广阔，包括 Gmail、谷歌文档（Google Docs）、谷歌表格（Google Sheets）和谷歌幻灯片（Google Slides）等核心生产力应用，还有 Google Maps for Work 和 Google Search for Work 等应用服务，此外还涵盖谷歌的 Cloud Platform 云计算平台、Chromebooks 笔记本和谷歌的企业移动服务，如图 10-24 所示。在新业务方面，谷歌云平台推出了"客户信赖工程 Customer Reliability Engineering（CRE）"。

继弹性计算云 EC2 和简单存储服务 S3 后,亚马逊公司在其已有的 AWS 服务中,又推出了其桌面即服务(Desktop as a Service,DaaS)WorkSpaces,进一步扩展其云生态系统。每个桌面都需要 CPU、内存、存储、网络及 GPU,而 AWS 提供了这些资源。在 PaaS 领域,亚马逊宣布 EMR 支持 Impala 之后,更推出了流计算服务 Kinesis。亚马逊披露,早在 2014 年,其全球云用户数量已经超过 100 万。

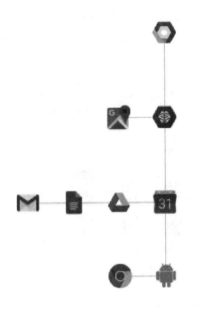

**Google Cloud**

**GOOGLE CLOUD PLATFORM**

Securely run your business on the most advanced cloud platform ever built. Powerful data and analytics solutions and machine learning deliver real-time insights for more informed, more effective decisions.

**MAPS AND MACHINE LEARNING APIS**

Use Google Maps APIs to leverage location data in amazing ways. Make your business smarter and faster with machine learning models for any type or amount of data.

**G SUITE**

Enable your teams to collaborate, iterate, and innovate together, from anywhere, in real time, with G Suite — our cloud-based productivity suite.

**CHROME AND ANDROID**

Mobilize your workforce with Chrome and Android devices that deliver security, choice, and flexibility.

图 10-24　谷歌云品牌涵盖范围

继 Windows Azure 云服务操作系统后,微软在 2013 年推出 Cloud OS 云操作系统,其包括 Windows Server 2012 R2、System Center 2012 R2、Windows Azure Pack 在内的一系列企业级云计算产品及服务,可用于 Azure Services 平台的开发、服务托管以及服务管理环境,为开发人员提供可选的计算和存储环境,以便在 Internet 上通过 Microsoft 数据中心来托管、扩充及管理 Web 应用程序。

此外,IBM、甲骨文、惠普、苹果、戴尔等公司近几年也有相关的云部署[14]。

IBM 在 2013 年推出基于 OpenStack 和其他现有云标准的私有云服务,开发出一款能够让客户在多个云之间迁移数据的云存储软件——InterCloud,并正在为 InterCloud 申请专利,这项技术旨在向云计算中增加弹性,并提供更好的信息保护。

2013 年,甲骨文公司宣布成为 OpenStack 基金会赞助商,将 OpenStack 云管理组件集成到 Oracle Solaris、Oracle Linux、Oracle VM、Oracle 虚拟计算设备、Oracle 基础架构即服务(IaaS)中,并将努力促成 OpenStack 与 Exalogic、Oracle 云计算服务、Oracle 存储云服务的相互兼容。

惠普在 2013 年推出基于惠普 HAVEn 大数据分析平台的新的基于云的分析服务。惠普企业服务包括大数据和分析的端对端的解决方案,覆盖客户智能、供应链和运营、传感器数据分析等领域。

苹果公司在 2011 年就推出了在线存储云服务 iCloud。苹果 iCloud 是美国消费者使用量最大的云计算服务。

在 2013 年 8 月,戴尔公司云客户端计算产品组合全新推出 Dell Wyse ThinOS 8 固件和 Dell Wyse D10D 云计算客户端。依托 Dell Wyse,戴尔可为使用 Citrix、微软、VMware 和戴尔软件的企业提供各类安全的、可管理的、高性能的端到端桌面虚拟化解决方案。

根据中国通信院发布的《云计算白皮书(2016 年)》[15],全球云计算市场总体平稳增长。2015 年以 IaaS、PaaS 和 SaaS 为代表的典型云服务市场规模达到 522.4 亿美元,增速为 20.6%,预计 2020 年将达到 1435.3 亿美元。全球云计算市场规模如图 10-25 所示。

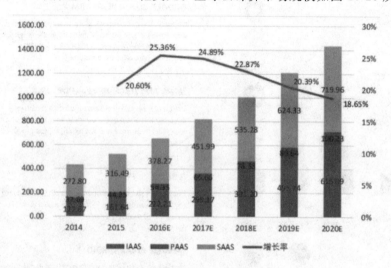

图 10-25　全球云计算市场规模(数据来源:Gartner)

而就市场份额而言,作为云计算的"先行者",北美地区仍占据市场主导地位,2015 年美国云计算市场占据全球 56.5% 的市场份额,增速达 19.4%,预计未来几年仍将以超过 15% 的速度快速增长。欧洲作为云计算市场的重要组成部分,以英国、德国、法国等为代表的西欧国家占据了 21% 的市场份额,近两年增长放缓,2015 年增速仅为 4.2%,其中西班牙等国家出现负增长。2015 年日本云计算市场全球占比 4.2%,增速 7.9%,预测未来几年增速会小幅上升,但仍低于北美国家。预计未来美国与欧洲、日本云计算市场差距将进一步扩大。以中国、印度为代表的云计算新兴国家高速增长。2015 年亚洲云计算市场全球占比 12%,保持快速增长,其中印度增速达 35%,中国市场全球占比已由 2012 年的 3.7% 上升到 5%。金砖国家巴西、俄罗斯、南非云计算市场占有率总和仅 3% 左右,但增速较快,且市场潜力较大,预计未来几年市场会进一步扩大[15]。全球云计算市场格局如图 10-26 所示。

而就服务类型而言,全球 IaaS 市场保持稳定增长,云主机仍是最主要产品。PaaS 市场总体增长放缓,但数据库服务和商业智能平台服务增长较快。SaaS 仍然是全球公共云市场的最大构成部分,CRM、ERP、网络会议及社交软件占据主要市场。2015 年 SaaS 市场规模为 317 亿美元,远超 IaaS 和 PaaS 市场规模的总和,其中 CRM、ERP、网络会议及社交软件占据市场 65% 的份额;同时产品呈现多元化的发展趋势,数字内容制作、企业内容管理、商业智能应用等产品规模增长快速,尤其企业内容管理增速达 40%,数字内容制作增速 25%,预计未来五年将以 30% 以上的复合增长率快速增长[15]。全球 SaaS 市场服务类型分布如图 10-27 所示。

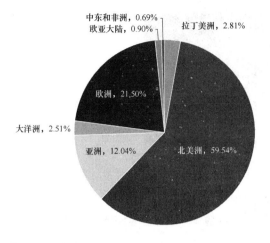

图 10-26　全球云计算市场格局(数据来源:Gartner)

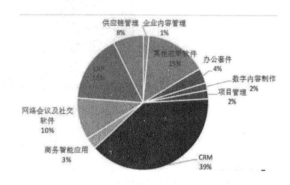

图 10-27　全球 SaaS 服务市场(数据来源:Gartner)

**2. 国内云计算发展状况**

近几年,中国云计算迅速崛起。以阿里巴巴、百度为首的公司推出一系列云产品,极大地丰富了中国云计算市场。

阿里云由阿里巴巴集团创立于 2009 年,是中国的云计算平台,服务范围覆盖全球 200 多个国家和地区。阿里云致力于为企业、政府等组织机构,提供最安全、可靠的计算和数据处理能力,让计算成为普惠科技和公共服务,为万物互联的 DT 世界,提供源源不断的新能源[16]。阿里云在全球各地部署高效节能的绿色数据中心,利用清洁计算支持不同的互联网应用。目前,阿里云在杭州、北京、青岛、深圳、上海、千岛湖、内蒙古、香港、新加坡、美国硅谷、俄罗斯、日本等地域设有数据中心,未来还将在欧洲、中东等地设立新的数据中心。2016 年 8 月,阿里云完成了品牌形象的全新升级,其新旧图标如图 10-28 所示。

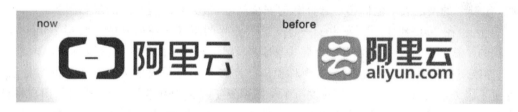

图 10-28　阿里云新旧图标

百度在 2011 年 9 月正式开放其云计算平台,其云计算基础架构和海量数据处理能力已较为成熟,将陆续开放 IaaS、PaaS 和 SaaS 等多层面的云平台服务。百度云已拥有云服务器 BCC、内容分发网络 CDN、关系型数据库 RDS、对象存储 BOS 等 40 余款产品及"智能大数据-天算""智能多媒体-天像""智能物联网-天工""人工智能-天智"四大智能平台解决方案。百度云的最终目的就是为客户提供价值,按需取用、按需付费、集中管理。用户由传统的自购软硬件,烟囱式的系统部署,自行维护,到从网络购买服务,无需运营服务,从而聚焦业务。百度云未来的发展目标是"以云为基、智能为柱,通过技术创新助力互联网＋"[17]。其官方宣传如图 10-29 所示。

图 10-29　百度云官方宣传

此外,浪潮集团、华为公司、腾讯公司、联想公司、中国移动、华云数据公司、易云捷讯公司、杭州华三通信公司等也在逐步构建云生态系统,逐渐形成覆盖 IaaS、PaaS、SaaS 三个层面的云计算整体解决方案的服务能力。

## 10.2.5　云计算面临的挑战

随着云计算的飞速发展,云计算已成为了 IT 技术创新的重要特征。云计算产业蕴含着巨大的机遇,却也面临着极大的挑战。

### 1. 云安全问题

云计算的数据和计算不再存放在个人 PC 中,而是存放在云里。怎么确保云端的数据得到有效的保护呢?

由于云提供商的数据中心资源的规模化和集中化,数据中心、网络链路等物理设施的人为破坏和故障所造成的影响将会被扩大化,这对提供商的运维水平提出了巨大考验。

尽管云提供商将云计算宣传为一种安全、便捷的方式,并承诺采取各种措施保护云数据,但云计算服务的购买者仍然担心会出现非法访问、数据泄露、访问故障等问题。北美待查数据表明,有 75％的网民表示他们担心云计算的安全问题,最关心的是其中的隐私问题。

实际上,在 2009 年 10 月,发生了一起震撼云业界的事故。在微软的子公司 Danger 向用户提供的一款面向智能手机的用户数据共享服务 Sidekick 中,由于云计算数据中心内部出现故障,导致用户数据丢失。随后,微软声称他们已经修改了公司内部网络服务器的维稳措施,还变更了服务器的备份操作程序,并发布了一款恢复工具作为补救措施,希望能帮用户将自己保存在故障服务器上的数据恢复出来。此次事故不仅造成微软公司大量的赔偿金额损失及名誉损失,还让公众在面对云安全的问题上变得更加不信任了。

2014 年 6 月 23 日,由于"外部网络故障",微软在北美洲大部分地区的 office365 企业电子邮件中断,部分用户受影响长达 8 个小时;2015 年 8 月 20 日,谷歌位于比利时布鲁塞尔的数据中心遭雷击,造成电力系统的供电中断,导致数据中心磁盘受损和云存储系统断线,部分数据永久丢失。所有这些事故表明,面对数据中心承载的庞大业务规模,云服务商需要进一步提升运维能力与资源冗余水平[15]。

因此,未来云计算能否在更大范围内应用开来,能否争取到更大的个人用户市场,很大程度上取决于云安全问题是否能得到有效解决。

### 2. 高能耗问题

在云计算强大的计算能力背后,不可避免地产生了高能耗问题,这个问题主要是云计算数据中心带来的。

据 Environment Ldader 统计,2011 年,美国 IT 数据中心用电占全美用电的 2.5%。绿色和平组织预测,到 2020 年,全球数据中心用电将达到目前美国总用电量的一半,超过目前德国、加拿大和巴西用电量的总和[11]。

因此,在低碳、节能减排的社会发展大趋势下,如何使数据中心更加大型化、专业化、集中化,以解决其高能耗问题,将成为云计算发展的一个主要议题。

**3. 法律保障**

目前关于云计算运营的相关法律法规几乎空白。对于购买云服务的用户来说,一旦数据出了问题,无法根据相关法律法规对最终的责任者进行追究,其合法权益难以得到有效保护。解决此问题,需要政府去监督和管理,形成一些法规、政策和规范,为云计算制造一个良好的法律氛围。

# 10.3　物　联　网

随着全球信息化的迅猛发展,随着识别技术、传感技术、网络技术等多学科交叉技术的综合发展,物联网已经逐渐深入我们的生活。本节我们来简单了解物联网。

## 10.3.1　物联网的起源及定义

**1. 物联网的起源**

早在 20 世纪 80 年代,卡耐基梅隆大学的一群程序设计师希望每次下楼买可乐时总能够买到有货且冰的可乐。因此他们把可乐贩卖机接上网络,并编写程序监视可乐贩卖机内的可乐数量和冰冻情况。这是网络可乐贩卖机的雏形。

1990 年,施乐公司发明的网络可乐贩售机——Networked Coke Machine 拉开了人类追梦物联网的序幕。

1995 年,微软公司创始人比尔·盖茨在其《未来之路》一书中,首次提出物联网的构想。他写道:"当你走进机场大门时,你的迷你个人计算机与机场的计算机相连接,这就可以证实你已经买了机票;当你开门时,无需钥匙或者磁卡,你的迷你个人计算机会向控制门锁的计算机证实你的身份。"

1999 年,麻省理工学院 Auto-ID 中心的 Ashton 教授在研究 RFID 技术时,提出了在计算机互联网上,利用射频识别、无线数据通信等技术,构造一个实现全球物品信息实时共享的实物互联网"Internet of Things"(简称物联网)的设想,物联网的概念由此正式诞生。

**2. 物联网的定义**

业界对物联网的定义并没有一个统一的版本,比较有代表性的有以下几个:

百度百科的定义:通过射频识别(RFID)、红外感应器、全球定位系统、激光扫描器、气体感应器等信息传感设备,按约定的协议,把任何物品与互联网连接起来,进行信息交换和通讯,以实现智能化识别、定位、跟踪、监控和管理的一种网络。简而言之,物联网就是"物物相连的互联网"[18]。

国际电信联盟(ITU)认为物联网是所有物品通过射频识别等信息传感设备实现任何时

间、任何地点以及任何物体之间的连接,从而达到智能化识别和管理[19]。

2010年我国政府工作报告中对物联网说明如下:物联网指通过信息传感设备,按照约定的协议,把任何物品与互联网连接起来,进行信息交换和通信,以实现智能化识别、定位、跟踪、监控和管理的一种网络[20]。

图 10-30　物联网示意图[18]

由此可见,这些物联网的概念和定义处在不断的演进中,如今,定位技术、传感网络、人工智能、云计算、网络技术等都已经被纳入物联网的框架中,并且物联网的概念还在继续发展演进之中。物联网示意图如图 10-30 所示,在该示意图中可以看到,不论是什么物体,物与物之间均相连。

我们如何来理解物联网的含义呢?可以从以下几点来简单理解[19]。

(1) 物联网是一种物物相连的网络,能够实现物与物之间的互联。这里所说的物,包括我们日常生活中所接触和所看到的各种物品。物与物之间按照特定的组网方式进行连接,并且实现信息的双向有效传递。

(2) 物联网让物体具有智慧。物联网能够实现对物体的有效感知,通过在物体上安装不同类型的识别装置,如电子标签、条形码与二维码等,或通过传感器、红外感应器以及控制器等,让物体具有感知能力。

(3) 物联网大大扩充了人类的沟通范围。物联网被赋予了人类的智能,通过通信网络,可以建立物体与物体之间的通信,也可以建立物体与人类之间的通信,人类与物体之间可以"直接对话"。

(4) 物联网可以实现更多智能的应用。有了物联网,物体能够被感知,这是全球智能化的基础,智慧地球才有可能实现。在 10.3.3 小节中,我们将体会到物联网所带来的智慧地球的种种智慧之处。

## 10.3.2　物联网的发展

自 1999 年出现物联网的概念后,物联网引起了世界各国极大的关注。

2005 年 11 月,在突尼斯举行的信息社会世界峰会(The World Summit on the Information Society,WSIS)上,国际电信联盟(ITU)发布《ITU 互联网报告 2005:物联网》,引用了"物联网"的概念。物联网的定义和范围已经发生了变化,覆盖范围有了较大的拓展,不再只是指基于 RFID 技术的物联网。

2008 年 3 月,在瑞士苏黎世举行了全球首个国际物联网会议——物联网 2008。

2008 年 11 月,IBM 总裁兼首席执行官 Samuel J. Palmisano 提出了"智慧地球"这一概念,认为:"智慧地球"将传感器嵌入和装备到电网、铁路、桥梁、隧道、公路、建筑、供水系统、大坝、油气管道等各种物体中,并通过超级计算机和云计算组成的物联网,实现人与物的融合。通过"智慧地球"技术的实施,人类可以以更加精细、动态的方式管理生产与生活,提高资源利用率和生产能力,改善人与自然的关系。"智慧地球"的概念得到了普遍认可[21]。IBM 智慧地球设计图如图 10-31 所示。

图 10-31　IBM 智慧地球设计图

自 2009 年以来,美国、欧盟、日本和韩国等纷纷推出了本国的物联网相关发展战略。

2009 年,欧盟执委会发表了《欧盟物联网行动计划》,描绘了物联网技术的应用前景,提出欧盟各成员国政府要加强对物联网的管理,促进物联网的发展。据悉,在 2007 年至 2013 年间,欧盟预计投入共计 532 亿欧元的研发经费,用于推动欧洲最重要的第 7 期欧盟科研架构(EU-FP7)研究补助计划。在此计划中,涵盖了各类与物联网相关的技术。

2009 年 1 月,奥巴马就任美国总统后,美国将新能源和物联网列为振兴经济的两大重点。

2009 年 2 月,在 2009IBM 论坛上,IBM 大中华区首席执行官钱大群公布了名为"智慧的地球"的最新策略,得到美国各界的高度关注。

2009 年 8 月,温家宝总理提出了"感知中国"的理念。"感知中国"是我国发展物联网的一种形象称呼,就是中国的物联网。2010 年 3 月,物联网首次被写入"政府工作报告",物联网在中国受到了全社会的极大关注。2010 年 9 月,物联网技术作为新一代信息技术的重要组成部分,被列为国家重点培育的战略性新兴产业,国家对物联网产业的相关扶持政策逐渐明朗。

可见,无论在国外还是国内,各种与物联网相关的技术一直在发展,物联网进入了飞速发展的时期。

## 10.3.3　物联网的应用——智慧地球

2008 年 11 月,IBM 总裁兼首席执行官 Samuel J. Palmisano 提出了"智慧地球"这一概念。在 IBM 的设想和实践中,智慧地球包括智慧能源、智慧交通、智慧金融、智慧电子、智慧教育、智慧政府、智慧沟通、智慧水利等多个方面,如图 10-32 所示。

本小节我们选取智慧地球的几个典型方面进行简单介绍。

**1. 智能家居**

智能家居,在房地产开发商的地产销售广告中,已经屡见不鲜。智能家居究竟是什么?怎样才算智能?它能为家居生活带来哪些便利呢?我们来探讨这些问题。

(1)智能家居的概念

智能家居(Smart Home),也被称为智能住宅(Smart House)、家庭自动化(Home Automation)、网络家居(Network Home)、电子家居(Electronic Home)、数码家居(Digital Home)等,其指的是以住宅为平台,利用综合布线技术、网络通信技术、安全防范技术、自动控制技术、音视频技术将与家居生活有关的设施集成,构建高效的住宅设施与家庭日程事务的管理系统,提升家居安全性、便利性、舒适性、艺术性,并实现环保节能的居住环境[22]。

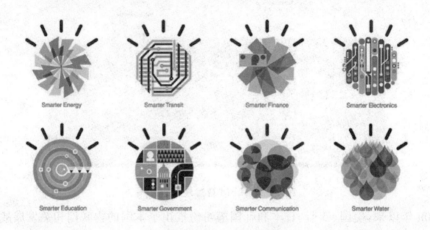

图 10-32　IBM 智慧地球理念

例如,可以实现对全宅灯光的智能管理,用遥控等多种智能控制方式实现对全宅灯光的遥控开关;可以用遥控、定时等多种智能控制方式实现对家里的饮水机、插座、空调、地暖、投影机等的智能控制;可以进行智能监控,实时分析、跟踪和判别监控对象,并在异常事件发生时及时提示、上报等。

(2) 智能家居的背景及现状

20 世纪 80 年代初,采用电子技术的家用电器大量面市,住宅电子化随之出现。

1984 年,美国联合科技公司对位于美国康乃狄克州哈特佛市的一座废旧大楼进行改造时,采用计算机系统对大楼的空调、电梯、照明等设备进行监测和控制,构建出了世界上首栋"智能型建筑"。

20 世纪 80 年代中后期,建筑商们开始将家用电器、通信设备与安全防范设备各自独立的功能综合为一体,并通过总线技术对住宅中这些设备进行监控与管理,这就是智能家居的原型。

1998 年 5 月,在新加坡举办的"98 亚洲家庭电器与电子消费品国际展览会"上,推出了新加坡模式的家庭智能化系统。其系统功能包括三表抄送功能、安防报警功能、可视对讲功能、监控中心功能、家电控制功能、有线电视接入、电话接入、住户信息留言功能、家庭智能控制面板、智能布线箱、宽带网接入和统一软件配置等。

我国智能家居起步较晚,从 1994 年开始萌芽,经历了开创期、徘徊期,直到近几年,才逐渐普及。目前市场上涌现出了海尔 u-Home、安居宝、索博、霍尼韦尔、瑞讯、瑞朗等知名智能家居品牌。由于智能家居系统能够为人们提供更加轻松、有序、高效的现代生活环境,因此已经成为房地产商追逐和销售策略的热点。

最有名的智能家居是 20 世纪最伟大的计算机软件行业巨人——微软公司比尔·盖茨的豪宅。这个经历数年建造起来的大型科技豪宅,被称为世界上"最聪明的房子",完成了高科技与家居生活的完美对接,成为世界一大奇观。豪宅外观如图 10-33 所示。

比尔·盖茨通过自己这座被称为"未来屋"的神秘科技之宅,一方面全面展示了微软公司的技术产品与未来的一些设想;另一方面,也展示了人类未来智能生活的场景,包括厨房、客厅、家庭办公、娱乐室、卧室等一应俱全。室内的触摸板能够自动调节整个房间的光亮、背景音乐、室内温度等，就连地板和车道的温度也都是由计算机自动控制，此外，房屋内部的所有家电都通过无线网络连接，同时配备了先进的声控及指纹技术，进门不用钥匙，留言不用纸笔，墙上有耳，随时待命。这个家居的控制建立在一个典型的数字控制基础上[23]，房屋的供电系统、光纤数字神经系统会将主人的需求与电脑、家电完整连接，并用共同的语言彼此对话，让电脑能够接收手机与感应器的信息，而卫浴、空调、音响、灯光等系统均能够听懂中央电脑的命令。如果盖茨想一进家门就能享受空调带来的凉爽，他可以随时拿起手机，接通别墅的中央电脑，用数字按键与电脑沟通，启动遥控装置，指挥家中的空调开启；同样，其他任何设备也能用同样的方法开启，进行简单烹饪、调节浴缸水温等，电脑都能精准的完成指令。

盖茨的整座建筑物有长达八十四千米的光纤缆线，但有趣的是，墙壁上看不到任何一个插座或者线缆，其供电电缆、数字信号传输光纤均隐藏在地下，简直令人叹为观止。其豪宅内部如图 10-34、图 10-35 所示。

图 10-33　比尔·盖茨的豪宅——外观

图 10-34　比尔·盖茨的豪宅——豪华客厅

图 10-35　比尔·盖茨的豪宅

（3）智能家居的功能

智能家居的功能非常广泛，如图 10-36 所示，主要可以归纳为以下几个[22][24]。

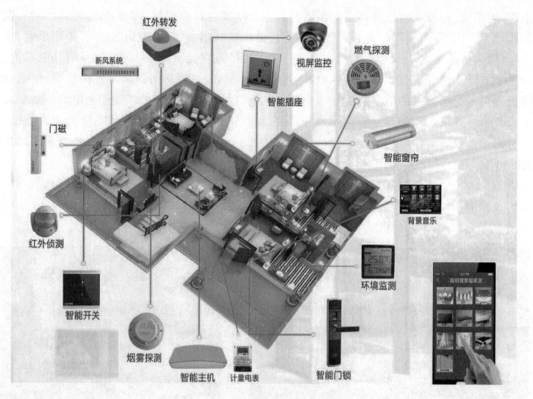

图 10-36　智能家居功能示意图

　　① 智能灯光控制：实现对全宅灯光的智能管理，可以用遥控等多种智能控制方式实现对全宅灯光的遥控开关，调光，全开全关及"会客、影院"等多种一键式灯光场景效果的设置；并可用定时控制、电话远程控制、电脑本地及互联网远程控制等多种控制方式实现上述功能；可实现主人进入房间及离开房间时，灯光的自动开启和关闭；可根据室内光线强弱，自动对照明设备进行调节等，从而达到智能照明的节能、环保、舒适、方便的功能。

　　② 智能电器控制：可以用遥控、定时等多种智能控制方式实现对家里的饮水机、插座、空调、地暖、投影机等的智能控制，避免饮水机在夜晚反复加热影响水质，在外出时断开插排通电，避免电器发热引发安全隐患，以及对空调地暖进行定时或者远程控制，让用户到家后马上享受舒适的温度和新鲜的空气等。

　　③ 安防监控系统：监控非法入侵，自动检测入侵人员位置，记录相应影音资料，自动报警并通知用户；自动监测火灾、煤气泄漏、水管泄漏等威胁用户生命安全的突发情况，并向用户发出警报。通过安防监控系统，可以实现对用户人身、财产安全更好的保护。

　　④ HVAC（Heating、Ventilation、Air Condition）系统：即温度、湿度、空气调节系统，可对家居环境中的温度、湿度和粉尘等环境参数进行实时监控和调节，确保为用户提供一个稳定、健康、舒适的家居生活环境。

　　⑤ 可视对讲系统：可实现呼叫、可视、对讲功能，并可以通过其实现对住宅灯光及电器等的控制。

　　⑥ 家庭影院系统：可一键启动家庭影院场景，如音乐模式、试听模式、卡拉 OK、电影模式等，通过千兆交换机连接到各个房间，即可通过遥控器/平板在不同的房间操作投影仪、电视机，分享私家影库，可配合智能灯光、电动窗帘、背景音乐等，进行联动控制。

⑦ 智能背景音乐：是在公共背景音乐的基本原理基础上结合家庭生活的特点发展而来的新型背景音乐系统。简单地说，就是在家庭任何一间房子里，比如花园、客厅、卧室、酒吧、厨房或卫生间，可以将 MP3、FM、DVD、电脑等多种音源进行系统组合，让每个房间都能听到美妙的背景音乐。

⑧ 智能视频共享：将数字电视机顶盒、DVD 机、录像机、卫星接收机等视频设备集中安装于隐蔽的地方，系统可以做到让客厅、餐厅、卧室等多个房间的电视机共享家庭影音库，并可以通过遥控器选择自己喜欢的影音进行观看，采用这样的方式既可以让电视机共享音视频设备，又不需要重复购买设备和布线，既节省了资金又节约了空间。

⑨ 其他控制功能：例如，可以启用多功能语音电话远程控制功能，当用户出差时，可以通过手机或固定电话来控制家中的空调、窗帘、灯光等；可以知道家中的状态，各种家用电器（例如冰箱等）是否正常运转；可以得知室内的空气质量，从而控制窗户和紫外线杀菌装置进行换气或杀菌，根据外部天气的优劣适当地加湿或干燥屋内空气，或利用空调等设施对屋内进行升降温等；可以远程给花草浇水、宠物喂食；可以提前设定某些产品的自动开启关闭时间等。

（4）智能家居的趋势

未来，创新、科技将成为家居企业决胜市场的关键，而个性的定制类家居产品将越来越受到追求品质生活的人们的青睐，智能家居的发展或将呈现如下趋势。

① 触摸控制将成为智能家居普及型的控制方式，通过一个智能触摸控制屏实现对家庭内部灯光、电器、窗帘、安防、监控、门禁等的智能控制。

② 智能控制终端将多样化，手机是智能家居控制和管理的主要方式，但智能家居会由单一手机控制向语音、手势、手表、戒指控制等综合控制方式转变。

③ 无线与有线控制系统将会无缝结合，干线区域采用布线控制系统，小区域采用无线控制系统，这将是未来智能家居控制系统与技术的发展方向。

④ 多功能一体化产品将成主流，一套集多功能为一体的智能家居系统将会比若干个独立的智能子系统要更受欢迎。

⑤ 产品成本逐渐降低，随着技术的进步和成熟，以及市场的规模逐渐扩大，智能家居产品的成本将逐渐降低。

⑥ 智能家居系统将与智慧国家智能系统、智能城市系统、智能楼宇与智能小区系统实现无缝联接。

随着物联网、云计算、大数据等新技术的发展，未来智能家居市场的发展潜力巨大，也将给人们的生活带来无法预估的各种便利。

**2. 智能医疗**

（1）智能医疗的概念

智能医疗（或称智慧医疗），是建立在纳米生物技术、信息技术及通信技术等技术的基础上，利用各种智能设备、应用软件及网络互联，实现药品流通和医院管理的自动化、互动化和智能化管理，以人体生理和医学参数采集及分析为切入点，面向家庭和社区开展远程医疗服务。

例如，电子病历、电子处方、远程会诊系统、数字化诊室、智能专家数据库等，都是智能医疗的体现。智能医疗示意图如图 10-37 所示。

（2）智能医疗的背景及现状

美国的医疗信息化开始于 20 世纪 70 年代，但真正得到大幅度的发展和提高是在 1990 年后。90 年代，美国在退伍军人医疗系统的基础上开发了 VistA 系统，在全系统 1 400 多家医疗机构内推广,实现全系统的医疗信息化,这极大地推动了美国和世界的医疗信息化进程。

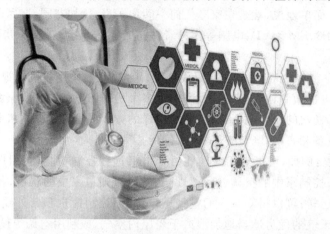

图 10-37　智能医疗示意图

　　欧洲提出"电子欧洲行动计划 2005""电子健康行动计划 2012—2020"等,加大纳米技术、生物技术和信息技术在医疗保健领域的应用。同时,欧盟各国已经在智能医疗领域展开深入合作,重点研发电子健康领域的智能应用系统。

　　日本在 2009 年制订了"i-Japan 2015"战略,主要着手于电子保健记录及远程智能医疗的建设。个人可将自己的保健信息提交给医务人员,对处方信息或配药信息进行跟踪反馈,从而减少误诊概率[24]。

　　我国的智能医疗体系还处于初级阶段。2011 年 12 月,工信部发布《物联网"十二五"发展规划》,在其中,智能医疗与其他八大领域被列为重点支持领域。从现状看,虽然我国智能医疗行业起点较低,但是行业发展速度较快。在远程智能医疗方面,国内发展比较快的先进医院在移动信息化应用方面其实已经走到世界前列[24]。远程医疗应用软件可实现病历信息、病人信息、病情信息等的实时记录、传输与处理,医院内部和医院之间通过联网,可实时、有效、全面地共享相关信息。

　　(3) 智能医疗的功能

　　智能医疗结合无线网技术、条码 RFID 技术、物联网技术、移动计算技术、数据融合技术等,提升了医疗诊疗流程的服务效率和服务质量,实现监护工作无线化,大幅度地实现了医疗资源的高度共享,降低公众医疗成本。通过无线网络,使用手机便捷地联通各种诊疗仪器,使医务人员随时掌握每个病人的病案信息和最新诊疗报告,随时随地可快速制定诊疗方案;在医院的任何一个地方,医护人员都可以登录系统,查询医学影像资料和医嘱;患者的转诊信息及病历可以在任意一家医院通过医疗联网方式调阅……随着医疗信息化的快速发展,这样的场景在不久的将来将日渐普及,智能医疗正逐渐走入人们的生活。智能医疗具体的功能和应用如下[25]。

　　① 一站式就诊服务。智能医疗系统一般包括:智能分诊、手机挂号、门诊叫号查询、取报告单、化验单解读、在线医生咨询、医院医生查询、医院周边商户查询、医院地理位置导航、院内科室导航、疾病查询、药物使用、急救流程指导、健康资讯播报等,实现了从身体不适到完成治疗的"一站式"信息服务。

　　② 个人健康档案管理服务。移动医疗的出现让每一个患者都可以通过手机应用查看个人曾在医院的历史预约和就诊记录,包括门诊/住院病历、用药历史、治疗情况、相关费用、检查

单/检验单图文报告、在线问诊记录等,不仅可以及时自查健康状况,还可通过 24 小时在线医生进行咨询。

③ 移动的医学图书馆。在手机上就可以对出自权威医学字典的药物库、疾病库、症状库进行查询及临床病例分析,或进行医学期刊的在线阅读和下载等,这些都为医务工作者带来了极大的便利。

图 10-38 展示了智能医疗系统的一般功能。

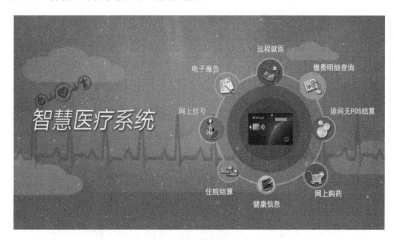

图 10-38　智能医疗系统的功能

(4)智能医疗的特点

以医疗信息系统为例,智能医疗具有以下特点[25]。

① 互联的:经授权的医生能够随时查阅病人的病历、患病史、治疗措施和保险细则,患者也可以自主选择更换医生或医院。

② 协作的:把信息仓库变成可分享的记录,整合并共享医疗信息和记录,以期构建一个综合的专业的医疗网络。

③ 预防的:实时感知、处理和分析重大的医疗事件,从而快速、有效地做出响应。

④ 普及的:支持乡镇医院和社区医院无缝地连接到中心医院,以便实时地获取专家建议、安排转诊和接受培训。

⑤ 创新的:提升知识和过程处理能力,进一步推动临床创新和研究。

⑥ 可靠的:使从业医生能够搜索、分析和引用大量科学证据来支持他们的诊断。

(5)智能医疗的趋势

随着移动互联网的发展,未来智能医疗将向个性化、移动化、可视化等方向发展。智能医疗的发展趋势可能包括这几个方面[24]。

① 智能医疗技术将被广泛应用于外科手术设备、加护病房、医院疗养和家庭护理中,智能医疗结合无线网技术、条码 RFID 技术、物联网技术、移动计算技术、数据融合技术等,将实现监护工作无线化,并实现医疗资源高度共享。

② 依靠智能医疗技术,实现对医院资产、血液、医疗废弃物、医院消毒物品等的管理;在药品生产上,通过物联网技术实施对生产流程、市场的流动以及病人用药的全方位的监控。

③ 依靠智能医疗技术通信和应用平台,完成实时付费以及网上诊断、网上病理切片分析等;并实时得到病人信息,实现家庭安全监护。

**3. 智能交通**

(1) 智能交通的概念

智能交通是将先进的信息技术、数据通信传输技术、电子传感技术、控制技术及计算机技术等有效地集成并运用于交通系统，从而提高交通系统效率的综合性应用系统。

智能交通运输系统的目标是提高运输效率，保障交通安全，缓解交通拥堵，减少空气污染。

例如，交通监控系统可以在道路、车辆和驾驶员之间建立快速通信联系，可快速得知哪里发生了交通事故，哪里交通拥堵或畅通等信息；公共交通系统可以通过手机终端向公众提供公交车辆的实时运行信息；电子收费系统可以实现路桥费用的自助收取等。

智能交通示意图如图 10-39 所示。

交通管理

自动停车系统

运载管理

图 10-39　智能交通示意图

(2) 智能交通的发展及现状

日本在 1995 年制订了道路、交通和车辆信息化实施方针，拉开了智能交通系统研发和实施的序幕。其构思在高性能车载导航仪、自动收费系统、安全行车支援系统、交通管理智能化、道路管理效率化、公共交通支持系统、商用车效率化、步行者支持系统和紧急车辆运行支持系统等方面让日本的道路更加智能化。

欧洲智能系统的研究始于 20 世纪 80 年代，致力于解决成员国之间交通基础设施网络面临的问题。在欧洲智能交通组织（ERTICO）2005 年 5 月颁布的智能运输系统战略框架中指出，其关注的重点领域包括构建网络信息交换平台、智能化区域交通控制、物流优化、一体化电子收费等。

美国 2010 年智能交通市场规模高达 14 亿美元。目前，由于交通拥堵问题较为严重，智能停车系统、智能交通控制系统等受到重点关注。

我国的智能交通研究和推进还处于起步阶段。2012 年，我国城市智能交通市场规模保持了高速增长态势，包含智能公交、电子警察、交通信号控制、卡口、交通视频监控、出租车信息服务管理、城市客运枢纽信息化、GPS 与警用系统、交通信息采集与发布和交通指挥类平台等 10 个细分行业的项目数量达到 4 527 项，市场规模达到 159.9 亿元，同比增长 21.7%[26]。

（3）智能交通的功能

智能交通系统通常由若干个子系统构成,其功能涵盖了车辆控制、交通监控、车辆管理、旅游信息管理、公交管理、货运管理、紧急救援、电子收费等各方面,如图 10-40 所示。

各系统及各功能具体如下[27]。

① 交通系统,包括交通信息系统和交通监控管理系统:其中,在交通信息系统中,交通参与者通过装备在道路上、车上、换乘站上、停车场上以及气象中心的传感器和传输设备,向交通信息中心提供各地的实时交通信息;系统得到这些信息并通过处理后,实时向交通参与者提供道路交通信息、公共交通信息、换乘信息、交通气象信息、停车场信息以及与出行相关的其他信息;出行者根据这些信息确定自己的出行方式、选择路线。更进一步,当车上装备了自动定位和导航系统时,该系统可以帮助驾驶员自动选择行驶路线。交通监控管理系统用于监测控制和管理公路交通,在道路、车辆和驾驶员之间提供通讯联系;它将对道路系统中的交通状况、交通事故、气象状况和交通环境进行实时的监视,依靠先进的车辆检测技术和计算机信息处理技术,获得有关交通状况的信息,并根据收集到的信息对交通进行控制,如信号灯、发布诱导信息、道路管制、事故处理与救援等。

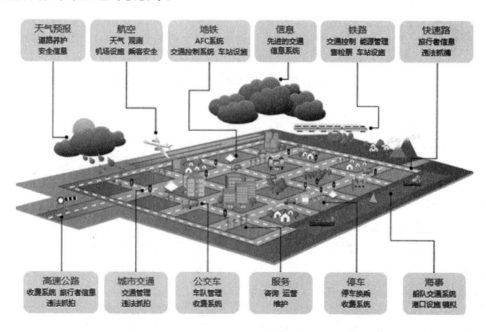

图 10-40　智能交通系统的功能示意图

② 车辆控制系统:指辅助驾驶员驾驶汽车或替代驾驶员自动驾驶汽车的系统。该系统通过安装在汽车前部和旁侧的雷达或红外探测仪,可以准确地判断车与障碍物之间的距离,遇紧急情况,车载电脑能及时发出警报或自动刹车避让,并根据路况自己调节行车速度。安装有车辆控制系统的汽车也被称为"智能汽车"。目前,美国已有 3 000 多家公司从事高智能汽车的研制,并已推出自动恒速控制器、红外智能导驶仪等高科技产品。

③ 车辆管理系统:该系统将汽车的车载电脑、调度管理中心计算机与全球定位系统卫星联网,实现驾驶员与调度管理中心之间的双向通讯,来提高商业车辆、公共汽车和出租汽车的运营效率。该系统通讯能力极强,可以对全国乃至更大范围内的车辆实施管理。行驶在法国巴黎大街上的 20 辆公共汽车和英国伦敦的约 2 500 辆出租汽车已经在接受卫星的指挥。

④ 公共交通系统：采用各种智能技术促进公共运输业的发展，使公交系统实现安全便捷、经济、运量大的目标。如通过个人计算机、闭路电视等向公众就出行方式和事件、路线及车次选择等提供咨询，在公交车站通过显示器向候车者提供车辆的实时运行信息。在公交车辆管理中心，可以根据车辆的实时状态合理安排发车、收车等计划，提高工作效率和服务质量。

⑤ 电子收费系统（ETC）：ETC 是世界上最先进的路桥收费方式。通过安装在车辆挡风玻璃上的车载器与在收费站 ETC 车道上的微波天线之间的微波专用短程通信，利用计算机联网技术与银行进行后台结算处理，从而达到车辆通过路桥收费站不需停车而能交纳路桥费的目的，且所交纳的费用经过后台处理后清分给相关的收益业主。在现有的车道上安装这种电子不停车收费系统，可以使车道的通行能力提高 3～5 倍，有效避免收费站的行车拥堵。

⑥ 紧急救援系统：为道路使用者提供车辆故障现场紧急处置、拖车、现场救护、排除事故车辆等服务，例如，车主可通过电话等方式了解车辆具体位置和行驶轨迹等信息；系统可对被盗车辆进行远程断油锁电操作并追踪车辆位置；当遭遇交通意外时，系统会在几秒钟内自动发出求救信号，通知救援机构进行救援等。

⑦ 货运管理系统：综合利用卫星定位、地理信息系统、物流信息及网络技术有效地组织货物运输，提高货运效率。

⑧ 旅行信息系统：专为外出旅行人员及时提供各种交通信息。该系统提供信息的媒介是多种多样的，如电脑、电视、电话、路标、无线电、车内显示屏等，任何一种方式都可以。无论是在办公室、大街上、汽车上，只要采用其中一种方式，旅行者都能从信息系统中获得所需要的信息。

（4）智能交通的趋势

未来，在支撑交通运输管理的同时，智能交通系统会更加注重为公众出行和现代物流服务；在为小汽车出行服务的同时，智能交通系统会更加注重为公共交通和慢行交通出行服务；在关注提高效率的同时，智能交通系统会更加注重安全发展和绿色发展。

**4. 智能物流**

（1）智能物流的概念

智能物流是指利用物联网技术实现货物从供应者向需求者的智能移动过程，包括智能运输、智能仓储、智能配送、智能包装、智能装卸以及智能信息的获取、加工和处理等多项基本活动，为供方提供最大化的利润，为需方提供最佳的服务[24]。

例如，货物仓储时，通过智能控制整个储存室的温度和湿度，可以更好地保存货物；当我们网上购物后，通过手机就可以方便地查询跟踪我们所购买的物品的物流情况，包括物流公司、具体物品何时到达何地等；当物品到达目的地时，一般存储在智能柜中，通过扫码或者输入验证码，便可实现随时方便地取件，无需耗费大量的人工等待时间。智能物流的示意图如图 10-41 所示，智能柜工作流程如图 10-42 所示。

（2）智能物流的背景及现状

物流的现象最早在第二次世界大战时出现。当时，美国军队为了有效地调运军用物资，运用统筹学的理论方法，统筹安排人力、运力，形成了世界范围内最初的物流现象。随后，日本提出 JIT（Just In Time）物流配送理念。我国物流理念的形成是在改革开放后，随着中国经济转型，国内商品流通和国际贸易不断扩大，物流业开始受到重视和发展，物流活动不仅仅局限于被动的仓储和运输，而开始注重系统运作，集包装、装卸、流通加工、运输于一体。

直到 21 世纪初，随着电子商务对传统交易方式的改变，物流开始变得信息化。而物联网的出现和发展,极大地推动了智能物流的变革。物联网使得物流基础设施的信息化和自动化水平大大提高,使物流各个环节更加高效,使物流成本大大降低,也使供应链各环节的联系更加紧密。

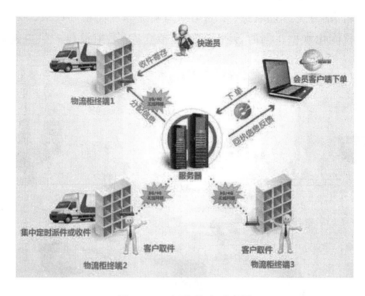

图 10-41　智能物流示意图

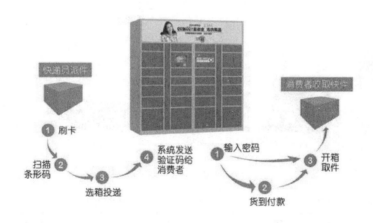

图 10-42　智能柜工作流程

（3）智能物流的功能

智能物流的功能及应用主要体现在以下几个方面。

① 在物流基础设施的信息化和自动化方面:物联网技术可用于托盘、货架、车辆、集装箱等物流基础设施的识别,在仓库内部、出入库口、运输车辆、搬运器械、物流关卡等安装物联网读、写装置,能够实现自动化的入库、出库、盘点,以及物流交接环节中的物联网信息采集,实现物品库存的透明化管理;通过对大量物流数据的分析,进行智能仿真,从而对物流客户的需求、商品库存等做出决策,以实现物流管理的自动化(获取数据、自动分类等)[24]。物流基础设施信息化和自动化水平的提高,可以提升企业物流效率,控制物流成本。

② 在物流系统的智能化方面:智能化是物流自动化、信息化的一种高层次应用,物流作业

过程中大量的运筹和决策,如库存水平的确定、运输(搬运)路线的选择、自动导向车的运行轨迹和作业控制、自动分拣机的运行、物流配送中心经营管理的决策支持等问题,都可以借助专家系统、人工智能和机器人等相关技术加以解决。除了智能化交通运输外,无人搬运车、机器人堆码、无人叉车、自动分类分拣系统、无纸化办公系统等现代物流技术,都大大提高了物流的机械化、自动化和智能化水平。同时,还出现了虚拟仓库、虚拟银行的供应链管理,这些,都必将把国际物流推向一个崭新的发展阶段[28]。

图 10-43 展示了智能物流的多个过程。

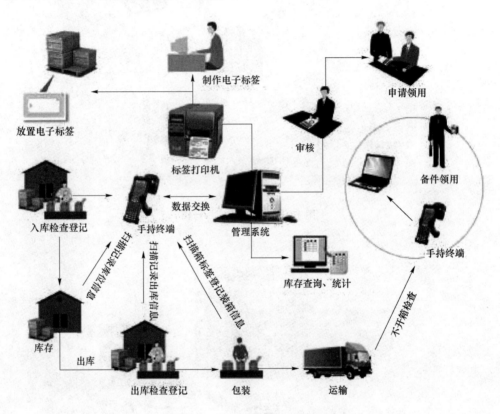

图 10-43    智能物流的多个过程

(4) 智能物流的趋势

物联网的发展正推动着智能物流的变革,智能物流将迎来大发展的时代。未来,智能物流将出现以下趋势:

① 会有统一标准、共享物流的物联信息。在物联网基础层面,统一的标准与平台,统一的物联网编码体系是物联网运行的前提。对配送系统、智能货架、航空运输、集装箱通关等,都必须有较为完备统一的标准体系来进行指导。

② 互联互通,融入社会物联网。例如,物品的可追溯智能系统,可以让人们方便地借助互联网或物联网手机终端,实时查询追溯物品的信息,这样的系统,在今后,会进一步与质量智能追踪、物品智能检测等紧密联系在一起。此外,今后其他的物流系统也将根据需要融入社会物联网络或与专业智慧网络互通,如智能物流与智能交通、智慧制造、智能安防、智能检测、智慧维修、智慧采购等系统相融合。

③ 多种技术共同发展。目前在物流业应用较多的感知手段主要是 RFID 和 GPS 技术,未

来智能物流系统将采用最新的红外、激光、无线、编码、认证、自动识别、定位、无接触供电、光纤、数据库、卫星定位等高新技术,这种集光、机、电、信息等技术于一体的新技术将在物流系统集成应用。

④ 物更有智慧。目前的智能物流,仅仅实现了物流信息由过去的被动"告知"到主动"感知",在此基础上实现智能追溯、监控与可视化管理。未来的智能物流,物将更有智慧。物流中的物可能自己知道自己要去哪里,自己应该存放在什么位置等,物将会进行主动物流。这才是真正的智能物流。

**5. 智慧农业**

(1) 智慧农业的概念

智慧农业就是将物联网技术运用到传统农业中去,运用传感器和软件通过移动平台或者电脑平台对农业生产进行控制,使传统农业更具有"智慧"。

智慧农业是农业生产的高级阶段,是集新兴的互联网、移动互联网、云计算和物联网技术为一体,依托部署在农业生产现场的各种传感节点(环境温湿度、土壤水分、二氧化碳、图像等)和无线通信网络实现农业生产环境的智能感知、智能预警、智能决策、智能分析、专家在线指导,为农业生产提供精准化种植、可视化管理、智能化决策[29]。

例如,通过实时采集温室内温度、土壤温度、$CO_2$ 浓度、湿度信号以及光照、叶面湿度、露点温度等环境参数,自动开启或者关闭指定设备;可以根据用户需求,随时进行处理,实现农业综合生态信息自动监测;通过采集温湿度传感器等的信号,经由无线信号收发模块传输数据,实现对大棚温湿度的远程控制;通过将粮库内温湿度变化的感知与计算机或手机的连接进行实时观察,记录现场情况以保证粮库的温湿度平衡等。

智慧农业示意图如图 10-44、图 10-45 所示。

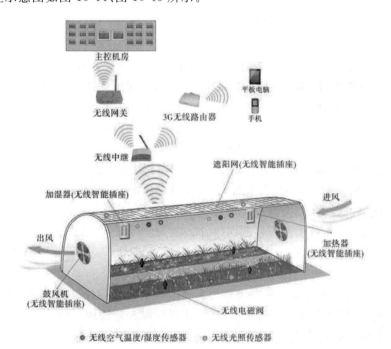

图 10-44　智慧农业示意图 1

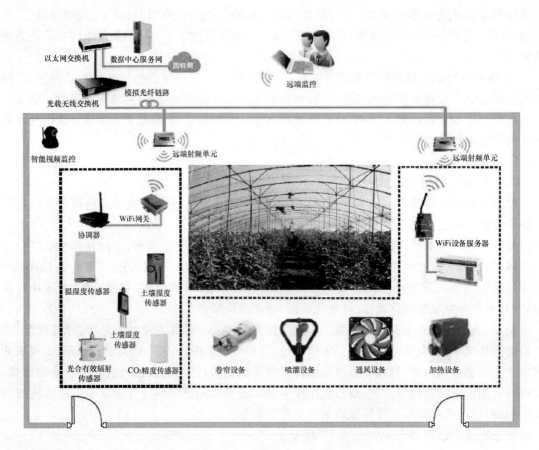

以太网交换机　数据中心服务网　因特网
光载无线交换机　模拟光纤链路　远端监控
智能视频监控　远端射频单元　远端射频单元
WiFi网关
协调器
WiFi设备服务器
温湿度传感器　土壤湿度传感器
土壤湿度传感器
光合有效辐射传感器　$CO_2$精度传感器　卷帘设备　喷灌设备　通风设备　加热设备

图 10-45　智慧农业示意图 2

（2）智慧农业的发展及现状

2002 年，英特尔公司率先在俄勒冈建立了世界上第一个无线葡萄园。传感器节点被分布在该葡萄园的每个角落，每隔 1 分钟检测一次土壤温度、湿度或该区域有害物的数量，以确保葡萄可以健康生长。研究人员发现，葡萄园气候的细微变化可极大地影响葡萄酒的质量。通过长年的数据记录以及相关分析，便能精确地掌握葡萄酒的质地与葡萄生长过程中的日照、温度、湿度的确切关系。这是一个典型的精准农业、智能耕种的实例。

2008 年，美国 Crossbow 公司开发了基于无线传感网络的农作物监测系统，该系统基于太阳能供电，能监测土壤温湿度与空气温度，通过 Internet 浏览器为客户提供了农作物健康及生长情况的实时数据，已经在美国批量应用。美国加州 Camalie 葡萄园在 4.4 英亩区域部署了20 个智能节点，组建了土壤温湿度监测网络，同时还监测酒窖内存储温度的变化，管理人员可通过网络远程浏览和管理数据。在应用了网络化的监测管理之后，葡萄园的经济效益显著提高。

日本富士通公司开发的富士通农场管理系统以全生命周期农产品质量安全控制为重点，带动设施农业生产、智能畜禽和智能水产养殖，实现设施农业管理、养殖场远程监控与维护、水产养殖生产全过程的智能化[30]。

近十年来，我国无线传感技术已在大田农业、设施农业、果园生产管理中得到了初步应用，主要应用于农情长势与病虫害检测、农业灌溉自动化、农机监控调度、淡水养殖水质检测、畜禽养殖、园区气体排放检测、农产品质量安全管理与溯源等方面，并取得了较好的应用效果。我国在农业物联网技术领域开展的研究涵盖了农业资源利用、农业生态环境检测、农业生产精细管理、农产品质量安全管理与溯源等多个领域,初步实现了农业资源与环境、农业生产与农产品流通等环节信息的实时获取与数据共享,保证了产前正确规划以提高资源利用率,产中精细管理以提高生产效率,产后高效流通并实现安全追溯[31]。

无锡阳山镇专门开发桃园种植技术的物联网监测系统,实现了高科技种桃,令人叹为观止。该镇有 25 亩桃林作为物联网种植园的示范基地,由 22 个传感器和 3 个微型气象站组成的监测系统充当"智慧桃农"。这种绿色农业种植模式有效压缩了成本,提高了经济效益,实现了高产、优品的种植目标。

中科院遥感应用研究所开发的基于无线传感网络和移动通信平台的农业生态环境监测系统,解决了大棚内监测温度、湿度的困难,在环境参数超过用户设置的范围时,系统可以通过短信方式对用户进行报警,同时用户可利用手机短信获取大棚内实时的温度、湿度或者登录 Internet 网页查看,用户还可以通过手机短信对大棚内的浇灌系统、天棚等设备进行控制。

上海交大机电控制与物流装备研究所针对葡萄新梢生长发育的规律特点,开发研制了基于嵌入式控制器和 CCD 彩色相机的葡萄新梢生长图像数据采集记录系统,实现了葡萄新梢生长态势的在线监测。该系统针对葡萄生长发育特点,配备球坐标式图像采集支架,实现对图像采集角度的自由调整;设计开发的全光谱辅助照明装置,极大限度地减少或避免了直射光对成像质量的影响;嵌入可编程式控制器实现了无人值守的自动拍照模式,用户可根据需求预先自由设定拍摄间隔,从而无需人工干预即可获取清晰的图像数据[30]。

(3) 智慧农业的功能

智慧农业的应用及功能体现在以下方面[29]。

① 监控及检测功能。监控及检测系统根据无线网络获取的植物生长环境信息,如监测土壤水分、土壤温度、空气温度、空气湿度、光照强度、植物养分含量等参数,实现所有基地测试点信息的获取、管理、动态显示和分析处理,以直观的图表和曲线方式显示给用户,并根据以上各类信息的反馈,对农业园区进行自动灌溉、自动降温、自动施肥、自动喷药等自动控制;同时,根据种植作物的需求提供各种声光报警信息和短信报警信息,其示意图如图 10-46、图 10-47 所示。

图 10-46　监控及检测系统示意图 1　　　　图 10-47　监控及检测系统示意图 2

② 实时图像与视频监控功能。视频与图像监控为物与物之间的关联提供了更直观的表达方式,可直观反映农作物生产的实时状态,也可从侧面反映出作物生长的整体状态及营养水平。比如,可以根据实时图像及视频监控,快速了解哪块地缺水了,哪块地长势较好等信息。

(4) 智慧农业的趋势

智慧农业通过生产领域的智能化、经营领域的差异性以及服务领域的全方位信息服务,推动农业产业链改造升级；实现农业精细化、高效化与绿色化，保障农产品安全、农业竞争力提升和农业可持续发展。因此，智慧农业是我国农业现代化发展的必然趋势。未来，智慧农业将具有如下发展趋势[29]。

① 智慧农业将推动农业产业链改造升级。

在生产领域，将由人工走向智能，在种植、养殖生产作业环节，摆脱人力依赖，构建集环境生理监控、作物模型分析和精准调节为一体的农业生产自动化系统和平台；在食品安全环节，构建农产品溯源系统，将农产品生产、加工等过程的各种相关信息进行记录并存储，并能通过食品识别号在网络上对农产品进行查询认证，追溯全程信息；在生产管理环节，特别是一些农垦垦区、现代农业产业园、大型农场等单位，智能设施与互联网广泛应用于农业测土配方、茬口作业计划以及农场生产资料管理等生产计划系统，提高效能。

在经营领域，将会突出个性化与差异性营销方式。在主流电商平台开辟专区，拓展农产品销售渠道，有实力的龙头企业通过自营基地、自建网站、自主配送的方式打造一体化农产品经营体系，促进农产品市场化营销和品牌化运营，农业经营将向订单化、流程化、网络化转变，个性化与差异性的定制农业营销方式将广泛兴起。

在服务领域，将提供精确、动态、科学的全方位信息服务。通过室外大屏幕、手机终端等灵活便捷的信息传播形式向农户提供气象、灾害预警和公共社会信息服务，为农业经营者传播先进的农业科学技术知识、生产管理信息以及农业科技咨询服务，引导龙头企业、农业专业合作社和农户经营好自己的农业生产系统与营销活动，提高农业生产管理决策水平，增强市场抗风险能力，做好节本增效、提高收益。

② 智慧农业将实现农业精细化、高效化、绿色化发展。

实现精细化，保障资源节约、产品安全。一方面，借助科技手段对不同的农业生产对象实施精确化操作，在满足作物生长需要的同时，保障资源节约又避免环境污染。另一方面，实施农业生产环境、生产过程及生产产品的标准化，保障产品安全。

实现高效化，提高农业效率，提升农业竞争力。云计算、农业大数据让农业经营者便捷灵活地掌握天气变化数据、市场供需数据、农作物生长数据等信息，准确判断农作物是否该施肥、浇水或打药，避免了因自然因素造成的产量下降，提高了农业生产对自然环境风险的应对能力；通过智能设施合理安排用工用时用地，减少劳动和土地使用成本，促进农业生产组织化，提高劳动生产效率。互联网与农业的深度融合，使得诸如农产品电商、土地流转平台、农业大数据、农业物联网等农业市场创新商业模式持续涌现，大大降低信息搜索、经营管理的成本。

实现绿色化，推动资源永续利用和农业的可持续发展。通过对农业精细化生产，实施测土配方施肥、农药精准科学施用、农业节水灌溉，推动农业废弃物资源化利用，达到合理利用农业资源、减少污染、改善生态环境，既保护好青山绿水，又实现产品的绿色安全优质。利用卫星搭载高精度感知设备，构建农业生态环境监测网络，精细获取土壤、墒情、水文等农业资源信息，匹配农业资源调度专家系统，实现农业环境综合治理、全国水土保持规划、农业生态保护和修复的科学决策，加快形成资源利用高效、生态系统稳定、产地环境良好、产品质量安全的农业发展新格局。

**6. 其他智慧应用**

（1）智慧工厂

智慧工厂是现代工厂信息化发展的新阶段，是在数字化工厂的基础上，利用物联网技术和设备监控技术加强信息管理和服务，清楚掌握产销流程，提高生产过程的可控性，减少生产线上人工的干预,即时正确地采集生产线数据,以及合理地进行生产计划编排与生产进度控制,并集绿色智能手段和智能系统等新兴技术于一体,形成一个高效节能的、绿色环保的、环境舒适的人性化工厂[32]。智慧工厂示意图如图 10-48、图 10-49 所示。

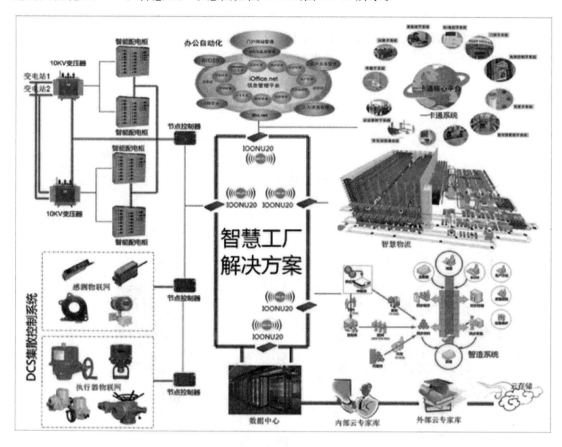

图 10-48　智慧工厂示意图 1

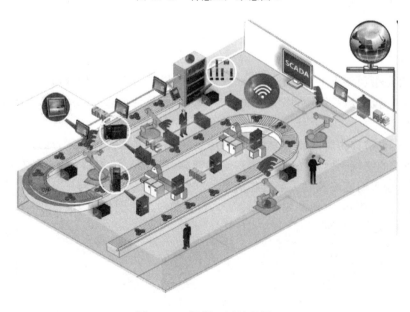

图 10-49　智慧工厂示意图 2

（2）智能电网

智能电网，又称"智慧电力"，就是电网的智能化，也被称为"电网2.0"，它是建立在集成的、高速双向通信网络的基础上，通过先进的传感和测量技术、先进的设备技术、先进的控制方法以及先进的决策支持系统技术的应用，实现电网的可靠、安全、经济、高效、环境友好和使用安全的目标，提供满足21世纪用户需求的电能质量、容许各种不同发电形式的接入、启动电力市场以及资产的优化高效运行[33]。智能电网示意图如图10-50所示。

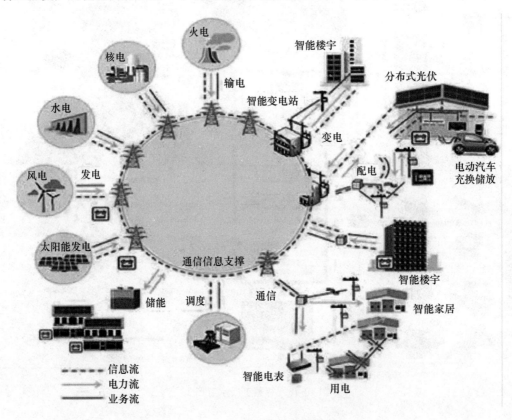

图10-50　智能电网示意图

（3）智慧教育

智慧教育是指利用人工智能技术和计算机技术，提供灵活交互的学习环境，并可通过教育网站访问世界一流的数字资源，以实现最佳教学。智慧教育示意图如图10-51所示。

（4）智慧旅游

智慧旅游，也被称为智能旅游，指的是利用云计算、物联网等新技术，通过互联网及移动互联网，借助便携的终端上网设备，主动感知旅游资源、旅游经济、旅游活动、旅游者等各方面信息，及时发布，让人们能够及时了解这些信息，及时安排和调整工作与旅游计划，从而达到对各类旅游信息的智能感知、方便利用的效果[34]。智慧旅游示意图如图10-52、图10-53所示。

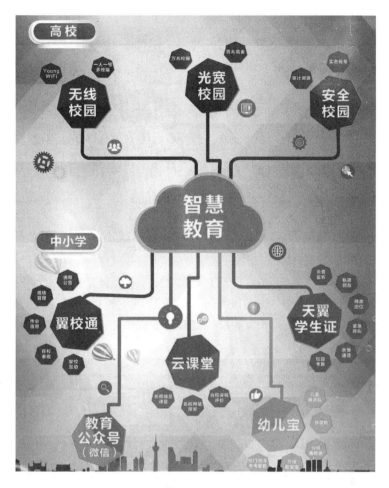

图 10-51　智慧教育示意图

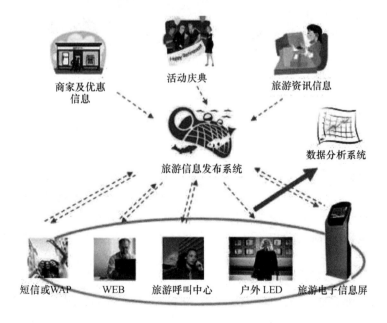

图 10-52　智慧旅游示意图 1

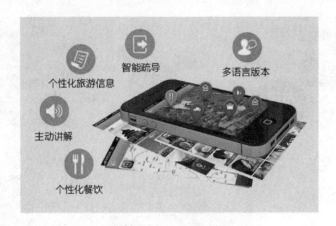

图 10-53　智慧旅游示意图 2

（5）智慧环境

智慧环境系统是由环境卫星、环境质量自动监控、污染源自动监控 3 个层次构成的、立体的、全方位的环境自动监控系统。图 10-54 所示为智慧环境的一个案例——某环保局监控中心及系统网络结构图，图 10-55 所示为某水环境检测平台示意图。

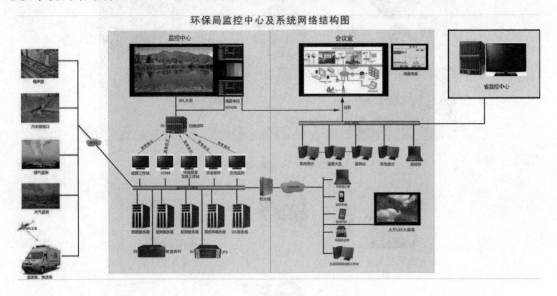

图 10-54　某环保局监控中心及系统网络结构图

（6）智能安防

智能安防主要应用在住宅小区或其他需要安防的地方。小区智能安防系统主要包括监控、报警和门禁三个部分。其中，监控系统用于本地和远程了解小区情况，保留录像备查，起着威慑、监督、取证和管理的作用；报警系统用于对小区环境的意外情况，如非法入侵、火灾、水气泄漏等进行自动报警，同时启动相关电器、门窗进入应急状态；门禁系统可提供智能化管理，可授权自己、家人、客人，或通过密码、刷卡、指纹、语音、脸谱等智能识别技术，安全方便地进出大门。

从某种意义上讲，智能安防也属于智能家居的一部分。智能安防示意图如图 10-56 所示。

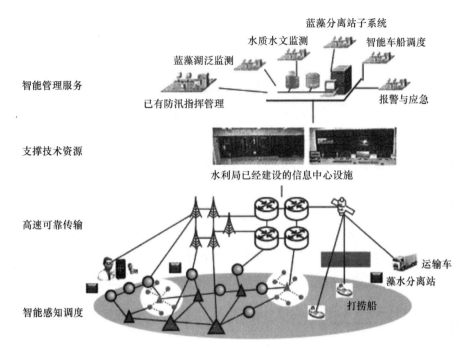

图 10-55　某水环境检测平台示意图

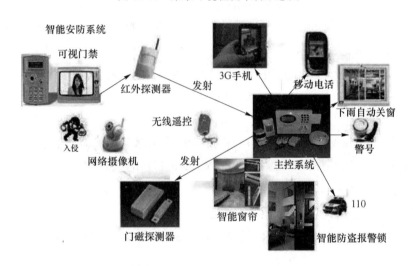

图 10-56　智能安防示意图

除了上述提到的这些方面,物联网还被应用在了生活的其他方面,在此不一一详述。

# 本章小结

本章介绍了大数据、云计算、物联网这三大流行技术的定义、背景、发展、应用及趋势等。其中,对大数据的应用、云计算的服务类型和物联网的应用做了较为详细的介绍。通过本章的学习,读者应对大数据、云计算、物联网这三大流行技术有一定的了解,并能将其原理与日常生活中看到的现象联系起来,真正体会到计算机技术对生活所带来的巨大变化。

# 参 考 文 献

[1]  DCCI 互联网数据中心. 大数据蓝皮书:大数据-大机会-大变革[D]. 第二届大数据世界论坛,2012.

[2]  智研咨询集团. 2016—2022 年中国大数据行业深度分析及投资战略咨询报告. 2016.

[3]  Domo 公司官网. https://www.domo.com/blog/data-never-sleeps-3-0/.

[4]  金小鹿. 驯服大数据的 4 个 V[N]. 中国计算机报,2012,38:7.

[5]  张宇鑫. 13 个大数据应用案例,告诉你最真实的大数据故事[EB/OL]. 中国大数据网. http://www.thebigdata.cn/YingYongAnLi/10905.html.

[6]  雪姬. 中国医疗数据创业的 4 大方向[EB/OL]. 36 大数据网. http://www.36dsj.com/archives/64540.

[7]  周宝曜,刘伟,范承工. 大数据:战略、技术、实践[M]. 北京:电子工业出版社,2013.

[8]  王萌. 警务大数据案例:大数据预测分析与犯罪预防[EB/OL]. IT 经理网. http://www.ctocio.com/ccnews/15551.html.

[9]  LinkinPark. 警务大数据案例:用手机移动数据预测犯罪[EB/OL]. 36 大数据网. http://www.36dsj.com/archives/13883.

[10]  百度百科:大数据[EB/OL]. http://baike.baidu.com/link? url=OrHs_trccGKt0hg3YCqwjZmu6gDxWaSZJ1Ws7acOi1Dlx3cmWC1tphKTIrKKd4ektZsJcBI4ehu15o6tVj1c9MXO5b0HrdnZu1mw8SEVFhcOZnjYkpPWTU5h5BSDmDxt.

[11]  刘鹏等. 云计算大数据处理[M]. 北京:人民邮电出版社,2015.

[12]  刘鹏. 云计算[M]. 3 版. 北京:电子工业出版社,2015.

[13]  Thomas Erl 著. 龚奕利译. 云计算-概念、技术与架构[M]. 北京:机械工业出版社,2016.

[14]  周文鹏. 云计算技术国内外发展现状[EB/OL]. 上海情报服务平台. http://www.360doc.com/content/14/0715/21/15313934_394647151.shtml.

[15]  中国产业研究院. 2016 年全球云计算市场发展状况及分析[EB/OL]. http://hengtianyun.com/download-show-id-3258.html.

[16]  阿里云官网. https://www.aliyun.com/.

[17]  百度云官网. https://cloud.baidu.com/.

[18]  百度百科:物联网[EB/OL]. http://baike.baidu.com/link? url=X_tbrYqqJYjkXsg47_cnzmGKjHu9GrSNYhcdUj7Fhv0iPwA5kHfxEGxoUMHyXxtOD6pd68T4zg _ RRTX-pb-jirAu1G8klxqaRRQdru--5iRbZVPBY9cGMwer9izsJmrp0.

［19］ 魏长宽. 物联网后互联网时代的信息革命［M］. 北京：中国经济出版社，2011.

［20］ 中兴通讯学院. 对话物联网［M］. 北京：人民邮电出版社，2012.

［21］ 刘化君等. 物联网概论［M］. 北京：高等教育出版社，2016.

［22］ 百度百科：智能家居［EB/OL］. http://baike. baidu. com/link? url＝QqtfdKaMBp3X RdPiMFOQVXZR5CzvtEEMfzZ5Qs-FA561jVn ＿ 7My7PKcKVPLoWzi2X6HjhCWP-X8NDBv24JIlkqbcmku6-LJqaS2_2t6sz5GaGAT7Sk5a62L_SbatscJ.

［23］ 陈根. 探秘比尔·盖茨的高科技豪宅：不进门指挥一切［EB/OL］. 腾讯科技网. http://tech. qq. com/a/20150918/053777. htm.

［24］ 张翼英等. 物联网导论［M］. 北京：中国水利水电出版社，2012.

［25］ 百度百科：智慧医疗［EB/OL］. http://baike. baidu. com/link? url＝wgTEzLZHCy5N l1pLoXbDaETEmIGQbP7p42xeFpVrXWYOwvDdPUQ-0rmrCZLO7LYO1sqXpZLkK 9bXEMl3e54n3E8dHdg7vm1EJ6ViPsAiF44Th6haVl_vgsNqQ9bsQoC7.

［26］ 徐赫. 变革中的智能交通黄金时代［EB/OL］. 中国交通技术网. http://www. tranbbs. com/news/cnnews/news_112946_3. shtml.

［27］ 百度百科：智能交通［EB/OL］. http://baike. baidu. com/link? url＝q0JE_lOxtjfU8a9 SLV6GYZq96G1kQ-e7R93HKu2o1sqs2cpAjWY2GWUjQ-XEn2oxeNihT_1ifTS2dHE sFVZmskXbg0EI7diVd8DlJ8NnBwDMRyrGo8zlEDF4blrbPeyf♯reference-[2]-600248-wrap.

［28］ 百度百科：智能物流［EB/OL］. http://baike. baidu. com/link? url＝m5exMIMdFH1R KE9Gwv89XotmACeUBvt3CNEpGyTWgxkkwvXHHLsihmTOPmNpr7geONQdVrr1 FqSNQmGJg4I3ATdzRAgoCdjZWWm0EifUJIO0CReij6Y9nu-xSLhpj0hM.

［29］ 百度百科：智慧农业［EB/OL］. http://baike. baidu. com/item/％E6％99％BA％E6％ 85％A7％E5％86％9C％E4％B8％9A/726492.

［30］ 百度百科：智能农业［EB/OL］. http://baike. baidu. com/link? url＝Mi_LUGSBX3DE 1uzxZnjIUCKOR2pGhlA7QalsQdQH838VNf4Rn90wRqw467ddRCd3HALfvHTW6ha nibcZ-ZvjWZYCb3ZOD1MD_zXaAxyfxXAQDXMJBH9MHA2JT8hWCdz-.

［31］ 陈勇等. 物联网技术概论及产业应用［M］. 南京：东南大学出版社，2013.

［32］ 百度百科：智慧工厂［EB/OL］. http://baike. baidu. com/link? url＝IbuK4NaHhZ6BH 1Sf9exq70fog8wvsbruXU5xBIPOKU-q7w53mI40ZOP-uDxo55aFHQSdeAhQaveR81c S7Ptsp393BbHRbkJfR1RtKgtJ9cvF4Hu3qD511I2Ap8jML_qu.

［33］ 百度百科：智能电网［EB/OL］. http://baike. baidu. com/item/％E6％99％BA％E8％ 83％BD％E7％94％B5％E7％BD％91.

［34］ 百度百科：智慧旅游［EB/OL］. http://baike. baidu. com/link? url＝Bri8j0-tdkZWI3I_ XIKSr7jC3T-fpa2QZP3fJHRfjHwrLT1ZrRoDN6_gFlGkEGMUG8Or0PNqNXq0Iu8j3 GohmJD1TzG05OkxEcKNbc8TGG69HjBIiy-bIJTDrVQAwHGt.

［35］ 马乐. 计算机文化基础［M］. 广州：华南理工大学出版社，2009.

［36］ 教育部考试中心. 全国计算机等级考试一级教程——计算机基础及 MS Office 应用

(2013 年版)[M]. 北京:高等教育出版社,2013.

[37]　于萍. 大学计算机基础教程[M]. 北京:清华大学出版社,2013.

[38]　杨继萍,倪宝童. 计算机应用标准教程(2013—2015 版)[M]. 北京:清华大学出版
　　　社,2013.

[39]　杨伟杰,叶惠文. 计算机应用基础[M]. 北京:高等教育出版社,2013.

[40]　张赵管,李应勇,刘经天. 计算机应用基础 Windows 7＋Office 2010[M]. 天津:南开
　　　大学出版社,2013.

[41]　谢希仁. 计算机网络[M].6 版. 北京:电子工业出版社,2013.